物 联 网 工 程 专 业 规 划 教 材

物联网导论

[印度] 拉杰·卡马尔（Raj Kamal）著

李涛 卢冶 董前琨 译

Internet of Things

Architecture and Design Principles

机械工业出版社
China Machine Press

图书在版编目（CIP）数据

物联网导论 /（印）拉杰·卡马尔（Raj Kamal）著；李涛，卢冶，董前琨译 . —北京：机械
工业出版社，2019.11
书名原文：Internet of Things: Architecture and Design Principles
（物联网工程专业规划教材）

ISBN 978-7-111-64097-4

I. 物… II. ①拉… ②李… ③卢… ④董… III. ①互联网络 – 应用 – 高等学校 – 教材
②智能技术 – 应用 – 高等学校 – 教材　IV. ① TP393.4　② TP18

中国版本图书馆 CIP 数据核字（2019）第 242940 号

本书版权登记号：图字　01-2018-2521

本书从物联网的架构、设计原则、数据分析三个角度介绍物联网的基本知识和概念，并从物联网的
系统硬件和原型构建两个方面入手，介绍如何设计和选择物联网中各个部分的组件，以构建安全的物联
网。本书内容系统、案例丰富，是一本独特的物联网入门教材，适合作为高校物联网入门课程的教材，
也适合作为物联网技术人员的参考书籍。

出版发行：机械工业出版社（北京市西城区百万庄大街 22 号　邮政编码：100037）
责任编辑：李忠明　　　　　　　　　　　　　责任校对：殷　虹
印　　刷：北京文昌阁彩色印刷有限责任公司　版　　次：2020 年 1 月第 1 版第 1 次印刷
开　　本：185mm×260mm　1/16　　　　　　印　　张：26.5
书　　号：ISBN 978-7-111-64097-4　　　　　定　　价：99.00 元

客服电话：（010）88361066　88379833　68326294　　　投稿热线：（010）88379604
华章网站：www.hzbook.com　　　　　　　　　　　　　　读者信箱：hzjsj@hzbook.com

版权所有·侵权必究
封底无防伪标均为盗版
本书法律顾问：北京大成律师事务所　韩光 / 邹晓东

译 者 序

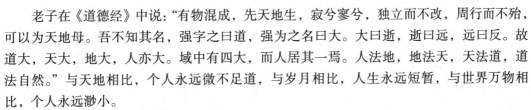

老子在《道德经》中说："有物混成，先天地生，寂兮寥兮，独立而不改，周行而不殆，可以为天地母。吾不知其名，强字之曰道，强为之名曰大。大曰逝，逝曰远，远曰反。故道大，天大，地大，人亦大。域中有四大，而人居其一焉。人法地，地法天，天法道，道法自然。"与天地相比，个人永远微不足道，与岁月相比，人生永远短暂，与世界万物相比，个人永远渺小。

但，人类从未停止探寻和追求真理的脚步，从农耕时代到工业时代，从信息时代到万物互联时代，技术力量不断推动人类创造新的世界。人类先后经历农业革命、工业革命、信息革命，每一次技术革命都给人类生产、生活带来巨大而又深刻的影响，物联网的出现带来了又一次技术革新。曾经停留在想象中的蒸汽机、汽车、飞机、计算机、量子机、智慧城市、智慧交通、智慧地球等逐步走进人们的生活，在新时代焕发出新的生命活力，也让人类重新理解人与科技的关系。科学技术与经济社会相互融合，呈现出普适性、智能化，物联网技术的发展让万物相连万物生的愿景逐步成为人们触手可及的现实。

大道至简，知易行难，理论与实践相结合地不断探索是唯一路径。如何充分把握和利用规律改造世界，正是科学技术发展不断追求的目标。物联网是什么？物联网与云计算、大数据、人工智能等新兴技术有怎样的关系？物联网如何改变社会生产、生活？这些问题困扰着诸多初学者和业内资深人士。关于物联网的认知存在很多观点和立场，单纯讨论概念容易被过于抽象的逻辑困扰而难以理解，而直接讨论实际应用又难免受局限而有失偏颇。工欲善其事，必先利其器，物联网领域的资深教授 Raj Kamal 从易于理解和学习的角度，向读者详细阐述了物联网的体系结构、设计原理、硬件和软件设计等内容。

本书在详细介绍新的 IoT/M2M 架构、参考模型、标准和协议的同时，也给出了业界前沿内容，如工业物联网、工业 4.0、交互式传感和网联车等，此外还为读者提供了丰富的在线学习资源。作者十分关注物联网在现实社会中的应用，既介绍了很多具有重大影响的学术思想，也为未来物联网应用研发提供了重要参考依据。书中丰富的示例体现了作者将科技融入社会的视角，也体现了作者科技人文交织的情怀，极大地丰富了物联网的内涵和外延。

　　本书主要面向本科生和研究生作为物联网课程的教材，深入浅出的知识论述和示例讲解也非常适合关注物联网发展的专业人士。本书的引进、翻译和出版将为国内物联网领域增添一部优秀教材，也希望能为全国高校的物联网教育和教学贡献一份力量。

　　本书的翻译历经研讨、初译、校正再译、出版四个阶段，能够顺利成稿要衷心感谢南开大学智能计算系统研究室的宋秋迪、赵泽鲲、张霖、王子纯、刘蒙蒙等同学在全书翻译过程中的辛苦工作，感谢南开大学计算机学院领导和老师们的指导和支持，感谢机械工业出版社对本书翻译给予了诸多建议和帮助。

　　原书作者高屋建瓴，知识体系完整，理论功底深厚，实践经验丰富，行文流畅。然而限于译者水平，译文难免存在不准确之处，恳请读者与同行批评指正。

2019 年 9 月于南开园

前　　言

概述

如果一把伞可以感知当地天气并提醒主人今天是否应该带伞，如果某种可穿戴设备能够监测病人的健康状况并预测病情是否恶化以便及时准确地通知医生，如果汽车上的计算和预测分析系统能够提醒用户保养计划以避免突如其来的部件故障，我们的生活将会如何？

物联网与访问互联网的云平台即服务（PaaS）能够将其变为现实。本书作者将带你了解物联网中所涉及的各种功能的重要设计和实现细节。例如，第 1 章介绍的智能伞能够使用特定的传感器和计算设备连接到互联网，然后实时给出天气情况。关于智能车或者网联车的内容阐述了这种汽车如何通过将服务相关数据直接传输到汽车保养和服务中心或者驾驶员 / 汽车用户服务器，进行服务需求的自动检测和服务预约的自动提醒，以提高服务效率。

现在，物联网已经得到广泛研究并正在快速部署和实施。2015 年的 TCS 研究"物联网：全新想象驱动力"引用 Gartner 的预测表明：

> 今年将有 49 亿个"连接的物体"或者哈佛商学院教授 Michael Porter 所说的"智能连接产品"，不过目前还没有看到任何东西。预计 10 年后，这一数字将增加到过去的 5 倍，达到约 250 亿个连接的物体，其中包括 25 亿辆汽车。Gartner 表示，到 2020 年，25 亿辆网联车能够提供更好的车载服务和自动驾驶能力[⊖]。

适用对象

物联网设计和物联网产品、服务及应用开发需要一个由硬件和软件专业人员组成的团队。相应地，这些专业人员需要跟踪物联网领域的最新成果。因此，本书既能为这些专业

⊖　http://www.gartner.com/newsroom/id/2970017 (January 2015)。

人员提供参考，也能作为计算机科学和信息技术领域的本科生和研究生的参考教材。

关于本书

本书易于理解和学习，书中提供了一些示意图、实例、示例代码以及项目案例研究，主要面向本科生和研究生，详细阐述物联网的体系结构、设计原理、硬件和软件设计等内容。每一章开始定义了每一节的学习目标和之前内容的知识回顾，并介绍本章涉及的重要术语。每一节最后列出了所需掌握的要点并提供了三种不同难度级别的自测练习。此外，还提供了关键概念、学习效果，以及客观题、简答题、论述题和实践题等习题，以帮助读者更好地理解各章内容。

学习和评估工具

学习目标

本书已经为有关内容设定了相应的学习目标（LO），与常规学习相比，这个教育过程强调培养学生所需的技能，并检验该课程的学习效果。这种方法侧重于强调获取知识，以及应用这些基本原理分析问题和解决问题的能力。

自测练习

每个学习目标后面都有一组用于学生自我评测的问题，通过这种循环学习的方式来强化对知识的记忆。

难度等级

本书按照布卢姆法则（Bloom's Taxonomy）定义的难度等级安排教学内容。所有考查的问题都与学习目标相关联，并标有难度等级，以帮助评估学生的学习情况。

★代表难度等级 1 和 2，是基于知识和理解的易于解决的问题。

★★代表难度等级 3 和 4，是基于应用和分析的比较难以解决的问题。

★★★代表难度等级 5 和 6，是基于综合和评价的非常难以解决的问题。

学习效果

每章最后提供了每个学习目标相关的知识摘要，有助于将学习效果概括为一些研究思想。

课后习题

本书给出了 500 多个精心设计的课后习题，包括客观题、简答题、论述题和实践题，它们具有不同的难度等级，旨在进行知识强化和技巧检验。

突出特色

- 详细介绍了新的 IoT/M2M 架构、参考模型、标准和协议。
- 包含一些最新主题，比如工业物联网、工业 4.0、交互式传感和网联车等。

- 详细解释了架构、设计原则、硬件和软件设计以及应用 / 服务 / 进程。
- 为师生提供在线学习资源。
- 教学内容丰富。
  - 插图：101
  - 案例研究：4
  - 客观题：133
  - 论述题：129
  - 实例：88
  - 自测练习：422
  - 简答题：172
  - 实践题：118

章节安排

第 1 章概述物联网。该章首先给出物联网的愿景和定义，以及支持物联网应用 / 服务的智能超连接设备的含义；接下来，描述物联网的概念框架和架构视图、物联网支撑技术、通信模块和 MQTT 等协议；然后，描述物联网的"源"，例如 RFID 和无线传感器网络，以及机器与机器之间的通信技术。此外，该章还介绍可穿戴手表、智能家居和智慧城市的概念。

第 2 章介绍连接设备的设计原则。该章描述物联网应用的 IETF 六层设计、ITU-T 参考模型和 ETSI M2M 域以及高级功能；接下来，首先描述第一个架构层 / 设备和网关域的无线和有线通信协议与技术，然后描述第二个架构层 / 设备和网关域的功能，包括数据增强、转码、融合、隐私问题以及设备配置、管理和 ID 管理。此外，该章还解释了易于设计和经济实惠的必要性。

第 3 章介绍 Web 连接的设计原则。该章描述用于通信的数据格式标准 JSON、TLV 和 MIME，以及用于 Web 连接的 CoAP、CoAP-SMS、CoAP-MQ、MQTT 和 XMPP 等协议。此外，该章还介绍 SOAP、REST、HTTP RESTful 和 WebSocket 等通信网关部署方法。

第 4 章介绍 Internet 连接原则。该章描述一些基本概念，包括 IPv4、IPv6、6LowPAN 和 TCP/IP 协议簇，以及物联网设备的 IP 寻址和通信电路的 MAC 地址。此外，该章还讨论物联网应用 / 服务 / 进程在 IETF 第 6 层（应用层）使用的 HTTP、HTTPS、FTP、Telnet 和其他协议。

第 5 章定义物联网 /M2M 应用 / 服务 / 业务流程中的数据获取、组织和分析方法，包括数据生成、获取、验证，数据和事件汇编（组装）以及数据存储过程等。

该章描述数据中心和服务器管理功能：其一是数据组织，主要包括数据库、空间和时间序列数据库、SQL 和 NoSQL 方法；其二是查询处理、事务和事件处理、OLTP、业务流程、商业智能和接入 Internet 的嵌入式设备及其网络协议等概念。

该章最重要的概念主要包括分布式业务流程、复杂应用集成和面向服务的体系结构、企业系统集成、IoT/M2M 描述、事件、实时、数据库和大数据的预测分析等，此外还描述了知识获取、管理和存储的概念。

第 6 章介绍针对物联网 /M2M 应用 / 服务的云平台数据收集、存储和计算的概念。该章描述了云计算模式、云部署模型（SaaS、IaaS、PaaS 和 DaaS）、一切皆服务模型（XaaS）和云服务模型。该章进一步解释了在云端进行设备收集、设备数据存储和计算的云平台方法，并使用 Xively（Pachube/COSM）和 Nimbits 作为实例讲述云服务的使用方法。

第 7 章介绍传感器的工作原理和使用技术。该章重点介绍交互式传感和工业物联网的最新进展，所描述的汽车物联网包括物联网新概念如何重塑未来汽车、汽车互联网应用以及车辆到基础设施（V2I）技术。该章还详细介绍了执行器、射频识别和无线传感网技术的应用。

第 8 章描述物联网嵌入式设备的原型设计。该章介绍嵌入式计算的基础原理及其相关的嵌入式设备软硬件，同时介绍 Arduino、Intel Galileo、Edison、Raspberry Pi、BeagleBone 和 mBed 等开发板的特点，这些都是常用于原型设计的嵌入式平台。此外，还介绍了手机和平板电脑用于物联网设备和应用程序的使用方法。

第 9 章描述嵌入式设备软件、网关、互联网、网络 / 云服务和软件组件的原型设计。该章介绍使用 Arduino 集成开发环境进行嵌入式设备原型程序设计的方法，以及嵌入式 Galileo、Raspberry Pi、BeagleBone 和 mBed 等物联网程序设计平台。该章还讲述了在线 API 和 Web API 的原型设计方法，它们经常用于物联网应用程序、Web APP 和 Web 服务等物联网设备的数据存储、数据库和分析应用中。

第 10 章涵盖物联网应用程序和设备使用中最重要的问题——数据隐私、安全和漏洞解决方案。首先描述漏洞、安全需求和威胁分析以及为物联网提供正确安全的用例和误用案例的重要性，然后描述物联网安全断层扫描、分层攻击者模型以及连接源的身份管理、标识建立和访问控制。

第 11 章提供商业模式及其创新的见解。该章解释了物联网应用的价值创造概念，介绍工业 4.0 模型以及适用于物联网设备、移动 API 和客户数据的商业模式场景。

第 12 章首先讲述物联网原型设计和产品开发的设计层次（阶段），并用实例讲述物联网系统设计的 6 个层次。该章用实例介绍 PssS 云的使用方法，包括用于加速 M2M、IoT、IIoT 应用程序和服务的设计、开发和部署的 AWS 物联网平台及 TCS 通用互联平台。该章进一步概述了 IoT/IIoT 在四个核心业务类别 / 领域中的 PaaS 平台应用及全球发展趋势。该章还以特斯拉为例，介绍概念车、网联车及其在未来汽车中的应用。该章以实例讲述各种物联网应用：智能家居、智能城市、智能环境监测、智慧农业和智慧生产，最后给出了一个新的物联网项目设计案例——"智能城市路灯控制和监测"。

教辅资源

网络已经成为师生重要的学习资料来源，可以从 http://www.mhhe.com/rajkamal/iot 网站获得本书的补充材料。

对于教师[⊖]
- 简答题、论述题和实践题的参考答案。
- 用于交互式演示的章节幻灯片，并且带有图表和注释。

对于学生
- 新的案例研究。
- 通过作者网站回答学生提出的问题：http://www.rajkamal.org。

⊖ 关于本书教辅资源，只有使用本书作为教材的教师才可以申请，需要的教师可向麦格劳·希尔教育出版公司北京代表处申请，电话 010-57997618/7600，传真 010-59575582，电子邮件 instructorchina@mheducation.com。——编辑注

致　　谢

感谢名誉校长 Shri R. C. Mittal、名誉副校长 Shri Gopal Agrawal、校长 Sunil K Somani 博士和前首席执行官 Shamsher Singh 博士，感谢 Medi-Caps 大学提供了一个在计算机科学和工程领域开展教学和研究活动的良好平台。

感谢 Sanjay K. Tanwani 教授、Maya Ingle 教授、Preeti Saxena 博士、Shraddha Masih 博士、Abhay Kumar 教授、Manju Chattopadhaya 博士以及印多尔市 Devi Ahilya Vishwavi-dyalaya 的其他同事的诸多帮助和鼓励。

感谢我的家人在本书编写过程中给予我的长期大力支持，他们是：妻子 Sushil Mittal、女儿 Shilpi Kondaskar 博士、女婿 Atul Kondaskar 博士、儿子 Shalin Mittal、儿媳 Needhi Mittal，以及孙子 Arushi Kondaskar、Atharv Raj Mittal、Shruti Shreya Mittal 和 Ishita Kondaskar。

感谢 McGraw Hill Education 团队对本书出版给予的大力支持。

反馈

希望学生和专业人士喜欢这本书，它将有助于学生掌握物联网体系结构、设计原则和应用等领域的设计能力和核心概念。

尽管非常努力，但书中难免存在一些错误。作者非常感谢读者指出这些错误，也非常感谢对本书内容和补充资料中存在问题的反馈。读者可以通过 professor@rajkamal.org 或 dr_rajkamal@hotmail.com 与作者取得联系。

Raj Kamal

目　录

第1章 物联网概述

学习目标

1-1 描述物联网（IoT）的基础知识、定义和愿景。

1-2 根据推荐的物联网概念框架分析物联网。

1-3 运用各种技术解释物联网的推荐体系结构视图。

1-4 描述用于设计物联网设备；设备和远程服务器、云和应用之间的通信方法的推动技术。

1-5 对能够开发物联网原型和产品的资源进行分类。

1-6 概述 M2M 体系结构域的功能以及 M2M 系统与物联网系统的关系。

1-7 对可穿戴设备、智能家居和智慧城市中的物联网使用示例进行总结，并理解智能家居和智慧城市的体系结构框架。

1.1 物联网

物联网（Internet of Things，IoT）是使互联设备和应用程序之间的通信成为可能（即物理对象和"物体"通过互联网进行通信）的概念。物联网的概念始于被归类为身份通信设备的物体。射频识别设备（Radio Frequency Identification Device，RFID）是一种身份通信设备的实例。物体被标记到这些设备上以便将来进行识别，并且可以使用通过互联网连接的远程计算机进行跟踪、控制和监控。

物联网的概念使设备的 GPS 跟踪、控制和监控，机器对机器（Machine-to-Machine，M2M）通信，车联网，可穿戴与个人设备通信以及工业 4.0 成为可能。

物联网的概念使智慧城市成为现实，并且预计自动驾驶汽车很快就会得到应用[一]。

以下小节描述了物联网的基础知识、定义、愿景、概念框架和体系结构。

㊀ 引自 http://en.wikipedia.org/wiki/Autonomous_car#cite_note-99 和 http://www.dailycamera.com/the-bottom-line/ci_24021170/self-driving-cars-could-be-decade-away。

1.1.1 物联网的定义

互联网是由服务器、计算机、平板电脑和移动设备连接组成的庞大的全球网络，由连接系统的标准协议控制。它支持信息的发送、接收和通信，支持与远程服务器、云和分析平台连接。

thing 在英语中有很多种用法和释义。在字典中，当人们不希望精确表示时，thing 用于指代物理对象、行为或想法、情况或活动。表示对象的一个参考示例是——下雨天雨伞是一件有用的物品。路灯也是一个物品。表示行为的一个参考示例是——他没有料到会发生这样的事情。表示情况的参考示例是——在那个环境中，这样的事情很多。

因此，结合这些术语，对物联网的定义可以做出如下解释：

> 物联网是物理对象通过互联网或其他通信技术发送、接收和交流信息的网络，正如电脑、平板和手机一样，是通过互联网或其他数据网络监控、协调和控制的过程。

另一种解释是：

> 物联网是嵌有电子、软件、传感器和连通性的物体对象和"thing"的网络，通过与制造商、运营商以及其他连接设备交换数据，来实现更大的价值和服务。每个物体都可以通过嵌入式计算系统进行唯一标识，并且能够在现有的互联网基础设施内进行交互。

1.1.2 物联网的愿景

物联网的愿景是使物体（可穿戴式手表、闹钟、家庭设备等）变得智能，可以利用互联网和近场通信技术（Near-Field Communication，NFC），通过嵌入式设备与远程对象（服务器、云、应用程序、服务和进程），像生物一样进行感知、计算和交流。例 1.1 和例 1.2 可以帮助理解物联网的愿景。

例 1.1 ──

通过计算，一把伞可以像生物一样发挥作用。在伞上安装一个微型的嵌入式设备，该设备通过互联网与基于网络的气象服务以及设备所有者进行交互，从而实现以下通信。伞嵌入了用于计算和通信的电路，可连接到互联网。网站定期发布天气报告。这把伞每天早晨接收天气报告，分析数据并在主人办公时间的间歇发出天气提醒。它可以使用不同颜色的 LED 闪光灯来区分提醒，比如红色的 LED 闪光灯表示炎热和晴天，黄色闪光灯表示雨天。

使用 NFC、蓝牙和 SMS 技术，可以在主人离开办公室之前，按照预先设定的时间将提醒发送到主人的手机上。提醒可以是：保护自己不要淋雨。要下雨了，别忘记带伞；保护自己不被阳光直射；天气炎热，阳光充足，别忘了带伞。主人可以由此决定是否带伞。

例 1.2 ──

使用微型嵌入式设备进行传感和计算，通过互联网与中央控制指挥站进行通信和交互，可以使城市中的路灯像生物一样发挥作用。假设 32 个路灯为一组，每个路灯都包括传感、计算和通信电路。每个组通过蓝牙和 ZigBee 连接到组控制器（或协调器），每个控制器通过互联网连接到中央指挥控制站。

控制站定期接收城市中每组路灯的信息。接收到的信息与 32 个路灯的功能、故障、附近的交通状况以及周围的环境条件（多云、黑暗或正常的白天）有关。

控制站对组控制器进行远程编程，根据交通状况和灯光水平自动采取适当的措施。它也指导补救措施，以防止特定位置的路灯发生故障。因此，城市中的每组路灯都由"路灯互联网"控制。图 1.1 展示了物联网概念在城市路灯中的应用。

3

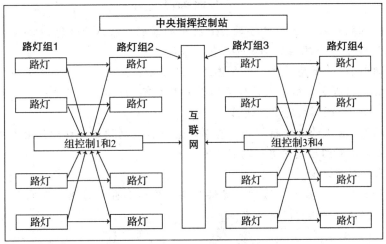

图 1.1　城市路灯物联网应用

1.1.3　智能和超级互联设备

根据柯林斯词典，超连接（hyperconnectivity）使用多个系统和设备来保持与社交网络和信息流的持续连接。智能设备是具有计算和通信功能的设备，可以不断地连接到网络。例如，图 1.1 所示的城市路灯网络不断地连接到控制站以获取服务。另一个例子是超连接 RFID。RFID 和智能标签被标记到所有货物上。这样，从一个地方发出的许多货物都可以被持续跟踪。它们在偏远地区的流动、库存、销售和供应链都通过一个 RFID 互联网的超连接框架来控制。

图 1.2 展示了使用智能和超连接设备、边缘计算和应用程序的物联网的通用框架。设备被认为处于互联网基础设施的边缘。边缘计算是在被计算的数据通过互联网通信之前，在设备级进行计算。图中使用了几个新术语。后续章节将对这些术语进行更为详细的定义和解释。

4

应用（报告、分析、控制）；合作、服务和流程（涉及人员和业务流程）；服务器上的数据累积（存储）服务器；连接数据中心、云或企业服务器以进行数据抽象（意味着聚合、融合或压缩和访问）
↕ 3G、4G、Internet、Wi-Fi
边缘计算（数据元素分析和转换）单元
↕↕↕↕↕　↕↕↕↕ 蓝牙、ZieBee或NFC
RFID、无线传感网（WSN）以及其他模拟和数字、音频媒体和视频媒体输入源；带有传感器的物理设备，用于测量压力、温度、速度、相对湿度、音频、视频、消耗的卡路里和其他健康参数

图 1.2　使用智能和超连接设备、边缘计算和应用程序的物联网通用框架

温故知新

- 物联网的定义。
- 物联网的愿景。
- 通信设备和互联网的实例。
  一种智能超连接设备、边缘计算和应用程序、协作、服务和流程的通用框架。

自测练习

- ★1. 当跟踪服务在许多位置接近 IAP 链中的互联网接入点（Internet Access Point，IAP）时，如何跟踪其标识的对象并与之通信？
- ★★2. 回顾例 1.1 中的智能伞。绘制图表来展示伞、互联网、网络气象服务和移动电话之间的消息通信。假设服务部署采用发布/订阅通信模式，定义两个实体之间发布/订阅模式的消息通信。
- ★★★3. 回顾例 1.2 中的智能路灯组。与路灯直接和控制站连接相比，由中央控制站通过互联网对组控制器进行编程有什么优点？
- ★4. 写出物联网的定义。
- ★★★5. 为什么控制、监控、协作、提供服务、收集和分析信息、提取知识需要超连接？解释每种操作所需的实体。

1.2　物联网概念框架

例 1.1 展示了单个对象（伞）与中央控制器通信来获取数据。下面的等式描述了物联网的一个简单概念框架[⊖]：

$$\text{物理对象} + \text{控制器、传感器和执行器} + \text{因特网} = \text{物联网} \tag{1.1}$$

等式（1.1）概念性地描述了智能伞网（包括伞、控制器、传感器和执行器），以及用来连接 Web 服务和移动服务提供商的互联网。

一般来说，物联网由设备和物理对象的互联网络组成，其中许多对象可以远程收集数据，并在流程和服务中与管理、获取、组织和分析数据的单元进行通信。例 1.2 展示了与使用互联网连接到中央服务器的组控制器进行通信的大量路灯。通用框架由与数据中心、企业和云服务器通信的大量设备组成。因此，在许多应用以及企业和业务流程中使用的物联网框架通常比等式（1.1）表示的物联网框架更为复杂。下面的等式从概念上表示了由互联设备和对象组成的物联网中各层数据的操作和通信。

$$\text{收集} + \text{增强} + \text{流} + \text{管理} + \text{获取} + \text{组织和分析} = \text{连接数据中心、企业和云服务器的物联网} \tag{1.2}$$

等式（1.2）是企业流程和服务的物联网概念框架，这个框架基于 Oracle 提供的一种推荐物联网体系结构（见 1.3 节中的图 1.5）。步骤如下：

1）在第 1 层，使用传感器或其他设备预先收集来自互联网的数据。

2）连接到网关的传感器具有智能传感器（智能传感器是指具有计算和通信能力的传感器）的功能。然后在第 2 层增强数据，例如在网关处进行转码。转码是指在两个实体数据

⊖　McEwen, Adrian and Cassimally, Hakim, Designing Internet of Things, Wiley, 2014.

传输之前的编码和解码。

3）通信管理子系统在第 3 层发送和接收数据流。

4）设备管理、身份管理和访问管理子系统在第 4 层接收设备的数据。

5）数据存储和数据库在第 5 层获取数据。

6）在第 6 层组织和分析从设备路由的数据。例如，分析数据以收集业务流程中的商业智能。

等式（1.3）是基于 IBM 的物联网概念框架，它表达了复杂系统的另一种形式，给出了物联网中的主要操作以及相邻层间的数据通信。该框架使用来自设备、对象、互联网和云服务之间的互联网络数据来管理物联网服务，为管理物联网服务的云服务器提供来自物联网设备的数据流。

物理对象 + 收集 + 整合 + 连接 + 聚集 + 组装 + 管理和分析 = 连接云服务的物联网 （1.3）

等式（1.3）为使用基于云平台的流程和服务的物联网提供了一个复杂的概念框架。步骤如下：

1）第 1 层和第 2 层由传感器网络组成，用于收集和整合数据。第 1 层使用传感器电路收集设备的数据。传感器连接到网关，之后数据在第 2 层进行整合，例如，在第 2 层的网关处进行转换。

2）第 2 层的网关在第 2 层与第 3 层之间传输数据流。该系统在第 3 层使用通信管理子系统。

3）信息服务由第 3 层和第 4 层的连接、聚集、组装和管理子系统组成。从第 4 层开始提供服务。

4）实时序列分析、数据分析和智能子系统也位于第 4 层和第 5 层。云基础设施、数据存储和数据库在第 5 层获取数据。

图 1.3 显示了 IBM 概念框架中的物联网模块和子系统。图中的新术语将在后续章节中进行解释。

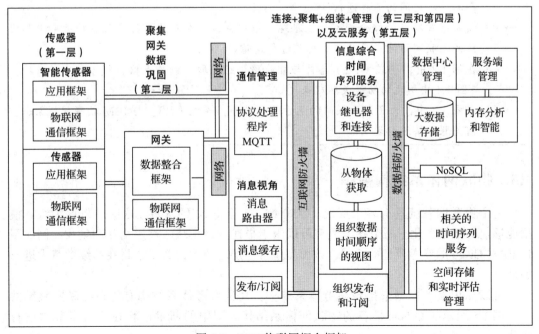

图 1.3　IBM 物联网概念框架

物联网的各种概念框架在 M2M 通信网络、可穿戴设备、城市照明、安全监控和家庭自动化等领域有着广泛的应用。智能系统使用由智能设备、智能对象和智能服务组成的节点。智能系统使用用户界面（User Interface，UI）、应用程序编程接口（API）、标识数据、传感器数据和通信端口。

温故知新

- Adrian McEwen 和 Hakim Cassimally 等式是对连接网络服务的物联网框架的简单概念化：

  物理对象 + 控制器、传感器和执行器 + 因特网 = 物联网

- 连接到数据中心、应用程序和企业服务器以实现数据存储、服务和业务流程的物联网的通用框架概念化等式为：

  收集 + 增强 + 流 + 管理 + 获取 + 组织和分析 = 物联网

  Orcale 推荐的物联网体系结构是这个等式的基础。

- 对于使用基于云服务的物联网，另一个用来概念化通用框架的方程式是：

  物理对象 + 收集 + 整合 + 连接 + 聚集 + 组装 + 管理和分析 = 物联网

  IBM 物联网概念框架的模块和组件是这个等式的基础。

- 通常，thing 指的是互联网络的设备和物理对象。该框架由众多子系统组成。数据在远程数据库和数据存储中获取。服务和流程需要数据管理、获取、组织和分析。

自测练习

- ★ 1. 例 1.1 中，等式（1.1）与智能伞如何关联。
- ★ 2. 回想一下例 1.1 的智能伞。绘制一个概念框架，显示伞、互联网、网络气象服务和手机之间的消息通信。
- ★★ 3. 绘制跟踪服务的概念框架，以跟踪一个对象，当该对象在许多位置接近 IAP 链中的互联网访问点时会与其标识进行通信。
- ★★ 4. 在例 1.2 中，等式（1.2）怎样与智能路灯组关联。制作表格，将等式中的各项与图 1.1 中单元的功能关联起来。
- ★★★ 5. 在图 1.3 中，为了用于联网的基于云的服务，等式（1.3）与 IBM 物联网框架如何关联？请进行说明。

1.3　物联网体系结构视图

一个物联网系统具有多个层次（等式（1.1）至等式（1.3））。这些层也称为级。模型能够使框架概念化。一个参考模型可以用于描述构建模块、逐层交互和集成。例如图 1.4 中对 Cisco 的参考模型的描述，该模型包含七层。图中的新术语将在后续章节中进行解释。

可以标识参考模型来指定参考体系结构。几种参考体系结构有望在物联网领域共存。图 1.5 展示了 Oracle 推荐的物联网体系结构。图中的新术语将在后续章节中进行解释。

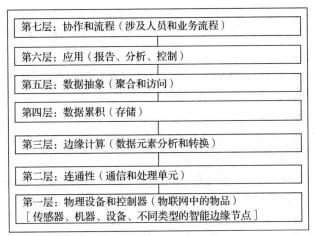

图 1.4   Cisco 推荐的物联网参考模型,为普通物联网系统提供概念框架   ⑨

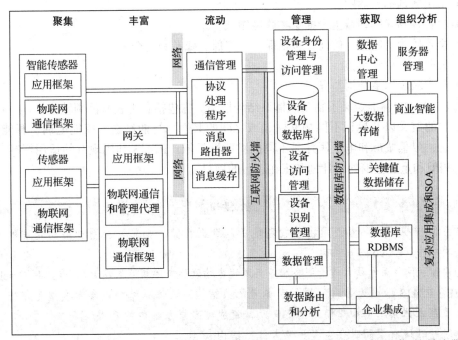

图 1.5   Oracle 的物联网体系结构(设备身份管理意味着标识一个设备,在识别、注销注册设
备、为设备分配唯一标识后注册设备以进行操作。设备访问管理意味着启用、禁用设
备访问、验证设备以进行访问、授权设备访问子系统。第 2 章将进行更加详细的解释)

该体系结构具有以下功能:
- 该体系结构可作为服务和业务流程中物联网应用的参考。
- 一组智能传感器捕获数据,根据设备应用程序框架执行必要的数据元素分析和转
  换,并直接连接到通信管理器。   ⑩
- 一组传感器电路连接到具有处理单独数据捕获、收集、计算和通信功能的网关。网
  关在一端以一种形式接收数据,并以另一种形式将数据发送到另一端。
- 通信管理子系统由协议处理程序、消息路由和消息缓存组成。
- 此管理子系统具有设备标识数据库、设备身份管理和访问管理功能。

- 数据从网关通过互联网和数据中心路由到需要该数据的应用服务器和企业服务器。
- 组织和分析子系统支持服务、业务流程、企业集成和复杂流程（这些术语将在第5章中进行解释）。

2014年12月的SWG（Sub Working Group）电话会议中提出了许多模型（Cisco、Purdue和其他模型）。物联网体系结构框架的标准已经在IEEE项目P2413下开发。IEEE工作组正在制定一套标准指南。

IEEE推荐使用P2413⊖物联网体系结构标准。它是一种基于参考模型的参考体系结构。该参考体系结构涵盖了基本体系结构构建模块的定义及其集成到多层系统中的能力。

P2413体系结构框架⊜是一个参考模型，定义各种物联网领域之间的关系，例如交通和医疗。P2413提供以下内容：

- 遵循自顶向下的方法（先考虑顶层设计，然后移动到最低层）。
- 不定义新的体系结构，而是重新定义与其一致的现有体系结构。
- 给出数据抽象蓝图。
- 为各种物联网领域指定抽象物联网领域。
- 推荐质量"四重"信任，包括保护、安保、隐私和安全。
- 说明如何检索文档。
- 努力减少体系结构差异。

IEEE P2413标准定义了物联网体系结构框架。它包括各种物联网领域的描述、物联网领域抽象的定义以及标识不同物联网领域之间的共性。智能制造、智能电网、智能建筑、智能交通、智慧城市和电子医疗是不同的物联网领域。P2413利用现有的适用标准，标识了具有相似和重叠范围的已计划和正在进行的项目⊜。

11

温故知新

- 体系结构视图的参考模型由从物理设备到数据存储、抽象、应用和协作处理的七个层次组成（Cisco）。
- 构建物联网体系结构，作为服务和业务流程中物联网应用程序的参考体系结构（Oracle）。
- IEEE P2413标准为物联网提供了参考体系结构，该体系结构以参考模型为基础，涵盖了基本体系结构构建模块的定义及其集成到多层系统中的能力。
- 物联网领域有望同时存在多种参考体系结构。
- 讨论了多种物联网领域的抽象物联网领域规范。
- 讨论了质量"四重"信任，包括保护、安保、隐私和安全。

自测练习

- ★1. 列出Cisco参考模型的特点。
- ★2. 列出Oracle参考体系结构的特点。
- ★3. 描述参考体系结构和参考模型的含义。

⊖ http://grouper.ieee.org/groups/2413/Sept14_meeting_report-final.pdf。
⊜ Jan Höller et al., From Machine-to-Machine to the Internet of Things, Academic Press, 2014。
⊜ http://grouper.ieee.org/groups/2413/April15_meeting_report-final.pdf。

★ 4. 物联网通用概念框架中应该包含哪些参考体系结构？

★★ 5. IBM 概念框架和 Oracle 参考体系结构中的块和组件是如何关联的？

★★★ 6. Cisco 参考模型和 Oracle 参考体系结构怎样在物联网体系结构中相互关联？

★ 7. 为什么智能传感器可以直接连接，而普通传感器需要通过网关连接到通信管理子系统（见图 1.5）？

★★ 8. 为什么传感器和智能传感器的网络需要设备标识数据库、设备身份管理、设备访问和管理的功能？

★★ 9. 物联网设备数据如何组织？

★★ 10. 在分析采集的数据后，数据的用途是什么？

★★★ 11. IEEE P2413 体系结构框架中有哪些规定？

12

1.4　物联网背后的技术

以下实体提供了一个多样化的技术环境，是物联网技术的实例。

- 硬件（Arduino 树莓派、Intel Galileo、Intel Edison、ARM mBed、Bosch XDK110、BeagleBone Black、Wireless SoC）。
- 用于开发设备软件、固件和 API 的集成开发环境（Integrated Development Environment，IDE）。
- 协议（RPL、CoAP、RESTful HTTP、MQTT、XMPP（Extensible Messaging and Presence Protocal，可扩展通讯和表示协议））。
- 通信（Powerline Ethernet、RFID、NFC、6LowPAN、UWB、ZigBee、蓝牙、Wi-Fi、WiMax、2G/3G/4G）。
- 网络骨干网（IPv4、IPv6、UDP、6LowPAN）。
- 软件（RIOT OS、Contiki OS、Thingsquare Mist firmware、Eclipse IoT）。
- 互联云平台 / 数据中心（Sense、ThingWorx、Nimbits、Xively、openHAB、AWS IoT、IBM BlueMix、CISCO IoT、IOx and Fog、EvryThng、Azure、TCS CUP）。
- 机器学习算法和软件。机器学习软件的一个例子是来自 Numenta 公司的 GROK，它使用机器智能分析来自云的数据流并发现异常，具备从数据中连续学习的能力和处理 GROK 数据模型输出的能力，并且执行高水平的自动化数据流分析[⊖]。

对于物联网系统背后的五个层次（见图 1.3），可以考虑以下五个实体：

1）设备平台，包括使用微控制器（或 SoC、定制芯片）的设备硬件和软件，以及用于设备 API 和 Web 应用程序的软件。

2）连接和联网（连接协议和电路）实现设备和物理对象的网络互联，并实现与远程服务器的网络连接。

3）服务器和 Web 编程支持 Web 应用程序和 Web 服务。

4）云平台支持存储、计算原型和产品开发平台。

5）在线交易处理、在线分析处理、数据分析、预测分析和知识发现支持物联网系统的广泛应用。

⊖ http://numenta.com/grok/。

1.4.1　服务器端技术

物联网服务器包括应用服务器、企业服务器、云服务器、数据中心和数据库。服务器提供以下软件组件：

- 在线平台。
- 设备标识、身份管理及其访问管理。
- 数据积累、聚合、集成、组织和分析。
- 使用 Web 应用程序、服务和业务流程。

1.4.2　物联网系统的主要组件

物联网设备的主要组件是：

1）将**物理对象**与嵌入式软件结合成硬件。

2）**硬件**由微控制器、固件、传感器、控制单元、执行器和通信模块组成。

3）**通信模块**：由设备 API 和设备接口组成的软件，用于通过网络和通信电路 / 端口进行通信，以及使用 6LowPAN、CoAP、LWM2M、IPv4、IPv6 等协议创建通信栈的中间件。

4）用于对设备接收的消息、信息和命令进行处理的**软件**，将它们输出到执行器，执行器支持二极管发光、机械手臂运动等操作。

1. 传感器和控制单元

（1）传感器

传感器是感知物理环境的电子设备。工业自动化系统和机器人系统中嵌入了多个智能传感器。传感器 – 执行器的组合可用于控制系统。智能传感器包括计算和通信电路。

回想一下例 1.2 中的路灯互联网。每个灯上的传感器测量周围的光强和交通距离，用于感知和传输经过一段时间后聚集的数据。传感器用于测量温度、压力、湿度、光强、交通距离、加速度计中的加速度、GPS 中的信号、距离传感器、指南针中的磁场和磁力仪中的磁场强度。

传感器有两种类型。第一种类型为控制单元提供模拟输入，例如热敏电阻、光电导体、压力表和霍尔传感器。第二种类型为控制单元提供数字输入，例如触摸传感器、距离传感器、金属传感器、交通状况传感器、用于测量角度的旋转编码器和用于测量线性位移的线性编码器。传感器和电路将在第 7 章中详细介绍。

（2）控制单元

物联网中最常用的控制单元由微控制器单元（MicroController Unit，MCU）和定制芯片组成。微控制器是 VLSI 和 SoC 中的集成芯片和核心。流行的微控制器有 ATmega 328、ATMega 32u4、ARM Cortex 和 ARM LPC。

MCU 包括处理器、存储器和若干个相互连接的硬件单元。它还具有固件、计时器、中断控制器和 I/O 功能单元。此外，MCU 还有用于特定应用的功能电路，可根据给定微控制器系列的特定版本进行设计。例如，它可能具有模拟 / 数字信号转换器（Analog to Digital Converter，ADC）和脉宽调制器（Pulse Width Modulator，PWM）。图 1.6 显示了嵌入物联网设备和物理对象中的 MCU 的各种功能单元。图中的新术语将在第 8 章中详细介绍。

2. 通信模块

通信模块由协议处理程序、消息队列和消息缓存组成。设备消息队列将消息插入队列中，并以先进先出的方式从队列中删除消息。设备消息缓存用于存储接收的消息。

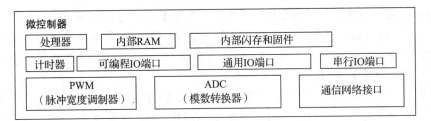

图 1.6 嵌入在物联网设备和物理对象中的 MCU 的各种功能单元

为了资源和构建 Web 服务，表述性状态传递（Representational State Transfer，REST）体系结构可以通过 GET、POST、PUT 和 DELETE 方法进行 HTTP 访问。第 3 章和第 4 章将详细介绍通信协议和 REST 风格。

3. 软件

物联网软件由物联网设备上的软件和物联网服务器上的软件组成。图 1.7 显示了物联网设备硬件和服务器的软件组件。嵌入式软件及其组件将在第 8 章中介绍。软件 API、在线组件 API 和 Web API 将在 9.4 节中介绍。

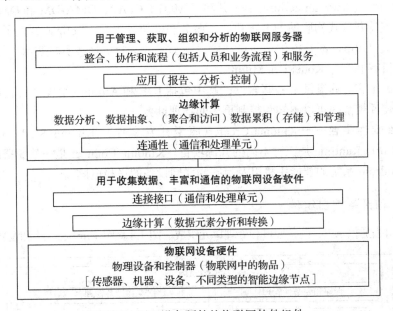

图 1.7 用于设备硬件的物联网软件组件

4. 中间件

OpenIoT 是一个开源中间件。它支持与传感器云以及基于云的"感知即服务"通信。IoTSyS 是一个中间件，它为使用 IPv6、oBIX、6LoWPAN、CoAP 以及多种标准和协议的智能设备提供通信栈。oBIX（open Building Information Xchange）是标准的 XML 和 Web 服务协议。

5. 操作系统

操作系统（OS）的例子有 RIOT、Raspbian、AllJoyn、Spark 和 Contiki。

RIOT 是一款面向物联网设备的操作系统。RIOT 支持开发者和多种体系结构，包括 ARM7、Cortex-M0、Cortex-M3、Cortex-M4、standard x86 PC 和 TI MSP430。

15　　　Raspbian 是一款流行的树莓派操作系统，它基于 Linux 的 Debian 发行版。

AllJoyn 是高通公司开发的开源操作系统。它是一款跨平台的操作系统，其 API 可用于 Android、iOS、OS X、Linux 和 Windows 操作系统。它包括一个框架和一组服务。制造商能够使用它创建兼容的设备。

Spark 是一款分布式的、基于云的物联网操作系统和基于 Web 的 IDE。它包括一个命令行界面，支持多种语言和类库，用于处理多个不同的物联网设备。

Contiki OS⊖是一款开源的多任务操作系统。它包含了低功耗无线物联网设备所需的 6LowPAN、RPL、UDP、DTLS 和 TCP/IP 协议。例如，智慧城市中的路灯仅需 30KB 的 ROM 和 10KB 的 RAM。

6. 固件

Thingsquare Mist 是一款开源固件（嵌入硬件中的软件），用于与物联网实现真正的互联网连接。它支持弹性无线网状网络。一些带有多种无线电的微控制器支持 Things MIST。

16

1.4.3　物联网的开发工具和开源框架

Eclipse IoT（www.iot.eclipse.org）开源了 MQTT CoAP、OMA-DM 和 OMA LWM2M 等标准以及支持开放式物联网的 Lua 语言、服务和框架等工具。Eclipse 开发了物联网编程语言——Lua。Eclipse 网站提供了沙箱环境，用于测试实验工具和实时演示。与 Eclipse 相关的热门项目有 Paho、Koneki 和 Mihini。

Arduino 开发工具提供了一套软件，其中包括 IDE 和 Arduino 编程语言，用于交互式电子设备的硬件规范，可以感知和控制更多的物理世界⊖。

Kinoma 软件平台——Kinoma Create（原型开发套件）、Kinoma Studio 开发环境和 Kinoma Platform Runtime 是三种不同的开源项目。Kinoma Connect 是一款免费的 App，用于 iOS 和 Android 系统的智能手机以及带有物联网设备的平板电脑。

1.4.4　API 和设备接口组件

连接接口由通信 API、设备接口和处理单元组成。图 1.8 显示了 mBed API 和设备接口组件。

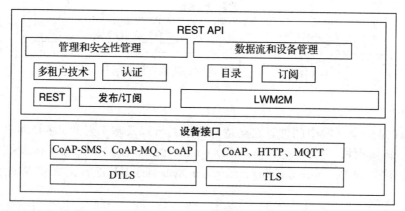

图 1.8　mBed API 和设备接口组件

⊖　https://en.wikipedia.org/wiki/Contiki and http://anrg.usc.edu/contiki/index.php/Contiki_tutorials。

⊖　http://www.datamation.com/。

例 1.3

ARM Cortex 微控制器使用 mBed 应用程序、物联网原型和产品开发平台，列出其开发平台组件。

发平台组件。

开发平台由面向物联网的 OS（实时操作系统）、原型开发硬件和软件组成。mBed 软件开发套件（Software Development Kit，SDK）支持为智能设备开发固件。SDK 具有以下软件组件：

- mBed C/C++ 软件平台。
- 由创建微控制器固件的工具组成的 IDE。
- CoRE 库、微控制器外围驱动程序、RTOS，运行时环境、构建工具、测试和调试脚本。
- 网络模块。

在线 IDE（免费软件）由编辑器和编译器组成。代码使用 ARMCC（ARM C/C++ 编译器）在 Web 浏览器中编译。应用程序开发者使用带有 GCC ARM 嵌入式工具的 mBed IDE 和 Eclipse。

1.4.5　平台和集成工具

ThingSpeak 是一个具有开放 API 的开放数据平台。它由支持实时数据收集、地理定位数据、数据处理和可视化的 API 组成。它支持设备状态消息和插件，可以处理 HTTP 请求并存储和处理数据，可以集成多种硬件和软件平台，支持 Arduino、树莓派[一]、ioBridge/RealTime.io 和 Electric Imp。ThingSpeak 的一个重要功能是支持 MATLAB 数据分析、移动、Web 应用程序和社交网络。

Nimbits 是一个支持多种编程语言的云平台，包括 Arduino、JavaScript、HTML 和 Nimbits.io Java 类库[二]。该软件部署在 Google App Engine 以及 Amazon EC2 和树莓派的所有 J2EE 服务器上。它处理特定类型的数据，也可以存储数据。数据可以是时间戳，也可以是地理戳。

IoT Toolkit 提供了智能对象 API、HTTP-to-CoAP 语义映射以及用于集成多个物联网的传感器网络和协议的各种工具[三]。

SiteWhere 提供了一个完整的物联网设备管理平台。它收集数据并将其与外部系统集成。SiteWhere 可以在亚马逊云上使用和下载。它还集成了 MongoDB、Apache HBase 和多种大数据工具[四]。

其他的平台有 Microsoft Azure[五]、TCS 通用连接平台（TCS CUP）[六]、Xively[七]、smartliving[八]、thethings.io[九] 和 exosite[十]。Xively 和 Nimbits 云的使用将在第 6 章中详细介绍。TCS CUP 的

[一]　https://thingspeak.com/。

[二]　http://www.nimbit.com/and http://bsautner.github.io/com.nimbits/。

[三]　http:// www. iot-toolkit.com//。

[四]　http://www.sitewhere.org/。

[五]　https://azure.microsoft.com/en-in/develop/iot/get-started/。

[六]　http://www.tcs.com/research/Pages/TCS-Connected-Universe-Platform.aspx。

[七]　https://www.xively.com/。

[八]　http://www.smartliving.io/。

[九]　https://thethings.io/。

[十]　https://exosite.com/。

18 详细信息将在第 12 章中介绍。

温故知新

- 物联网设计涉及物联网应用和服务的众多技术领域。
- 物联网设计横跨多个技术领域：硬件、接口、固件、通信协议、互联网连接、数据存储、分析和机器学习工具。
- 物联网硬件需要传感器、执行器和设备平台、IDE、开发工具。
- 物联网软件需要设备平台通信协议、网络通信协议和网络骨干协议。
- 物联网设计需要原型设计、产品开发和集成工具的平台。
- 有多个用于系统开发的开源软件和操作系统。
- 有多个用于系统开发的云平台和数据中心。

自测练习

★ 1. 列出物联网可以使用的微控制器和设备平台。
★★ 2. 在嵌入物联网设备的微控制器中，各功能单元的功能是什么？
★★ 3. 列出物联网可以使用的设备平台通信协议、网络通信协议和网络骨干协议。
★★ 4. 列出现有的可以使用的开源软件。说明 RIOT 和 Eclipse IoT 的特点。
★ 5. 列出可用的云平台和开源数据中心。
★★ 6. 平台和集成工具是什么？ThingSpeak 的特点是什么？
★★★ 7. 解释 mBed 应用程序和物联网产品开发平台。

1.5 物联网的资源

用于物联网原型开发的硬件资源有 ArduinoYún、Microduino、Beagle Board 和 RasWIK。硬件原型需要一个 IDE 来开发设备软件、固件和 API。

1.5.1 流行的物联网开发板

1. ArduinoYún

ArduinoYún 板使用支持 Arduino 的微控制器 ATmega32u4，包含 Wi-Fi、以太网、USB
19 接口、micro-SD 卡插槽和三个复位按钮。该板还与运行 Linux 的 Atheros AR9331 相结合。

2. Microduino

Microduino 是一款与 Arduino 兼容的小型主板，可与其他主板堆叠在一起。其所有的硬件设计都是开源的。

3. Intel Galileo

Intel Galileo 是经过 Arduino 认证的系列开发板。Galileo 基于 Intel x86 体系结构。它是开源硬件，特点是采用基于 Soc 的 Intel SOC X1000 Quark。

Galileo 与 Arduino 是引脚兼容的。它具有 20 个数字 I/O（12 个完全本地的 GPIO），12 位 PWM（保证更精确的控制），6 个模拟输入端并支持以太网供电（Power over Ethernet，

PoE）。

4. Intel Edison

Intel Edison[⊖]是一个计算模块。它可以创建原型，快速开发原型项目，快速生成物联网和可穿戴计算设备。它支持无缝的设备网络互连和设备到云的通信。它包含基础工具。这些工具收集、存储和处理云上的数据，并处理数据流上的规则。它基于高级分析生成触发器和警报。

5. BeagleBoard

基于 BeagleBone 的开发板对功率要求很低。它是一台可以运行 Android 和 Linux 的类卡计算机。物联网设备的硬件设计和软件都是开源的。

6. 树莓派无线发明工具包（RasWIK）

RasWIK 支持树莓派 Wi-Fi 连接设备。它包括 29 个不同项目的文档，用户也可以自己编写项目文档。这些设备需要付费，但所有的代码都是开源的，可以使用它来构建商业产品。

原型开发板会在第 8 章中详细介绍。

1.5.2　RFID 的作用和物联网应用程序

早期的物联网系统是基于互联网的 RFID 系统。RFID 支持跟踪和库存控制、供应链系统中的标识、进入建筑、道路收费、安全存储中心准入和基于 RFID 的温度传感器等设备。RFID 网络在工业设计、第三方物流管理、品牌保护以及支付、租赁、保险和质量管理等新业务流程的防伪中都有新的应用。第 7 章详细描述了 RFID 系统。

1.5.3　无线传感网

传感器可以使用无线技术联网，并且可以协同监控物理和环境条件。传感器从远程位置获取数据，这些数据可能不容易被访问。无线传感器使用射频收发器，具有通信能力。每个节点都有一个带有信号调节电路的模拟传感器或数字传感器。可以监测温度、光强、黑暗、交通、物理、化学和生物数据等。

1. WSN 定义

WSN 是一种网络，其中每个传感器节点利用无线连接，具有数据压缩计算、聚合和分析、通信和联网的能力。WSN 节点是自治的。自治是指独立的计算、发送请求和接收响应的能力，以及数据转发和路由功能。

Web 资源将 WSN 定义为"无线网络由空间分布式自治设备组成，这些设备使用传感器在不同的位置协同监控物理和环境条件，如温度、声音、振动、压力、运动和污染物"。

2. WSN 节点

WSN 节点具有有限的计算能力。它可以快速改变拓扑结构。在拓扑改变的环境中，WSN 具有自组织（Ad-hoc）网络的功能。在这种环境中，WSN 通常是自配置、自组织、自修复和自发现的。第 7 章中详细介绍了 WSN。

⊖ http://www.intel.com/content/dam/support/us/en/documents/edison/sb/edison_pb_331179002.pdf。

温故知新

- 物联网的资源是基于微控制器的主板——Arduino、Intel Galileo、Intel Edison、Beagle Board 和树莓派。这些资源具有开源的 IDE 和开发工具。
- Arduino 使用微控制器，例如 ATmega 328 和 ATmega 32u4。
- 树莓派使用 ARM Cortex 和基于 ARM LPC 微控制器的开发板。
- RFID 是一种识别设备，它可以传递身份信息，并具有许多的物联网应用，如库存控制、跟踪和供应链管理。
- 无线传感器节点是组成一个自配置、自发现网络的无线传感器。

21

自测练习

★ 1. 列出可用于原型开发的物联网开发板资源。

★ 2. ArduinoYún 有哪些特点？

★★ 3. Intel Galileo 和 Intel Edison 在什么时候会成为物联网应用的首选？

★★★ 4. 什么是 RFID？绘制库存控制应用的体系结构。

★ 5. 定义无线传感网并列出其应用。

1.6 M2M 通信

机器对机器（Machine-to-machine，M2M）是指机器上的物理对象和设备与其他同类设备通信的过程，主要用于监测，也用于控制。M2M 系统中的每台机器都嵌入了智能设备。该设备感知机器的数据和状态，并执行计算和通信功能。设备通过有线或无线系统进行通信。通信协议包括 6LowPAN、LWM2M、MQTT 和 XMPP。每个通信设备被分配了 48 位 IPv6 地址。

1.6.1 M2M 到 IoT

工业物联网技术包括集成复杂的物理机械 M2M 通信和传感器网络，并使用分析、机器学习和知识发现软件。

当智能设备和机器收集通过互联网传输到其他远程设备和机器的数据时，M2M 技术与物联网密切相关。M2M 与物联网之间的差别在于，M2M 必须在设备之间进行部署，并在不使用互联网的情况下对设备进行协调、监测、控制和通信，而物联网则部署互联网、**服务器**、互联网协议、服务器和云端应用程序、**服务和流程**。

M2M 在工业自动化、物流、智能电网、智慧城市、医疗和国防等领域有着广泛的应用。M2M 最初仅应用于自动化和仪器仪表中，但现在也用在遥测应用和工业物联网（Industrial Internet of Things，IIoT）中。

22

例 1.4

问题

举例说明 M2M 和 IIoT 的用法。

答案及解析

1. M2M 的应用实例包括制造过程中每个阶段所需的工具、机器人、无人机、提炼操作和顺序控制的协同运行。包括食品包装制造、流水线装配、铁路沿线故障跟踪等。

2. 工业物联网应用于铁路、采矿、农业、石油和天然气、公用事业、运输、物流和医疗服务等制造领域，同时用于这些领域的分析、机器学习和知识发现等软件。

1.6.2 M2M 体系结构

M2M 体系结构由三个域组成（见图 1.9）：

1）M2M 设备域。

2）M2M 网络域。

3）M2M 应用域。

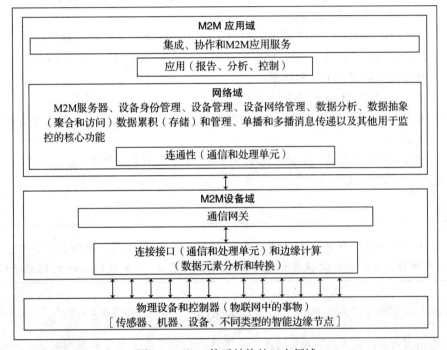

图 1.9　M2M 体系结构的三个领域

23

M2M 设备通信域由三个实体组成：物理设备、通信接口和网关。通信接口是一个端口或子系统，它接收来自一端的输入并将接收到的数据发送到另一端。

M2M 网络域由 M2M 服务器、设备身份管理、数据分析、数据管理和设备管理组成，类似于物联网体系结构（连接 + 聚集 + 组装 + 分析）层次。

M2M 应用域包括对设备网络的服务、监测、分析和控制的应用。

1.6.3 软件和开发工具

M2M 软件和开发工具示例如下：

- Mango 是一个基于 Web 的开源 M2M 软件。它支持多平台、多协议、数据库、元点、用户定义事件和导入 / 导出[⊖]。
- M2MLabs 的 Mainspring 是一个开发工具，也是用于开发 M2M 应用程序的源框

⊖　https://lx-group.com.au/mango-worlds-popular-open-source-m2m-platform/。

架[一]。它允许：

- 设备及其配置的灵活建模。
- 设备和应用程序之间的通信。
- 数据的验证和规范化。
- 长期数据存储和数据检索功能。
- 使用 Java 和 Apache Cassandra 编程。
- NoSQL 数据库的使用。

- **DeviceHive** 是一个 M2M 通信框架。它是一个 M2M 平台和集成工具，可以将设备连接到物联网。它具有基于 Web 的管理软件，可创建基于安全规则的电子网络和监控设备。Web 软件支持使用 DeviceHub 和在线测试构建原型项目，以了解其工作原理。
- **M2M 开放协议、工具和框架：**
  - XMPP、MQTT-OASIS 标准组和 OMA LWM2M-OMA 标准组制定协议。
  - Eclipse M2M 行业工作组有多种项目：Koneki 和 Eclipse SCADA，用于开源的标准通信协议、工具和框架。
  - 用于通用 M2M 服务层的 ITU-T Focus Group M2M 全球标准化组织。
  - 3GPPP 研究组负责 M2M 设备的安全性和自动 SIM 激活，包括远程配置和订阅更改。
  - 轻量级（无线通信）组制定标准以及在 M2M 使用无线空间。

下面是一个 M2M/IOT 的例子。

例 1.5

与 IBM 合作开发物联网汽车软件的 Local Motors（一家公司）提供了一个用于设计网联车的开源软件。大部分开源软件和设计规范的原型可以从 Local Motors 的网站下载[二]。

温故知新

- M2M 是指设备（机器）与其他同类设备通信的过程，主要用于监测和控制。
- M2M 技术与物联网密切相关。
- M2M 和 IoT 存在差异。M2M 使用设备到设备的通信协调监测和控制，但 IoT 使用互联网和服务器、云端协议和应用程序。
- M2M 设备通信域由三个实体组成：物理设备、通信接口和网关。
- M2M 网络域由 M2M 服务器、设备身份管理、数据分析、数据管理和设备管理组成，类似于物联网体系结构（连接 + 聚集 + 组装 + 分析）层次。
- M2M 应用域包括对设备网络的服务、监测、分析和控制的应用。
- M2M 提供了开放协议、工具和框架。
- Eclipse M2M 行业工作组的项目有 Koneki 和 Eclipse SCADA。它们是开源的标准通信协议、工具和框架。

○　www.m2mlabs.com/。
○　https://localmotors.com/。

自测练习

★ 1. M2M 是什么意思？

★★ 2. M2M 如何与物联网相关联？两者有什么不同？

★ 3. 举例说明 M2M 应用程序。

★★ 4. M2M 体系结构中三个体系结构域的功能是什么？

★★ 5. M2M 与 IoT 有何相似之处？

★★★ 6. 将 M2M 体系结构域与 IoT 体系结构层次相关联。

★ 7. DeviceHive（M2M）通信框架有哪些功能？

★★★ 8. M2M 中通常使用的开放协议、工具和框架是什么？

25

1.7　物联网的实例

物联网用途的实例包括可穿戴设备，例如手表、健身追踪器、睡眠监视器和心脏监视器等。Fitbit（例如，Fitbit Alta 健身追踪器）、Garmin 等公司制造了许多这样的设备。微软（微软手环已经停产）、小米和其他制造商都在生产跟踪手环。健身追踪可穿戴手环具有以下功能：

- 跟踪步数、距离、热量消耗和活动时间。
- 使用 OLED 显示器屏查看统计数据和时间。
- 自动跟踪睡眠时间和质量，并可设置静音、振动警报。
- 个性化的可变颜色、皮革材质和经典音乐。
- 当手机处于定义的范围内时，可快速获取通话、短信和日历通知。

如今，服装和配件融合了先进的计算机和电子技术。手表、戒指和表带的设计通常包括了一些实用的功能和特点⊖。下一节提供了可穿戴手表及其功能的示例。

1.7.1　可穿戴智能手表

以下是基于物联网概念的可穿戴手表的实例。

表 1.1　超连接可穿戴智能手表的特点

三星 Galaxy Gear S 智能手表功能	Apple Watch	Microsoft Wrist Band 2
● 两英寸弧形显示屏 ● 能够拨打电话（完全独立于实际的智能手机）和发送文本 ● Wi-Fi 和蓝牙连接选项 ● 启用 GPS ● S Health App 测量心率和监测紫外线，并告知佩戴者合适的进食、运动、休息时间 ● 具有导航功能	Apple iSmartwatch 拥有 Nike + Running 等应用程序，可以追踪早晚的跑步、健康和健身。它可以： ● 跟踪步行 ● 测量心率 ● 使用付款钱包付款 ● 在没有手机的情况下播放音乐 ● 与家人聊天 ● 更新邮箱 ● 打车 ● 更新新闻 ● 长途汽车导航 ● 控制 Apple TV ● 设置棒球比赛提醒	● 健身追踪 ● 通过显示电子邮件、日历和消息通知，提高工作效率 ● 适用于 Windows 手机、iOS 设备和 Android 设备 ● 传感器：心率、3 轴加速度计、陀螺仪、GPS、自然光、紫外线、皮肤温度、电容传感器、皮肤电反应、气压计

26

⊖ https://en.wikipedia.org/wiki/Wearable_technology。

图 1.10 展示了一个可穿戴智能手表。

1.7.2　智能家居

传感器和执行器通过连接互联网来管理智能家居。有线传感器和无线传感器集成到安全传感器、摄像头、恒温器、智能插头、灯和娱乐系统中。自己动手（Do-It-Yourself，DIY）制作传感器和执行器，包括智能插头、运动探测器、门窗探测器、烟雾探测器、能量计接口（电、气、水）、遥控

图 1.10　Apple iWatch

（内置认证）、智能继电器、监控摄像头、无线 Hi-Fi 扬声器、HUE LED 灯、电表等⊖。

智能家居中部署了以下应用程序：

- 手机、平板电脑、IP 电视、VOIP 电话、视频会议、视频点播、视频监控、Wi-Fi 和互联网。
- 家庭安全：访问控制和安全警报。
- 照明控制。
- 家庭医疗保健。
- 火灾探测和泄漏检测。
- 能源效率。
- 太阳能电池板监控。
- 温度监控和 HVAC 控制。
- 冰箱网络维修和服务中心。
- 自动抄表。

图 1.11 给出了基于云的智能家居物联网平台的体系结构视图。

家庭自动化软件

基于英特尔的智能网关可以创建一个由服务供应商提供的家庭自动化系统，用于电话、手机、有线、宽带和安全方面。OpenHAB（Open Home Automation Bus）支持通过家庭进行通信的智能家居设备。它配有一个名为 my.openHAB 的云计算服务，运行在支持 Java 的系统上。The Thing System 使智能家居设备能够通过家庭进行通信和控制，使用的语言是 Node.js。该系统部署了树莓派，由软件组件和网络协议构成，适用于家中所有与互联网连接的物品。

1.7.3　智慧城市

物联网概念延伸到万物互联（Internet of Everything，IoE），用于发展智慧城市。CISCO 为城市开发的四层体系结构框架如下（见图 1.12）：

1）第一层包括停车位、医院、街道、车辆、银行、供水、道路、桥梁和铁路中的传感器、传感器网络和设备网络。该层使用蓝牙、ZigBee、NFC、Wi-Fi 协议。

2）第二层在分布式计算点捕获、处理、存储和分析数据。

3）第三层是中央收集服务，该服务连接数据中心、云和企业服务器，用于数据分析应用程序。

⊖　http://www.yogasystems.com。

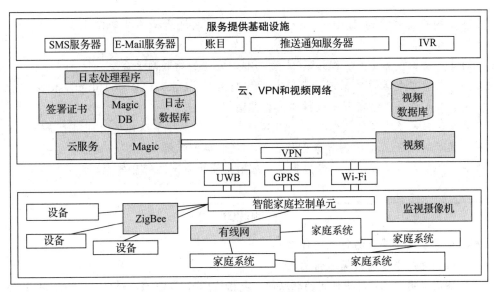

图 1.11　基于云（智能）的智能家居物联网平台的体系结构视图〔VPN（虚拟专用网），DB
（数据库），IVR（交互式语音应答系统），UWB（超宽带）〕

4）第四层包含了一些创新的应用，例如废物容器的监控、用于电力损耗监控的无线
传感网、自行车共享管理和智能停车。智能停车是指为驾驶者提供服务，提前告知他们附
近是否有空闲位置的停车服务。

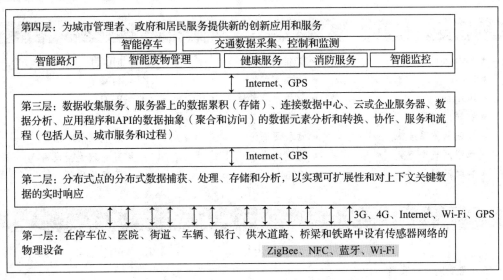

图 1.12　CISCO 为城市开发的四层体系结构框架

智慧城市正在成为现实，每年都有创新。

- 传感器和执行器借助 ZigBee、NFC、Wi-Fi 和互联网连接管理智能家居。智能家居部署了许多有线和无线传感器。

29

- 云的体系结构视图（名为 Magic）是面向智能家居的物联网平台。
- 智能家居自动化软件包括基于英特尔的智能网关、OpenHAB 和 ThingSystem。它们使智能家居设备能够在家中进行通信和控制。
- 智慧城市部署了物联网概念框架。CISCO 部署的四层体系结构框架可用于城市开发。
- 智慧城市的创新应用示例包括智能路灯控制和监测、智能火灾、健康、监控、医院服务、废物容器监控、用于电力损失监控的无线传感网和智能停车。

自测练习

- ★1. 可穿戴设备手表的特点是什么？
- ★★2. 绘制智能手表的数据通信图。
- ★★3. 举例说明智能家居中使用的物联网，包括传感器、执行器和智能家居自动化软件。
- ★★4. 智能家居体系结构视图中使用的云、VPN、视频和家庭自动化软件组成的网络实体是什么？
- ★5. 列出基于 Intel 的智能家居网关中可用的组件。
- ★★★6. 解释智慧城市体系结构框架中四个层的作用。
- ★★★7. 将 CISCO 的四层体系结构视图与七层物联网体系结构相关联。

关键概念

- Arduino
- CoAP
- Eclipse
- 物联网应用
- 物联网体系结构
- 物联网概念框架
- 物联网定义

- 物联网示例
- 物联网硬件
- 物联网参考模型（CISCO）
- 物联网软件
- 物联网资源
- 物联网愿景
- M2M 通信

- MQTT
- 树莓派
- RFID
- 智慧城市
- 智能家居
- 可穿戴连接设备
- 无线传感网

学习效果

1-1

- 从不同角度定义物联网。
- 物联网扩展了互联网对物理对象的应用。
- 物联网的愿景是通过传感、计算和通信使物体（可穿戴手表、闹钟、家用设备和周围的物体）变得

30

  智能并且具有像生物一样的功能。
- 展示了智能伞网和 RFID 的例子。
- 物联网（IoT）设备是智能超连接设备。

1-2

- 物联网概念框架可以用三个等式给出：

○ 物理对象 + 控制器、传感器和执行器 + 因特网 = 物联网（Adrian McEwen 和 Hakim Cassimally）

○ 收集 + 增强 + 流 + 管理 + 获取 + 组织和分析 = 连接到数据中心和企业服务器的物联网（Oracle 物联网体系结构）

○ 物理对象 + 收集 + 整合 + 连接 + 聚集 + 组装 + 管理和分析 = 连接云服务的物联网（IBM 物联网基金会）

1-3

- 物联网领域提出了多种体系结构。物联网领域涵盖了广泛的技术。并非所有推荐的实现都为单一的参考体系结构和单一的物联网领域提供一个蓝图。

- 可以通过标识参考模型来指定参考体系结构。几种参考体系结构有望在物联网领域共存。图 1.5 显示了 Oracle 物联网体系结构，可作为服务和业务流程中物联网应用程序的参考。

- 针对各种物联网领域制定了 IEEE P2413 标准体系结构框架。

1-4

- 物联网部署了硬件设计、传感器、执行器、微控制器、软件、操作系统、开发平台、框架、网络、云、数据中心、企业服务器应用和服务等技术。

- 物联网数据通信网关采用 RPL、IPv4、IPv6、LWM2M、CoAP、MQTT 等协议进行通信。

1-5

- Arduino Uno、Arduino Yún、树莓派、Beagle Board、Intel Edison、mBed 和 Bosch XDK 110 是用于原型和产品设计的物联网资源。

- 开源 IDE、开发平台和操作系统（例如，RIOT）可以加快原型和产品的开发。

1-6

- 机器对机器（M2M）通信是指机器与其他同类型机器之间的通信，主要用于监测和控制。

- M2M 技术与物联网密切相关。

- M2M 通信协议与物联网类似，即 LWM2M、CoAP、MQTT 和 XMPP。

- 为每台机器设备分配了 48 位 IPv6 地址。

- 三个 M2M 域包括：设备域、网络域、应用域。

1-7

- 展示了可穿戴连接设备的实例。

- 展示了智能家居和智慧城市中的物联网应用。

- 了解基于云的智能家居物联网平台的体系结构视图。

- 了解智慧城市的四层体系结构框架。

31

习题

客观题

从四个选项中选择一个正确的选项。

★ 1. Cisco 物联网参考模型：

(a) 最高层是协作和流程，中间层是服务器和数据中心，最低层是物理设备、控制器和机器。

(b) 最高层是服务器，最低层是通信和处理单元。

(c) 最高层是服务器和数据中心，最低层是通信和处理单元。

(d) 最高层是数据组织和分析，最低层是物理设备、控制器、机器以及通信和处理单元。

★ 2. 可代表 IBM 物联网框架的等式是：

(a) 网关 + (连接 + 收集 + 组装 + 管理) 和分析 = 物联网

(b) 收集 + 整合 + (连接 + 聚集 + 组装 + 管理) 和分析 = 物联网

(c) 物理对象 + 互联网 + 管理 + 存储和分析 = 物联网

(d) 网关 + (连接 + 数据库 + 组织 + 分析) = 物联网

★★★3. 考虑物联网应用程序的数量。物联网是物理对象的网络，由 (i) 传感器、(ii) 执行器、(iii) 标识通信、(iv) 计算、(v) 通信电路组成。对象 (vi) 发送、(vii) 接收、(viii) 使用 (ix) 互联网和其他内置通信技术进行通信。对象 (x) 存储它们的数据，(xi) 在它们之间协作。服务器 (xii) 存储数据，(xiii) 监控对象，(xiv) 基于数据协调各种过程，(xv) 控制互联网和数据网络上的对象。

(a) 以上都是正确的。

(b) (i)、(ii)、(iii) 中有正确的，(iv)、(v)、(vi)、(vii)、(ix) 和 (x) 都是正确的，(xi) 至 (xv) 都是正确的。

(c) (i) 或 (ii) 和 (iii) 都是正确的，(iv)、(v)、(ix) 都是正确的，(vi)、(vii) 中有正确的，(x) 至 (xv) 至少有一个是正确的。

(d) (i)、(iii)、(iv)、(v)、(vi)、(vii) 和 (x) 是正确的。

★★4. IEEE P2413 标准中物联网的体系结构框架提供了以下内容：(i) 定义各种物联网领域之间关系的参考模型；(ii) 通用体系结构元素；(iii) 数据抽象蓝图；(iv) 质量 "四重" 信任，包括保护、安保、隐私和安全；(v) 说明如何形成文档。

(a) (i) 至 (v)。   (b) (ii) 至 (v)。

(c) (i) 至 (iv) 以及有限的体系结构差异。   (d) (i) 至 (v) 以及努力减少体系结构差异。

★★5. ThingSpeak 是一个开放式数据平台，具有 (i) 开放 API。它由 API 组成，可以实现：(ii) 实时数据收集；(iii) 地理定位数据；(iv) 数据处理和可视化。(v) 它启用设备状态消息和插件。(vi) 它支持多种编程语言，包括 Arduino 和 JavaScript 以及 (viii) Java 库。(ix) 它可以处理 HTTP 请求并存储和处理数据；(x) 可以集成多个硬件和软件平台。

32

(a) (vi) 和 (vii) 不正确。   (b) 都是正确的。

(c) (x) 不正确。   (d) (i)、(viii) 和 (x) 不正确。

★6. M2M 中的机器具有 (i) 微控制器，其包括 (ii) 处理器、(iii) 存储器、(iv) 固件、(v) 定时器、(vi) 中断控制器、(vii) 通信模块、(viii) ADC、(ix) PWM。

(a) (i) 和 (ii) 始终存在于 M2M 和物联网设备中，其余取决于应用。

(b) (i) 至 (vii) 始终存在于 M2M 和物联网设备中，(viii) 和 (ix) 取决于应用。

(c) (i) 至 (v) 和 (vii) 始终存在于 M2M 设备中，(vi)、(viii) 和 (ix) 是可选的。

(d) M2M 和 IoT 设备需要所有选项。

★★7. M2M 中的网络域包括 (i) M2M 服务器、(ii) 设备身份管理、(iii) 机器数据库、(iv) 数据分析、(v) 数据管理、(vi) 设备管理。

(a) 都是正确的。

(b) 除 (ii) 和 (v) 以外都是正确的。

(c) 类似于 IBM 概念框架中的物联网体系结构 (连接 + 聚集 + 组装 + 分析)。

(d) 除 (iii) 和 (vi) 以外都是正确的。

简答题

★1. 定义物联网。物联网的首次使用是什么？

★★2. 物联网与互联网控制的设备有何不同点？举例说明。

★★★3. 用于库存控制应用的超连接 RFID 的每个层次有哪些功能？

★★★4. 对于使用云的处理和服务，IBM 物联网框架中每个层次的功能是什么？试用智能路灯示例来解释。

★ 5. 为什么单一参考体系结构无法为所有推荐的物联网实现提供蓝图?

★★ 6. 列出 Oracle 物联网体系结构的功能。

★★ 7. 物联网中用于业务流程的服务器端的功能是什么?

★ 8. 在物联网应用程序中指定 CoAP、RESTful HTTP、MQTT 和 XMPP (可扩展通讯和表示协议)的功能。

★★ 9. 物联网应用中通信模块的软件需求是什么?

★★★ 10. 为什么物联网应用开发设备平台需要 IDE?

★★★ 11. 设备平台和集成工具是什么? 用 ThingSpeak 和 Nimbits 的例子进行解释。 33

★★★ 12. 用于物联网应用程序开发的 mBed SDK 有哪些功能?

★★ 13. 为什么 WSN 节点需要自我发现、自我配置和自我修复的网络特性?

★★ 14. 说明 IoT 和 M2M 之间的异同。

★ 15. 使用物联网监测家庭监控和使用中央服务器有什么区别?

★★★ 16. 智慧城市可以部署哪些创新应用?

论述题

★ 1. 物联网的愿景是什么? 在智能路灯中,如何体现物联网的使用?

★ 2. 使用等式描述三种概念框架,这些等式给出了物联网应用不同层级的步骤。

★★ 3. 描述 Cisco 物联网参考模型中不同层的操作。

★ 4. 绘制 Oracle 物联网的参考体系结构。

★★★ 5. 在推荐的物联网参考体系结构中,给出 IEEE P2413 标准规范中的规定。

★ 6. 物联网背后的技术领域是什么?

★★★ 7. 设备数据如何通信才能在企业应用程序中创建数据库? 通信背后的技术是什么?

★★★ 8. 开发物联网应用程序的开源软件组件有哪些?

★ 9. 描述用于开发物联网应用程序的设备平台开发的资源。

★★ 10. 无线传感网电路的组成单元是什么?

★★★ 11. 在 M2M 应用程序中绘制三个域的体系结构视图。用于 M2M 应用程序开发的软件、开发工具、开放式 M2M 协议、工具和框架是什么?

★ 12. 描述 Apple 智能手表的功能。

★★★ 13. 绘制并解释基于云的智能家居物联网平台的体系结构视图。

★★ 14. 解释智慧城市体系结构框架中的四个层。

实践题

★ 1. 怎样利用互联网使报警设备变得智能和活跃? 假设可以利用预期到达航班 (ETA) 和列车 ETA 的发布、订阅服务。

★ 2. 为邮政包裹跟踪服务绘制物联网应用程序的体系结构视图,其中每个包裹都标有条形码。应用程序的概念等式是什么?

★★ 3. 展示物联网应用程序和服务的 Oracle、IBM 和 Cisco 体系结构视图的相似之处。

★★ 4. 图书馆服务的数据分析和监控问题、收据和用户需求所需的程序是什么?

★★ 5. 在本章实践题 1 中,智能报警器的硬件和软件平台是什么? 34

★★★ 6. 绘制用于交通报告、控制和监测的汽车 M2M 应用的体系结构视图。

★★★ 7. 开发智慧城市中废物容器管理服务的概念设计。 35

第2章 连接设备设计原则

学习目标

2-1 总结国际组织最近为 IoT/M2M 架构层和域的设计标准化所采取的举措。

2-2 阐述物理层和数据链路层功能的无线和有线通信技术。

2-3 列出数据适配层的功能、设备和网关域。

2-4 讨论物联网设备的设计简易性和经济实用性。

知识回顾

物联网中的物是指物联网中的物理对象：传感器、机器、设备、控制器和智能边缘节点（等式 1.1）。连接设备是指路灯、RFID、ATM 和汽车之类的设备，它们连接到互联网，用于应用、服务和进程。

1.2 节讲的是参考等式（1.1）至等式（1.3）。该部分还讲述了 IoT 和 M2M 的概念主要实体框架、参考模型和参考架构。框架是指为通用功能做出规定的一组实体或软件组件。为了开发应用程序，用户代码可以选择性地更改这些功能。概念框架是指框架的抽象。参考模型是指主要实体的概念化以及它们之间的关系。参考架构是指系统中主要实体的概念化，系统中的功能和部署以及系统提供的进程。

图 1.3 至 1.5 表示连接的设备网络与应用服务器，数据中心与云服务之间的通信。应用程序、服务和进程使用服务器数据、通知、警报或消息运行。来自设备的数据通过通信和处理单元进行收集、增强和流式传输。

基于等式（1.2）的 Oracle 参考架构（如图 1.5 所示）表明，这些物品与互联网上的管理、获取、组织和分析单元进行通信，可以运行应用程序和进程。

IBM 概念框架（如图 1.3 所示）由两个子框架组成。来自设备的数据通过通信和处理单元收集、增强和流式传输。

物联网中的应用程序和进程需要与互联网上的管理、获取、组织和分析单元进行通信（等式 1.2）。例如，传感器、机器、设备、控制器和不同类型的智能边缘节点。

图 1.4 显示了物联网参考模型中的七个层次。Cisco 设计的模型具有最低级别 1 的设备和其他对象。设备数据通信和处理单元处于级别 2。系统管理、获取、组织和分析处于级别 3 到 7，通信和处理使设备能够与网络互联。

图 1.9 显示了 M2M 架构中的三个域——设备与通信、网络、应用程序。图 1.11 给出了基于云的智能家居物联网平台的架构视图。该图显示了智能家居系统的三个框架：云、VPN 和视频网络、服务提供商基础设施。图 1.12 显示了 Cisco 为智慧城市开发的四层架构框架。

2.1　概述

写信时需要根据协议（规矩）书写。为了将这封信发出去，首先要把它装入一个信封中，然后在信封的中心位置写上收件人的地址，在左下部写上寄件人的地址，把邮票贴在右上角并且在中上部标注邮寄类型。所有的信件被收集（堆叠）起来，之后被送往目的城市。每个动作根据每个阶段（层）指定的协议进行。同样地，数据从传感器传输时，功能单元创建栈用于与应用程序或服务进行数据通信。

IoT 或 M2M 的设备数据是指，用于与应用程序、服务或进程通信的数据。这部分数据也指由设备接收用于监视的数据，或执行器中执行操作的数据。

数据栈用来表示各个中间层（级别或域）执行之后接收的数据。开放系统互联（OSI）模型包括应用层、表示层、会话层、传输层、网络层、数据链路层和物理层。

数据适配层或其他层的操作与数据隐私、数据安全、数据整合、聚集、压缩和融合相关。操作可以是网关操作—使用一种协议用于接收，另一种用于传输。

在功能单元上进行适当的数据格式化或转换后，层中的操作可以添加额外的头部信息。例如，当头部信息（指定设备 ID 或地址、目标地址和其他字段）在物理（设备）层被添加及加密用来确保其在网络上的安全性时，应用程序或中间层可以使用来自设备的数据。

除了添加头部信息之外，还可在各中间单元增添附加位。比如，增加额外消息或一个确认字符。

以下是理解物联网连接设备设计原则时，需要了解的关键术语：

层 是指一个阶段，一组根据特定协议或方法所采取的操作，然后操作的结果会传递到下一层，直到这组操作完成。层可以由多个子层组成。

物理层 是指数据位的发送节点或接收节点所处的层。使用物理系统进行无线或有线传输。该层是最底层。

应用层 是指用于发送或接收应用的数据位层。数据位通过网络传输，传输过程如下：来自应用层的应用数据在经过一系列中间层后传输到物理层，然后传输到接收端的物理层。然后，接收节点处的数据在经过一系列中间层之后从物理层传输到应用层。

层级 是指从最低到最高的阶段。例如，获取最低级别的设备数据和操作，以及最高级别的业务流程中的操作。

域 是指具有特定应用程序和功能的一组软件、层或层级。例如，CoRE 网络、接入网络、服务功能和应用可以被视为一个域，叫作网络域。通常域与其他域或域外的交互受限。

网关 是指用于连接两个应用层的软件，一个位于发送方，另一个位于接收方［应用层网关（ALG）]。网关可以是不同类型的。每个端使用不同的协议时，设备和网关域的通信网关具有在两端通信期间进行协议转换的功能。在数据通过因特网通信之前，因特网网关具有除了协议转换、数据转码、设备管理和数据增强之外的功能。网关的字典含义是你经过的一个地方，借由它可以通向一个更大的地方（见 2.4 节）。

IP 代表网络层的因特网协议版本 6（IPv6）或因特网协议版本 4（IPv4）（v6 表示版本 6，v4 表示版本 4）。

头部信息是指一组八位字节，包含了正在发送数据的信息。两个端点之间通信期间，在该数据传输到下一层之前，头部信息打包某层的数据。头部信息及其字段的大小取决于该层中创建数据栈所采用的协议。例如，作为 IP 网络层，IPv4 头部信息有很多字段，传输层有通用数据报协议（UDP）头部信息，等等。每个头部信息字段具有不同的含义。数据包中的字段大小介于 1 到 32 位之间。在将数据包从一个层传输到下一个层时，字段有助于处理数据包。

数据包意味着打包的数据栈，即网络上的路由信息。数据包大小受协议限制。例如，IPv4 数据包大小限制为 2^{16}B（2^{14} 个字，1 个字 = 4 个八位的字节）。

协议数据单元（PDU）是在给定层的协议中所指定的数据单元，其从某一层转移到另一层。例如，PDU 是从物理层传输的位，来自数据链路层的帧，网络层的数据包，传输层的段，来自应用层和其他层的文本（纯文本，加密或压缩）。

最大传输单元（MTU）是以八位字节（1 个八位的字节 = 1 个字节 = 8 个比特）指定的最大长度的帧或分组或段，在诸如因特网的分组或基于帧的网络中传输。例如，考虑使用传输控制协议（TCP）将传输层的段传输到网络层。MTU 决定了到网络层的所有传输中每个数据栈的最大规模。网络层决定了到数据链路层的所有传输中每帧的最大大小，然后使用数据链路层的 MTU。

星形网络代表多节点与协调器或主节点交互。

网状网络代表节点彼此互联。

终端设备或**节点**代表提供与协调器或路由器连接的设备或节点。

协调器代表一类可连接到多个端点的节点以及星形拓扑中的路由器，并将数据栈从一个连接的端点 / 路由器转发到另一个端点 / 路由器。

主设备是指在星形拓扑网络中首先与其他设备配对的设备。

从设备是指与主设备配对的设备，使用来自主设备的时钟信号进行同步，并且使用主设备在开始时分配的地址。

路由器指的是能够存储到具有逻辑链路的每个目的地的路径的设备或节点。路由器根据接收实例的可用路径发送数据栈。

ISM 频段指工业、科学和医疗（ISM）射频（RF）频段。各国通用频段为 2.4GHz，北美的频段为 915MHz，欧洲的频段为 868MHz，亚洲的频段为 433MHz。

应用程序是指用于特定任务的软件，例如路灯监控或控制。

服务是指服务软件，例如生成报告或图表的可视化服务。

进程是指一个软件组件，它处理输入并生成输出。例如，在分析数据或获取数据之后。操作系统控制进程、进程的内存和进程的其他参数。

IoT/M2M 的推荐模型、概念框架、参考模型和体系结构表明：

● 需要设计用于连接设备的通信框架，用于局域网络和数据收集。

- 需要设计数据增强、数据整合和数据转换框架。
- 需要设计网关组件，以便将设备网络与 Web/Internet 连接起来。
- 需要应用程序和应用程序支持框架用于服务、应用程序和进程。

本章讲述了与网络层通信的物理层、数据链路、数据适配层，还介绍了用于连接设备、局域网和应用程序的通信框架。后续章节将介绍用于将设备网络与 Web/Internet、应用程序和应用程序支持框架连接的网关组件。

以下各节讲述了连接设备的设计原则，介绍了物联网系统中的标准化层，通信框架以及用于设备和网络域中连接框架的无线和有线技术。以下各节还介绍了通信、数据管理和数据增强的框架。

2.2 IoT/M2M 系统、层和设计标准

许多国际组织已采取行动进行物联网设计标准化。例如：

国际互联网工程任务组（IETF）首先发起了解决和处理物联网工程规范建议的行动。IETF 提出了层的规范，以及物联网通信、网络和应用方面的工程。

国际电联电信标准化部门（ITU-T）在应用和应用支持层，为物联网服务和应用提出了物联网域、网络和传输能力的参考模型。

欧洲电信标准化协会（ETSI）对于机器之间（M2M）通信的网络、设备以及网关域的标准进行了系列开发。ETSI 提出了应用程序和服务功能的高级架构。

国际工业联合会开放地理空间联盟（OGC）也为传感器的发现、能力、质量和其他方面提出了开放标准，并支持网页地理信息[○,○]。

以下小节介绍了这些标准化工作。

2.2.1 为 IoT/M2M 改进的 OSI 模型

OSI 协议是指由 ISO 和 ITU-T 联合开发的一系列信息交换标准。七层 OSI 模型是标准模型。它给出了设计通信网络的基本轮廓。各种数据交换模型考虑到 OSI 模型中指定的层，并根据需要对其进行简单修改。同样，IETF 提出了修改 IoT/M2M 的 OSI 模型的建议。

图 2.1 显示了经典的七层 OSI 模型（左侧）以及 IETF 提出的该模型的修改版（中间）。数据从设备端传送到应用程序端。每层处理接收的数据并创建一个新的数据栈，然后将其传输到下一层。处理过程发生在中间层，即在底部功能层和顶层之间。在中间层处理之后，设备端还从应用程序 / 服务接收数据。图 2.1 还表明了与等式（1.2）中相似的概念框架：

收集 + 增强 + 流 + （管理 + 获取 + 组织 + 分析）= 物联网应用和服务

新的应用程序和服务位于第 6 层应用程序层。第 5 层应用程序支持层使用例如 CoAP（见 3.1.1 节）的协议对其进行修改。物联网应用和服务通常将它们用于网络通信。该层的 CoAP 协议用于网络上客户端和服务器之间的请求 / 响应交互。类似地，应用程序支持层包括用于数据管理、获取、组织和分析的进程，这些进程主要由应用程序和服务使用。

○ Höller Jan et al., *Machine-to-Machine to the Internet of Things*, pp. 163-165, Elsevier, 2014。

○ http://www.opengeospatial.org/projects/groups/sensorwebdwg。

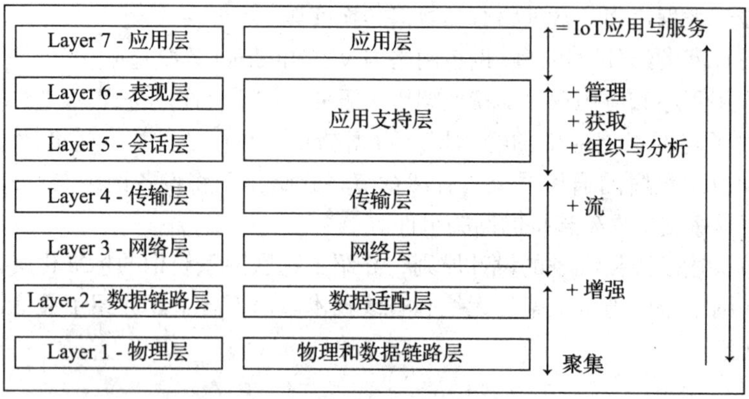

图 2.1　七层通用 OSI 模型（左），IETF 六层改进的 IoT/M2M OSI 模型（中），与方
程 1.2（右）相似的 IoT 应用和服务概念框架

41

在第 2 层数据链路层（L2）和第 1 层物理层（L1）也会有一些修改。新层叫数据适配层（新 L2）以及物理和数据链层（新 L1）。数据适配层有一个网关。该网关实现设备网络和 Web 之间的通信。

一个物理 IoT/M2M 的设备硬件可以集成无线收发器，使用通信协议以及链接 L1 和 L2 数据栈的数据链路协议。

例 2.1 解释了用于路灯互联网的 IETF 六层 OSI 模型。

例 2.1

问题

例 1.1 中智慧路灯互联网应用的改进 OSI 模型中的架构层是什么？

答案及解析

思考一个路灯互联网模型（如图 1.1 所示）。以下是改进后的 OSI 模型中用于数据交换的层：

- L1：它由智能传感和数据链路电路组成，每个路灯将传感数据传输到 L2。
- L2：它由一个组控制器组成，组控制器通过蓝牙或 ZigBee 接收每组数据，聚集和压缩数据以便与因特网通信，并根据中心站的程序命令来控制路灯组。
- L3：它将 Internet 的网络流传输到下一层。
- L4：传输层对下一层进行设备身份管理、身份注册和数据路由。
- L5：应用支持层负责数据管理、获取、组织和分析，以及 CoAP、UDP 和 IP 等标准协议的功能。
- L6：应用层可实现远程编程，在整座城市中监控每组路灯，解决中心站关于控制器切换开关和服务命令的问题。

2.2.2　ITU-T 参考模型

图 2.2 展示了 ITU-T 参考模型 RM1。它还展示了与改进的六层 OSI 模型的对应关系（见图 2.1）。该图也展示了与 CISCO 物联网参考模型 RM2 的比较（见图 1.4）。RM1 考虑

42 四个层：

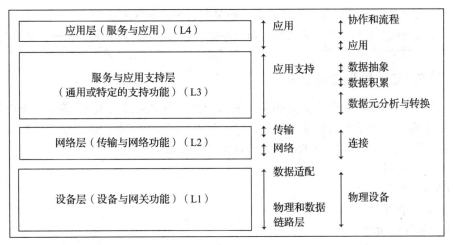

图 2.2 ITU-T 参考模型 RW1，它与 6 层改进的 OSI 的对应关系，以及与 CISCO IoT 参考模型 RM2 中建议的 7 个级别的比较

- 最底层 L1 是设备层，具有设备和网关功能。
- 上一层 L2 具有传输和网络功能。
- 上一层 L3 是服务和应用程序支持层。该支持层有两类功能——通用和特定的服务或应用程序支持功能。
- 顶层 L4 用于应用程序和服务。

ITU-T 建议使用四层，每层具有不同的功能。ITU-T RM1 与六层 OSI 模型的对比如下：

- RM1 设备层的功能类似于数据适配层、物理和数据链路层的功能。
- RM1 网络层的功能类似于传输层和网络层的功能。
- RM1 上两层的功能类似于 OSI 的前两层的功能。

与 Cisco 物联网参考模型（RM2）的对比如下：

- RM1 L4 的功能类似于 RM2 协作和进程以及应用程序前两层的功能。
- RM1 L3 的功能类似于 RM2 三个数据抽象，积累，分析和转换的中间层功能。
- RM1 L2 的功能类似于 RM2 连接级别的功能。
- RM1 L1 设备层的功能类似于 RM2 的物理设备级别的功能。

43

例 2.2 解释了用于 RFID 网络的 ITU-T 参考模型。

例 2.2

问题

ITU-T RFID 应用网络参考模型的架构层是什么？

答案及解析

思考 RFID 网络的模型。以下是 ITU-T 参考模型中的层和数据交换的功能。

第 1 层：设备和网关功能于 RFID 物理设备和 RFID ID 数据读取器中体现，根据无线协议将增强数据传送到无线访问接入点（AP）。

第 2 层：传输和网络功能在接入网络中体现，可接入网络包括 AP 以及与服务器相连的因特网。

第 3 层：服务器上服务和应用支持层的功能有 RFID 设备注册、ID 管理、连接服务器或数据中心的 RFID 数据路由、时序设备的数据分析和设备位置跟踪。

第 4 层：RFID 的服务和应用有商品和业务流程的跟踪和库存控制。例如，供应链管理。

2.2.3 ETSI M2M 域和高级功能

域指定了功能范围。高层次架构是功能和结构视图的架构。图 2.3 展示了 ETSI M2M 域和体系结构，以及每个域的高级功能。它还表明了该架构与改进的六层 OSI 模型和四层 ITU-T 参考模型的对应关系。ETSI 网络域具有六种功能：

1）M2M 应用。

2）M2M 服务能力。

3）M2M 管理功能。

4）网络管理功能。

5）CoRE 网络（例如，3G 和 IP 网络、网络控制功能、网络之间的互联）。

6）接入网络（例如，LPWAN（低功率广域网）、WLAN（Wi-Fi）和 WiMax 全球微波互联接入网络）。

ETSI 设备和网关域具有以下功能单元：

- M2M 区域网络与 CoRE 和接入网络之间的网关，具有 M2M 服务能力和应用。
- M2M 区域网络（例如，蓝牙、ZigBee NFC、PAN、LAN）。
- M2M 设备。

44 例 2.3 说明了 M2M ETSI 的域和用于 ATM 到银行服务器的应用和服务的高层次架构。

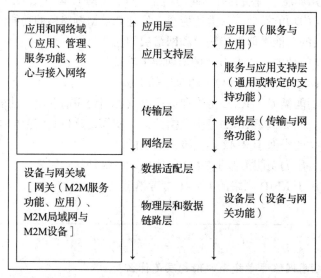

图 2.3　ETSI M2M 域体系结构及其高级功能，与六层改进的 OSI 和四层 ITU-T 参考模型的对应关系

例 2.3

问题

在 ATM 机网络应用和服务的 ETSI 高层次架构中，域及其服务功能是什么？

答案及解析

用于 ATM 机网络中应用和服务的 ETSI 高层次架构具有两个域：

- **设备和网关域**：设备指卡和 ATM，ATM 服务能力和 ATM 应用在 ATM 网关中体现。网关具有获取卡以及银行数据的系统。ATM 机和银行服务器之间的数据交换通过网关进行。该域拥有现金分发和监控系统。所有 ATM 系统都通过接入网络进行网络连接。网关根据 AP 与机器数据之间的网络协议，在数据增强和转码后传送数据。域的子系统监控现金分配和其他服务。
- **应用和网络域**：应用和网络域有两个功能单元 – ATM 管理功能和网络管理功能。它对 ATM 具有银行应用程序和服务的能力，并且与银行 CoRE 网络通信，该网络连接所有 ATM 网关的接入网络。

45

温故知新

- 国际组织 IETF、ITU-T 和 ETSI 最近倡议并建议针对 IoT/M2M 系统的层、功能、域和架构标准化。
- 三个提议的国际标准，提出的概念框架，物联网架构以及 IBM、Oracle 和 CISCO 的参考模型之间都有相似之处。
- IoT/M2M 示例（路灯互联网、RFID 网络和 ATM 网络）中的架构层和域使用了改进的 OSI、ITU-T 和 ETSI 标准规范。
- IETF 六层模型提出了一个应用程序支持层来代替 OSI 模型中的会话层和表示层。CoAP 是一种应用程序支持层协议，使用请求 / 响应交互模型。
- IETF 六层模型具有代替数据链路层的数据适配层。适配层协议是 6LoWPAN［IPv6 低功耗无线个人局域网（WPAN）］。该模型具有物理和数据链路层来代替 OSI 中的物理层。
- ITU-T 参考模型具有用于应用和服务的层，以及用于其他三类功能的三层。
- ETSI 高级 M2M 架构有两个域。一个是具有六种功能的网络域。ETSI 设备和网关域具有由网关、CoRE 和接入网络、M2M 局域网和 M2M 设备组成的功能单元。

自测练习

- ★ 1. 绘制用于跟踪和库存控制的 RFID 应用网络的 IETF 六层模型。
- ★ 2. 绘制用于路灯互联网的 ITU-T 参考模型。
- ★ 3. 绘制为 ATM 银行服务器应用和服务的 ETSI 高层次架构。
- ★★ 4. Cisco 七级功能单元如何与 ITU-T 参考模型中的四层相关联？
- ★★ 5. 为什么在 IoT 和 M2M 的应用及服务通信框架中需要网关？
- ★★ 6. 为什么 IoT/M2M 应用程序需要额外的应用程序支持层？
- ★★ 7. 如何将 Oracle IoT 体系结构中的功能单元与 IETF IoT 模型六个层中的每一层相关联？
- ★★★ 8. 为什么 IETF 认为改进的 OSI 在其计算机网络模型中，指定物理 / 数据链路层和数据适配层来代替单独的物理层和数据链路层很重要？
- ★★★ 9. 为网联车的交通管理系统绘制 ETSI M2M 高层次架构。假设应用程序提供实时交通流量密度报告。报告显示在汽车的地图中。

46

2.3　通信技术

模型中的物理和数据链路层包括了局域网 / 个人局域网。物联网或 M2M 设备的本地网络部署两种技术之一——无线或有线通信技术。图 2.4 显示了使用不同技术进行设备（第 1 个到第 i 个）连接，用于设备与设备、设备与连接到本地网络的网关之间的通信。

图 2.4 展示了 IoT 和 M2M 设备网络中存在的各种设备。该图显示了设备的局域网。设备（左侧）之间是通过 RF、蓝牙智能能源、ZigBee IP、ZigBee NAN（邻域网）、NFC、6LoWPAN 或移动设备连接的。数十个字节的数据在设备和本地设备网络之间的实例连接处进行传送。

以下小节介绍了一些通信技术和建议标准。

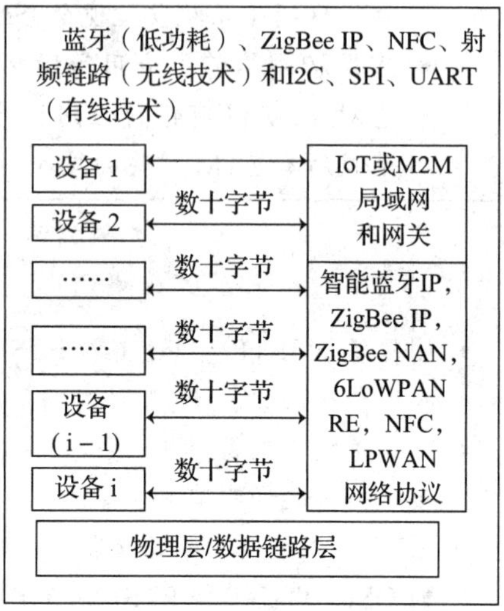

2.3.1　无线通信技术

物理和数据链路层使用有线或无线通信技术。
47
无线通信技术有 NFC、RFID、ZigBee、蓝牙（BT）、RF 收发器和 RF 模块。以下小节介绍了这些无线通信技术。

图 2.4　使用 WPAN 或 LPWAN 网络协议将第一个到第 i 个连接设备连接到本地网络和网关

1. 近场通信

近场通信（NFC）是非接触式感应卡的 ISO/IEC²14443 标准的增强版。

NFC 是一种短距离（20cm）无线通信技术。它可以在感应卡和其他设备之间进行数据交换。NFC 应用的场景有感应卡读卡器 /RFID/IoT/M2M/ 移动设备、移动支付钱包、汽车电子钥匙、房屋及办公室门禁和生物识别护照读取器。

NFC 设备在同一连接实例上发送和接收数据，并且设置时间（启动通信所花费的时间）为 0.1 秒。该设备或其读取器可为附近的无源设备（例如无源 RFID）生成 RF 场。NFC 设备可以检查 RF 场并检测发送信号的冲突。当接收信号位与发送信号位不匹配时，设备可以检查到冲突。

功能有效范围在 10cm ～ 20cm 之间。该设备还可以与蓝牙及 Wi-Fi 设备通信，能将距离从 10cm 延伸到 30m 或更远。该设备能够使用信息切换功能接收数据，并将数据传递到蓝牙连接或标准化的 LAN、Wi-Fi。设备数据传输速率为 106kbps、212kbps、424kbps 和 848kbps（bps 代表每秒位数，kbps 代表每秒千位）。三种通信模式是：

1）点对点（P2P）模式：两种设备都使用在通信时交替生成 RF 场的有源设备。

2）卡仿真模式：智能卡和智能卡读卡器所需的读写通信不间断。FeliCa™ 和 Mifare™ 标准是卡设备和读卡器上读取和写入数据的协议，然后读卡器可以将信息传输到蓝牙或 LAN。

3）读卡器模式：使用 NFC 设备读取无源 RFID 设备。RF 场由有源 NFC 设备生成。这使得无源设备能够进行通信。

2. RFID

射频识别（RFID）是一种使用互联网的自动识别方法。因此，RFID 在远程存储中使用，并且在 RFID 标签处完成数据检索。RFID 设备的功能类似标签或商标，可以放置在物体上，然后可以跟踪对象的运动。物体可以是包裹、人、鸟或动物。RFID 的物联网应用体现在业务流程中，例如包裹跟踪和库存控制、销售登记和供应链管理。7.5.1 节描述了该技术的细节。 48

3. 蓝牙基础速率 / 增强数据速率（BR/EDR）和低功耗蓝牙

蓝牙设备遵循针对 L1（物理和数据链路层）的 IEEE 802.15.1 标准协议，形成 WPAN 设备网络。设备的两种模式是蓝牙 BR/EDR（基础速率 1Mbps / 增强数据速率 2Mbps 和 3Mbps）和蓝牙低功耗（BT LE 1Mbps）。最新版本是蓝牙 v4.2。BT LE 也称为智能蓝牙。蓝牙 4.2 版本（2014 年 12 月发布）提供了 LE 数据包长度扩展、链路层隐私、安全连接、扩展扫描器和过滤器链路层策略以及 IPSP。BT LE 范围为 150m，功率输出为 10mW，数据传输速率为 1Mbps，设置时间小于 6s。

2016 年 6 月发布的蓝牙 5 版本将广播容量增加了 800%，范围提高了四倍，速度提高了一倍。设备具有单模 BT LE 或双模 BT BR/EDR（Mbps 代表每秒百万比特）。其特点有：

- 当使用 BT 时，移动设备和其他设备之间自动同步。BT 网络具有自我发现、自我配置和自我修复的特点。
- 无线电范围取决于无线电的等级。等级分 1 级、2 级或其他：在 BT 设备实现中分别可达 100m、10m 或 1m。
- 支持 NFC 配对，以便在匹配 BT 设备时实现低延迟。
- 两种模式——双模或单模设备用于 IoT/M2M 设备局域网。
- 具有 IPSP（互联网协议支持配置文件）的智能蓝牙的 IPv6 连接选项。
- LE 模式下更小的数据包。
- 在安全模式和非安全模式下运行（设备可以选择链路级别和服务级别的安全性，也可以仅选择服务级别或不安全级别）。
- 机密性和身份认证的 AES-CCM 128 认证加密算法（参见例 2.4）。
- 使用 BT EDR 设备将 IoT/M2M/ 移动设备连接到具有 24Mbps Wi-Fi 802.11 适配层（AMP，Alternative MAC/PHY 层）的 Internet 或支持 BT 的有线连接端口或设备。MAC 代表数据链路层 / 子层的媒体访问控制子层。

例 2.4

问题

蓝牙层如何提供机密性和身份认证？

答案及解析

基于对称 128 位块数据加密和 CCM 模式（具有 CBC-MAC 的计数器）的标准算法 AES（高级加密算法）提供机密性和身份认证。CBC 代表块长度为 128 位的加密块密码。CCM 是一种为认证加密算法提供机密性和身份认证的方法。 49

4. ZigBee IP/ZigBee SE 2.0

ZigBee 设备遵循 IEEE 802.15.4 标准协议 L1（物理和数据链路层），形成了 WPAN 设备网络。

ZigBee 终端设备构成了嵌入式传感器、执行器、设备、控制器和医疗数据系统的

WPAN 网络，它们连接到互联网，用于物联网应用、服务和业务流程。

　　ZigBee 邻域网（NAN）是智能电网的一个版本。ZigBee 智能能源的 2.0 版本具有使用 IP 网络进行能源管理和能源效率能力提升的功能。

　　ZigBee IP 的特点是：

- L1 层 PDU = 127B。
- 用于低功耗、短距离的 WPAN 网络。
- 设备可以在六种模式下工作——端点、ZigBee-ZigBee 设备路由器、ZigBee 网络协调器、ZigBee-IP 协调器、ZigBee-IP 路由器和 IP 主机。
- ZigBee IP 增强功能提供了 IPv6 连接。ZigBee IP 设备是简化功能的设备（RFD）。RFD 是指用于"睡眠"/电池供电功能的设备。睡眠指的是设备不会一直处于在线状态，它在发送数据后又回到睡眠状态。ZigBee IP 支持 IPv6 网络，具有 6LoWPAN 报头压缩功能，用于 Internet 通信和低功耗设备控制的连接、TCP/UDP 传输层和 TLSv1.2 公钥（RSA 和 ECC），也可用于端到端安全协议的 PSK 密码套件，端到端指的是应用层到物理层。
- ZigBee 路由器的路由模式采用主动和被动协议，从而实现大规模自动化和远程控制的应用。
- 自配置和自我修复的动态配对网状网络，支持组播和单播。
- 组播转发支持基于服务发现（SD）的组播域名系统（mDNS）。
- 支持开发具有完全应用确认功能的发现机制。
- 支持协调器与星形拓扑中的端点设备和路由器配对。
- 利用多星形拓扑和 PAN 间通信可提供更大的网络。
- 支持传感器节点和传感器（或设备）网络集成，包括作为路由器或终端设备进行配置的传感器和设备。
- 低延迟（<10ms）链路层连接。
- 范围为 10m ~ 200m，数据传输速率为 250kbps，低功耗运行。
- ISM 频段直接序列扩频 16 路无线电，并提供 AES-CCM-128（参见例 2.4）的链路级安全性保证。
- 包括 ZigBee SE 2.0 中的 RFD。

　　ZigBee NAN 是为用于智能计量、配电自动化设备和智能电网通信配置而准备的。NAN 让 HAN（家庭局域网）和智能电表连接到 WAN（广域网）网关的室外接入网络最后一英里成为可能。

　　图 2.5 展示了 ZigBee 端点、协调器、路由器、ZigBee IP 路由器模式下形成的 ZigBee 传感器、终端设备和 ZigBee 路由器设备的星形、网状和 IP 网络，这些网络与 Internet IPv4、IPv6 和蜂窝网络互联。

　　图 2.5 显示：

- 三个终端设备、两个路由器、一个连接到协调器 ZigBee 设备的传感器节点，形成了一个星形网络。
- 一个终端设备、两台路由器和一台协调器，形成网状网络。
- 网状网络路由器连接到 AP/ 网关，后者又连接到蜂窝网络。
- 网状网络协调器连接到 ZigBee IP 边缘路由器，使本地 ZigBee 网络能够连接到 Internet。

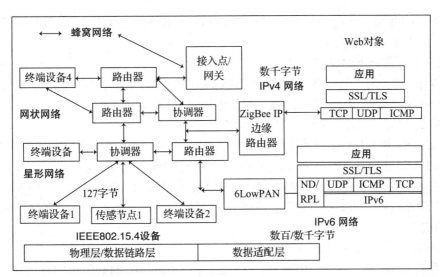

图 2.5 ZigBee 端点、协调器、路由器、ZigBee IP 路由器节点构成了 ZigBee 传感器、终端设备和 ZigBee 路由器设备的星形、网状和 IP 网络，这些设备与 Internet IPv4、IPv6 和蜂窝网络互联

ZigBee 网络的特点是：

- 星形网络中的路由器连接到 6LoWPAN，6LoWPAN 是将 IEEE 802.15.4 设备网络连接到 IPv6 的网络。
- 网络层和物联网 Web 对象之间通信，数据大小为几千字节。
- 单数据传输时适配层 IEEE 802.15.4 设备之间通信，数据为 127 字节。
- Web 对象/应用程序和 ZigBee 设备之间通信的 IETF ND（邻居发现）、ROLL（低功耗网络路由）、RPL 路由，IPv6/IPv4 网络、TCP/UDP/ICMP 传输和 SSL/TLS 安全层协议。　51

5. Wi-Fi

Wi-Fi 是一种使用 IEEE 802.11 协议和无线局域网（WLAN）的接口技术。Wi-Fi 设备通过家庭 AP/公共热点连接企业、大学和办公室。Wi-Fi 使用 Internet 连接分布式 WLAN 网络。

汽车、仪器、家庭网络、传感器、执行器、工业设备节点、计算机、平板电脑、移动设备、打印机和诸多设备都具有 Wi-Fi 接口。它们使用 Wi-Fi 网络进行联网。

Wi-Fi 非常受欢迎。Wi-Fi 接口、AP 和路由器面临的问题是高功耗、干扰问题和性能下降。

Wi-Fi 接口自身连接或使用 Wi-Fi PCMCIA、PCI 卡、内置电路卡连接到 AP 或无线路由器，并通过以下方式连接：

- 基站（BS）或 AP。
- WLAN 收发器或 BS 可连接一个或多个无线设备同时上网。
- 没有接入点的对等节点：独立基本服务集（IBSS）网络中的客户端设备可以直接相互通信。它可以轻松快速地设置 802.11 网络。
- 基本服务集（BSS）一对多节点，使用一个中间 AP 节点或分布式 BSS 通过多个 AP 来连接。
- 每个 BSS 的连接范围取决于无线网桥和天线的使用范围和环境条件。
- 每个 BSS 都是一个服务集标识符（SSID）。

图 2.6 展示了三种为传感器设备节点、移动设备、平板电脑、笔记本电脑、计算机而

建立的 WLAN 网络（BSS）连接以及 IPv4 与 WLAN 网络的互联网连接（此处虚线表示无线连接，实线表示有线连接）。

图 2.6 显示了以下内容：

- 传感器节点通过 WLAN 网络 1（WLAN1）中的 Wi-Fi 适配、802.11 接口连接到蓝牙。
- 平板电脑、Wi-Fi、计算机也通过 AP 连接到 WLAN 1。
- AP1 连接到宽带路由器 1 和 IPv4 网络 2。
- WLAN1 和 WLAN2 的作用如 BSS。
- WLAN2 还包括 AP2、Wi-Fi 路由器和其他支持 Wi-Fi 的接口。
- Wi-Fi 路由器连接到多个 Wi-Fi 节点以及宽带路由器 2。
- 宽带路由器 1 和 2 使用有线连接到 IPv4 网络和 Web 对象，用于物联网应用、服务和进程。

Wi-Fi 接口、接入点、路由器的功能如下：

- 通常使用的是 2.4GHz IEEE 802.11b 适配、5GHz（802.11a 或 802.11g）、802.11n 或其他 802.11 系列协议。
- 接口使用 2.4GHz 或 5GHz 天线。
- 提供可移动性和漫游功能。

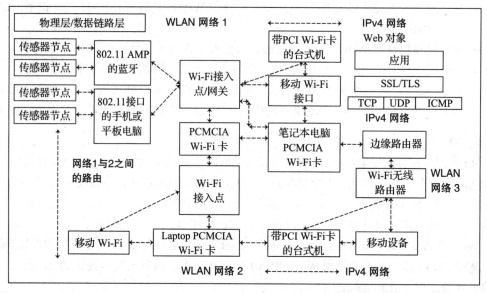

图 2.6　三个用于传感器设备节点、移动设备、平板电脑、笔记本电脑、计算机以及 WLAN 网络与 IP4 网络的互联网连接的 WLAN 网络（虚线表示无线连接，实线表示有线连接）

- 安装简便、灵活方便。
- 覆盖范围 30m 至 125m。
- 在房间里使用有限覆盖的 802.11a 与 b 共存，a 与 b、g 共存。
- 在更广的覆盖范围内使用 802.11b，因为它不受墙壁影响，适用于公共使用的热点，数据速率为 11Mbps（802.11b），范围为 30m。
- 使用 802.11g 可实现高达 54Mbps 的高数据速率，使用 802.11n 可实现高达 600Mbps 的高数据速率，使用多个天线增加数据速率。

- 可与无线和有线基础设施互操作，确保兼容性，并在启用数据、媒体和流以及应用和服务的无线访问时，可实现更轻松的访问并隐藏复杂性。
- 提供网络可扩展的动态环境。可扩展性意味着系统可以拥有大量的接口、路由器和 AP。
- 提供安全性、完整性和可靠性。
- 使用无线保护访问（WPA）和有线等效保密（WEP）安全子层。

6. 射频收发器和射频模块

RF 发射器、接收器和收发器是最简单的 RF 电路。收发器从一端发射 RF 并从另一端接收 RF，但内部有一个附加电路，它从两端分离信号。振荡器产生所需有效占空比的 RF 脉冲，并连接到发射器。BT、ZigBee 和 Wi-Fi 无线电部署 ISM 频段收发器，它们具有相对复杂的电路。 [53]

IoT/M2M 应用部署的 ISM 频段 RF 模块，带有收发器或仅有发送器、接收器。许多系统将 RF 模块用于需要无线连接的应用。例如，安全、遥测，远程信息处理、车队管理、家庭自动化、医疗保健、汽车无线胎压监测器、备用摄像头和 GPS 导航服务、支付钱包、RFID 和维护。

RF 技术包括以下部分：

- RF 接口 / 物理层，RF 信号在节点或端点之间传输，即传感器、执行器、控制器和接收信号的网关。物理层规范包括信号诸多方面和特性，包括频率、调制格式、功率电平、发送和接收模式以及端点元件之间的信令。
- RF 网络架构包括应用中的整个系统架构、回程、服务器和无线电工作循环的双向终端设备。无线电工作循环意味着使用 RF 集成电路（RFIC）管理活动间隔、传输和接收调度、活动期间的时间间隔动作及非活动（休眠）间隔期间的动作。

7. GPRS/GSM 蜂窝网络 – 移动互联网

IoT/M2M 通信网关可以访问无线广域网（WWAN）。可以使用 GPRS 蜂窝网络或新一代蜂窝网络来进行因特网接入。

移动电话提供 USB 有线端口、BT 和 Wi-Fi 连接。Internet 的无线连接使用移动服务提供商的 GSM、GPRS、UMTS/LTE 和 WiMax 服务，或者使用调制解调器的 Wi-Fi 进行数据连接。通常，手机也有多个传感器，如，加速度传感器、GPS 和距离传感器。

8. 无线 USB

无线 USB 是 USB 2.0 的无线扩展版，可在超宽带（UWB）5.1GHz 至 10.6GHz 频率下运行。它适用于短距离个人局域网（高速 480Mbps 3m 或 110Mbps 10m 信道）。FCC 推荐使用主机线适配器（HWA）和设备线适配器（DWA），它提供了无线 USB 解决方案。无线 USB 还支持双角色设备（DRD）。设备可以是 USB 设备也可以是能力受限的主机。

2.3.2 有线通信技术

有线通信可以是异步串行通信（例如，UART 接口）或同步串行通信（例如，SPI 接口或设备上的并行输入、输出和输入 – 输出端口）。众多系统（芯片、单元、集成电路或端口或接口电路）通过一组公共互联连接时，通信可以通过总线进行。 [54]

总线是指通过一组公共控制、地址和数据信号来连接的多个系统，以便设备仅从实例的源接收目的地址的数据信号。总线信号可以通过串行或并行方式发送。通信在给定实例（发送者）的主设备和实例的目的地址计算机（监听器）之间进行。

可以使用以太网 IEEE 802.2 总线规范完成有线通信。MAC 子层数据帧可以使用以太网协议。有线通信还可以使用 USB 端口、microUSB 或 USB 3.0 适配器。

1. UART/USART 串行通信

通用异步发送器（UART）在串行发送器数据（TxD）输出线上的字节传输开始时，以串行方式启用 8 位串行通信（传输）。串行就是在连续的时间间隔内一个接一个地出现。

异步是针对帧输出过程中的所有字节来讲的，这些字节可能导致时间间隔的变化或连续字节与中间等待间隔之间的相位差。这是因为发送器的时钟信息不与数据一起发送。接收器时钟也不与之数据同步。此外，连续的字节组可以在传输之后进行等待，直到从接收端接收到确认字符。

每个发送位的间隔由时钟控制。当时钟周期 T=0.01μs 时，TxD 上的一个字节的传输周期 =10T=0.1μs。字节的传输速率为 1Mbps。UART 中 T 的倒数称为波特率。当一个附加位在该字节的停止位和末位之间添加时，则 T=0.11μs。附加位可以作为地址或数据来识别串行线路上的接收字节。它可用于错误检测。UART 在 RxD（发送器数据）输入线上接收字节。

通用同步异步发送器（USART）支持同步和异步模式下的串行通信（传输）。

同步意味着帧中的所有字节以相等的时间间隔或相等的相位差进行发送。

2. 串行外设接口

串行外设接口（SPI）是广泛使用的串行同步通信方法之一。当串行同步输入或输出的源也控制接收器的同步时钟信息时，它被称为主设备。串行同步输入或输出的接收器称为从设备，接收串行数据的同时，还接收来自主机的同步时钟信息。在四条线上使用四组信号，即 SCLK、MISO、MOSI 和 SS（从选择）。当 SS 处于活动状态时，设备将作为从设备运行。

主输入从输出（MISO）和主输出从输入（MOSI）是同步串行位 I/O 分别在主设备和从设备，IO 是主设备 SCLK 的同步时钟。

MOSI 是主设备输出从设备输入，并且 SCLK（时钟信息或信号）从主设备输出到从设备。从设备根据 SCLK 输入，来同步和接收主设备上 MOSI 的输入位。

MISO 是主设备的同步串行输入，用于从设备的串行输出。从设备根据主设备的 SCLK 同步输出。主设备根据主设备的 SCLK 同步输入。

3. I2C 总线

传感器、执行器、闪存和触摸屏等众多设备的集成电路，需要在众多过程中进行数据交换。IC 通过公共同步串行总线相互连接，称为内部集成电路（I2C）。I2C 总线设备有四种可选的操作模式（即主发送、主接收、从发送和从接收），大多数设备通常是单一角色并且仅使用其中两种模式。

I2C 最初是由飞利浦半导体公司开发的。有三种 I2C 总线标准: 工业 100kbps I2C、100kbps SM I2C 和 400kbps I2C。

I2C 总线有两条线路承载信号：一条线路用于时钟，一条线路用于双向数据。I2C 总线协议具有特殊字段。每个字段具有特定数量的位，每个字段之间的序列和时间间隔也是特定的。

4. 有线 USB

通用串行总线（USB）用于主机、嵌入式系统和分布式串行设备之间的快速串行传输和接收。例如，连接一个键盘、打印机或扫描仪。USB 是主机系统和许多互联外围设备之间的总线。最多有 127 个设备可以与主机连接。USB 标准提供主机和串行设备之间快速（高达 12Mbps）和低速（低至 1.5Mbps）的串行传输和接收。主机和设备都可以在系统中运行。

USB 的三种标准是 USB 1.1（1.5 和 12Mbps）、2.0（迷你尺寸连接器）480Mbps、3.0（微型连接器）5Gbps 和 3.1（超高速 10Gbps）。

USB 的特点：

USB 的数据格式和传输串行信号是非归零的（NRZI），并且通过在每个分组之前插入同步代码（SYNC）字段，来对时钟进行编码。接收器同步位连续不断地恢复时钟。数据传输有四种类型 – 受控数据传输、批量数据传输、中断驱动数据传输和异步传输。

USB 是一种轮询式总线。轮询模式的功能如下：主机控制器按照软件的时间表定期轮询设备是否存在。它发送一个令牌包，令牌包括类型、方向、USB 设备地址和设备端点号的字段。设备通过握手包进行握手来表示传输成功或不成功。数据包中的 CRC 字段支持错误检测。 56

USB 支持三种类型的管道——流，即当已建立连接并且数据流启动时无 USB 定义协议。默认控件用于提供访问权限。消息用于设备的控制功能。主机通过数据带宽、传输服务类型和缓冲区大小来配置每个管道。

5. 以太网

以太网标准是用于计算机、工作站和 LAN 设备局域网的 IEEE 802.2（ISO 8802.2）协议。LAN 上的每个帧由头部信息组成。以太网支持本地设备节点、计算机、系统和本地资源（如打印机、硬盘空间、软件和数据）的服务。

以太网的特点：
- 使用无源广播媒体，基于有线连接。
- 帧格式化（串行发送的位作为 MAC 层的 PDU）符合 IEEE 802.2 标准。
- 使用明确分配给 LAN 上每台计算机的 48 位 MAC 地址。
- 地址解析协议（ARP）解析 Internet 设备 LAN 上的 32 位 IP 地址。LAN 目的地的每个帧都有一个媒体地址。反向地址解析协议（RARP）将 48 位目的主机媒体地址解析为 32 位 IP 地址，以进行 Internet 通信。
- 使用有线总线拓扑，传输速度为 10Mbps、100Mbps（非屏蔽和屏蔽线）、1Gbps（高质量同轴电缆）、4Gbps（双绞线模式）和 10Gbps（光纤电缆）。
- 使用基于 MAC 的 CSMA/CD（带有冲突检测的载波侦听多路访问）。CSMA/CD 模式是半双工（有线模式），意思是可以在同一线路或数据路径上发送（Tx）和接收（Rx）信号。连接到网络中的公共通信信道的每个信号，都进行监听并且如果信道空闲则发送。如果没有空闲，它会等待并再次尝试。基于光纤以太网的模式是全双工的，发送和接收在专用的单向信道上分离信号。
- 将传输数据栈加入到 MAC 层的帧，每个帧包含一个报头。报头的前八个字节指定一个前导码。前导码用于明确帧的开始和同步。报头接下来的六个字节表示目标地址，然后是六字节的源地址。接下来的六个字节用于类型字段。这些仅对上层网络层有意义，并且定义了到上层的数据栈长度。长度定义规定，数据最少 72 个字节，最多 1500 个字节。最后 4 个字节用于帧序列 CRC 校验（循环冗余校验）。

2.3.3　通信技术比较

表 2.1 展示了各通信技术间的差异，如下表所示。 57

表 2.1　NFC、BT LE、ZigBee 和 WLAN 协议间的不同

性能	NFC	BT LE	ZigBee IP	WLAN 802.11
IEEE 协议		802.15.1	802.15.4	802.11z
物理层	848kbps、424kbps、212kbps、106 kbps	2.4 GHz (LE-DSSS)	2.4 GHz 或 915 MHz, 868 MHz 和 433 MHz DSSS MAC 层 CSMA/CA	2.4 GHz 两个 PHY 层 /MAC 层 CSMA/CD
数据传输速率	106 kbps	1 Mbps	250 kbps (2.4 GHz, 40 kbps 915 MHz, 20 kbps 868.3 MHz	11 Mbps/54 Mbps
形状系数与范围	10cm ~ 20 cm	小	小 10 m ~ 200 m	最大
协议栈		小	127 B	高于 WPAN 设备
功耗	很低	比 ZigBee 低，比 WLAN802.11 更低	2mW 路由器 和 0.1mW 终端设置比 WLAN802.11 更低	远高于 ZigBee
设置 / 连接 / 断开间隔	0.1s/无/无	3s 连接时间 < 3ms	20ms/连接时间 / < 10ms	
安全	—	AES-CCM-128	AES-CCM-128	WEP
应用	支付钱包、短距离通信	WPAN, IoT/M2M 设备，广泛存在于手机和平板电脑中，并且需要传感器、执行器、控制器和物联网设备中的附加电路	WPAN，广泛存在于传感器、执行器、控制器，汽车和使用 IPv6、6LoWPAN、ROLL、RPL 和 TLSv1.2 连接的医疗电子和物联网设备	WLAN 和 WWAN 网络平板电脑、台式机、移动设备，带 PCMCIA 接口的设备、家庭网络，简易的 IPv4 连接
网络	主动和被动设备之间的点对点	星形拓扑，由 piconet 间的数据交换和同步所延伸的点对点 piconet	使用终端设备、协调器、路由器、ZigBee IP 边界路由器的低功耗、网状或点对点星形网络	用于 WWLAN 的 LAN 拓扑 IBS、BSS 和分布式 BSS，广泛用于移动设备、平板电脑、台式机的互联网连接
网络特性	P2P 模式、卡仿真模式和读卡器模式被动邻居激活	自配置、自修复、自发现	自配置、自修复、自发现	可扩展、互操作性、安全性、完整性和可靠性
广播 / 多播 / 单播	单播	单播	单播 / 多播	单播

温故知新

- IoT/M2M 设备、RFID、传感器、执行器和控制器主要发送数十个字节的数据。
- NFC、低能耗蓝牙、ZigBee IP、ZigBee NAN、RF 收发器和模块以及移动 GPRS/GSM 是可用于从设备（传感器 / 执行器 /RF 设备 /IEEE 802.15.4 设备 / 控制器 / 节点）进行字节物理传输或接收的协议。这些设备在一个连接实例上大概传输数百个字节的数据。
- NFC 设备范围为 10cm ～ 20cm，数据传输速率为 106kbps、212kbps、424kbps 和 848kbps。
- NFC 设备能够接收和传输数据到蓝牙连接和 WLAN 802.11，以实现信息转换功能。
- RFID 是一种接入点可通过对充电 RFID 电路进行识别的设备。
- BT LE 使用 802.15.1 协议从低功耗、点对点星形拓扑网络中短帧进行通信，数据传输速率为 1Mbps。
- ZigBee IP 使用 802.15.4 协议以低功耗和 127B 数据帧进行通信，并使用 6LoWPAN、IPv6、RPL/ND 和 TLSv1.2 在 Internet 上进行通信。ZigBee 数据传输速率为 250kbps、40kbps 和 20kbps。
- Wi-Fi 网络使用 WLAN IEEE 802.11 协议。802.11 a、b、g 和 n 被广泛使用。
- Wi-Fi 网络具有高数据传输速率、移动性、灵活性、可靠性和可扩展性。与无线和有线基础设施的互操作性确保了兼容性，在对数据、媒体和流、应用和服务的无线访问时，可以实现更轻松地访问并隐藏复杂性。
- 无线 USB 使用 UWB（超宽带）5.1GHz 至 10.6GHz 频率，用于短距离个人局域网（用于无线通信的高速 480Mbps 3m 或 110Mbps 10m 信道 USB 协议）。
- UART、SPI、I2C、以太网和 USB 是基于总线拓扑的串行通信协议，并使用有线通信。

58
～
59

自测练习

★ 1. 列出 NFC 通信的特性、范围、数据传输速率、三种操作模式和两种通信模式。

★ 2. 绘制 RFID 设备与接入点的通信图。

★★ 3. 列出 BT LE 设备通信的特征：范围、数据传输速率、动态配对、IPv6 连接、延迟、安全模式、适配层功能和 Wi-Fi 连接。

★★ 4. 列出通信特性：ZigBee IP 设备的 PDU、范围、数据传输速率、动态配对和网状网络、IPv6 连接、延迟、RFD、网络集成和安全模式。

★★ 5. BT LE 和 ZigBee IP 与其传统版本相比，如何消耗更少的能源？

★ 6. WLAN IEEE 802.11 a、b、g 和 n 有何不同？

★ 7. 列出 Wi-Fi 接口范围、数据传输速率、安全性和灵活性。

★★★ 8. 解释何时使用以下各项：NFC、BT LE、ZigBee IP 和 Wi-Fi。

★ 9. 设备中使用 RF 技术需要哪些元素？

★★ 10. 比较不同的 USB 版本。

★★★ 11. UART、SPI 和 I2C 的功能有何不同？

2.4　网关数据增强、数据融合和设备管理

　　数据适配层的网关具有多种功能。这些功能分别为数据隐私、数据安全、数据增强、

数据融合、转换和设备管理。图 2.7 展示了由数据增强、数据融合以及设备管理以及通信
框架（如图 1.3 所示）所组成的 IoT 或 M2M 的网关。

60

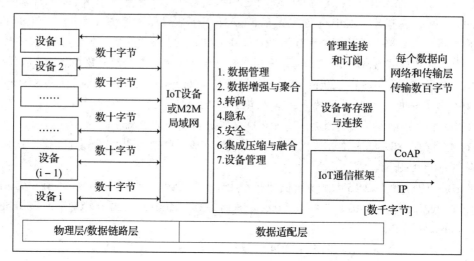

图 2.7　IoT 或 M2M 网关，由数据增强和聚合、设备管理和适配层的通信框架组成

回想一下 ITU-T 参考模型（如图 2.2 所示）。模型的最底层是设备层。该层具有设备和
网关功能。此外，回忆 ETSI 物联网架构中的设备和网关域（如图 2.3 所示）。该域由 M2M
区域网络与 CoRE 和接入网络之间的网关组成。网关由数据增强、数据融合和物联网通信
框架组成。通信网关使设备能够与 Web 通信和联网。通信网关（见 3.3.1 节）使用 Internet
的消息传输协议和 Web 通信协议。第 3 章会介绍这些协议。

网关包括两个功能，即数据管理与融合、连接设备管理。

以下小节描述了数据增强和融合的框架。

2.4.1　网关数据管理和融合

网关包括以下一项或多项功能的协议：转码和数据管理。以下是数据管理和融合的功能

- 转码
- 隐私、安全
- 集成
- 压缩和融合

1. 转码

转码就是使用软件对协议、格式或代码进行数据调整、转换和更改。网关以 IoT 设备
所需和可接受的格式和表示形式来呈现 Web 响应和消息。类似地，通过转码软件将 IoT 设
备的请求调整、转换和改变为服务器可接受的所需格式。

例如，利用转码使消息请求字符在设备上以 ASCII 码的格式呈现，在服务器上以
Unicode 格式呈现。允许在设备上使用 XML 格式数据库，在服务器上使用 DB2、Oracle
或任何其他数据库。

61
当多媒体数据从服务器传输到移动电视、互联网电视、VoIP 电话或智能电话等客户端
设备时，转码涉及从一端到另一端的格式、数据和代码的转换。转码应用程序还涉及过滤、

压缩或解压缩。

转码代理可以在客户端系统或应用程序服务器上执行。转码代理具有转换、计算和分析功能，而网关仅具有转换和计算功能。

2. 隐私

数据，诸如患者医疗数据、用于在公司中向不同位置供应商品的数据、库存变化的数据可能需要隐私和保护，以防止有意识或无意识地使用因特网将数据转移到不可信赖的目的地。

隐私是数据管理的一个方面，在设计应用程序时必须记住这一点。设计应通过确保接收端的数据被个人或公司视为匿名来确保隐私。

以下是隐私模型的组成部分：

- 设备和应用程序身份管理
- 身份认证
- 授权
- 信任
- 声誉

适当的数据源标识加密可强制实施隐私。设备 ID 管理保证隐私。待分析解密的数据是应用程序、服务或进程的输入。IoT 或 M2M 数据必须仅供受益人个人或公司使用。

当数据从一点转移到另一点时，应确保将来的利益相关者不得滥用设备终端数据或应用程序数据。这些静态和动态关系是依赖于信任和声誉的组件。

3. 安全数据访问

数据访问需要确保安全。该设计确保对数据请求的验证以及访问响应或服务的授权。它还可能包括审计请求和访问响应，以便将来进行问责。例 2.4 描述了一个层如何使用 AES-128 和 CCM 提供机密性和授权。

端到端安全性是另一方面，意味着在网络两端的通信期间，在物理、逻辑链路和传输层的每一层都使用安全协议。

4. 数据收集和增强

IoT/M2M 应用程序涉及数据收集（获取）、验证、存储、处理、回忆（保留）和分析等操作。

数据收集是指从设备 / 设备网络获取数据。收集数据的四种模式是：

1）**轮询**是指通过设备寻址从设备中寻找数据。例如，废物容器在废物管理系统中填充信息。

2）**基于事件的收集**是指在设备事件中获取数据。例如，设备靠近接入点、卡位于读卡器附近、使用 NFC 建立 BT 设备的点对点或主从连接时的初始数据交换。

3）**预定间隔**是指以选定的间隔从设备中寻找数据。例如，路灯互联网中环境光线条件的数据。

4）**连续监测**是指从设备中连续寻找数据。例如，路灯互联网中特定街道环境光线条件下的交通数据。

数据增强是指增加数据的价值、安全性和可用性。

62

5. 数据分发

数据分发到网络之前，通过聚集、压缩和融合来进行数据增强。

聚集是指在删除冗余或重复数据之后，将当前和先前接收的数据帧连接在一起的过程。

压缩意味着在不改变含义或前后关系的情况下缩短信息。例如，仅传输增量数据以便发送的信息可以变得很短。

融合意味着通过各种数据帧和一些类型的数据（或来自多个源的数据）格式化部分接收的信息，去除接收数据中的冗余，并呈现从信息部分创建的格式化信息。数据融合用于单条记录以后不需要，或者以后无法检索的情况。

6. 数据分发中的能量消耗

数据分发中的能量消耗是WPAN和无线传感网（WSN）中的众多设备需要重点考虑的因素。由于电池寿命有限，执行计算和传输时会消耗能量。数据速率越高，消耗的能量就越大。射频使用越高，消耗的能量就越大。收集间隔越长，消耗的能量越低。

通过使用数据聚集、压缩和融合的概念可以完成节能计算。数据字节通信次数越少，采集间隔越大，数据传输的数据速率越低，能耗越小。

63

7. 数据源和数据目的地

ID：为每个设备及资源分配一个用于指定源数据的ID和单独的数据目的地的ID。

地址：报头字段添加目的地址（例如，链路层的48位MAC地址，IP网络的32位IPv4地址和IPv6网络的128位IPv6地址），还可以添加端口（例如，用于HTTP应用程序的端口80）。

8. 数据特征、格式和结构

数据特征可以是时间数据（取决于时间）、空间数据（取决于位置）、实时数据（连续生成并以相同速率连续获取）、真实世界数据（例如来自物理世界的交通、路灯、环境条件）、专有数据（保留的用于分发给授权企业的版权数据）和大数据（非结构化大量数据）。

数据从设备接收，在传输到Internet之前进行格式化。格式可以是XML、JSON和TLV（见3.1.3节）。Internet文件可以是MIME类型（见3.1.5节）。

结构是指按照大小限制等于每层的PDU的序列排列数据字节的方法。

2.4.2 设备管理网关

设备管理（DM）意味着提供与其他资源不同的设备ID或地址、设备激活、配置（管理设备参数和设置）、注册、注销、附加和分离。

设备管理还包括接受其资源的订阅。设备故障管理是指在设备中出现故障时，应遵循的操作过程和指南。

OMA-DM（开放移动联盟–设备管理）和若干标准用于设备管理。OMA-DM模型建议使用DM服务器，在IoT/M2M应用的情况下，该服务器通过网关与设备交互。DM服务器是用于分配设备ID或地址、激活、配置（管理设备参数和设置）、订阅设备服务或选择退订设备服务、配置设备模式的服务器。在低功耗环境下，设备与网关通信，而不是与

DM 服务器通信。

设备管理网关的功能包括：

- 当 DM 服务器与设备交互时，在无须重新格式化或重新构建的情况下，进行转发功能。
- 设备和 DM 服务器使用不同协议时，进行协议转换。
- 在有损环境或网络环境需要时，进行中间预取的代理功能。

64

温故知新

- 设备个人 / 局域网与通信网关之间的数据通信通过 Internet。
- 网关支持数据增强、融合以及设备管理。
- 网关的数据管理功能包括转码、数据隐私、数据安全、数据增强、数据融合、转换和设备管理。
- 转码是指使用软件进行调整、转换、更改协议或格式，这些软件按照物联网设备上要求和可接受的格式 / 表示形式，来呈现 Web 响应 / 消息，并按照服务器要求和可接受的格式 / 表示形式，呈现消息请求。
- 数据按预定的时间间隔，或当事件发生，或轮询的方式获取并转移到另一端。
- 数据聚集、压缩和融合可在数据分发过程中节省能耗。
- 数据目的地可以在数据链路或网络层通信期间，使用 48 位 MAC 地址、32 位 IPv4 地址、48 位 IPv6 地址或端口号。
- 每个设备和应用程序都有一个通信的源 ID 或地址，每个目的地都有一个 ID 或地址。使用身份认证和授权过程时，端点之间和层之间的通信是安全的。
- 设备管理功能是设备 ID 或地址、激活、配置（管理设备参数和设置）、注册、注销、附加、分离和故障管理。
- 设备管理的网关具有 DM 服务器和设备之间的转发功能；当设备和 DM 服务器之间使用的是不同协议和代理功能时，进行协议转换。
- 通信网关支持两端协议转换。

自测练习

★1. 列出数据适配层的功能。

★★2. 数据适配层网关需要什么转码功能？

★★3. 设计连接设备的数据隐私时使用的功能有哪些？

★4. 收集数据的四种模式有哪些？

★★★5. 举例说明在传播数据之前数据聚集、压缩和融合的步骤。

★★6. 用于数据目的地的设备 ID、MAC 地址、IP 地址、IPv6 地址和端口号在哪里？

★7. 列出设备数据的六个特征，这些设备通过 Internet 与应用程序、服务和业务流程进行通信。

★★8. 获取数据时，如何在设备上节省能耗？

★9. 列出设备管理的功能。

★★★10. 使用基于 ZigBee IP 的 WPAN 设备时，终端设备、协调器、路由器和 IP 路由器的设备管理功能有哪些？

65

2.5　设计简易性与经济实用性

针对物联网应用、服务和业务流程中连接设备的设计，考虑了在设计设备的物理、数据链路、适配和网关层时的简易性。

它意味着 SDK（软件开发套件）的使用，原型开发板具有智能传感器、执行器、控制器和物联网设备，这些设备成本低，并且嵌入的硬件优选地是开源软件组件和协议。包含该设备的硬件应嵌入最少数量的组件，并使用现成的解决方案，来设计本地设备个人局域网，并确保与 Internet 的安全连接。

设计不仅考虑简易性还考虑了经济实用性，例如 RFID 或卡。该卡具有嵌入式微控制器、存储器、OS、NFC 外设接口、基于接入点的设备激活、RF 模块和低成本收发器。

无线传感器使用移动终端（Mote），它具有开源 OS（微型 OS）和软件组件，是低成本设备。Mote 的使用为 WSN 网络提供了简易性和经济实用性。

智能家居和智慧城市设备使用 ZigBee IP 或 BT LE 4.2（双模或单模），是因为其经济实用性、易于设计、易于使用和低成本。

设计可能会增加复杂性。例如，思考例 1.1 中的伞，如何对伞编程以便调度用户短信？使用说明书的需求，增加了设计智能伞网的复杂性。

连接设备可能在形式上增加了复杂性，以确保使用加密工具将数据传输到受信任的目的地。

温故知新

- 设计简易性和经济实用性是物联网设备和应用、服务和流程中的重要考虑因素。

自测练习

★1. "简易性"和"经济实用性"这两个术语是什么意思？

★★2. 与未连接的设备相比，连接的设备怎样增加了复杂性？

关键概念

- AES-CCM128 位
- 设计简易性
- 蓝牙低能耗
- 数据适配层
- 数据聚集
- 数据压缩
- 数据分发
- 数据格式化
- 数据融合
- 数据完整性
- 数据隐私
- 数据处理
- 数据安全

- 设备故障管理
- 设备管理
- 设备、应用和网络域
- DM 服务器
- 易于设计
- ETSI 高级参考架构
- 网关
- GPR/GSM/UMTS/LTE
- I2C
- ITU-T 四层参考模型
- NFC
- RF 模块
- 数据信任

- 转码
- UART
- USB
- 无线个人局域网
- 无线 USB
- WLAN802.11
- ZigBeeIP
- IETF 六层模型
- 移动互联网
- 物理 / 数据链路层
- RFID
- 设备配置
- SPI

2-1

- IETF 标准组织针对 IoT/M2M 提出了一种改进的开放系统互联（OSI）模型，该模型由六层组成，阐述了物理和数据链路层，数据适配层和应用支持层。
- ITU-T 标准组织为 IoT/M2M 参考模式提出了四个层：设备层、网络层、应用服务支持层和应用层。
- ETSI 标准组织为 M2M 提出了两个域：设备与应用域和网络域。ETSI 高层次架构规定了设备域通过 CoRE 网络和接入网络与 M2M 应用和服务进行通信。

2-2

- 用于物联网 /M2M 设计的无线设备物理 / 数据链路层协议包括：
  - NFC（10cm ～ 20cm，数据传输速率为 106kbps、212kbps、424kbps 和 848kbps）
  - RFID
  - BT LE（低功耗、短帧、点对点星形拓扑网络和 1Mbps 数据传输速率）
  - ZigBee IP（低功耗、127B 数据帧、使用 6LoWPAN、IPv6、RPL/ND 和 TLSv1.2 协议在 Internet 上进行通信）
  - WLAN 802.11（Wi-Fi）（高数据传输速率、移动性、灵活、可靠和可扩展的网络。与无线和有线基础设施的互操作性）
  - 移动 GPRS/GSM/UMTS/LTE/WiMax
  - 无线 USB（UWB（超宽带）用于短距离个人局域网络，高速无线通信）
- IoT/M2M 有线设备物理层协议是 UART、SPI、I2C、以太网和 USB 总线拓扑串行通信协议。

67

2-3

- 设备的个人 / 局域网与 Internet 之间存在网关。网关支持数据增强、数据融合以及设备管理。
- 网关的数据管理功能包括数据隐私、数据安全、数据增强、数据融合、转换和设备管理。
- 隐私模型组件包括：
  - 设备和应用程序标识 – 管理
  - 身份认证
  - 授权
  - 信任
  - 信誉
- 通信网关支持两个域之间的协议转换：设备与网关域、网络与应用程序域。
- 设备管理功能分配每个设备 ID 或地址、设备激活、配置（管理设备参数和设置）、注册、注销、附加、分离、订阅和故障管理。
- OMA-DM 模型建议使用 DM 服务器，通过网关与设备交互。

2-4

- 物联网应用、服务和业务流程的设计考虑了在物理层、数据链路层、适配层、网关和互联网连接的设计简易性和经济实用性。设计应该增加最小的复杂性。

客观题

每题只有一个正确选项。

★★★ 1. 用于物联网的 IETF OSI 六层模型提出了以下层：(i) 物理层；(ii) 物理／数据链路层；(iii) 逻辑链路层；(iv) 适配层；(v) 网关层；(vi) 网络层；(vii) UDP 层；(viii) 传输层；(ix) 应用层作为最高层，然后是应用支持层；(x) 应用支持层作为最高层，然后是应用层。

(a) 除 (i)、(iii)、(v)、(vii) 和 (x) 以外均正确。

(b) 除 (ii)、(v)、(vii) 和 (ix) 以外均正确。

(c) 除 (ii)、(iii)、(iv)、(viii) 和 (ix) 之外均正确。

(d) 除 (ii)、(iv)、(v)、(vii) 和 (ix) 之外均正确。

★★ 2. ITU-T 参考模型提出：(i) 四层；(ii) 最低层是设备层，具有设备和网关功能；(iii) 设备层的下一层具有传输和网络功能；(iv) 再下一层是服务和应用程序支持层；(v) 通用和特定服务功能层。

(a) (i) 不正确。

(b) 模型层是 (ii) 至 (v) 且 (i) 正确。

(c) 层次是 (ii)、(iii)、(iv) 以及应用和服务层，(v) 不是单独的层。

(d) (ii) 到 (v) 不正确。

★ 3. ETSI 高层次架构提出：

(a) 设备和网关域，网关具有 M2M 服务功能。

(b) 设备和网关域，设备域具有 M2M 区域网络和 M2M 设备。

(c) 具有 M2M 服务功能、应用和 M2M 设备的设备，应用和服务域。

(d) 设备和网关域，并且网关具有 M2M 服务功能、应用、M2M 区域网络和 M2M 设备。

★ 4. NFC 设备的功能如下：(i) 在最远 10m 到 20m 的距离内进行通信；(ii) NFC 设备还可以与 BT 和 Wi-Fi 通信；(iii) NFC 设备能够接收数据，并使用信息切换功能将数据传递到 BT 连接、标准化 LAN 或 Wi-Fi；(iv) 以 128kbps、512kbps 和 640kbps 的数据传输速率通信。

(a) (i) 和 (iv) 正确。　　　　　　　　(b) (i) 和 (iv) 不正确。

(c) (i)、(ii) 和 (iv) 正确。　　　　　　(d) 全部正确。

★★ 5. 蓝牙 v4.2 LE 模式是：(i) IETE 802.15.4 协议；(ii) 支持 1Mbps 数据速率；(iii) 支持 NFC 配对，以便在 BT 设备配对时实现低延迟；(iv) 移动设备和其他设备之间的自动同步使用 BT；(iv) 范围取决于无线电等级，在 BT 设备实现中可以是 100m、10m 或 1m；(v) 形成网状拓扑网络；(vi) 设备帧大小是 127B；(vi) inter-piconet 微微网之间的通信以获得 100cm ～ 150cm 范围的更大网络（称为散射网）。

(a) (iii) 和 (vi) 正确。　　　　　　　　(b) 全部正确。

(c) (ii)、(v) 和 (vi) 不正确。　　　　　(d) (i)、(v) 和 (vi) 不正确。

★ 6. ZigBee IP 设备通信：(i) 使用 IETE 802.15.4 协议；(ii) 支持 2.4GHz 和不同国家的 ISM 频段；(iii) 支持数据路由和 IP 边缘路由；(iv) 支持具有 6LoWPAN 报头的 IPv6 网络；(v) 使用 ZigBee 路由器形成网状拓扑；(vi) 使用终端设备和其他五种模式的网络；(viii) 使用 AES-CCM-128 提供链路级安全性。

(a) 全部正确。　　　　　　　　　　　(b) 除 (ii) 和 (v) 之外均正确。

(c) 除 (iii) 之外均正确。　　　　　　　(d) 除 (iii) 之外均正确。

★★ 7. 无线网络：(i) 通常使用 2.4GHz 或 915GHz；(ii) 802.11a 或 802.11g 或 802.11n 或其他 802.11 系列协议；(iii) 移动性和漫游；(iv) 易于安装，灵活方便；(v) 覆盖范围为 300m ～ 425m；数据速率为在 300m 范围内的 11Mbps；(vi) 可扩展性。

(a) 全部正确。　　　　　　　　　　　(b) 除 (ii) 和 (v) 之外全部正确。

(c) 除 (i) 和 (v) 之外全部正确。　　　　(d) 除 (iii) 和 (vi) 之外全部正确。

★★ 8. 异步通信特性是每组字节：(i) 可以具有时间间隔的变化或连续字节之间和中间等待间隔之间的相

位差；（ii）应具有固定的时间间隔或相位差；（iii）Tx 和 Rx 在发送器和接收器的内部时钟不进行同步；（iv）Rx 时钟频率可以高于或低于串行通信期间的 Tx；（v）在新的一组字节传输到来前，Tx 端等待确认或响应 Rx 端。全部正确：

(a)（ii）和（iv）除外。　　　　　　　　　(b)（ii）和（v）除外。

(c)（i）和（iii）除外。　　　　　　　　　(d)（iii）和（vi）除外。

★★★ 9. 设备上的 SPI：（i）与另一设备使用串行同步通信；（ii）其中一个设备在瞬间充当主设备；（iii）主设备意味着将其时钟与另一设备同步；（iv）从设备是串行同步输出和来自主设备的同步时钟信息的接收器；（v）两组信号是 MISO 和 MOSI。全部正确：

(a)（iii）除外。　　　　　　　　　　　　(b)（i）和（v）正确。

(c)（iii）和（iv）除外。　　　　　　　　(d)（ii）除外。

★★ 10. 以太网：（i）使用 48 位 MAC 来明确分配给 LAN 上每个计算机网卡的地址；（ii）使用反向地址解析协议（RARP）将 MAC 地址转换为 32 位 IP 地址用于 Internet；（iii）使用有线总线拓扑；（iv）数据速率为 10/100Mbps、1Gbps（高质量同轴电缆）；（v）使用基于 CSMA/CA 的 MAC（带有冲突避免的载波侦听多路访问）。

(a) 全部正确。　　　　　　　　　　　　(b) 除了（i）和（iv）之外全部正确。

(c) 除了（v）之外全部正确。　　　　　　(d) 除（ii）和（v）之外全部正确。

★★★ 11. USB：（i）主机连接最多 256 个设备；（ii）没有规定轮询模式功能；（iii）三个标准是 USB 1.1（1.5 和 12Mbps）、2.0（迷你尺寸连接器）480Mbps、3.0（微型连接器）10Gbps 和 3.1（无线 10Gbps）；（iv）通信是异步串行；（v）设备是即插即用设备。全部不正确：

(a)（ii）除外。　　　　　　　　　　　　(b)（ii）和（v）除外。

(c)（v）除外。　　　　　　　　　　　　(d)（iii）和（iv）除外。

★★ 12. 转码意味着以下一项或多项功能：（i）适配；（ii）转换；（iii）使用软件进行更改，这些软件用物联网设备所需且可接受的格式和表示形式来呈现网络响应和消息；（iv）通过转码软件调整物联网设备请求，并转换为服务器所需且可接受的所需格式。全部正确：

|70|

(a)（i）和（iv）除外。　　　　　　　　　(b) 全部正确。

(c)（iii）和（iv）除外。　　　　　　　　(d)（ii）除外。

★★ 13. 设备管理功能包括：（i）分配设备 ID 或地址；（ii）激活；（iii）代理设置；（iv）网关动作；（v）配置；（vi）改变设备参数；（vii）使设备参数适应允许值；（viii）注册；（ix）注销；（x）附加；（xi）分离。

(a) 除（vi）都正确。　　　　　　　　　　(b)（iii），（iv），（vi）不正确。

(c) 除（x）和（xi）之外均正确。　　　　　(d) 除（iv）和（vi）之外均正确。

★★ 14. 物联网数据可以是：（i）时间数据；（ii）空间数据；（iii）实时数据；（iv）真实世界数据；（v）专有数据；（vi）大数据；（vii）随机数据。

(a) 全部正确。　　　　　　　　　　　　(b) 除（v）之外均正确。

(c) 除（i）和（vii）之外均正确。　　　　　(d) 除（vii）之外均正确。

★ 15. 推荐的隐私模型取决于以下组成部分：（i）信任；（ii）设备和应用程序身份 – 管理；（iii）身份认证；（iv）授权；（vi）声誉。

(a) 除（v）之外均正确。　　　　　　　　(b) 除（ii）之外均正确。

(c) 除（i）和（vi）之外均正确。　　　　　(d) 全部正确。

★★ 16. 数据在传播到网络之前的数据增强意味着：（i）聚集；（ii）压缩；（iii）融合；（iv）在允许的限度内调整数据速率；（v）根据协议标准通信；（vi）根据协议规范进行格式化。

(a) 全部正确。　　　　　　　　　　　　(b) 除（iv）和（v）之外均正确。

(c) 除（iii）和（v）之外均正确。　　　　　(d)（i）至（iii）正确。

简答题

★ 1. 物联网的 OSI 模型有哪些修改？

★★ 2. 比较 OSI 层和 IUT-T 参考模型层。

★★ 3. ETSI 高层次架构有哪些特性？

★★★ 4. 解释有源、无源和卡设备的含义。

★★ 5. 被动设备如何在 Internet 上进行通信？

★★★ 6. 可用于 RFID 互联网的 WPAN 和网络协议功能是什么？

★★ 7. 将 BT LE 设备的功能与 BT BR/EDR 设备模式进行比较？

★ 8. 写出 ZigBee IP 设备的模式和数据速率。

★★★ 9. 如何在路灯互联网中使用 ZigBee IP？

71 ★ 10. 本地设备 M2M 网络如何连接到 Wi-Fi 和互联网？

★★ 11. 有线设备网络中串行同步通信和串行异步通信的特征是什么？

★★ 12. 为什么数据适配层必须用于物联网的连接设备？

★ 13. 为什么网络需要网关？

★★ 14. ATM 如何连接到银行服务器？

★ 15. 为什么数据隐私组件和端到端安全配置在物联网中都很重要？

★★ 16. 如何设计一个灯柱无线传感网，提供简易且经济实用的路灯互联网服务（例 1.2）？

论述题

★★ 1. 描述 IETF 为物联网提出的六层模型。物联网模型如何与计算机网络 OSI 七层模型相关？

★ 2. 描述四层参考模型和层功能。

★ 3. 绘制 ETSI M2M 域和高层次架构。列出每个域的作用和功能。

★★★ 4. NFC 有哪些功能？使用 NFC 的设备如何将信息传输到蓝牙或 Wi-Fi 接口以及互联网？

★★ 5. 描述并列出蓝牙 v 4.2 BR/EDR 和低能耗模式下的协议功能。BT 设备如何连接到 Wi-Fi？

★★★ 6. ZigBee 终端设备如何构成嵌入式传感器、执行器、设备、控制器或医疗数据系统的 WPAN 网络，它们如何连接到应用层服务、业务流程和服务？

★★★ 7. Wi-Fi 接口如何在自身内部连接、连接到接入点或无线路由器？ Wi-Fi 如何通过调制解调器互联，然后通过互联网服务提供商互联？

★★ 8. 解释 RF 电路使用有效占空比的动作以及调制和收发器的动作。RF 电路如何使用 ISM 频段收发器连接到蓝牙、ZigBee 或 Wi-Fi 无线电？

★ 9. 描述 BT LE 和 ZigBee IP 的协议层。

★★ 10. 解释 RF 电路元件。在有效占空比期间，调制器和收发器有什么作用？

★★★ 11. 以太网 IEEE 802.2 的哪些功能可以在计算机之间实现有线 LAN 通信？

★ 12. 解释 UART 和 I2C 总线接口。这些接口何时何处使用？

★★★ 13. 比较 I2C、SPI 总线拓扑。这些接口何时何处使用？

★★ 14. 描述适配层网关，数据增强、数据融合和设备管理功能。

72 ★ 15. 为什么需要设备管理功能？

★ 16. 解释如何简易并经济实用地设计 M2M 设备的局域网。

实践题

★★★ 1. 展示三种概念设计，分别使用 IETF 模型层、ITU-T 参考模型层和 ETSI 域高级参考架构用于 ATM 应用和服务网络。

★★★ 2. 展示三种概念设计，分别使用 IETF 模型层，ITU-T 参考模型层和 ETSI 域高级参考架构用于智慧城市中的废物容器管理服务。

★ 3. 绘制图展示蓝牙网络如何连接互联网应用和服务。

★★ 4. 绘制图展示蜂窝网络如何连接到 ZigBee 网状网络。

★★ 5. 移动互联网如何在 IoT 和 M2M 应用中使用？

★ 6. 制作表格展示连接设备如何使用 NFC、BL LE、ZigBee IP 用于物联网应用和服务？

★★★ 7. 一个网络如何体现隐私、安全性、数据格式、数据目的地和源地址、聚集、数据融合、数据压缩和最小能耗等功能与特性？

★★★ 8. 寻找支持邻近灯柱连接的简易且经济实用的硬件。硬件传感器用于环境光、故障照明功能和流量、微控制器、存储器、BL LE 连接和数据适配。当连接到组控制器时，所需添加的硬件和软件是什么？

73

第3章 Web 连接设计原则

学习目标

3-1 加深对物联网 / M2M 设备 Web 通信协议的理解。

3-2 阐述互联设备与 Web 之间的消息传递协议的用途。

3-3 概述通信网关协议的用法，例如互联设备及 Web 所使用的 SOAP、REST、RESTful、HTTP 及 WebSocket 等协议。

知识回顾

1.1 节描述了物联网中常用的概念框架、参考模型和体系结构。Adrian McEwen 和 Hakim Cassimally 的等式（1.1）概念化了物联网框架，即"物理对象＋控制器、传感器和执行器＋因特网＝物联网"。等式（1.2）给出了 Oracle 物联网架构的概念，即"收集＋增强＋流＋管理＋获取＋组织和分析＝连接数据中心、企业和云服务器的物联网。"等式（1.1）阐明了因特网是物联网或 M2M 的一个重要元素，而等式（2.2）表明数据流亦是必需要素。因特网连接到 Web，流式传输数据的来源和目的地也是 Web。因此，IoT 和 M2M 的物理对象和设备需要 Web 连接。

2.1 节将网络层描述为物联网参考模型中的六层之一。ITU-T 参考模型有一层用于网络功能。ETSI 建议将高级架构中的两个域之一作为网络域。该域包括 CoRE 和接入网络、管理和服务等功能。网关通过数据流连接到网络，该数据流既可能流向 Web，也可能来自 Web。物联网 /M2M 中的网关同样需要使用因特网连接到 Web。

3.1 概述

物联网 /M2M 设备网络网关需要连接到 Web 服务器。通信网关支持 Web 连接，同时物联网 /M2M 特定协议和方法也支持连接设备网络的 Web 连接。服务器使物联网设备能够进行数据累积（存储），应用程序（反馈、分析和控制）、协作、服务和流程（包括人员和业务流程）会使用到该数据。

以下是一些需要了解的关键术语，用于学习连接设备网络和物联网之间的 Web 连接和通信：

应用程序（App）是指用于创建和发送信息，测量和发送被测数据，并从特定发送者处接收消息等应用的软件。

应用程序编程接口（API）是指从一端接收消息的软件组件，这些消息可以来自应用程序、客户端或用户输入。API 可以包含 GUI（如按钮、复选框、文本框、对话框等）。API 可以从服务器或用户处获得输入，然后将消息发送到应用软件、服务器或对方的客户端等。

例如，假设有一个包裹跟踪应用程序 API，能够显示跟踪所需的用户输入字段，它接收用户输入，向用户显示"等待消息"，并将输入参数发送到服务器上的应用程序。应用程序会依次显示应用程序或服务器的响应。

API 还指让使用者可以更轻松地开发应用程序的软件组件。API 为程序员定义了诸多功能，可将各构建模块放在一起来开发应用程序。构建模块由操作、输入、输出和基础类型组成。

Web 服务是指使用 Web 协议、Web 对象及 WebSocket 的服务软件。如天气预报服务、交通密度报告、路灯监控和控制服务等。

对象是指资源的集合。例如，对数据进行操作所需的数据和方法（函数或计算过程）的集合。例如，Time_Date 对象包含秒、分、时、日、月和年字段以及对应的更新方法。每种对象可以创建一个或多个对象实例。birth_date 是一个对象实例，在 JavaScript 中，可以通过 birth_date 对象来创建多个对象实例，如 abc_birth_date、pqr_birth_date、xyz_birth_date 等。用于报告降雨的天气报告对象也是一个对象实例。

对象模型被定义为对象的使用方法，用于值、消息、数据或资源传输，以及创建一个或多个对象实例。

类是 Java 中使用的概念，用来创建一个或多个对象实例。

通信网关是提供通信功能的通信协议转换器。例如，用于 ZigBee 与 IP 网络之间通信的网关。

客户端是指一种软件对象，用来提出数据、消息、资源或对象的请求（或与之关联的API 请求）。它可以有一个或多个对象实例，还可以具有一个或多个 API，用来实现与服务器的通信。客户端既可以部署在网络或连接 Web 的因特网上的设备及应用程序上，也可以部署在企业服务器及云上。

服务器是一种软件，用于在接收到请求后发送响应。服务器可以发送消息、警报或通知，也可以访问资源、数据库以及对象。服务器可以运行在设备上，或独立的计算机系统上，并非必须部署在连接 Web 的因特网中。

Web 对象是一类利用 Web 协议从通信的另一端来检索资源的对象。

Broker 表示一种负责两端之间通信的代理对象。例如，在消息发布者和订阅者之间，或者接收某个源的请求，并响应另一个对象（例如服务器），然后发送从该对象接收到的响应。

Proxy 是指一种代理应用程序，它接收来自服务器的响应以便使用客户端或应用程序，并且还接收来自客户端的请求，以便获取在代理处检索或保存的响应。

通信协议定义了联网设备之间和系统之间通信的规则和约定。该协议包括用于识别联网设备或系统和彼此建立连接的机制。协议还包括格式规则，指定数据如何打包成为发送和接收的消息[⊖]、报头、字段及其含义。

　　⊖　http://compnetworking.about.com/。

56　物联网导论

Web 协议定义了 Web 服务器和 Web 客户端之间通信的规则和约定。它是 Web 对象、客户端、服务器和中间服务器或防火墙的 Web 连接协议，包括 Web 对象识别其他对象并与之建立连接的机制。Web 协议还包括 Web 对象格式规则，指定对象如何将发送和接收的消息打包。

防火墙可以保护服务器免受非授权资源的侵害。

报头由一组字词组成，包含有关通信层处理的信息和参数。这些字词被放置在从前一层接收的数据栈里，并创建一个新的数据栈以传输到下一层。在传输期间，报头字词被放置在层次结构中较低的发送层，在使用完包含在报头中的信息之后，层次结构较高的接收层会将报头移除。

状态是指与某人或某事有关的方面，或特定时间内的一种形式（来自柯林斯英语词典）。参考 Web 对象之间的数据交换，状态指的是与在服务器端或客户端的特定实例中接收的数据、资源或对象相关的方面。

资源是指可以被读取（使用）、写入（创建或更改）或执行（处理）的内容，路径描述也是一种资源。资源是原子（不可再分的）信息，在计算过程中可以被使用。资源可能有多个实例，也可能只有一个实例。例如，一张联系人列表可以被看作单实例，而名字、姓氏、城市、地址和电子邮件 ID 可被看作多实例。

每个资源实例都有一个资源 ID。可以使用资源标识符访问资源。资源标识符可以是路径描述，例如统一资源定位符（URL）或统一资源标识符（URI）。

资源可以具有资源注册表，资源实例在注册表中注册后即可使用，而在未注册或取消注册状态时，资源实例不可用。

资源可以更新。当应用程序使用资源发现（resource discovery）时，可以使用资源。

资源可以具有资源存储库。存储库是指子文件夹、文件夹或目录，它包含资源及其实例。资源可以具有资源目录，该目录指向资源存储库。

资源结构或资源目录是指资源、应用程序、容器和组的结构或集合，它们可以各自具有属性、访问权限，以及订阅和发现服务。

路径指的是访问资源时两端之间的导航路径。路径规范可以是 URI 或 URL 类型。URI 的结构是分层的。符号"/"后面的实体是符号"/"之前父项的子项。

统一资源标识符通常用于标识保存的资源，例如联系人或地址簿。URI 的示例如对应一组资源目录联系人的 / Contacts / First_Character_R /，它拥有联系人的第一字符为 R 的资源存储库 First_Character_R，以及关于联系人信息的资源。另一个例子是表示温度值的 URI sensorNetwork_J / sensorID_N /temperature。该温度值保存在传感器网络的资源目录 sensorNetwork_J 下，存储 ID 值为 sensorID_N 的传感器数据。

统一资源定位符通常用于客户端资源检索。所保存的资源可以位于用因特网协议访问的文档或远程服务器上。"http://www.mhhe.com/"是 URL 的一个示例，它用于 McGraw Hill 高校服务器上的一组资源目录、资源存储库和资源。

数据报是指有限大小的数据（2^{16} 字节），用于从 Web 对象进行无状态无连接的传输。无状态指每个单个数据报的传输独立于先前的数据交换，无连接指不需要预先建立 Web 对象之间的资源交换连接，并且在完成资源交换之后无须进行连接关闭。

表述性状态传递（REST）是一种软件体系结构，指的是在交互期间定义资源、方法、访问方法和数据传输的标识符的方式。REST 还指定了创建可扩展 Web 服务的实践、约束、特征和准则。可扩展指可以根据资源大小来使用该体系结构，主要体现在 Web 软件组件、客户端和 Web API 的设计过程。

REST 也指在两个端点之间传输对象时使用已定义的资源类型——用 URI 或 URL 来表示资源。REST 还指使用方法（命令）、POST、GET、PUT 和 DELETE（见 3.4.4 节）以及 MIME 类型的文件。

多用途 Internet 邮件扩展（MIME）是一种文件类型，Web 对象、应用程序和服务在 Internet 上广泛使用它。

RESTful 指的是遵循 REST 约束和特征的实例。

用户数据报协议（UDP）是使用因特网和 RESTful 约束环境（CoRE）的 Web 传输层的协议。UDP 指定了通过报头封装数据报的方式，报头仅说明数据报传输两端的端口和地址。UDP 在第 4 章 4.3.3 节中有详细描述。

超文本是指嵌入了超链接的文本。超文本传输协议（HTTP）是一种应用层协议，将超文本用作应用数据传输协议。客户端和服务器使用 URL "http:// ...."。

超链接指的是资源目录的 URL 规范，以便在两个对象之间建立链接。例如，超链接 URL 规范 http://www.mhhe.com/kamal/emb3 是作者早期的书籍在 McGraw Hill 高校服务器上补充的网络资源。通过单击浏览器上的显示文本链接，实现对 Web 对象资源的检索。

超文本标记语言（HTML）是一种用于创建超文本的语言，超文本是一种文本，该文本嵌入文本、图像、音频和视频、图像帧、表单、列表、表格、导航链接（参考资源）、API、Java 脚本等动态行为的代码。

可扩展标记语言（XML）是一种语言，它可以创建、发送和接收文档、消息、命令、查询响应，以及创建表单。表单数据、响应或消息使用新的标记（之前未在 HTML 中定义），新数据类型定义与 HTML 中的数据类型定义不同。HTML5 是 HTML 的最新版本，其中包括 XML 和许多新功能。表单具有许多字段，例如，姓名、电话、地址、电子邮件 ID。表单数据表示表单字段中所填充的内容。例如，创建一个新标记 "name"，如果在 XML 中编写：<name> Raj Kamal </name>，则表单的 name 字段就有了数据 "Raj Kamal"。"/" 为结束标记。 [78]

浏览器是一种客户端软件，用于显示超文本，可以导航到用户屏幕上显示超文本链接，并显示应用程序的 GUI、表单以及服务器响应等。

WebSocket 是用于双向通信的 API，与 HTTP 通信方式相比具有更小的报头，与即时单向通信的 HTTP 相比具有更低的延迟（见 3.4.5 节）。

框架提供了大量软件库和 API，包括可通过应用程序中的用户代码有选择地更改的 API。例如，.NET 框架。框架的优点包括，它能让用户更容易地将一组离散对象、软件组件、协议、各种复杂技术等结合在一起高效使用。同时，框架能促使程序员以一致编码的方式来实现代码，从而减少错误，便于测试和调试，并在应用程序中提供更高的灵活性。

以下描述了连接设备的 Web 连接设计原则。本章稍后将讨论如何使用 CoAP、LWM2M、XML、消息队列、MQTT、XMPP、SOAP、RESTful、HTTP、WebSocket 和其他协议来进行设备连接，从而实现与服务、应用程序及进程的 Web 连接。

3.2 连接设备的 Web 通信协议

连接设备的数据在两种类型的通信环境中通过 Web 路由，该环境是：

- **受约束的 RESTful 环境（CoRE）**：IoT 设备或 M2M 设备在局域网之间进行通信。设备通常发送或接收数十字节的数据，从多个设备中收集的经过增强和整合的数据大小可能达到数百字节。通信框架中的网关使用 REST 软件架构，使得 Internet 通信联网设备的数据发挥作用。

  ○ 与使用 HTTP、传输控制协议（TCP）和 Internet 协议（IP）进行 Web 客户端和 Web 服务器之间的数据交换相比，CoRE 中设备是受约束的，因为它们的数据大小是有限制的。

  ○ 当在低功耗、低损失路由算法（ROLL）网络上进行路由时，另一个限制是数据路由。ROLL 网络是一种具有低功耗收发器的无线网络，其限制是在低功耗环境中，设备可能大部分的时间处于睡眠状态，而在事件发生或有需要时被唤醒（在客户端主动下）。设备连接也可能会长时间处于中断状态，该中断状态的间隔时间有限，且数据量有限。

- **无约束环境**：Web 应用程序使用 HTTP 和 RESTful HTTP 进行 Web 客户端和 Web 服务器之间的通信。Web 对象可能由数千字节组成。Internet 的数据通过 IP 网络路由。Web 应用程序和服务对 Internet 网络和传输层分别使用 IP 协议和 TCP 协议（见 4.3 节）。

图 3.1 展示了设备的局域网连接，受约束和无约束 RESTful 环境中的 Web 连接以及通信协议。

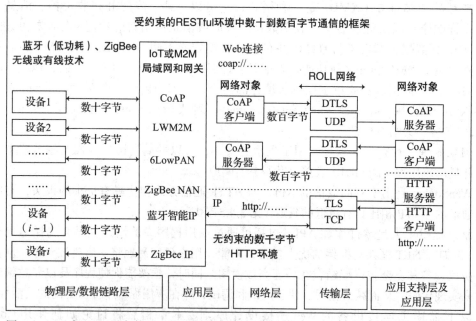

图 3.1　IoT 或 M2M 设备使用通信协议在受约束（虚线上方）和无约束（虚线下方）RESTful HTTP 环境中的本地网络连接和 Web 连接

假设 Web 对象是指 Web 客户端或 Web 服务器。Web 对象传输客户端的请求或服务器的响应。通信在 ROLL 网络或 Internet 上进行。

图 3.1 包含了以下内容：

- 假设设备 i（1, 2, …, i）连接了设备网络，本地网络在物理层 / 数据链路层和适配层（图左侧）的设备之间具有连接。
- Web 对象之间的通信（图右侧）。
- IETF CoRE 规范，包括 CoAP 和 UDP。
- 用于发送请求或响应的 Web 对象协议。例如，在 RESTful CoAP 中，CoAP 客户端和 CoAP 服务器通过网络和各传输层与另一端的 CoAP 客户端和服务器进行通信。客户端 / 服务器使用 URI "coap:// ......" 代替 "http:// ......"。
- 使用的传输层协议是数据报传输层安全协议（DTLS）和 UDP 协议。Web 对象之间的数据使用 IETF 的 ROLL 网络规范进行路由。
- IoT Web 对象之间进行数百字节数据量的通信。
- Web 对象的 HTTP 客户端和 HTTP 服务器在 Internet 上通信时，使用 IP 和客户端 / 服务器 URL "http：// ...."。
- HTTP Web 对象之间使用某些协议进行数千字节数据量的通信，以发送请求或响应。例如，RESTful HTTP 在网络层使用 IPv6 协议或 IP 协议，在传输层使用 TLS 或 TCP 协议。

物联网设备或机器应用程序需要受约束的环境协议，例如 CoAP 和 LWM2M。

3.2.1　受约束的应用协议

对于 ROLL 数据网络上的 CoRE 通信，IETF 推荐使用 CoAP 协议。CoAP 协议的特点是：
- CoAP 是一个由 IETF 定义的应用程序支持层协议。
- CoAP Web 对象使用请求 / 响应交互模型进行通信。
- CoAP 是一种专门的 Web 传输协议，使用 ROLL 网络的 CoRE。
- 它使用对象模型作为资源，每个对象可以有单个或多个实例。
- 每个资源可以包含单个或多个实例。
- 对象或资源使用 CoAP、DTLS（与 PSK、RPK 和证书的安全绑定）和 UDP 协议来发送请求或响应。
- 支持资源目录和资源发现功能。
- 资源标识符使用如下 URI："coap:// ......"。
- 消息报头较小。4 个字节用于 ver（版本）、T（消息类型）（类型分为可确认、不可确认、确认和重置）、TKL（令牌长度）、代码（请求方法或响应代码）、消息 ID 的 16 位标识符、令牌（可选响应匹配令牌）。可确认意味着服务器必须发送确认，而不可确认意味着不需要确认。
- CoRE 通信是基于 ROLL 网络的异步通信。
- 能够轻松与使用 CoAP 应用跨协议代理的 Web 进行集成。这是因为 HTTP 和 CoAP 都共享 REST 模型。Web 客户端甚至可能不知道它只是访问了 IoT 设备传感器资源，抑或将数据发送到了 IoT 设备执行器资源。
- REST 的使用。CoAP 对象或其资源的访问因此使用：
  - URI。
  - MIME 类型的子集。
  - HTTP 对象或资源的响应代码子集。

图 3.2a 为 CoAP 客户端对象对 CoAP 服务器的直接和间接访问。图 3.2b 为使用资源目

81

录查找对象或资源的 CoAP 客户端访问。

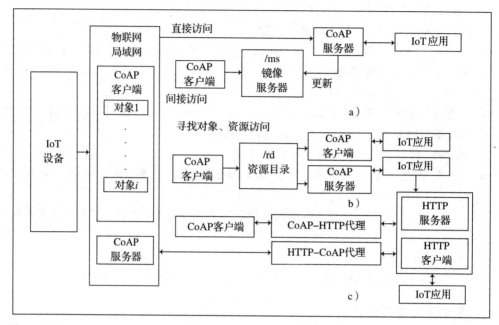

图 3.2 a) CoAP 客户端对象直接和间接访问 CoAP 服务器；b) 使用资源目录查找对象或资源
的 CoAP 客户端访问；c) 使用代理的 CoAP 客户端和服务器访问

1. CoAP 客户端的 Web 连接

代理指中间服务器，它接受来自客户端的请求，并使用协议将响应发送到客户端。它还将请求传递给服务器，并通过特定的协议来接收服务器的响应。HTTP-CoAP 代理使用 HTTP 协议接收来自 HTTP 客户端的请求，并使用 CoAP 协议将请求发送到服务器。CoAP-HTTP 代理使用 CoAP 协议接收来自 CoAP 客户端的请求，并使用 HTTP 协议将请求发送到服务器。

图 3.2c 显示了使用代理的 CoAP 客户端和服务器的访问。

传输层安全（TLS），以前称为安全套接字层（SSL），是保护基于 TCP 的 Internet 数据交换的协议。DTLS 是数据报的 TLS。DTLS 的特征如下：

- DTLS 规定了三种类型的安全服务：完整性、身份验证和机密性。
- DTLS 协议源自 TLS 协议，绑定 UDP 以进行安全的数据报传输。
- DTLS 非常适合保护应用程序。例如，隧道应用程序（VPN），倾向于耗尽文件描述符或套接字缓冲区的应用程序，或延迟敏感的应用程序（因此 DTLS 使用 UDP）。
- DTLS 中的一个组成部分基于 PSK、RPK 和证书的 OpenSSL 存储库的 openssl-0.9.8 安全性。

2. 使用密钥进行客户端身份验证

PSK（Pre-Shared Key）即预共享密钥，是一种使用密钥对客户端进行身份验证的安全方法。该密钥最多包含 133 个英文字符。PSK 方法为每个客户端生成唯一的加密密钥。PSK 密钥是没有前向安全的对称密钥（不提供前向安全的对称加密密钥）。对称密钥意味着两端使用相同的密钥，K12 用于加密和解密，其中加密、解密使用了特定算法。

私钥是指在一对发送方和接收方之间使用数据加密的密钥，在两者之间保密。发送方和接收方可以是对象、应用程序、Web 服务或进程。

RPK 代表随机成对密钥，也代表原始公钥，这意味着私钥、公钥（一端使用的 RPK（K1 和 Kp）和另一端使用的 RPK（K2 和 Kp））是不对称的。

公钥是指由中间服务器或可信实体提供的密钥，一般是一组 128 或 256 位的二进制串。例如银行服务器（或对象）将公钥提供给发送方和接收方。发送方使用其密钥（例如，K1）进行通信，接收方在与服务器通信时使用其密钥 K2。服务器使用 Kp，例如发送方和服务器分别使用 K1 和 Kp 交换消息，接收方和服务器分别使用 K2 和 Kp 交换消息。因此，密钥 K1 和 K2 彼此之间、发送方和接收方彼此之间保密。当发生消息或数据通信时，都使用自己的密钥和中间服务器或实体的 Kp。公钥加密的优点在于，一个通信端不能使用另一端的密钥，这避免了密钥的错用。

X.509 证书是基于授权证书颁发机构（CA）和公钥基础设施（PKI）的信任链的证书。发件人将文档提交给 CA 进行数字签名，CA 颁发该文档的验证证书。之后，CA 可以将该文档作为相同来源的身份验证。公钥体系结构意味着为分配公钥提供可信服务。

83

3.2.2 轻量级机器对机器通信协议

轻量级机器对机器通信（LWM2M）协议是由开放移动联盟（OMA）指定的用于传输服务数据和消息的应用层协议。它支持蜂窝或传感器网络中的设备管理功能，在 M2M 中得到广泛应用。通信协议的"轻量级"意味着它不依赖于执行期间系统资源的调用。调用系统资源的一个示例是在系统软件中调用显示菜单或网络功能的 API。轻量级也意味着客户端和服务器之间的数据传输格式是二进制的，并且具有标签长度值（TLV）或 Java Script 对象表示法（JSON）批量的对象阵列或资源阵列。与数千字节的网页不同，该协议单次最多传输数百字节。

该协议实现了 IoT 设备上的 LWM2M 客户端与 M2M 应用和服务能力层上的 LWM2M 服务器之间的通信。LWM2M 是一个紧凑的协议，报头较小。它具有高效的数据模型，通常与 CoAP 一起使用。

图 3.3 展示了 M2M 设备的 LAN 连接。它使用 LWM2M 的 LWM2M OMA 标准规范显示受约束设备与 M2M 应用和服务的网络连接。

假设有 i 个 M2M 设备。图 3.3 展示了以下内容：

- 本地 M2M 受约束设备的用途，例如低功耗蓝牙、6LowPAN（IPv6 低功耗 WPAN）、CoRE、ROLL、NFC、ZigBee PAN、蜂窝网络、Wi-Fi 或 ZigBee IP（图左侧）网络技术等。M2M 区域网络用作 PAN，用于设备和 M2M 网关之间的连接。
- 在设备和 PAN 之间进行数十字节的数据通信。
- LWM2M 对象之间的通信（图右侧）。LWM2M 客户端根据 OMA 标准 LWM2M 协议来引用对象实例。客户端对象在访问过程中和 CoRE 网络上，发送请求或接收 LWM2M 服务器的响应。
- CoRE 网络，例如 3GPP 或其他用于 IP 连接的网络。
- 利用接口功能从对象实例进行通信。接口功能有引导、注册、注销或更新客户端及其对象，使用新资源值反馈通知，以及通过服务器进行的服务和管理访问。
- 对象或资源使用 CoAP、DTLS 和 UDP 协议。

- 在客户端或服务器上的对象之间进行数百字节的数据通信，是纯文本、JSON 或二进制 TLV 格式的数据传输。

LWM2M 的规定和特征如下：

[84]

- 对象或资源使用 CoAP、DTLS 和 UDP 或 SMS 协议发送请求或响应。

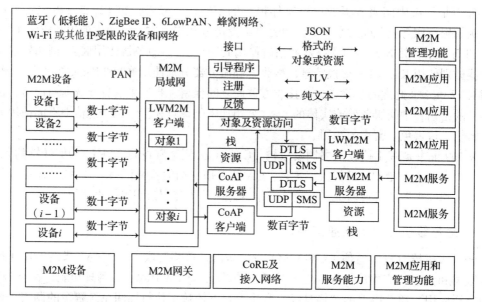

图 3.3　使用 LWM2M 的 LWM2M-OMA 标准规范的 M2M 设备局域网连接和受约束设备与 M2M 应用和服务的网络连接

- 在单个数据传输期间，使用纯文本或 JSON 作为资源，或者在单个数据传输中，使用一批资源表示的数据包，进行二进制 TLV 格式数据传输。
- 对象或其资源访问利用 URI。
- 接口功能用于引导、注册、注销或更新客户端及其对象，使用新资源值反馈通知，以及通过服务器进行的服务和管理访问。
- 对象模型用于资源，每个对象可以有单个或多个实例。每个资源可以有单个或多个实例。
- OMA 或其他标准指定组织定义了 M2M 通信中的 LWM2M 对象的用法。LWM2M 客户端具有符合 OMA 标准的对象实例。LWM2M 客户端 – 服务器交互通过访问过程及 CoRE 网络，通常使用 ROLL 网络的 CoAP。LWM2M 设备客户端和服务器通常使用 CoAP 客户端服务器交互来进行数据交换。Wi-Fi 和 WiMax 是接入网络的示例。CoRE 网络的例子有 GSM、GPRS、3GPP 和 4G LTE 或用于 IP 连接以及漫游的其他网络。

[85]

- 各组织可以向 OMA 或其他标准组织注册 LWM2M 对象和资源。
- M2M 管理功能可以是用于设备和网关凭证的 M2M 服务引导功能（MSBF），亦可用于安全性、根密钥数据存储以及设备和数据认证的 M2M 认证服务器（MAS）。

例 3.1 给出了管理对象、查询资源、位置资源和资源属性以及 M2M 响应代码的 OMA 规范⊖。

⊖ https://github.com/OpenMobileAlliance/OMA-LWM2M-DevKit/blob/master/objects/lwm2m-object-definitions.json。

例 3.1

问题

举例说明 LWM2M 对象和资源。

答案及解析

以下是基于 OMP 规范的对象和资源。

OMA 管理对象

对象分配是：

- LWM2M 服务器的多个实例案例 ID = 1，访问控制的案例 ID = 2（表示是或否的权利）。
- 单实例案例 ID = 3 表示设备对象，4 表示连接监视，5 表示固件（安装、更新或更新后的操作），6 表示位置对象。

查询参数代码

查询中的参数分配是：

- h 表示在域中注册时的终点名称。
- rt 表示终点类型。
- lt 表示生存周期，单位为秒。

位置对象资源

位置对象资源具有单个实例。每个实例由 ID 指定，如下所示：

- 0 表示纬度，1 表示经度，2 表示海拔（十进制数字）。
- 4 表示非静态设备的速度。
- 5 表示时间戳。
- 3 表示不确定性。

资源属性

属性赋值使用 id，它是一个标识资源的整数。自动观察中使用的属性为：

- if（引导时启动时的接口描述）。
- url（路径）。
- rl（类型）。
- ct（用于 CoAP 内容类型转换 ASCII MIME 类型）。
- obs（可观察布尔值）。
- aobs（自动观察布尔值）。

86

响应代码

指定用于创建成功注册和最大生命周期，或指定用于错误 CoAP 请求的 4.00。

3.2.3　JSON 格式

JSON 的特征是：

- JSON 是一种开放标准格式，主要用于在服务器和 Web 应用程序之间传输数据，作为 XML 的替代方案。该文本将数据对象作为文本传输，由属性 – 值对组成，简单易读。
- JSON 最初源自 JavaScript 脚本语言，现在是一种独立于语言的数据格式，其编码可以是 Java 或 C 或用于解析和生成 JSON 数据的其他编程语言。

例 3.2 描述了用于 JSON 中数据传输的代码。

例 3.2

问题

使用 OMA 对象定义在 JavaScript 中提供 JSON 对象示例。

答案及解析

以下是根据 LWM2M 对象的 OMA 规范编写的代码。

```json
{
"0":  {
        "id": 0,
        "name": "LWM2M Security",
        "instancetype": "multiple",
        "mandatory": true,
        "description": "This LWM2M Object provides the objects and resources of Client appropriate to
access a specified LWM2M Server. The LWM2M Object Resources MUST only be changed by a LWM2M
Bootstrap Server or Bootstrap from Smart Sensor and MUST NOT be accessible by any other LWM2M
Server. One Object Instance SHOULD address a LWM2M Bootstrap Server.\n ",
        "resourcedefs": {
    "0": {
        "id": 0,
        "name": "LWM2M  Server URI",
        "operations": "-",
        "instancetype": "single",
        "mandatory": true,
        "type": "string",

        "range": "0-255 bytes",
        "units": "",
        "description": "Uniquely identifies an LWM2M Server or LWM2M Bootstrap Server. Its form is:
\n\"coaps://host:port\", where port is the UDP port of the Server.host is an IP address or FQDN,
and "
    "1":    },
        {
        "id": 1,
        "name": "Bootstrap Server",
        "operations": "-",
         .
         .
         .
        }
    "9": {
        "id": 9,
        "name": "LWM2M Server SMS Number",
        "operations": "-",
        "instancetype": "single",
        "mandatory": true,
        "type": "integer",
        "range": "",
        "units": "",
        "description": "MSISDN used by the LWM2M Client  to send messages to the LWM2M Server via
the SMS binding. \nThe LWM2M Client SHALL silently ignore any SMS not originated from unknown
MSISDN"
    },
```

例 3.3 描述了使用 JSON 在 Java 中进行数据传输的代码。

例 3.3

问题

在 Java 中提供 JSON 对象示例。

答案及解析

JSON 对象是 java.util.HashMap 的子类。假设传感器名称为 SensTemp1，温度为整数，传感器数量为双精度数。is_newSensorAdded（）是一个返回布尔数据类型的方法。

以下是 Java 中的代码：

```
//import org.json.simple.JSONObject;
  JSONObject obj=new JSONObject();
          obj.put ("name","SensTemp1");
           obj.put ("temperature",new Integer(100));
           obj.put ("numberOfSensors",new Double(1000.21));
          obj.put ("is_newSensorAdded",new Boolean(true));
  StringWriter out = new StringWriter();
          obj.writeJSONString(out);
  String jsonText = out.toString();
  System.out.print (jsonText);
  Result: {"Name": "SensTemp1": "Temperature": 26" "numberOfSensors":1000000, "newSensorAdded": null, }
```

3.2.4　标签长度值格式

在 TLV 格式中，前两个字节用于标识参数。第一个和第四个字节表示在这些字节之后直接跟随的实际数据的长度⊖。以下是用于 TLV 格式的数据传输的代码示例。

例 3.4

问题

举例说明 TLV 格式的消息。

答案及解析

假设应用程序服务使用 CoAP，其代码为 "200"（由 OMA 分配的标准号）。设引擎参数 rpm 指定为 ID = 125，速度指定为 ID = 126。TLV 中的格式可以如下：

```
</engine>;EngObj;id="20";ct="200",
</engine/rpm>; EngObj;id="125",
</engine/velocity>;EngObj;id="126"
```

3.2.5　MIME

通用类型文件是 application/octet-stream。但是，MIME 类型文件可用于 Web 应用程序和服务⊖。MIME 的功能是：

- 是一种 Internet 标准，用于描述各种文件的内容。
- 作为 Internet 标准，它扩展了简单邮件传输协议（SMTP）格式，以支持 ASCII 以外的字符集文本，以及音频、视频、图像和应用程序等非文本附件。

- 支持非 ASCII 字符集中包含多个部分和报头信息的消息。
- 最初设计用于邮件，现在用作 Internet 媒体类型。Web 客户端报头使用 MIME 类型指定内容类型。

⊖ https://en.wikipedia.org/wiki/Type-length-value。

⊖ https://en.wikipedia.org/wiki/Media_type。

- MIME 文件的类型是详尽无遗的。下面是 MIME 类型文件的一些例子：-doc（application/msword）、html（text/html）、htm（text/htm）、gif（image/gif）、js（application/x-javascript）、css（应用为 text/css）、mpeg（video/mpeg）、pdf（application/pdf）和 exe（application/octet-stream）。HTML 中的链接、对象、脚本和样式标记等对象，都有一个 type 属性，其值可以设置为 MIME 类型。HTML 的 MIME 类型是 text/html。

MIME 还使用了一个名为 mime.types 的关联文件。它将文件扩展名与 MIME 类型相关联。这种类型的文件允许在上述情况下使用扩展名。mime.types 文件使 Web 服务器能够确定资源的 MIME 类型。这是因为文件系统可能不存储 MIME 类型信息，而是依赖于文件扩展名。

温故知新

- 讨论了关键术语的含义——API、服务、状态、对象、资源、目录、存储库、标识符、发现、表示、URI、URL、标题、超文本、超链接、HTTP、HTML 和 XML。
- REST 是一种软件架构，给出了软件设计时应遵循的做法和约束。REST 使用 URI/URL 表示资源，使用的访问方法有 POST、GET、PUT 和 DELETE。在软件组件的设计过程中使用该架构。
- IETF 推荐 ROLL 网络的 CoRE 规范。CoRE 规范包括 CoAP 和 UDP。
- CoRE 对象在发送请求或响应时使用约束环境的标准协议。CoAP 客户端和 CoAP 服务器对象通过网络进行通信，并将各层传输到另一端的 CoAP 客户端和服务器。对象使用 HTTP-CoAP 和 CoAP-HTTP 代理连接到 Web。客户端 / 服务器对象使用 URI "coap:// ......" 代替 "http:// ...."。
- CoAP 客户端 – 服务器的交互使用 UDP 和 DTLS 协议。HTTP 客户端 – 服务器的交互使用 TCP/UDP 和 TLS 协议。
- 根据 OMA 规范，LWM2M 客户端具有对象实例的规范。LWM2M 客户端服务器的交互通过访问过程和 CoRE 网络进行。LWM2M 客户端和服务器通常使用 ROLL 网络的 CoAP 客户端服务器交互。接入网络示例是 Wi-Fi 和 WiMax。CoRE 网络示例是 GSM、GPRS、3GPP、4G LTE 以及其他能够实现 IP 连接和漫游的网络。
- 对象实例在进行通信时使用了 LWM2M 接口的如下功能：引导、注册、注销或更新客户及其对象；使用新资源值反馈通知；服务器的服务和访问管理。
- 应用程序使用 Internet 协议交换对象。在客户端或服务器上的对象之间进行数百字节的数据传输。对象传输纯文本、XML、JSON、TLV 或 MIME 类型格式文件，使通信变得方便简单。

自测练习

- ★ 1. 列出受约束环境的属性。使用连接设备的示例，例如连接互联网的路灯、RFID 和 ATM。
- ★ 2. 写出在设备和网络、应用程序和服务域之间交换数据期间，在联网设备、设备局域网和网关以及 HTTP Web 对象上传输或接收的字节顺序。
- ★ 3. 列出设计软件组件的 REST 架构风格的功能。
- ★ 4. 制作一张表格，比较受约束设备与无约束系统环境，协议、客户端和服务器之间的特征。

★★★5. 根据图 3.1，使用 CoAP 和 HTTP 协议在 CoRE 和无约束环境中绘制 ZigBee IP 连接的路灯本地网络网关连接和安全的 Web 连接，以及路灯监控和控制服务器应用的数据通信图。

★★6. 列出 CoAP 的功能。

★7. DTLS 的功能有哪些?

★★8. 根据图 3.3，利用 LWM2M 和 IP 网络绘制 RF 链路连接的 RFID 本地网络网关连接、库存应用和跟踪服务的数据通信图。

★★9. 列出管理对象、查询资源、位置资源和资源属性的 OMA 规范以及 M2M 的响应代码。

★10. 在 Java 中编写 JSON 对象的代码。假设第 N 个路灯的传感器名称为 StreetLightN_I 和 StreetLightN_J。环境光传感器 N_I 输出是布尔值，街道交通密度传感器 N_J 以字节格式输出。is_SensorN_IAdded ( ) 和 is_SensorN_JAdded ( ) 是返回布尔数据类型的方法。

★★★11. 编写 TLV 格式，实现在 LWM2M 中进行数据交换。假设应用服务使用 CoAP，其代码为 "200"（由 OMA 分配的标准号。设流量密度参数 numPer100Meter 的 ID 为 4038，街道长度 m 的 ID 为 126）。

★12. 在 MIME 类型文件列表中列出 10 个扩展名。

3.3　连接设备的消息通信协议

设备、节点、端点、客户端、服务器都可以发送和接收消息。通信模块包括协议处理程序、消息队列和消息缓存。协议处理程序会依据相关通信协议，在发送和接收消息期间发挥一定作用。程序会建立消息队列来暂存消息，直到消息被传输至目的地。消息缓存会保留传入的消息，直到将其保存到模块中。设备消息队列将消息插入（写入）队列，并从队列中删除（读取）消息。设备消息缓存可以存储接收的消息。以下部分解释了消息通信协议中的一些术语。 `91`

3.3.1　术语

1. 请求 / 响应（客户端 / 服务器）

请求 / 响应消息交换是指一个对象（客户端）请求资源，一个对象（服务器）发送响应。对象可以使用 REST 功能，例如 HTTP 对象。发送请求时，协议会为每个报头添加字段，该字段在接收器对象处解释请求。

2. 发布 / 订阅（Pub/Sub）

发布 / 订阅（Pub/Sub）消息交换与请求 / 响应不同。服务可以发布消息，例如，天气信息服务为潜在的接收者发布天气报告的消息。路灯互联网的组控制器可以发布如环境光条件、交通密度或交通状况的测量值等消息（见例 1.2）。

服务可以被一个或多个客户端或代理使用。当客户端订阅该服务时，它会从该服务接收消息。发布 / 订阅消息传递协议规定，由注册或认证设备发布消息和接收订阅（PUT 和 GET 方法）。

发布可以用于测量值，用于一种或多种类型的状态信息或资源。订阅适用于资源类型（或主题）。每种资源类型或主题都需要单独订阅。

资源类型可以是智能路灯示例中的环境光条件的测量值。其他资源类型还包括街道上的堵车情况，以及照明设备功能是否正常等。

3. 资源目录

资源目录（RD）⊖维护每种资源类型的信息和值。资源类型可以通过 URI 访问 RD 获得。

4. 资源发现

资源发现服务可以定期广播（发布）资源的可用性或可用资源的类型及其状态。客户端发现资源类型并注册 RD 服务。

5. 注册 / 注册更新

注册是指服务的接收方注册，例如 RD 服务。当一个或多个端点、设备及节点注册时，它会获得对资源的访问权，并接收已发布的消息。出于安全性考虑，注册前需要对两端（服务提供方和接收方）进行认证，每个端点（客户端或服务器）都需要单独注册。

注册更新意味着更新一个或多个端点、设备或节点，或者取消先前设备或节点的注册。

6. 拉取（订阅 / 通知）数据

拉取意味着通过注册和订阅来提取资源类型的资源、值、信息或数据。拉取数据可能会用到 GET 或启动 OBSERVE 功能。服务器维护资源的状态信息并通知状态的改变。当改变发生时，客户端会再次拉取该资源。

7. 轮询及观察

轮询意味着查找新消息可用的位置、新消息是否可用、更新是否可用、是否需要刷新信息、状态信息是否已更改时查找状态。当消息存储在数据库服务器上时，轮询可以由使用 REST 架构 GET 方法的客户端完成，服务器使用 POST。

状态可以指连接或断开、睡眠、唤醒、创建、活动（未删除）、保持旧值或更新新值（GET + OBSERVE）。观察（OBSERVE）意味着以周期性间隔寻找状态的变化。

8. 推送（发布 / 订阅）数据

推送是指定期推送消息或信息的服务，感兴趣的设备、端点、潜在接收方会接收这些推送。例如，移动服务提供商定期为潜在接收者（注册移动服务订阅户）推送温度和位置信息。

与轮询相比，推送更有效，特别是在通知或发送警报时。这是因为很多场景下，轮询不会返回任何结果。与轮询或推送相比，当确定存在合理的时间间隔内服务器不返回任何数据时，拉取（PULL）是更有效的。

9. 消息缓存

消息缓存意味着数据可以在收到时被暂存，并可在以后需要时使用。在存在短暂或长时间断开服务的环境，消息缓存非常实用。缓存中的消息可以被访问一次或多次。

10. 消息队列

消息队列意味着从设备或端点按顺序存储消息（数据），以便在连接状态改变时可以转发消息。使用资源类型的先进先出方法完成转发，消息仅从队列转发一次。

每种资源类型都会有单独的队列。消息被转发到已注册的设备或端点以及订阅的设备

⊖ https://tools.ietf.org/html/draft-koster-core-coapmq-00。

或端点。对于每种资源类型，维护单独的注册设备或端点列表，以及单独的订阅列表。转发仅在列表中的订阅匹配之后才能进行。

11. 信息 / 查询

该方法是对象（客户端）使用查询请求信息，而另一个终端对象（服务器）通过回复查询来响应。响应应用程序使用查询优化器和检索计划处理查询，查询处理使用数据库或资源目录资源。

3.3.2 通信协议

以下是消息通信中使用的协议。

1. CoAP-SMS 和 CoAP-MQ

M2M 或 IoT 设备非常频繁地使用 SMS。SMS 传输协议是适用于传输轻量数据（最多 160 个字符）。它用于与 GSM/GPRS 移动设备通信。

在 ROLL 环境和受约束设备（仅在启动时唤醒）中，或出现长时间的连接中断的情况下，M2M 及 IoT 设备会频繁使用消息队列。CoAP-SMS 和 CoAP-MQ 是 IETF 起草和推荐的两种协议。

（1）CoAP-SMS

在 CoAP-SMS 协议中，CoAP 对象使用 IP 以及蜂窝网络，并使用 SMS。对于 CoAP 对象消息和使用蜂窝通信时，它是 ROLL 上的 UDP-DTLS 的替代方案。

CoAP 客户端或服务器使用 SMS 代替 UDP + DTLS。CoAP 客户端使用 CoAP-SMS 协议，通过通用分组无线电服务（GPRS）、高速分组接入（HSPA）或长期演进（LTE）网络与移动终端（MT）端点通信。

以下是 IETF 推荐使用的术语：

- SMS-C：短信服务中心。
- SMS-SP：短信服务提供商。
- CIMD：消息分发的计算机接口。
- MS：作为 CoAP 客户端或 CoAP 服务器的蜂窝网络上的移动台。
- MO：作为 CoAP 客户端的机器或 IoT 设备或移动源。
- MT：作为 CoAP 服务器的机器或 IoT 设备或移动终端。
- SMPP：CoAP-Data 的短消息点对点组。点对点意味着发送请求以及接收请求。
- SS7：信令服务协议。
- UCP/UMI：CoAP 请求或 CoAP 响应中包含的用于短消息传递的通用计算机接口协议 / 机器接口。

CoAP-SMS 特征如下：

- 用 " coap + sms://" 的 URI 代替 " coap://"。例如，LocationObject 使用 GPS 测量位置参数之后，URI 可以是 " coap+sms://telNum/carLocatiobObject/latitude"，用作汽车位置的纬度。将 SMS 发送到指定的电话号码——telNum 时使用 URI。
- CoAP 消息使用字母编码进行 SMS 通信。SMS 消息由一个字符的 7 位编码中的 160 个字符组成。因此，当 SMS-C 支持 8 位编码时，CoAP 消息的最大长度为 140B（= 160×7 位 / 8 位）。当 SMS-C 支持 16 位编码和多语言字母表时，CoAP 消息是 70B（= 160×7 位 / 16 位）。在 SMS-C 的支持下，连续短消息最多可达 255 字节。

94

- CoAP 端点必须与用户身份模块（SIM）卡一起用于蜂窝网络中的短信服务。通过使用移动台站 ISDN（MSISDN）号码来解决这些问题。TP 数据编码方案（TP-DATA-Coding-Scheme）使 CoAP 客户端能够发现短消息中容纳了 CoAP 消息。
- 不支持多播。
- 另外两个选项是 Response-to-URI-Host（RUH）和 Response-to-URI-Port（RUP），使启动 CoAP 客户端知道备用接口 CIMD 和 SMPP 以及 UCP/UMI 的存在。RUH 是大小为 0～255 字节的字符串。RUP 大小为 2 字节，默认端口号为 5683。IANA（Internet Assigned Number Authority）将 TBD 注册为注册管理机构的 CoAP 选项号。
- 数据交换序列如下：MS/CoAP 客户端向 SMS-C 发送 SMS 请求（SMS-SUBMIT），SMS-C 使用 SMS-SUBMIT-REPORT 进行反馈，SMS-C 向 MS/CoAP 服务器发送 SMS（SMS-DELIVER），服务器使用 SMS-DELIVER-REPORT 进行反馈，SMS-C 向客户端发送 SMS-STATUS-REPORT。
- 服务器对客户端进行身份验证可提供安全性。在 SMS 数据交换期间使用基于 MS 和 SIM 的安全性的 MSISDN。

图 3.4a 展示了与机器、物联网设备或 MT 的 CoAP 请求或响应通信。CoAP 客户端向 SMS-C 发送请求，SMS-C 将请求发送给 MT。CoAP 服务器向 SMS-C 发送响应，该响应发送到客户端。

图 3.4b 展示了计算机、机器接口，它使用 IP 向使用 SMPP 或 CIMD 进行数据交换的移动服务提供商，发送请求、接收 CoAP 数据或 HTTP 请求（REQ）。服务提供商使用 SS7、CIMD 或 SMPP 与机器、物联网设备或 MT 与中间节点 SMS-C 进行通信。终端使用 SMS-C 和 CoAP-MQ 代理向发送端发送响应。

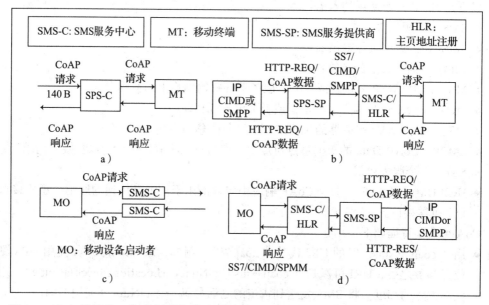

图 3.4　a）与计算机、物联网设备或移动终端（MT）的 CoAP 请求或响应通信；b）使用与移动服务提供商进行 IP 通信来与终端进行数据交换的计算机或机器接口；c）A CoAP 请求或响应通信的机器或物联网设备或移动源（MO）通信；d）使用 SS7/CIMD/SMPP 与计算机或机器接口使用 IP 通信的原始通信

图 3.4c 展示了来自计算机、物联网设备或 MO 的 CoAP 请求或响应通信。CoAP 客户端向 SMS-C 发送请求。CoAP 服务器将响应发送到 SMS-C，SMS-C 将响应发送给客户端。

图 3.4d 展示了计算机、机器接口，它使用 IP 接收请求或发送响应（RES），作为 CoAP 数据或 HTTP REQ 移动服务提供商，使用 SMPP 或 CIMD 进行数据交换。SMS-C 使用 SS7、CIMP 或 SMPP 将其传达给 CoAP-MQ 代理。SMS-SP 接收请求，或向机器、物联网设备或移动源发送响应。

（2）CoAP-MQ

CoAP-MQ 是使用代理和 RD 的消息队列协议。CoAP 端点具有客户端和服务器两种角色。 96

图 3.5 展示了 CoAP-MQ 端点、CoAP-MQ 客户端、CoAP-MQ 服务器之间通过 CoAP-MQ 代理及服务进行的数据交换。

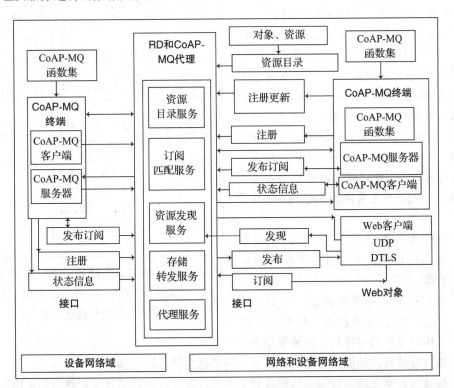

图 3.5 CoAP-MQ 端点、CoAP-MQ 客户端、CoAP-MQ 服务器之间通过 CoAP-MQ 代理及其服务之间的数据交换（PubSub 意味着发布到 RD 并订阅 MQ）

图 3.5 展示了发布者资源订阅、存储的 CoAP-MQ 服务器供应。服务器提供转发订阅和代理服务功能。该图还表明，RD 服务包括了资源发现、生成目录和资源对象注册等服务。设备对象使用 CoAP 客户端和服务器协议以及 CoAP Web 对象进行通信，使用 DTLS 作为安全协议，使用 UDP 协议作为 CoAP API。

2. MQTT 协议

消息队列遥测传输（Message Queuing Telemetry Transport，MQTT）是一种用于机器到机器（M2M），以及物联网连接的开源协议。英语字典中的单词"telemetry"（遥测）是指通过无线电或其他机制测量、发送值或消息到远处。 97

IBM 是该协议的创始者，后来 IBM 将其捐赠给了 Eclipse 的 M2M"Paho"项目，其版本是 MQTT v3.1.1。MQTT 在 2014 年被 OASIS（Organization for the Advancement of Structured Information Standards，结构化信息标准促进组织）接受，并被广泛用于 M2M/IoT 通信连接[⊖]。

另一版本是 MQTT-SN (v1.2)。传感器网络和非 TCP/IP 网络（如 ZigBee）可以使用 MQTT-SN。MQTT-SN 也是发布 / 订阅消息传递协议。它支持 WSN、传感器和执行器设备及其网络的 MQTT 协议扩展。

回想一下图 1.3（IoT 的 IBM 概念框架），其中展示了 MQTT 应用之一即通信管理功能。图 3.6 展示了使用 MQTT 代理的 M2M/IoT 设备对象（发布者和订阅者）与 Web 对象（发布者和订阅者）之间的消息交换。

图 3.6 展示了 MQTT – 代理订阅、订阅匹配、存储和转发、上一次正确消息的保留以及保留消息活动服务。该图还展示了设备对象调用 MQTT Java、C 或 JavaScript 库函数。对象使用连接设备的网络协议（如 ZigBee）进行通信。Web 对象还使用 MQTT 库函数，并使用 IP 网络、SSL 和 TLS 安全协议进行通信，以便订阅和发布 Web API。

MQTT 代理（也简称为 MQ）执行以下操作：

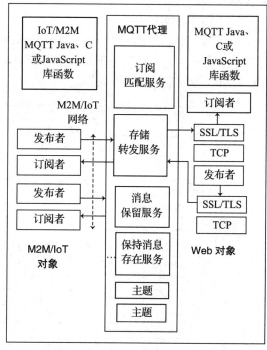

图 3.6　使用 MQTT 代理在 M2M/IoT 设备对象（发布者和订阅者）和 Web 对象（发布者和订阅者）之间进行消息交换

- 用作服务器节点，能够存储来自发布者的消息，并将其转发给订阅客户端。
- 接收资源发布者的消息。例如：环境光状态、交通密度、附近停车位可用性和废品容器状态的测量信息。
- 执行存储转发功能，存储来自发布者的消息并转发给订阅者。
- 接收客户端主题的订阅、匹配订阅及发布资源，以便将消息顺利路由到正确端点。
- 断开后重新连接时恢复订阅，除非该断开连接行为系用户主动操作。
- 充当主题发布者与其订阅者之间的代理。
- 在 DISCONNET 消息被收到之前，查找客户端断开的连接，使消息保持活动状态直到显式断开连接。
- 当报头中的保留字段被设置时，为同一主题上新连接的订阅者保存上次从发布者处收到的消息。
- 在连接消息和客户端安全性中，通过 SSL/TLS 按用户名 / 密码进行身份验证。安全注意事项与 CoAP、Web 链接和 CoRE 资源目录相同。
- 带网关的 MQTT 服务器能够支持智能业务分析服务器及其他服务器。

⊖　http://docs.oasis-open.org/mqtt/mqtt/v3.1.1/os/mqtt-v3.1.1-os.doc。

3.3.3　XMPP

1. XML

XML 是一种开源的 IETF 推荐语言，广泛用于消息和文本编码。XML 文档中的文本元素可以对应于实体的数据、消息、警报、通知对象、命令、方法或值。文本一般置于标签符号与结束标签之间，由此实现文本的标签。

XML 标签指定了元素中编码实体的类型。标签还可以关联自身指定的属性。对标签（标签和结束标签）中文本的解释和使用，取决于解析器和关联应用程序。解析器使用 XML 文件作为输入。应用程序使用解析器的输出。解析器和应用程序可以是 Java、C# 或任何其他编程语言。以下是在文档中的 XML 元素中使用 XML 标签和属性的示例。

例 3.5

问题

假设 XML 消息用于温度传感器，使用 XML 文档（文本文件）给出 XML 标签和属性的用法。假设有不止一个传感器测量温度，并为测量数据加上时间戳。

答案及解析

温度传感器发送的 XML 消息如下：<SensTemp>22℃ </SensTemp>。<SensTemp> 可以将属性关联为：

```
<SensorTemp ID = '250715' TimeDate = '19:28:33 Jul 17 2016'>  22 </SensTemp>
```

在流式传输时，如果存在上述文本消息，Java 解析器可以读取该文件。该解析器创建一个数据库。数据库可以是包含以下列的表：传感器 ID、时间、日期和温度。关联程序（应用程序）处理这些结果。例如，应用程序以 XML 格式发送执行器电路关闭空调的消息。从 ID = 241206 的应用程序到 ID = 2075 的空调的消息格式可以是：

```
<ActuatorAirCond ID = '2075' AppId = '241206'  > SwitchOff < /ActuatorAirCond>
```

2. XMPP

XMPP 是一种面向消息传递和状态协议的基于 XML 的规范。XMPP 也是 IETF 接受的开源协议推荐规范。RFC 是一个国际组织，意为"推荐评论"（Recommended for Comments）。RFC 6120 文档规定了适用于 CoRE 的 XMPP 协议。RFC 6121 XMPP 还规定了即时消息（IM）和消息呈现，RFC 6122 XMPP 指定了（消息的）地址格式。

消息同时向一个或多个终端通知 IM 的存在。它在创建聊天室后启用聊天和多用户聊天（MUC），其中不同的用户可以执行 IM。XMPP 实现了可交互操作的通信，例如 Google Talk。XMPP 在许多用户之间启用 IM，因为它使用在线通知和聊天功能。

聊天室是一个应用程序，它向所有订阅该服务的人，即同时启动聊天和消息的人或对象，提供类似房间的视图和即时消息服务。

XMPP 是可扩展的，即 XSF（XMPP 标准基础）的拓展，并发布 xep（XMPP 扩展协议）。xep 支持特征添加和新应用程序。Web 对象的 XMPP xep 列表很长。XMPP xep 的例子包括：

- xep-DataForms 格式

- xep-XHTML-IM
- xep－服务发现
- xep-MUC
- xep-Publsih-Subscribe 及用户事件协议
- xep－文件传输
- xep-Jingle（用于语音和视频）

[100]

XMPP-IoT xep 将 XMPP 的使用扩展到物联网及 M2M 的消息传递[一],[二]。扩展名列表（xep）非常长。例子包括：

- xep-0322 高效 XML 交换（EXI）格式
- xep-0323 物联网－传感器数据（http://xmpp.org/extensions/xep-0323.html）
- xep-0324 物联网供应
- xep-0325 物联网控制（http://xmpp.org/extensions/xep-0325.html）
- xep-0326 物联网－集中器

xep 是 IEEE/ISO/IEC 推荐的"Sensei/IoT"相关标准的基础，相关标准包括 sensei/IoT ISO/IEC/IEEE P21451-1-4 等。

XMPP-IoT 使通信机器能够与 Web 应用程序和 M2M 交互操作。使用 XMPP、XMPP-IoT 和其他与 XMPP 服务器通信的服务器，可以实现许多连接设备的应用，例如商务流程、智能家居、智慧城市、智能节能以及智能街道照明和交通等。

图 3.7 展示了连接设备和 Web 对象的 XMPP 协议及其扩展协议的使用。这些协议使用 XML 流进行消息传递、在线状态通知、响应请求和服务发现。

图 3.7 中的 XMPP-IoT 服务器由 xep 和服务组成。XMPP 服务可扩展到发布者/订阅者、MUC 和能够与 XMPP-IoT 服务交互的服务、设备以及区域网络。XMPP-IoT 服务器通过连接设备和 IP 网络之间的网关，与 Web 对象中的 XMPP API 进行通信。

简单身份验证、安全层（SASL）以及 TLS 是使用 TCP/IP 网络的、针对 API 和 Web 对象消息的安全协议。XMPP 格式的 XML 流在设备之间、设备与 Web 对象之间以及 Web 对象之间进行通信。

XMPP 的特点是：

- XMPP 使用 XML。
- XML 元素在标签 <stream> 和相应的结束标签 </stream> 的开放流中发送。
- 三种基本类型的 XMPP 节点（元素）是：
  - 消息
  - 状态
  - 请求（information/query，request/response；信息/查询，请求/响应）
- 类似 IP 网络消息传递，约束环境下的消息和状态协议具有可扩展性。
- 请求－响应（客户端－服务器）架构的可扩展性：iq（信息查询）、Pub/Sub 消息传递、聊天室 MUC 消息传递和其他架构（当一群人在聊天室中交换信息时），以及分散的 XMPP 服务器。

[101]

一　https://postscapes.com/internet-of-things-protocols/。
二　http://www.xmpp.org/extensions.html。

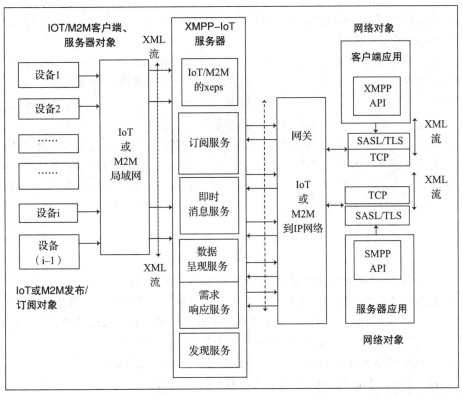

图 3.7　使用 XMPP 和 XMPP 扩展协议对联网设备和 Web 对象使用 XML 流进行消息传递、状态通知、按需响应和服务发现

- XMPP 服务器应遵循以下推荐的标准并使用 XSF xep。例如，用于机器之间消息传递的 XMPP-IoT 服务器与 XMPP M2M 服务器。
- 通过 SASL/TLS 进行身份验证，支持智能业务分析应用程序，并通过 XMPP 服务器和网关进行处理，以便将设备网络与 IP 网络连接起来。

XMPP 执行以下操作：

- 二进制数据首先使用 base 64 进行编码，然后在带内传输。因此，文件首先在节点之间的 XMPP 服务器消息中进行带外传送，而不是像 IM 那样直接发送。
- 没有端到端加密。
- 更高的开销是基于文本而不是二进制实现。
- 与 MQTT 不同，XMPP 不支持 QoS。

103

温故知新

- CoAP-SMS 是一种要求 CoAP 对象使用 IP 或者蜂窝网络与 SMS 的协议。
- CoAP 客户端或服务器使用服务中心 SMS 传输而不是 UDP + DTLS。CoAP 客户端可与移动终端的端点直接通信。
- Web 对象使用请求 / 响应、发布 / 订阅、订阅 / 通知、推送 / 拉取 / 轮询、消息队列、即时消息、多用户聊天的在线通知和即时消息模式来传输消息、资源、表示、对象和状态。API 使用消息传递协议、CoAP-SMS、CoAP-MQ、MQTT 和 XMPP。

- CoAP-MQ 端点、CoAP-MQ 客户端、CoAP-MQ 服务器之间通过 CoAP-MQ 代理及其服务进行数据交换。
- MQTT 是受约束环境的协议。MQTT 体系结构是 PubSub 消息传递，以代替请求 – 响应、客户端 – 服务器体系结构。发布者（设备域中的消息发送者或网络和应用程序域中的 Web 对象）发送有关主题的消息。订阅者（设备域处的消息接收器或网络和应用程序域处的 Web 对象）接收订阅相关主题的消息。
- XMPP CoRE、即时消息、状态和地址格式遵循 IETF 对 XMPP 消息服务器的推荐标准。服务器在某一时刻将 IM（即时消息）状态通知给一个或多个客户端。服务器在创建聊天室之后启用聊天和多用户聊天（MUC）功能，其中不同订阅的用户各自进行即时消息传递（IM）。

自测练习

 ★ 1. 列出 IETF 推荐的标准及其在 CoAP-SMS 协议中的用法。
 ★★ 2. 概述例 1.1 中连接到网络气象服务的智能雨伞，以及用于传递信息的移动设备。参考图 3.4 并使用（a）与天气数据服务通信的 CoAP 请求或响应；（b）从使用 CoAP 的雨伞到移动设备的 SMS，来分别绘制数据交换图。
 ★ 3. 列出在 CoAP-MQ 协议中使用的 RD 资源目录服务的功能。
 ★★ 4. 列出 CoAP-MQ 和 MQTT 功能之间的比较。
 ★★★ 5. 参考图 3.5 并绘制使用 CoAP-MQ 代理连接的温度传感设备的数据交换图。使用 Bluetooth Smart Energy 向代理和网关发布的每个温度数据，都通过 CoAP-MQ 客户端发布到 CoAP 服务器，CoAP 服务器又通过代理连接到 Web 服务。气象服务在 Internet 上发布 Web 客户端订阅的数据，且 Web 客户端通过代理连接到控制室温的订阅执行器。
 ★ 6. MQTT 代理的职能是什么？
 ★★ 7. 参考图 3.6 并绘制使用 MQTT 代理连接的 RFID 数据交换图。每个设备使用 MQTT Java、C 或 JavaScript 库函数来清点监控 Web 应用程序，代理和网关消息的 RF 链接以两小时的间隔发送 ID。
 8. 列出五个将 XMPP 的使用扩展到 IoT 和 M2M 消息传递的 XMPP-IoT xep。
 ★★★ 9. 参考例 2.3 和图 3.7，绘制一个数据流程图，展示使用 XMPP 协议连接的 ATM 和银行服务器 Web 对象，使用 XML 流进行消息传递、状态通知、按需响应和服务发现。
 ★★ 10. 为连接到路灯组的两个路灯编写 XML 消息的代码。假设传感器名称为 StreetLightN_I 和 StreetLightN_J，传感器 N_I 输出为 1，传感器 N_J 输出的街道交通密度输出为每 10m 24 个。

103

3.4 使用网关、SOAP、REST、HTTP RESTful 和 WebSocket 连接设备网络的 Web 连接

以下小节描述了网关、SOAP、REST、RESTful HTTP 和 WebSocket 的连接 Web 对象的用法。

3.4.1　通信网关

图 1.5 显示了 Oracle IoT 体系结构中的网关。该图还展示了应用程序和物联网通信框架、管理和代理功能的网关规定。

通信网关连接两个应用层，一个在发送方，另一个在接收方。网关还允许使用两种不同的协议，一种在发送方，另一种在接收方。网关通过 TCP/IP 协议转换网关和 IoT 设备促进 Web 服务器之间的通信。对使用 CoAP 客户端和使用 HTTP 的服务器之间的设备通信，网关能起到良好的优化作用。

网关规定了以下一项或多项功能：

- 使用两种不同的协议连接发送方和接收方。例如，物联网设备网络可能是用于连接设备的 ZigBee 网络，网络通过网关连接到 Web 服务器，服务器使用 HTTP 协议发送和接收数据。网关为物联网设备和 Web 服务器之间的通信提供服务。例如，（i）ZigBee 到 SOAP 和 IP 的网关，或（ii）RESTful HTTP 的 CoAP 协议转换网关（见 3.4.4 节）。 |104|
- 作为系统和服务器之间的代理。

3.4.2　HTTP 请求和响应方法

应用程序会使用到协议。TCP/IP 协议套件中的应用层用于 Internet，会使用到 HTTP、FTP、SMTP、POP3、TELNET 和许多其他协议。HTTP 是通过 TCP/IP 进行通信的使用最广泛的应用层协议。HTTP 客户端使用 TCP 连接到 HTTP 服务器，然后客户端在建立 HTTP 连接后发送资源。

例 3.6

问题

写出以下情况的请求和响应通信代码：（a）HTTP 请求消息与服务器通信；（b）向客户端响应消息通信。

答案及解析

（a）以下代码发送请求：

```
POST /item HTTP/1.1
Host: ii.jj.kk.mm
Content-Type: text/plain
Content-Length: 200
```

（b）服务器首先处理请求，然后将 HTTP 响应发送回客户端。响应还包含状态代码和内容信息：

```
200 OK
Content-Type: text/plain
Content-Length: 200
```

200 是 HTTP 连接中的标准成功代码。400 是标准故障代码。在这种情况下，状态返回如下。

```
400 Bad Request
Content-Length: 02
```

HTTP Web 对象之间的数据交换

HTTP 连接支持从客户端 API 到服务器，以及从服务器到 API 的实例单向通信。

HTTP 轮询是一种从 HTTP 服务器接收新消息或更新的方法。轮询意味着可以查找新
消息或更新，并在有变化发生时接收这些新消息和更新。

HTTP 是无状态传输，这意味着每次数据传输都是一个独立的请求。因此，报头开销信
息和先前状态的元数据应当与该 HTTP 请求相符。元数据用于描述将来待解释的数据。因此，
每个数据交换需要超过数百字节的大报头，由此在请求 – 响应交换中会造成较大的延迟。

在同一时刻双向通信的方式是：

- 多个 TCP 连接。
- HTTP 请求间歇期短而有规律，使得响应近似于实时。
- 连续轮询。
- HTTP 长轮询意味着 API 向服务器发送请求，并在一段时间内保持请求打开状态。
- 隐藏在 iFrame 中的流。

轮询方法是高延迟的，其报头大小为百字节级。代替的方法是使用 Java Applets、Silver-
light 或 Flash 插件。

3.4.3　SOAP

应用程序需要使用 HTTP 在互联网上交换对象。应用程序可以使用不同的语言和平
台。简单对象访问（SOAP）是 W3C 批准的开源协议[○]。

SOAP 是一种使用 XML 在应用程序之间交换对象的协议，也是一种访问 Web 服务的
协议。SOAP 指定消息传递的格式和方式，它独立于语言和平台应用程序（操作系统和硬
件）。SOAP 是可扩展的，被广泛用于 Web 服务和面向服务的体系结构（SOA）的 API。

SOAP 支持应用程序和 API 的开发。SOAP 功能利用 Internet-HTTP 和 XML 标准将 GUI
应用程序连接到 Web 服务器。Microsoft 的 .NET 体系结构支持 SOAP 的 Internet 应用程序
开发。

W3C[○] 推荐的 SOAP v1.2 的规范中，第 0 部分是引言，第 1 部分是消息框架，第 2 部
分是附件。SOAP v1.2 规范规定了断言和测试集合、XML 的二进制打包最优策略、SOAP
消息传输优化机制以及 SOAP 报头块。

SOAP 在信封规范之后使用 body 元素。body 元素包含消息最终端点的 SOAP 消息。

SOAP 请求可以是 HTTP POST 请求或 HTTP GET 请求。HTTP POST 请求至少有两个
HTTP 报头元素：内容类型和内容长度。在 HTTP 与 SOAP 绑定后，SOAP 方法即可使用
HTTP 请求 / 响应。

请求和响应应当符合 SOAP 编码规则。通过例 3.7 来解释 SOAP 的结构和用法。

例 3.7 描述了 SOAP 请求和响应的编码。

例 3.7

问题

回顾例 1.1，假设网关每天会向 weatherMsgService 发送天气消息和消息的请求。(a)SOAP

○ https://www.w3schools.com/soap/default.asp。
○ http://www.w3.org/TR/soap/。

如何在两个应用程序之间进行请求和响应通信：对于两个应用程序，一个被部署在网关 weatherMsgG，另一个被部署在网关 weatherMsgService，并使用 www.weatherMsgG.com 和 www.weatherMsgService.com 两个网络对象，SOAP 应当如何实现两个应用程序之间的通信？（b）SOAP 消息的结构如何组织？（c）写出从 End1 到 End2 的请求 SOAP 消息。（d）作为使用 HTTP 1.1 绑定的响应，XML 流的 SOAP 消息格式是如何组织的？（e）消息传递过程中的错误将被如何传递？

答案及解析

（a）图 3.8a 显示了 weatherMsgG 和 weatherMsgService 之间的 SOAP 请求和响应通信。SOAP 的 weatherMsgID250715 请求从 END1（URL: www.weatherMsgG/weatherMsgRequest）发送到 END2（URL: www.weatherMsgService.com/weatherMsgID250715）。WeatherMsgID 250715 的值将在 END1 被接收。

（b）图 3.8b 展示了 SOAP 消息结构。

（c）假设 HTTP POST 方法用于发布 SOAP 请求消息。假设 Get Temperature Response 是用于从 End2 处的资源中检索出 weatherMsgID 250715 的天气消息的方法。SOAP 发送天气消息请求。由 End2 发送的 weatherMsgID 250715 值会从 End1 处收到。图 3.8c 和图 3.8d 显示了 SOAP 消息的内容和元素。

（d）来自 End2 http://www.weatherService.com/weatherMsgResponse 的响应将被发送到 End1。对于 weatherMsgID 250715 的 End2 响应，其第一行将会有消息接收的状态。后续的行分别存储 HTTP 绑定、响应消息等信息。图 3.8e 展示了使用 Internet 和 HTTP 绑定的、来自 weatherMsgG 向 weatherMsgService 的 SOAP 响应。

（e）来自 SOAP 的错误消息在 Fault 元素中体现。该元素具有以下子元素：<faultcode>、<faultstring>、<faultactor> 和 <detail>。错误可能由版本不兼容、MustUnderstand 属性错误、客户端或服务器的问题所导致。

3.4.4　REST 和 RESTful HTTP Web 应用程序

W3C 技术架构小组（TAG）开发了表述性状态传递（REST）的架构风格⊖。该小组与 HTTP 1.1 并行工作。REST 是一个协调的约束集，在设计分布式超媒体的软件组件时被使用，这种设计依赖于使用该协议的无状态的、客户端 – 服务器的、可高速缓存取的通信。万维网使用 REST 实践和约束。REST 是 SOAP 和 Web 服务描述语言（Web Services Description Language，WSDL）的简单替代方案。REST 风格 Web 资源和面向资源的体系结构（ROA）正在逐步取代 SOAP。

107

REST 的架构属性是通过将特定的交互约束应用于数据元素、组件、连接器及对象来实现的。REST 架构的特性是关注点的分离，这意味着服务器上的数据存储不是客户端的关注点，客户端组件可以移植到其他对象上。

此外，用户接口和用户状态也不是服务器所关注的。REST 的客户端 – 服务器 "关注点的分离" 简化了相关组件的部署，提高了纯服务器组件的可扩展性，降低了连接器的语义复杂性，并提高了性能调整的有效性。

108

基于返回给客户端不同的表示，资源本身在概念上就被分开了。例如，服务器可从其

⊖　https://www.w3.org/2001/sw/wiki/REST。

数据库发送数据 HTML、XML、TLV 或 JSON，该数据库可以在联网服务器上具有其他不同的内部表示。

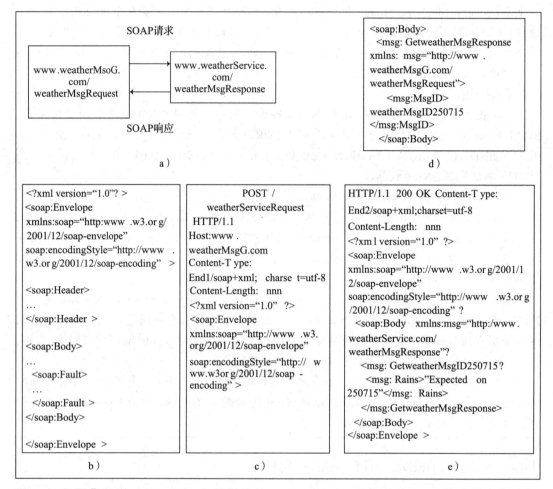

图 3.8　a）通信网关 weatherMsgG 与天气服务 weatherMsgService 之间的 SOAP 请求或响应通信；
b）SOAP 的消息结构；c）从网关 weatherMsgG 的 SOAP POST；d）获取 weatherMsgG 的请求；
e）使用 Internet 和 HTTP 绑定，在天气服务 weatherMsgService 处为 weatherMsgID 250715
的 weatherMsgG 发送 SOAP 响应

REST 软件体系结构样式对特定操作规定了使用方法，例如客户端 – 服务器通信模式和分层系统体系结构方法。

客户端 – 服务器的交互具有良好的性能特征，并实现了可伸缩 Web 对象和服务的创建。可伸缩性意味着支持组件之间更多数量的交互，能容纳更多组件。

分层系统是指可以通过中间层（代理、防火墙、网关、代理服务器或中间服务器）连接的客户端。REST 通过约束消息来实现中间层处理，使得每层的交互是自我描述的。通常，客户端不会知晓它是否直接连接到终端服务器。中间层可以在代码转换中提供帮助，并且在两端实现不同协议的使用。当系统规模较大并引入共享缓存时，使用中间系统可大大提高性能。共享缓存即两层之间共享的缓存，例如，中间层和服务器或代理和服务器。

每个应用程序状态的表示（Representation）包括了众多链接，在客户端选择了这些链接，并启动了新的状态转换时，链接就可能在下一次交互时被使用。

1. RESTful

当应用程序中使用的所有交互完全符合 REST 约束时，则称这些交互为 RESTful。RESTful API 符合这些约束，因此符合 REST 架构风格。使用 RESTful API 的 Web 服务遵循 REST 体系结构约束。

REST 架构风格可用于通过 GET、POST、PUT 和 DELETE 方法进行 HTTP 访问，以获取资源和构建 Web 服务。

2. RESTful HTTP API

标准 HTTP 方法是 GET、PUT、POST 和 DELETE。基于 HTTP 的 RESTful API 使用以下内容：

- URI/URL，例如 http://weatherMsgService.com/weatherMsg/ 和指向状态与参考相关资源的超文本链接，以及 JSON、TLV 或 Internet 媒体类型（MIME 类型）的超文本链接。
- 基于 REST 的 Web 对象通常通过 HTTP 进行通信，但并非总是如此。万维网本身代表了符合 REST 架构风格的系统的最大实现。RESTful HTTP 系统功能通过 HTTP 进行通信并使用与 HTTP 中相同的动词（命令），即 GET、POST、PUT 和 DELETE。|109|

3. RESTful HTTP 动词

REST 接口通常涉及带有标识符的资源存储库。例如，/deviceNetwork/device 或 /Temperature-App，可以使用标准动词进行操作，如下所示：

- GET 命令用于获取资源的资源存储库的 URI 列表，以及存储库中成员的其他详细信息。GET 检索存储库的资源项（已寻址成员）的表示，以适当的 Internet 媒体类型进行呈现。
- POST 命令在资源存储库中为资源创建新条目。新条目的 URI 是自动分配的，通常由操作返回。一种不常用的方式是，将资源项本身视为存储库，并在其中创建新条目。
- PUT 命令将整个资源存储库替换为另一个资源存储库或替换存储库的资源项（如果它不存在则创建它）。
- 来自客户端的 DELETE 命令检索 Web 对象并将数据发送到远程服务器。

3.4.5　WebSocket

RFC 6455 描述了 Web 协议规范，WebSocket 是 IETF 所接受的协议之一[⊖]。WebSocket API（WSAPI）W3C 的标准是 Web Interface Definition Language（Web IDL）[⊜]。

即时消息等应用程序需要通过同一连接进行双向数据交换。WebSocket 支持通过单个 TCP 连接进行双向通信。

图 3.9a 显示了 WebSocket 框架上的操作码和其他字段。图 3.9b 为 WebSocket API 所

　⊖　www:/tools.ietf.org/html/rfc6455。

　⊜　http://www.w3.org/TR/WebIDL/。

规定的事件、属性和函数。事件意味着新条件的出现，可由事件监听器监听，一旦监听到事件出现，则执行事件处理函数。处理函数也是回调动作。图 3.9c 显示了在 Web 对象之间以及浏览器和服务器之间使用 WebSocket API 进行的双向数据通信。

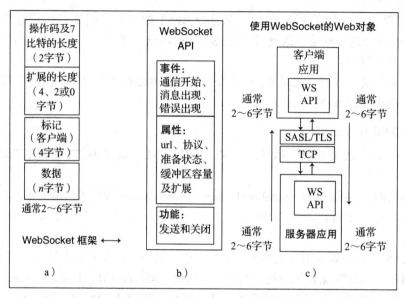

图 3.9　a）WebSocket 框架上的操作码和其他字段；b）WebSocket API 事件、属性和函数；c）Web 对象之间使用 WebSocket 的双向数据通信

　　基于 WebSocket 协议的设计用法，现在已经取代了在应用层使用 HTTP 的双向通信技术。WSAPI 属性包括 url、协议、准备状态及缓冲区容量，并且是可扩展的。它的 API 功能包括发送（帧）和关闭（套接字）。帧包含报头和数据。WebSocket 帧包含 2 字节的报头，以及 0、2 或 4 字节的额外数据。客户端这一侧会增加 4 字节的标记来识别帧。WebSocket 可以更轻松地使用现有的基础架构、身份验证、过滤和代理等功能。许多流行的浏览器已支持该协议。由于 WebSocket 的无须等待的特征，所以不需要定期轮询 HTTP 案例。

110

WebSocket 的特点是：

- 更小的报头尺寸（相比于 HTTP 中导致高延迟的数百字节的报头，WebSocket 的报头大小仅为 2 至 6 字节或稍多）。
- 新的连接并不需要新报头，因此没有新的延迟时间。
- WSAPI 由于连接延迟非常低，所以可以便于直播内容和实时游戏的创建。
- WebSocket 协议是一种独立的基于 TCP 的协议。它与 HTTP 的唯一关系是它的握手会被 HTTP 服务器解释为升级请求。
- 进行传输层安全性（TLS）隧道传输的 WebSocket 连接时，协议使用 "ws://"，默认 80 端口；相应地，若使用 "wss://" 则为 443 端口。
- 协议旨在与基于 HTTP 的服务器端软件和中介兼容，以便与该服务器通信的 HTTP 客户端和与该服务器通信的 WebSocket 客户端都能使用同一端口。因此，WebSocket 客户端的握手是 HTTP 的升级请求。来自服务器的响应也是 HTTP 的升级（见例 3.7）。

- 协议指定六种帧类型，并预留十种供将来使用（版本 13）。
- 成功握手后，客户端和服务器会交换"消息"。WebSocket 消息不一定对应于特定的网络层框架。帧具有关联类型，属于同一消息的每个帧包含相同类型的数据。六种类型的帧是（i）文本数据（UTF-8）或是（ii）二进制数据（其解释由应用程序决定）。 111
- 请求 – 响应（客户端 – 服务器）架构对 iq（information through and querying，信息通过和查询）聊天的可扩展性，及超级聊天对云服务的可扩展性。
- 拥有智能业务分析应用程序及处理的支持，以便于通过 Web 服务器或 XMPP 服务器和网关，将设备网络与 IP 网络连接起来。

温故知新

- 通信网关使用两种不同的协议连接发送方和接收方。网关可以作为两端之间的代理，例如 HTTP-CoAP 代理。
- Web 对象使用 HTTP 方法进行通信，例如 POST、GET、PUT、DELETE、SOAP 和 WebSocket。
- REST 是一种软件体系结构，它指定了在分布式超媒体中设计软件组件时要使用的实践和约束。基于 REST 的设计依赖于所使用协议的无状态、客户端 – 服务器、可缓存通信的特性。
- RESTful 表示遵循 REST 中指定的约束而设计的组件。例如，"关注点分离"、分层系统的使用、以及客户端、服务器和中间件之间是否定义缓存能力。
- Web 对象使用 WebSocket 进行通信。即时消息传递和许多应用程序需要通过相同连接（而非启动新连接）进行双向的、极低延迟的实时数据交换。WebSocket 支持通过单个 TCP 连接进行双向通信。

自测练习

- ★ 1. GET、POST、PUT 和 DELETE 的功能分别是什么？
- ★★ 2. 天气服务如何通过 HTTP 发送某个位置的降雨天气数据概率？使用 HTTP POST 消息，假设主机地址是"iii.jjj.kkk.com/"，内容类型为文本，长度为 10B，则另一端可能的响应是什么？
- ★ 3. SOAP 消息是如何构建的？
- ★★★ 4. 假设 ATM 网关发送银行服务响应请求并从 BankMsgService 接收账户信息。SOAP 请求和响应如何在两个应用程序之间进行通信？设两应用程序分别为 Gateway ATM_G 和 BankMsgService。相应地，SOAP 请求和响应如何在两个 web 对象之间进行通信？设两 web 对象分别为 www.ATMG.com 和 www.BankService.com。 112
- ★ 5. 列出使用 REST 设计接口的特征。
- ★★ 6. 列出 WebSocket API 事件、属性和函数以及它们各自的用法。
- ★ 7. 给出五个需要通过同一 TCP 连接进行双向数据交换的示例。
- ★★★ 8. 列出 WebSocket 的功能。这些与 HTTP 请求 / 响应和 HTTP 轮询有何不同？

关键概念

- 客户
- CoAP
- CoAP-MQ
- CoAP-SMS
- 通信网关
- 内容
- CoRE
- DTLS
- 标题
- HTTP
- 超文本
- 即时通信
- 本地区设备网络
- LWM2M 协议
- 消息代理
- 消息队列

- MQTT
- 多用户聊天室
- 对象
- 代理
- 发布 / 订阅
- 推送 / 拉取
- 请求 / 响应
- REST
- RESTful HTTP
- 资源
- 资源目录
- 资源发现
- 资源存储库
- 注册
- 表示
- ROLL

- 服务器
- SMS
- SOAP
- 状态
- 无状态
- 订阅 / 通知
- 订阅
- 主题
- TLS
- UDP
- URI/URL
- WebSocket
- XML
- XMPP

学习效果

3-1

- 设备通常具有局限性，即它们在低功耗环境中大部分时间处于休眠状态，并在需要时被唤醒（由客户端启动）。设备可能具有长时间连接断开的限制，在有损环境中限制间隔以及大小有限的数据。
- IoT/M2M 设备使用约束 RESTful 环境（CoRE）中的 CoAP 和 LWM2M 协议以及低功耗网络（ROLL）上的数据路由进行连接。客户端 / 服务器通信使用 UDP 和 DTLS 层。
- CoRE 对象使用标准约束环境协议发送请求或响应。CoAP 客户端和 CoAP 服务器通信通过网络进行，并将传输层传输到另一端 CoAP 客户端和服务器。HTTP-CoAP 代理将 HTTP 客户端与 CoAP 对象连接。CoAP-HTTP 代理将 CoAP 客户端与 HTTP 对象连接。CoAP 客户端 / 服务器使用的 URI 格式为"coap://..."，HTTP 客户端 / 服务器使用的 URL 格式为"http://"。
- LWM2M 客户端具有符合 OMA 标准的对象实例。LWM2M 客户端 – 服务器交互通过访问和 CoRE 网络进行。

3-2

- IoT/M2M 对象和应用程序使用请求 / 响应、发布 / 订阅、订阅 / 通知、推送或拉取、轮询、消息队列、即时消息、多用户聊天的在线状态通知，以及用于传输消息的即时消息传递消息、资源、表示、对象和状态。
- 消息传递 API 使用 CoAP-SMS、CoAP-MQ、MQTT 和 XMPP 作为受约束环境和 ROLL 网络中的消息传递协议。
- CoAP-SMS 是一种规定 CoAP 对象使用 IP 以及蜂窝网络和 SMS（短消息服务）的协议。
- CoAP 客户端与移动终端端点（MT）通信。
- MQTT 是受约束环境 Pub/Sub 消息传递的协议。订阅者接收订阅主题的消息。

- XMPP CoRE，Presence 和 Address 格式是 IETF 对 XMPP 消息服务器的建议。服务器向订户 / 注册客户端（用户）通知存在，以便同时向一个或多个用户发送 IM（即时消息）。服务器在创建聊天室后启用即时消息（IM）、聊天和多用户聊天（MUC），其中不同订阅者各自进行即时消息传递。

3-3

- 连接设备网络中的 API 使用通信网关、SOAP、REST、RESTful HTTP 和 Web 套接字与 Web 进行通信。
- 通信网关连接发送方和接收方，也可以在两者间的代理中运行，例如 HTTP-CoAP 代理。
- Web 对象使用 HTTP 方法进行通信，如 POST、GET、PUT、DELETE、SOAP 等。WebSocket 用于 Web 通信。
- RESTful 组件提供一致性和简单易用性。这些功能包括"关注点分离"、分层系统的使用、客户端、服务器和中间设备（如防火墙或代理）之间是否定义缓存能力。
- HTTP 连接支持从客户端 API 到服务器或从服务器到 API 的实例的单向通信。HTTP 传输是无状态的，客户端轮询服务器上的资源，并查找其状态的更改。当状态被更改时，客户端将重新检索该资源。
- SOAP 是使用 XML SOAP 的 body 元素在应用程序之间交换对象的协议。其具体的规定都得到了完整的封装。
- WebSocket 用于通过单个 TCP 连接进行双向通信、即时消息传递和聊天。WebSocket 使用的 URI 格式为"ws:// ..."，而在使用 TLS 时格式为"wss://...."。

114

习题

客观题

从每个问题的四个选项中选出一个正确的选项。

★ 1. CoRE 的环境限制是：(i) 数据大小限制在 1000 字节左右；(ii) Web 客户端和 Web 服务器使用 HTTP（超文本传输协议）、TCP（传输控制协议）和 IP（Internet 协议）；(iii) 数据路由方式类似在 ROLL 网络中的路由；(iv) 设备大部分时间休眠；(v) 设备在需要时被唤醒（由客户端发起）；(vi) 连接是长时间的；(vii) 连接具有较长时间间隔。

    (a) (i) 和 (ii) 正确。   (b) 除 (vii) 外均正确。

    (c) 从 (i) 至 (iv) 正确。   (d) (iii) 正确。

★ 2. CoAP 功能包括：

    (a) W3C 定义了 CoAP 网络对象。

    (b) 使用 ROLL 网络用于 CoRE 的专用网络传输协议。

    (c) 对象模型用于资源，每个对象可以有单个实例。

    (d) 对象或资源使用 CoAP-TLS（与 RSA 和证书的安全绑定），以及用于发送请求或响应的 TCP 协议。

★★ 3. LWM2M 规范和特征如下：(i) 对象或资源使用 CoAP、DTLS、TLS、TCP 和 UDP 或 SMS 协议发送请求或响应；(ii) 使用纯文本作为资源，或在单次数据传输期间使用 JSON（Java 脚本对象表示法），或在单次传输一批资源表示的包时使用二进制 TLV 格式进行数据传输；(iii) 使用 URL 或文件名的对象或其资源访问；(iv) 对象模型用于资源，每个对象可以有单个实例；(v) LWM2M 客户端 – 服务器的交互基于接入网络和 CoRE 网络，通常使用 ROLL 网络的 CoAP；(vi) M2M 管理功能包括 MSBF（M2M 启动功能服务）用于设备和网关的凭证，MAS（M2M 认证服务器）用于安全性、根密钥数据存储以及设备和数据认证。

(a)(i)、(iii)、(iv) 不正确。　　　　　(b) 所有选项均正确。

(c) 只有 (v) 和 (vi) 正确。　　　　　(d) 除 (ii) 外均正确。

★★ 4. CoAP-SMS 协议规定如下:

(i) 计算机或机器接口使用 IP 接收请求或将响应作为 CoAP 数据发送到使用 SMPP 的移动服务提供商进行数据交换。

(ii) SMS-C 使用 SS7 将其传达给 MO。SMS-SP 接收请求或向机器、物联网设备或移动源发送响应。

(iii) 计算机或机器接口使用 IP 接收请求或将响应作为 HTTP 请求发送到使用 CIMD 的移动服务提供商进行数据交换。

(iv) SMS-C 使用 CIMP 或 SMPP 将其传达给 MO。SMS-SP 接收请求,或向机器、物联网设备或移动源发送响应。

(a)(i) 不正确。　　　　　　　　　(b)(ii) 不正确。

(c)(iii) 不正确。　　　　　　　　　(d) 所有选项均正确。

★★ 5. CoAP-MQ 代理 (MQ) 能够执行以下操作:(i) 用作能够与其他节点存储消息的服务器节点;(ii) 在 Web 客户端之间执行存储、简化、重新格式化和转发功能。具有 CoAP-MQ 能力的端点;(iii) 匹配订阅和发布以便将消息路由到正确端点;(iv) 当端点或 Web 客户端订阅端点状态时,不发送端点状态;(v) 允许 Web 客户端通过 MQ 发布端点状态更新;(vi) 代表正在休眠的端点,将最后发布的值返回给 Web 客户端或其他端点;(vii) 充当防火墙。

(a)(i) 至 (v) 正确。　　　　　　　(b)(ii)、(iv) 和 (vii) 不正确。

(c) 所有选项均正确。　　　　　　　(d) 只有 (vii) 不正确。

★★ 6. MQTT 的特征如下:(i) 用于在 Visual C++ 中编码的 M2MQtt 库函数集占 100KB,而在 Java 中只需 30KB;(ii) 允许最大数量的交换;(iii) 基于代理的订阅/通知消息传递协议;(iv) 不通知客户端的异常断开;(v) 没有关于发送消息失败时采取的最终行动的规范;(vi) 其基本网络使用 UDP 连接;(vii) 定期进行实时消息的同步通信。

(a) 所有选项均正确。　　　　　　　(b) 除 (iv) 和 (v) 外均正确。

(c) 所有选项均不正确。　　　　　　(d)(i) 和 (vii) 不正确。

★★ 7. XMPP-IoT 服务器:(i) 由 xep 和服务组成;(ii) 对发布者、订阅者具有可扩展性;(iii) 不支持多用户聊天;(iii) 支持设备和连接设备区域网络;(iv) 支持通过连接设备和 IP 网络之间的网关与 Web 对象中的 XMPP API 通信;(v) 使用 TCP 支持 API 和 Web 对象消息的 SASL 和 TLS 安全协议;(vi) HTML 请求/响应;(vii) XMPP 中的 XML 流格式通信。

(a) 所有选项均正确。　　　　　　　(b)(iii) 和 (vi) 不正确。

(c)(iii) 和 (v) 不正确。　　　　　　(d)(iii) 不正确。

★★ 8. 网关可以执行以下一项或多项操作:(i) RESTful HTTP 客户端的 CoAP 协议转换;(ii) HTTP-CoAP 代理;(iii) 提供客户端和服务器之间的 RESTful 接口;(iv) ZigBee 设备与 IP 网络之间的连接;(v) 转发 HTTP 请求/响应;(vi) 作为防火墙;(vii) 连接 WebSocket。

(a)(i) 至 (v) 正确。　　　　　　　(b)(ii) 及 (vi) 不正确。

(c)(iii)、(v) 至 (vii) 不正确。　　　(d)(i) 至 (v) 和 (vii) 正确。

★★ 9.(i) SOAP 消息结构具有以下标记:(i) 信封、编码样式、报头、正文和错误;(ii) 用于互联网应用程序开发 SOAP 的点网支持 SOAP;(iii) 当 HTTP 绑定被指明时,对象交换可以通过 HTTP 请求/响应;(iv) SOAP 支持 REST 样式的 Web 资源。

(a) 除 (iv) 之外均正确。　　　　　(b) 编码样式和故障标签不存在。

(c)(ii) 不正确。　　　　　　　　　(d)(iii) 不正确。

★ 10. REST 接口的简单性在于：（i）组件的可修改性；（ii）服务代理的组件之间通信的可见性；（iii）通过移动对象的组件实现的可移植性；（iv）可靠性；（v）可伸缩性；（vi）交互组件之间"关注点的分离"。

(a) 仅（v）正确。　　　　　　　　　　　　(b) 除（iii）之外均正确。

(c) 除（i）和（ii）之外均正确。　　　　　(d) 除（vi）之外均正确。

★★ 11. HTTP 对象可以使用：（i）轮询；（ii）多个 TCP 连接；（iii）让 HTTP 请求的时间间隔短而确定，使得响应几乎是实时的；（iv）连续轮询；（v）HTTP 长轮询表示 API 向服务器发送请求，服务器将请求保持打开一段时间；（vi）流隐藏在 iframe 中。

(a) 除（i）之外均正确。　　　　　　　　　(b) 除（i）和（iv）以外均正确。

(c) 不能同时转移。　　　　　　　　　　　(d) 除（i）和（vi）以外均正确。

★★★ 12. WebSocket 可以在更高的子层包含：（i）XMPP 网络对象 API；（ii）用于将设备网络与 IP 网络连接的 XMPP 服务器和网关；（iii）可以扩展消息传递与呈现协议；（iv）可以包括用于消息传递和 PubSub 消息传递的 JMS（Java 消息服务）；（v）用于文件传输的 FTP（文件传输协议）；（vi）客户端和服务器支持的其他协议；（vii）请求响应（客户端 – 服务器）体系结构对 iq（通过查询提供信息）的可扩展性；（viii）聊天；（ix）超级聊天；（x）云服务的可扩展性；（xi）智能业务分析应用程序的支持；（xii）业务处理支持。

(a) 所有选项均正确。　　　　　　　　　　(b) 除（v）、（vi）和（x）之外均正确。

(c) 除（x）至（xii）之外均正确。　　　　(d) 除（i）、（ii）与（x）至（xii）之外均正确。 |117|

简答题

★ 1. 受约束的环境对物联网 / M2M 意味着什么？

★★ 2. REST 架构风格有哪些特点？

★★★ 3. CoAP 客户端如何使用中间组件向 HTTP 服务器发送请求？

★★ 4. 相较于 CoAP，LWM2M 的附加功能有哪些？

★★ 5. 以图解的方式，说明设备如何向移动终端发送 SMS，以及移动源如何向触发器设备发送消息。

★ 6. 列出 MQTT 的功能。

★★★ 7. 设备如何连接到物联网业务流程的服务器端？

★★ 8. 给出 IoT 应用程序中 CoAP、RESTful HTTP、MQTT 和 XMPP（可扩展通讯和表示协议）的功能。

★ 9. 物联网应用中的 Web 连接需要哪些协议？

★★★ 10. PSK、RPK 和认证协议的行为如何比较？

★★ 11. XMPP-IoT 如何应用于物联网应用程序？

★ 12. 通信网关的功能是什么？

★★ 13. 比较 HTTP 请求响应和 SOAP 对象传输的使用。

★ 14. 如何将 HTTP 请求 / 响应用于双向数据传输？

★★★ 15. WebSocket 的哪些特征提高了云服务的可扩展性，并实现了智能业务分析应用程序的支持，以及业务处理的支持？

论述题

★ 1. 为什么约束环境和数据 ROLL 网络需要一套独特的协议？

★★ 2. 以图解方式呈现并解释 CoAP 对象和 Web 应用程序之间的通信网关和代理。

★★ 3. 以图解方式呈现并解释 LWM2M 的功能。

★★★ 4. 以图解方式呈现并解释 MO 和 CoAP 对象、CoAP 对象和 MT、CoAP 对象和移动服务提供商之间的 SMS 通信。

★★ 5. 用图表描述设备、CoAP-MQ Broker 和 Web 应用程序之间的对象交换过程。

★★ 6. 画出设备、MQTT 代理和 Web 应用程序之间的消息交换过程。

★★★ 7. 简述客户端 / 服务器交互的 REST 架构编码风格。

　★ 8. SOAP 的应用是什么？SOAP 消息是如何代码和发送的？

★★ 9. 使用 HTTP 请求 / 响应和 WebSocket 描述对象交换的功能。

实践题

118 ★ 1. 列出 M2M 通信背后的协议与应用程序及服务功能。

　★★ 2. 解释何时使用 CoAP-MQ 和 MQTT。

★★★ 3. 绘制 RFID 的 Internet Web 应用程序的 ID 数据传输的架构视图（见例 2.2）。

　★★ 4. 回顾例 1.1，绘制智能雨伞设备、网络服务及移动设备之间数据交换的架构视图。该网络服务主要用于预测降雨和炎热天气。

　★★ 5. XMPP 如何用于物联网应用程序？

119 ★ 6. HTTP POST 方法如何用于发布气象服务数据？

　★★★ 7. 设计并开发架构，实现 CoAP 客户端和 WebSocket 之间的双向数据交换。

第4章　因特网连接原则

学习目标

4-1　解释因特网连接协议——IP、IPv6、RPL、6LoWPAN、TCP/IP 套件、TCP、UDP。

4-2　描述 IP 地址、MAC 地址、DNS 和 DHCP 的功能。

4-3　解释应用层协议 HTTP、HTTPS、FTP、Telnet、Ports 的功能。

知识回顾

在第 1 章 1.1 节和 1.2 节中，我们学习了概念框架、参考模型和参考体系结构。

由等式（1.2）可知，从设备中收集的数据在数据适配阶段得到增强，在数据分析阶段进行因特网上数据流传输的管理。

等式（1.3）表明数据从设备处收集，并在数据适配阶段巩固。然后，网关通过因特网连接到服务器和其他阶段，进行数据流的聚集、组装、管理和分析。

2.1 节的内容提到，IoT/M2M 架构具有网络层和传输层，可以将数据流传输至服务器、应用程序或其他实体。我们学习了物联网体系结构分层模型，其中应用层最高，物理层与数据链路层最低（如图 2.1 所示）。因此，在 i 层从前一层 j 层接收数据（$i > j$）。例如，数据在应用层和服务层从物理层和数据链路层接收。

2.2 节的内容提到，来自网关的连接设备数据使用网络传输协议连接到子系统，在这些子系统中，完成数据流的聚集、组装、管理和分析，执行应用程序、提供服务。因特网连接是应用程序和设备之间的关键体系结构元素。

第 3 章的内容提到，因特网连接是从设备端到应用程序或服务端的基本需求。连接实体使用的协议包括用于个人区域网络的 WPAN（无线个域网）协议和用于应用程序或服务连接的因特网协议，客户端服务器、发布/订阅和其他通信模式在网络层使用 IP 协议，在传输层使用 TCP/UDP 协议，以及用于安全连接的 TLS 和 DTLS 协议，用于应用程序支持的 HTTP、Web 套接字和其他应用层协议。

4.1　概述

因特网是具有一组连接协议的全球网络，用于：

- 连接设备网关以发送设备的数据帧至设备。数据以包的形式通过因特网上的一组路由器进行通信。该过程管理、获取、组织和分析关于物联网设备的应用、服务、业务流程的数据。
- 设备使用应用程序、服务或业务流程通过网络发送的消息、数据栈和命令来执行控制和监视功能。

以下是一些关键术语及其含义，这些对于理解互联设备网络与物联网应用程序之间通信的因特网连接原理是必需的。

报头：指用于处理某一层接收到的数据栈、在传输给随后的一层之前封装上一层的数据栈的一些字词。报头由报头字段构成，每个字有 32 位，每个报头字词由一个或多个字段构成，报头字词中的字段按照到达目的地的后续阶段需要的方式处理。

IP 报头：指包括按照 IP 协议的参数编码的报头字段。IP 是源端或目的端的网络层协议。

TCP 报头：指包含按照 TCP 协议的参数编码的报头字段。TCP 是源端或目的端的传输层协议。

协议数据单元（Protocol Data Unit，PDU）：数据栈最大字节数的单位，可以按照协议在层或子层处理。

TCP 流：在传输层创建的数据栈中的字节或字序列，传输到目的端的传输层。

最大传输单元（Maximum Transferable Unit，MTU）：数据栈最大字节数的单位，可以从较高的层传输到较低的层或物理网络。

数据包：一组具有固定最大指定大小的字节，它从网络层传输，在路由器间传输，直到到达接收器端的物理层、数据链路层和网络层。因特网技术规定在网络层对接收到的数据栈进行分组，以便传输到下一层。接收端网络层在该层进行去包化（解包），以便将其发送到随后的传输层。

IP 数据包：一个数据栈，包括 IP 报头。它通过路由器进行从源 IP 地址到目标 IP 地址的通信。

数据段：指从应用支持层传输的数据栈。当应用程序数据的大小超过可传输限制时，将其划分为段。

网络接口：用于促进网络中两个协议层 / 计算机 / 节点之间通信的系统软件组件或硬件。接口软件组件提供标准功能。例如，连接的建立、关闭和消息的传递。网络接口示例有端口（软件或硬件组件）、网络接口设备和套接字。接口可以通过唯一的端口号 / 套接字名称 / 节点 id 来寻址。

端口：网络的接口，使用协议将应用层数据栈发送到低层进行传输。接收端端口从低层接收数据栈。每个端口使用根据协议分配的数字，该协议用于应用层的传输或接收。例如，端口 80 被分配给 HTTP，是一个应用层协议。

　　套接字：网络的软件接口，它使用端口协议和 IP 地址连接到数据栈。网络数据可以看作是套接字之间的通信。可以认为应用程序数据在发送方和接收方的套接字之间流动。

　　主机：连接到计算机网络的设备或节点。它向网络上的其他节点提供信息、资源、服务和应用程序。网络层为每个主机分配一个主机地址。

　　IP 主机：使用因特网协议套件的主机。IP 主机具有一个或多个网络接口的 IP 地址。

　　子网：一个子网络，是 IP 网络的逻辑可见细分。这种细分允许一组联网计算机使用公共的、相同的 IP 地址在子网中寻址。例如，一个组织有 1024 台计算机，但是使用的 IP 地址是相同的。IP 地址由两组组成：msbs 和 lsbs，总共 32 位。msbs 表示字中最重要的位，而 lsbs 表示一组比特中最不重要的位。

　　路由前缀：32 位 IP 地址可以分为重要位（由 8 位、16 位或 24 位组成）和剩余的不重要位。划分将 IP 地址逻辑划分为两个字段——网络地址或路由前缀字段和 rest 字段或主机标识符。rest 字段是特定主机或网络接口的标识符[⊖]。

　　主机标识符：rest 字段也可以有两个子字段——一个用于子网 id，另一个用于主机标识符。当一个网络细分为多个子网，子网有许多主机。

　　数据流图（DFG）：是一种图形化表示，使用箭头表示从一个阶段到另一个阶段。圆形代表一个阶段，箭头表示数据流的方向。输入（例如，用于路由的传入数据）在每个阶段进行计算（处理），并引出该阶段的输出。输入从开头的圆继续流向下一个圆，直到输出（例如，用于路由的传出数据）到达圆的末尾。可以说，数据在中间的多个阶段进行处理后，从始至终都在流动。

　　非循环数据流图（ADFG）：指在 DFG 模型中，对给定的输入集只有一组输入并只生成一组输出。在 APDFG 中，除了各阶段的处理间隔时间，在每个阶段所有输入都是即时可用的（各种输入间无延迟）。非循环数据输入的例子包括事件输入、设备中的状态标志设置（＝1）或重置（＝0），并根据前一个进程的输出条件进行输入。

　　有向无环图（DAG）：一种非循环数据流图，在数据流过程中，没有任何输出循环返回到以前的处理阶段或层级来作为输入。

　　以下部分描述连接设备的网络连接原则。要了解协议的详细内容、使用方法和实现方法，读者可以参考任何有关计算机网络或因特网和 Web 技术的标准书籍。

4.2　因特网连接

　　图 4.1 展示了通过一组 IP 路由器连接到目的端的源端网络层。它还表明，通信框架使用 IP 地址，并使用应用程序协议 TCP/IP 套件与目标 IP 地址的 IoT/M2M 物联网应用程序和服务层进行通信。

　　因特网连接是通过全球路由器网络中的一组路由器实现的，这些路由器按照 IP 协议将数据包从源端传输到另一个目的端，反之亦然。源端使用 IETF（The Internet Engineering Task Force，国际互联网工程任务组）标准化格式将数据包发送到目的地。

　　⊖　https://www.ietf.org/rfc/rfc7608.txt.pdf。

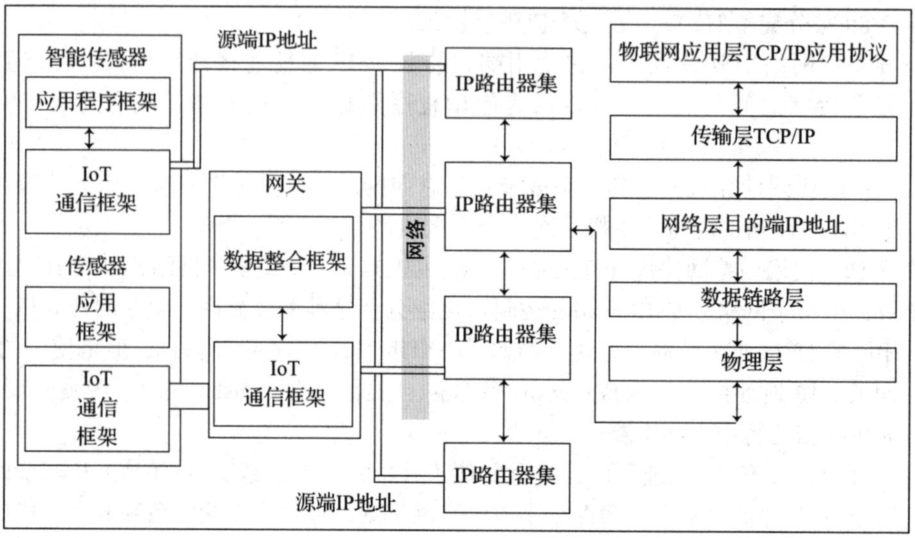

图 4.1　源端网络层通过一组 IP 路由器连接，用于从 IP 地址发送数据包，并使用 TCP/IP 协议套件与 IoT/M2M 物联网应用程序和服务层进行通信

4.3　基于因特网的通信

当数据从 i 层传输到下一个 j 层时，会发生以下操作：

- 每一层的数据处理都是按照该层用于通信的协议进行的。
- 每一层发送数据栈时给从上一层接收到的数据栈加上一个新报头，从而在执行了该层指定的操作之后创建一个新的栈。
- j 层将根据协议指定新的参数，并为后续的低层创建新的栈。
- 此过程将继续，直到数据通信通过整个网络。

修改后的 OSI 模型中物联网应用层最高，物理层最低（如图 2.1 所示）。因此，数据从 i 层传输到下一个 j 层（$i > j$），例如，数据从应用层传输到物理层。

当 j 层的下一层 i 层接收来自 j 层的数据时，即从物联网设备物理层传输到物联网应用层，执行以下操作：

- 每一层按照报头字段位执行处理，报头字段位根据用于解码该层所需操作的字段的协议接收。
- 每一层从前一层接收数据栈，在完成所需的操作之后，它将减去报头字并为下一层创建指定的新栈。
- 该过程将继续，直到在最高的应用层的端口接收到数据为止。

上层仅使用报头字。较低的层，如数据链路层协议，以太网 802.3，除了报头字之外，还规定了尾位。尾位可以是错误控制位和帧末指示位。

注意：以太网帧在局域网（LAN）上的两台计算机的数据链路层之间进行通信。802.3 指定最大帧大小为 1518B（后来增加到 1522B），由 32 个尾位组成。这些被称为帧序列校验（Frame Sequence Check，FRC）位或循环冗余校验（Cyclic Redundancy Check，CRC）位。在传输过程中附加 CRC 位。接收端从接收的数据位计算 CRC。如果这两个匹配，则接受序列中的帧，否则将报告错误。

　　只有 7、4、3 和 2 这四个 OSI 模型层，在 TCP/IP 协议套件中被指定用于网络通信。第 1 层是连接到路由器的物理链路的各通信协议。图 4.2 展示了源端和目的端之间的通信。基于因特网的 TCP/IP 通信采用应用层 L7、传输层 L4、网络层 L3 和数据链路层 L2。图 4.2 展示了层上的 PDU。

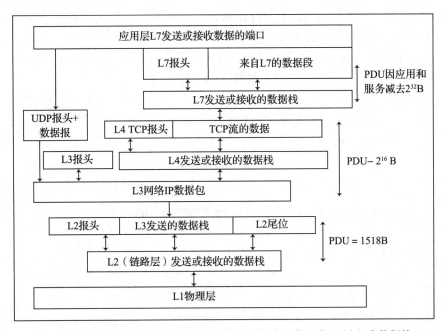

图 4.2　TCI/IP 套件的四层在网络通信过程中为网络和物理层生成数据栈　　125

　　从 L7 层接收一个数据段（每个段最多 2^{32}B），用于传输层 TCP 使用，然后 L4 层生成一个 TCP 流，TCP 流在网络层 L3 处分成数据包。或者，从 L7 层接受一个数据报（最多 2^{14}B），用于传输层 UDP 使用，然后 L4 生成 UDP 数据报（最大 2^{16}B）。流在网络层 L3 处封装成数据包。从 L3 发送的数据包最大为 2^{16}B，包括 L3 层的报头。L3 层发送的数据报最大也为 2^{16}B。

　　网络层使用 IP 协议（IPv4、IPv6 或 RPL）。数据包路由是这样发生的：每个路由器都有关于到达目的地的路径信息。当有许多路径可用时，同一来源的信息包的数量就会同时跟随来自路由器的不同路径。目的端传输层根据源传输层数据流中的序列重新组装数据包。然后将重组后的数据段传输到目的端物联网应用层。

　　数据链路层使用其子层中的每个协议。如以太网 IEEE 802.3、MAC（Media Access Control，媒体访问控制）、PPP（Point-to-Point Protocol，点对点协议）、ARP（Address Resolution Protocol，地址解析协议）、RARP（Reverse Address Resolution Protocol，反向地址解析协议）、NDP（Network Discovery Protocol，网络发现协议）等，以太网是局域网逻辑链路层的协议。解析表示使用网络数据栈来查找 MAC 地址。反向表示使用 MAC 地址查找 IP 地址。

　　下面描述 IPv4、IPv6 和 RPL 的特性。

4.3.1　网际协议

　　网络层使用 IP version 4（IPv4）或 IP version 6（IPv6）协议接收和转发数据到下一层。

1. IPv4

设 n 是报头字的总数。图 4.3 展示了在网络层或从网络层接收或传输到网络层的数据栈，IP 包由 n 个字的 IP 报头字段（=160 位和扩展报头选项字）组成。扩展在需要操作时完成，并使用来自传输层或传输层的数据栈。

网络层协议简称 IP（Internet layer protocol），是指数据包传输数据的过程。传输是未确认的数据流，IP 分组段是网络层在使用 IP 协议时从传输层到接收端所接收到的数据。PDU_{IP}（Protocol data unit，协议数据单元）为 1 个数据包，最大为 $2^{16}B$。PDU_{IP} 是使用 IP 数据包时能够在层上传输或接收的最大数据单元。

图 4.3 展示了一个包含 IP 报头字段的 IP 数据栈。图中注明了每个字和数据的开始位号和结束位号，展示了在网络层接收或传输的数据栈。IP 包由 IP 报头字段 160 位组成，扩展报头在需要时由（$n-5$）个字组成，加上来自或用于传输层的长度为 len 个字的数据栈。

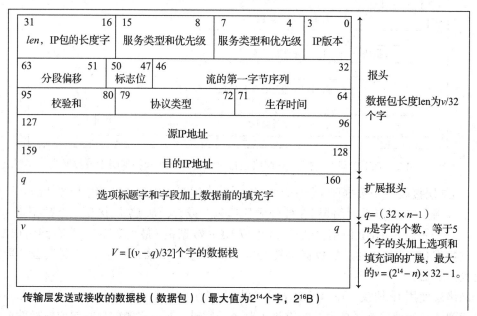

图 4.3　接收自或传输到网络层的数据栈，IP 包由 IP 报头字段 160 位和扩展报头直到第 q 位（必要时扩展）组成，加上来自或用于传输层的数据栈

IPv4 的特性有：

- IP 报头由五个字组成。当使用选项和填充字时，报头可以扩展。网络层的数据栈最大有 $v=(n+len)$ 字，其中 $v <= (2^{14}-n)$。
- 第一个、第二个和第三个字段如图所示（前三个字和选项字中的头三个字段的含义不在这里，读者可以参考作者的因特网和 Web 技术书籍）。
- 报头的第四个字和第五个字是源 IP 地址和目的 IP 地址。
- IP 协议传输是半双工数据流，从一端（端 1）的网络层到另一端（端 2）的网络层。
- 每个 IP 层数据栈称为 IP 包，当传输层协议为 UDP 时，该包不能保证到达目的地，当传输层协议为 TCP 时，该包保证到达目的地。
- 在实际情况中，一个数据包在一个方向上通信。

2. IPv6

IPv6 是一个具有以下特点的协议：

- 可以提供更大的地址空间。
- 允许分层地址分配，从而在因特网上实现路由聚合，并限制路由表的扩展。
- 为使用路由器、子网和接口交付服务提供额外的优化。
- 管理设备的移动性、安全性和配置层面。
- 多播寻址的扩展和简单使用。
- 支持大型数据报。
- 具有可扩展性。

IPv4 地址的大小是 32 位，而 IPv6 地址的大小是 128 位[⊖]。因此，与 IPv4 相比，IPv6 拥有更大的地址空间。IPv6 地址提供了一个数字标签。它标识了一个节点或其他网络节点和子网参与 IPv6 因特网的网络接口。当设备在网络上通信时，它就是网络中的节点。

3. RPL（Routing Protocol for Low-Power and Lossy Networks，低功耗有损网络路由协议）

低功耗网络是指受约束的节点网络，相对于 IP 具有较低的数据传输率、较低的包投递率和不稳定的链路。IETF 为 ROLL 网络提供了 RPL 规范。RPL 是非存储路由模式。

IoT/M2M 低功耗环境采用 RPL 协议。网络层 IPv6 在使用 IEEE 802.15.4 WPAN 设备时，从数据适配层接收和传输（如图 2.1 所示）。

低功率节点需要将通信限制在最接近的级别。有损环境需要独立的节点，在出现错误或没有确认的情况下，可以使用相同的上一个实例进行重复传输。数据在实例中与大小最优的数据通信。

节点间的数据流遵循面向目标的有向无环图（Destination Oriented Directed Acyclic Graph，DODAG）模型。有向无环图是节点间的数据流模型。目的端导向是指在 DODAG 树状结构中向上（用于传输）或向下（用于设备层终端节点）。下面的示例说明了 RPL 的 DODAG 数据流方法。

例 4.1

问题

（a）给出 RPL 的 DODAG 数据流方法的一个例子，假设路由节点在 4 个级别 0、1、2 和 3，分别由 3、6、3 和 6 个节点组成。节点在 RPL 网络环境中进行通信。

（b）如何为 DODAG 数据流建立路径（称为 RPL 实例）？

（c）以示例中假设的节点列出 DODAG 特征。

128

答案及解析

（a）接入点可以是树的根，它支持 RPL 网络的 DODAG 数据流。假设：

- A_0 是 0 级的根节点。A_1 和 A_2 是 0 级的其他节点。
- B_{01} 和 B_{02} 是 A_0 在 1 级的子节点，它们具有从上至 0 级的互操作性，从下至 2 级的连通性。
- C_{21}、C_{22} 和 C_{23} 是 2 级的 3 个节点，它们在 1 级连接到 B，向下连接到 3。
- D_{211} 和 D_{212} 是 C_{21} 在 3 级的子节点。D_{221} 和 D_{222} 是 C_{22} 的子节点。D_{231} 和 D_{232} 是 C_{23}

⊖ http://www.webopedia.com/DidYouKnow/Internet/ipv6_ipv4_difference.html。

的子节点。

图 4.4 展示了四个级别的 RPL 网络节点，以及用于向上和向下流的 RPL 数据流实例。

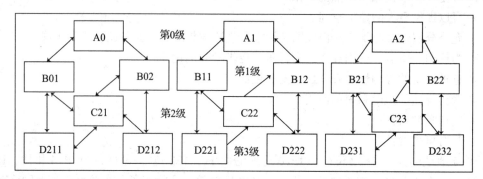

图 4.4　四个级别的 RPL 网络节点和用于向上和向下流的 RPL 数据流实例

级别 0、1、2 和 3 的网络中有 1、2、3 或 6 个节点进行通信。假设设备在 3 级，目标接入点在 0 级。RPL 中的 DOADG 指定所有数据流都是向上定向的，从 3 级节点到 2 级节点，从 2 级节点到 1 级节点，从 1 级节点到目的节点（0 级）。如果在 D211 节点存在足够的功率，向上的数据流也可以从 3 级节点到 1 级节点。

同样，所有向下的数据流将从 0 级节点到 1 级节点，从 1 级节点到 2 级节点，从 2 级节点到目的节点 3 级节点。如果存在足够的功率，数据流往下也可以从一个等级 i 的节点到等级 $i+2$ 节点，i 是一个大于或等于 0 的整数，如果叶节点（终端节点）是第 j 级，$i+2$ 的最大值可以为 j。

（b）使用有向无环图（Directed Acyclic Graph，DAG）信息选项（Information Option，DIO）消息建立路径。这些消息被广播以寻找新的连接实例，称为 RPL 实例。每个节点选择一个父节点。每个节点基于接收到的 DIO 消息计算它在树中的排名。

假设 0 级的节点 A_0，广播 DIO 以找到一个它可以连接和通信的可能节点。假设两个 1 级的节点 B_{01} 和 B_{02} 响应。1 级的其他节点可能由于功率不足而无法响应，2 级的其他节点也可能因为需要更高的功率而不响应，而这些功率可能不在 DIO 中。

假设 2 级节点 C_{011} 响应了 B_{01}，C_{012} 也响应了 B_{01}，则向下的路径 A_0-B_{01}-C_{011}、A_0-B_{01}-C_{012} 建立，向上的路径也建立，形成树。DIO 包括节点的级别，并支持 RPL 节点的树状结构，还在给定实例上建立 RPL 实例。

（c）DODAG 的特性如下：
- DODAGS 是分离的（没有共享节点）。
- 多对一通信：向上，第 k 级的多个节点可以与级别更低或更高的节点 m 通信，其中 $k<m$。
- 一对多通信：向下，第 m 级的节点可以与 m 级以下或更高的节点 k 通信，其中 $k>m$。
- 点对点通信：m 级节点与 k 级节点通信的向上或向下，$m<k$ 或 $m>k$。
- RPL 实例以最优化的目标创建。
- 具有不同优化目标的多个 RPL 实例可以共存。
- 根节点或父节点不需要使用 RPL 实例，只需保持足够的电源水平与最近级别的节点通信即可。因此，DODAG 将每个目标函数的成本降到最低。

在 RPL 实例中，数据流从传输层的根指向子节点，从子节点指向物理层设备节点的叶节点。数据流在 RPL 实例中从一个子节点向上指向另一个子节点，然后指向根节点。DODAG 是不互联不共享的节点。

RPL 的特点是：
- LLN 的路由协议。
- RPL 控制的消息有目标广告对象（Destination Advertisement Object，DAO）、DODAG 信息对象（DIO）和 DAG 信息对象（DIO）。
- 在 RPL 实例数据中点对点传输数据（一个设备节点到一个接收节点），以及点对多点（一个到多个设备节点）或多点对点传输数据（多个设备节点到一个接收节点）。
- 在每个实例上发送或接收多个 DODAG。
- 将数据从 DODAG 发送到 DODAG 根或 DODAG 叶子，相比 IP 的低数据包分发率，支持较低的数据传输率。
- 支持不稳定的链接。
- RPL 实例有优化目标。
- 使用多个 RPL 实例支持不同优化目标的共存。
- 支持节点，通知父节点的存在，并使用 DIO 向子节点提供访问能力。
- 支持使用 DIS 征求（寻找）DODAG 信息。
- 支持目标，通知节点以发现 RPL 实例，了解配置参数并使用 DIO 选择 DODAG 父节点。 130

4.3.2 6LoWPAN

IPv6 网络层与适配层进行数据的接收和传输（如图 4.1 所示）。数据栈在传输到 IPv6 网络层之前，在适配层使用 6LoWPAN（IPv6 Over Low Power Wireless Personal Area Network，基于 IPv6 的低功耗无线个域网）协议。一个 IEEE 802.15.4 WPAN 设备有一个 6LowPAN 接口串行端口用于连接。

6LoWPAN 是 IEEE 802.15.4 网络设备的适配层协议。设备是低速低功率的节点。它们是多设备网状网络 WPAN 节点。

低功耗设备需要限制每个实例的数据大小。数据压缩减少了数据大小。数据分解也减少了每个实例的数据大小。6LoWPAN 的特点是报头压缩、分解和重组。当数据在通信之前被碎片化时，第一个片段头部有 27 位，其中包括数据报大小（11 位）和数据报标签（16 位）。后续片段具有头部 8 位，包括数据报大小、数据报标签和偏移量。碎片重组的时间限制可以设置为 60s。

图 4.5a 展示了 IEEE 802.15.4 WPAN 中的联网设备 i 的物理层。图 4.5b 展示了数据链路子层和适配层 6LoWPAN 协议。

图 4.5 展示了 IPv6 在 IEEE 802.15.4 标准网络节点上使用的报头、安全性和应用程序数据如下：IPv6 报头 = 40B，UDP 报头 = 8B，设备节点 MAC 地址 = 25B，AES-128 加密安全算法 = 21B；设备节点总帧长 = 127B（最大值）。因此，留给设备的应用程序数据最多为 33 个字节。MAC 是数据链路层的数据通信协议子层（AES 的含义和用法参见例 2.4 和 2.4.1 节）。

6LoWPAN 有以下特点：
- 指定 IETF 推荐的片段重组方法、IPv6 和 UDP（或 ICMP）报头压缩（6LoWPAN-hc 适配层）、邻居发现（6LoWPAN-nd 适配层）。
- 支持网状路由。

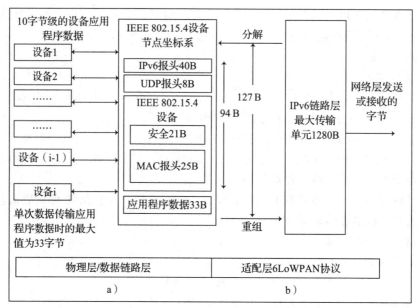

图 4.5　a）IEEE 802.15.4 WPAN 中物理层的联网设备；b）适配层 6LoWPAN 协议 127B（最大）
碎片帧重组为 IPv6 最大 1280B 或将 IPv6 MTU 1280B 分解为 127B 帧以传输到一个设备

131

ICMP（Internet Control Message Protocol）是因特网控制消息协议的缩写。路由器或网络上的其他设备发送错误消息或中继查询消息。

6LoWPAN 可以由 Berkley IP 来实现，搭载操作系统如 TinyOS、3BSD，或由其他物联网节点方案实现，如 Sensinode、日立或其他公司的。IPv6 网络层有两个选项，即 RH4 路由报头和逐跳报头 RPL 选项。

4.3.3　TCP/IP 套件

TCP/IP 套件是一组网络层的协议。应用层协议的例子有 HTTPS、HTTP、MQTT、XMPP、SOAP、FTP、TFTP、Telnet、PoP3、SMTP、SSL/TLS 等用于 TCP 流通信的协议。DNS、TFTP、Bootpc、Bootps、SNMP、DHCP、CoAP、LWM2M 等都是使用 UDP 进行数据报通信的。应用层安全协议有 TLS 和 DTLS。

TCP 是面向连接的传输层协议，用于确认的数据流。

UDP 是另一种传输层协议，它是一种无连接协议，用于数据报通信。传输层的 TCP/IP 套件中其他协议有 RSVP 和 DCCP。

网络层协议有 IPv4/IPv6/RPL/ICMP/ICMPv6/IPSec 或其他协议。数据链路层协议有 PPP/ARP/RARP/NDP、MAC 或其他协议。MAC 协议有以太网、DSL、ISDN 等协议。

132

图 4.6 展示了每个层的协议层和代表性协议。

下面的小节描述 TCP 和 UDP 传输层协议。TCP/IP 传输层从应用层的端口接收或传输数据段和数据报。

1. TCP

传输层在接收方确认成功的段序列号（在指定的间隔内）和剩余的数据段序列重新发送给接收方时使用 TCP。TCP 进程数据段（最大 2^{32}B）从应用层端口只传送段的部分。TCP 流实例中实际传输数据的大小取决于网络流量条件。当拥塞高时，接收端网络层 L3

数据包中发送的字数更少。

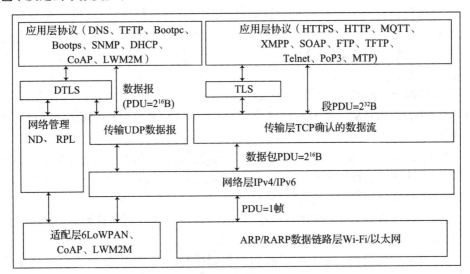

图 4.6　物联网中的网络 TCP/IP 协议组

PDU$_{TCP}$（协议数据单元）是使用 TCP 流时能够在层上传输和接收的最大数据单元。PDU$_{TCP}$ 一节最长是 2^{32}B。TCP 流是指在数据栈传输和确认的一个周期内，以序列方式从该层传输或接收数据。

图 4.7 是包含 TCP 报头字段的 TCP 数据栈。图中展示了每个字和数据中的开始位号和结束位号。在传输层流中接收或传输的数据栈，由 TCP 报头字段 160 位和扩展报头字组成，在需要时可达第 q^{th} 位，加上应用层或来自应用层的 *len* 个字的数据栈。

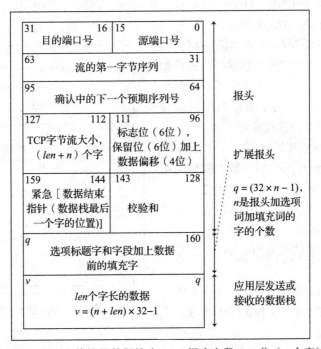

图 4.7　在传输层流中接收或传输的数据栈由 TCP 报头字段 160 位（5 个字）和扩展报头字（$= n - 5$）组成，当需要扩展时，加上应用层或来自应用层的 *len* 个字的数据栈

TCP 协议的特点如下：

- TCP 报头由五个字组成。报头可以通过使用选项字和填充字来扩展。数据栈到下一层或数据包到路由器有最多 $v = (n + len)$ 个字，其中 $v \leqslant (2^{14} - n)$。
- 报头字段如下：高 16 位表示源端口号，低 16 位表示目的端口号。第二第三个字如图 4.7 所示。
- 报头第四个字的高 16 位、低 16 位如图 4.7 所示。
- TCP 协议传输是从一端（端 1）的传输层到另一端（端 2）的传输层的全双工确认数据流。

[134]

- 每个 TCP 层数据栈几乎每次都能到达目的地。这是因为重新传输是从最后一个确认序列号的下一个到另一个序列号。数字之间的差值称为两个数字之间的窗口大小。
- TCP 连接在实例中以一个方向进行通信。
- 确认流意味着请求和响应消息以单播模式通信。端 2 发送确认消息，其报头字段将发送端发送的期望序列号由接收端 2 发送。
- TCP 是面向连接的。第一次传输 TCP 数据栈时，首先使用连接建立程序来完成连接。当最后一个序列完成 TCP 段栈的传输时，使用连接关闭程序来关闭连接。

2. 通用数据报协议（UDP）

当传输实例中的数据报文（包括包裹在层中的报头字）限制大小为 2^{16}B 时，应用程序可能需要通过传输层进行传输。TCP/IP 传输层协议是通用数据报协议（UDP）。数据报意味着它只是一条消息，在端到端传输期间，它与下一条消息或前一条消息不相关。UDP 也是受限环境和 ROLL 环境下的协议（见 3.1 节）。

UDP 报头字段为 2 个字（1 个字 = 32 位）和任选的 4 个字（包括源和目标 IP 地址），用于应用层栈（例如 DNS、TFTP、Bootpc、Bootps、SNMP、DHCP）或应用支持层协议栈（例如 CoAP 或 LWM2M）的通信。

图 4.8 是在传输期间传输到网络层、接收期间传输到应用层的 UDP 数据报格式。图中展示了 UDP 报头字段，还展示了一个两个字（64 位）的伪报头，用于表示源和目标 IP 地址，下一层可以使用这些地址。

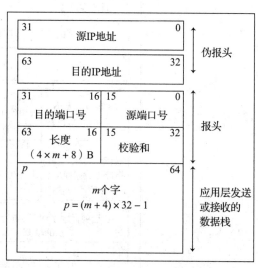

图 4.8　传输层 UDP 数据报格式

UDP 协议的特点如下：

- UDP 报头包含两个字。数据栈到网络层至多 m 个字，其中 $m <= (2^{14} - 2)$。报头首字字段如下：高 16 位表示源端口号，低 16 位表示目的端口号。第 2 个字的高 16 位是长度，低 16 位是校验和。
- UDP 协议传输是从一端（端 1）传输层到另一端（端 2）传输层的半双工未确认数据流。
- 由于流是未确认的，每个 UDP 层数据栈可能到达目的地，也可能没有到达目的地。

[135]

- UDP 连接在两端之间的实例上，以一个方向进行通信。

- 半双工意味着在一个给定的实例中，只有一个方向，端 1 到端 2 或端 2 到端 1。未确认流意味着请求和响应消息以广播模式通信。端 2 不会发送确认消息。
- UDP 是无连接的。因此，它允许多播（意味着多个目的地）。无连接是指首次传输 UDP 数据栈时不采用连接建立程序也不采用连接关闭程序。

温故知新

- 网络层使用 IP 协议将数据转发到下一层。网络连接是通过一组路由器在全球网络的路由。路由器根据 IP 协议将数据包从源端传输到目的端，反之亦然。
- 通过物理层进行网络通信的四层是应用层、传输层、网络层和数据链路层。网络层的通信使用 TCP/IP 协议套件。
- 应用层、传输层和网络层将数据栈中的报头字作为新的数据栈添加到下一层。数据链路层在使用物理层传输之前，在最后添加报头字和尾位。
- 传输层使用 TCP 或 UDP。网络层使用 IP version 4 (IPv4) 或 IP version 6 (IPv6) 或 RPL。 [136]
- 应用层通信的数据段或数据报，取决于层使用的协议（或端口）的类型。
- 应用层与 L7 层的数据段（每个段最多 2^{32}B）通信，并使用 TCP 在传输层生成 TCP 流。在网络层进行流的打包（每个包最大 2^{16}B）。
- 另外，应用层在 L7 层发送一个数据报（最大 2^{16}B），以便从传输层发送 UDP 数据报。
- 网络层使用 IP 协议进行包或消息转发。IP 协议是 IPv4、IPv6、RPL 或其他。
- RPL 通信实例使用 DODAG 数据流。
- IPv6 的网络层在使用 IEEE 802.15.4 WPAN 设备时接收或传输到数据适配层。
- 在数据栈传输到 IPv6 网络层之前，数据栈在适配层使用 6LoWPAN 协议。
- UDP 报头具有源端口号和目的端口号的字段。
- TCP 报头有用于数据栈通信的数据段序列号字段，以及指定传输字节数的窗口大小字段。
- IP 报头包含了 IP 版本的字段以及源和目的 IP 地址。

自测练习

- ★ 1. 当数据栈从较高的层转移到较低的层时，为什么报头会增加？当数据栈从底层传输到更高层时，为什么报头会减少？
- ★★ 2. 概述在网络通信过程中，四层如何生成网络和物理层的数据栈？
- ★★ 3. 比较 IPv4 和 IPv6 的特性。
- ★★★ 4. 概述数据包如何使用一组在源和目的地之间的四个路由器在因特网上进行路由？
- ★ 5. RPL 的特性是什么？
- ★ 6. 列出 6LoWPAN 的特性。
- ★★ 7. 制作一张表来描述应用层及相应协议，协议在 TCP/IP 协议套件中的应用程序 / 服务 / 业务流程在传输时使用。
- ★ 8. 列出 UDP 报头中的报头字段及其功能。
- ★★ 9. 当数据包在源和目的端之间传输时，在 IP 报头中列出报头字段的功能。
- ★★★ 10. 列出传输端 TCP 报头中报头字段的功能。从接收端发送确认信息时，如何使用字段？

4.4　物联网 IP 寻址

IP 报头由源地址和目的地址组成，称为 IP 地址。互联网通常使用 IPv4 地址。IoT/M2M 使用 IPv6 地址。下面的小节描述了寻址方案。

4.4.1　IP 地址

IPv4 的地址由 32 位组成，也可以认为是被点隔开的四个十进制数。例如，198.136.56.2 转换成 32 位地址是：11000110 10001000 00111000 00000010。每个十进制数是一个八位的二进制值。IP 地址可以在 0.0.0.0 到 255.255.255.255 之间，由于是 32 位的地址，所以共有 2^{32} 个地址。三个单独的字段，每个字段都有一个十进制的数字，每个字段都有 8 位，这样更容易使用。看一下与邮政网络寻址方法的类比。思考以下地址：

麦格劳 – 希尔教育，

宾西法尼亚广场 2 号，

纽约市，

美国。

在上面的示例中，三个字段由逗号和新行分隔。邮件使用地址路由到目的地。首先邮件路由到美国，然后到纽约市，然后到宾夕法尼亚广场，然后到最终目的地。当信息包从源 IP 地址路由到目的 IP 地址时，其操作也是类似的。

在因特网上通信的设备或节点都必须有一个 IP 地址。节点或设备的数量可能非常大。回顾图 4.1，其中通信框架与多个传感器进行通信。每个传感器或设备被分配内部使用的地址。该框架通过 IP 地址与因特网进行通信，该 IP 地址位于应用程序的外部。针对大量节点的一种解决方案是将网络划分为因特网地址和子网地址。

例如，美国纽约市宾夕法尼亚广场 2 号可能是全球可见的地址。在内部，邮件将由麦格劳 – 希尔教育集团的内部分发网络决定，而外部世界则对此视而不见。

或者，美国纽约市可能是一个全球可见的地址。在宾夕法尼亚广场 2 号麦格劳 – 希尔教育集团内部，由外部世界看不见的内部分发网络决定邮件的收件人。

因特网地址是对外部世界可见的，意味着它是在因特网上的对路由可见。子网地址用于组内使用，外部世界不可见。子网是由许多主机、节点、设备或机器组成的子网络。

一个子网掩码和网络 32 位 IP 地址在进行与操作后给出单独的子网地址。子网掩码与IP 地址补码的逻辑与操作来给出子网上的主机标识符。例 4.3 将阐明该过程。

IP 地址 198.136.56.2 在因特网上可见。Web 服务器、邮件服务器和 FTP 服务器等服务器的数量是不可见的，它们在全局范围内可能具有相同的 IP 地址，在服务器、节点或设备的子网内部有独立的地址。

IP 地址的作用是唯一地标识主机的单个网络接口。接口使用该地址定位在网络上。该地址允许在主机之间路由 IP 数据包。IP 地址在数据包报头的字段中用于路由。报头同时表示报文的源和目的地[⊖]。

1. 静态 IP 地址

静态 IP 地址是因特网服务提供商分配的 IP 地址。服务提供者可能只提供一个地址。当一

⊖　http://www.webopedia.com/DidYouKnow/Internet/ipv6_ipv4_difference.html。

个公司有一台主机，一个服务提供者可能会提供一个 C 类网络地址，该地址由 254 ($= 2^8 - 2$) 个 IP 地址组成。下面的示例给出了 A、B、C 和 D 的分类，以及如何将静态地址分配给一组主机。

例 4.2

问题

如何为因特网上的一组主机分配 IP 地址？当使用子网时，A 类、B 类、C 类和 D 类网络是什么意思？以美国纽约市宾西法尼亚广场 2 号麦格劳－希尔教育为例。

答案及解析

因特网上的一组主机分配的 IP 地址如下：

A 类网络组地址是指地址 n.x.x.x，其中 x 在 0 到 255 之间，n 在 1 到 126 之间，也就是 IP 地址在 1.0.0.0 到 126.255.255.255 之间。这是因为 32 位 IP 地址中有一位 msb 位即第 31 位为 0。

三个 x.x.x 定义了一个由 $2^{24} - 2$ 台主机组成的网络组，就像美国指定了大量的地址组一样。减去 2 是因为 x.x.x 所有位均为 0 或 1 是不在子网中进行分配的。

B 类网络组地址是指地址 n.m.x.x，x 在 0 到 255 之间，n.m 在 128.1 到 191.254 之间，也就是 IP 地址在 128.1.0.0 到 191.254.255.255 之间的地址。这是因为 32 位 IP 地址有两个 msb 位即第 31、30 位是 10。

两个 x.x 定义了一个由 $2^{16} - 2$ 台主机组成的网络组，就像美国的纽约市指定了许多的地址组。减去 2 是因为 x.x 所有位均为 0 或 1 是不在子网中进行分配的。

C 类网络组地址是指地址 n.m.k.x，x 在 0 到 255 之间，n.m.k 在 192.0.1 和 223.255.254 之间，也就是 IP 地址在 192.0.1.0 和 223.255.254.255 之间的地址。这是因为 32 位 IP 地址有 3 个 msb 位即第 31、30、29 位是 110。

一个 x 定义了一个由 $2^8 - 2$ 台主机组成的网络组，就像美国纽约市的宾夕法尼亚广场 2 号指定的一组地址。减去 2 是因为 x 中的所有位均为 0 或 1 是不在子网中进行分配的。

D 类网络组地址是多播，从 224.0.0.0 开始，小于 240.0.0.0。

地址 0.x.x.x 和 127.x.x.x 都是预留地址。

139

例 4.3 给出了使用子网的 IP 地址和子网掩码在子网上查找子网地址和主机的方法，在对静态地址分配给一组主机的分类为 A、B、C 和 D 时使用子网的 IP 地址和子网掩码。

例 4.3

问题

子网及其主机使用子网掩码与因特网通信。IP 地址和子网掩码如何找到子网地址和子网上的主机？子网地址和主机地址的评估程序是什么？

答案及解析

IP 地址由两部分组成：高位 (msb) 表示网络地址，低位 (lsb) 表示子网地址和单个主机。子网掩码中的高位分配给每个节点，使其使用子网上主机组的地址来处理该节点。子网掩码取决于网络组地址的类别。掩码如下：

A 类网络组地址节点有一个子网掩码，该掩码由所有 8 位 msb（均为 1）组成，其余 24 位根据子网和主机地址设置。子网 id 对于因特网的外部世界是不可见的。这 24 位标识子网上的主机。A 类子网掩码为 $2^{24} - 2$ 个，对应 $2^{24} - 2$ 台主机。

B 类网络组地址节点有一个子网掩码，掩码由 16 位 msb（均为 1）组成，其余 16 位根据子网上的子网 id 和主机地址设置。子网 id 对于因特网的外部世界是不可见的。最后 16 位标识子网和子网上的主机。B 类子网掩码为 $2^{16} - 2$ 个，对应 $2^{16} - 2$ 台主机。

C 类网络组地址节点有一个子网掩码，掩码由所有 24 个 msb（均为 1）组成，其余 8 位根据子网上的子网 id 和主机地址设置。子网 id 对于因特网的外部世界是不可见的。最后 8 位标识子网 id 和子网上的主机。C 类子网掩码为 $2^8 - 2$ 个，对应 $2^8 - 2$ 个子网加上主机地址位。

以下是子网地址和主机地址的评估程序：

如果一个网络上有 14 台主机充当子网。假设 C 类网络组地址与这 14 个子网进行网络通信。每个子网在网络地址 24 位之后由 4 个更高的位来标识。因此，子网掩码将有 24 位 msb（均为 1）加上 8 位中更高的 4 位，其余位为 1. 个别子网掩码可能会是（1111 1111 1111 1111 1111 1111 0001 0000），（1111 1111 1111 1111 1111 1111 0010 0000），…（1111 1111 1111 1111 1111 1111 1110 0000）。

32 位 IP 组地址和 32 位子网掩码进行与操作可以得到内部子网地址。更高的 4 位标识 14 个子网中的单个子网作为主机。上面的例子中给出的子网地址是网络地址位加 4 位子网标识位再加 4 位 0000。32 位子网掩码的补码加上 32 位 IP 组地址，使主机标识符成为因特网的外部 IP 地址。

如果有 30 个主机作为子网，子网掩码将有 24 个 msb（均为 1）加 5 个更高的位，而子网掩码中剩下的 8 位均为 1，因为 $30 = 2^5 - 2$。最后 3 位子网掩码将是 000。

[140]

目前，一种被称为无类域间路由（Classless Inter-Domain Routing，CIDR）的新方案正在使用。例如，C 类 198.136.56.0/4 表示 C 类分配了 4 个 IP 地址供 4 个公共域服务器进行互联网路由。公司的系统管理员为相同域名的 4 个 IP 地址分配服务器。

2. 动态 IP 地址

一旦设备连接到互联网，它需要分配一个单独的 IP 地址。当设备连接到路由器时，路由器和设备使用 DHCP（Dynamic Host Control Protocol，动态主机控制协议），它将实例上的 IP 地址分配给设备。这个地址称为动态 IP 地址。当设备断开或关闭或路由器再次引导时，动态 IP 地址丢失，当设备重新连接时重新分配。

3. DNS/ 域名系统

设想一下 IP 地址 198.136.56.2（11000110 10001000 00111000 00000010），很难记忆或使用。该地址的域名是 rajkamal.org。可以使用网站名称 http://www.rajkamal.org/ 访问域名中的 Web 服务器。通过使用邮件服务器名 http://mail.rajkamal.org/ 访问该域上的邮件服务器。另一个域名的例子是 mheducducs.com。

.com、.org、.in 和 .us 被称为顶级域（Top Level Domain，TLD）。一个顶级域可以再被分为 .co.in、.gov.in 或 .gov.uk。

注册商以每年一定的成本提供域名。注册商的 DNS 服务器有一个控制面板（cPanel），可以使用 cPanel 进行配置。域名系统（Domain Names System，DNS）是一个应用程序，它为来自命名域服务的相关服务提供一个 IP 地址。

4. DHCP/ 动态主机控制协议

当传感器、执行器、物联网设备或节点需要连接到网络时，DHCP 服务器提供动态 IP 地址、子网掩码、ARP 和 RARP 高速缓存。服务器（子网）有自己的 IP 地址连接到因特网⊖。

动态主机配置协议（Dynamic Host Configuration Protocol，DHCP）是一种向联网节点动态提供新的 IP 地址和设置子网掩码的协议，以便在通信框架中使用子网服务器和子网路由。

配置 IP 地址需要管理员或用户执行。DHCP 支持在启动时自动配置 IP 地址的过程。

节点有一个用于向 DHCP 服务器发送请求和接收响应的软件组件。该组件称为 DHCP 客户端。DHCP 客户端协议与服务器通信。DHCP 协议中动态配置 IP 地址等网络的步骤如下：

1）DHCP 客户端广播一个名为 DHCP DISCOVER 的发现请求。

2）DHCP 服务器监听 DHCP DISCOVER 并找到可以提供给客户端的配置。服务器向子网发送配置参数，包括当前未使用的 IP 地址。配置参数在提供的配置的 DHCP OFFER 中。

3）选定的 DHCP 服务器创建并管理连接。DHCP 服务器还设置了一个时间间隔，在此期间提供的 IP 地址对 DHCP 客户节点有效。

4）DHCP 服务器通过消息确认连接。它在创建连接后发送 DHCP ACK。

5）当带有 DHCP 客户端计算机的节点离开子网时，它发送 DHCP RELEASE 消息。如果客户端没有在指定的时间间隔内发送 DHCP RELEASE，那么服务器会断开创建的连接。

6）服务器和客户端分别会在来自客户端的 DHCP DISCOVER 和接受 DHCP OFFER 之前，使用身份验证协议。

DHCP 协议保证了在给定的时刻内，任何分配的网络地址都可被任何 DHCP 客户端使用。

4.4.2 IPv6 地址

物联网设备（节点）需要大量的地址。IPv6 使用 128 位地址。一个十六进制数字表示 4 位，十六进制 0 表示（0000）₂，十六进制的 F 表示（1111）₂。因此，128 位地址有 32 个十六进制数字。八组 4 个十六进制数字，每一个都用一个冒号或 IPv6 地址中的点隔开。例如 16 进制数字，40a0:0acb:8a00:b372:0000:0000:0000:0000。IANA 管理 IPv6 地址的分配过程，最后 64 位均为 0 时可以省略。

网状网络中的设备可以在适配层使用 6LoWPAN 协议，当通信框架使用 IPv6 在互联网上进行通信时，可以使用 IPv6 协议。最后 64 位是接口标识符。一个接口可能有不同的节点。

IPv6 地址分为三类。每个类的主寻址和路由方法不同。接口可能位于不同的节点上。

单播地址用于单个网络接口。在单播中指定 48 位或更多路由前缀，指定 16 位或更少的子网 id。64 位是接口标识符。

选播地址表示一组节点或接口的地址。发送到选播地址的包只发送到一个成员接口。一个可能是最近的宿主。根据路由协议的距离定义，对距离进行测量，以确定最近的宿主。

多播地址是指多主机使用的地址，它通过参与网络路由器之间的多播分发协议来获取多播地址目的地。一个具有多播地址的包传递给所有连接到相应多播组的接口。

4.5 媒体访问控制

每个网络连接节点都有一个 MAC 地址。设备节点使用其 MAC 地址接收数据栈。媒

⊖ https://www.ietf.org/rfc/rfc2131.txt。

介是指设备或节点为了接入网络使用的物理媒介、纤维或电线。节点可以使用相同的物理网络和 IP 地址。节点是指物联网设备、传感器、执行器、控制器或计算机，其数据链路层与因特网通信。MAC 地址是 48 位。

使用通信节点的网卡或以太网协议都有一个源节点和目的节点地址的唯一 MAC 地址。以太网帧在数据栈源节点 MAC 地址和目标节点 MAC 地址之前进行通信。每个节点的 MAC 地址都在网卡、芯片或核心的固件中指定。

利用 ARP 使每个节点都可以通过 MAC 地址来寻址。节点从具有 IP 地址的路由器接收网络数据。RARP 允许每个节点在网络上向具有 IP 地址的路由器发送数据。

地址解析协议（Address Resolution Protocol，ARP）使用查找表。网络 32 位地址使用该表提供单个节点的 MAC 地址。RARP 也使用这个查找表。该表将 IP 地址存储在一列中。MAC 地址在每行的另一列。行数等于连接到因特网的节点数。单个节点 MAC 地址使用表为网络提供 32 位地址。查找表是一个表，其中行中某列中的值用作键，用于从该行的另一列查找另一个值或一组参数。

ARP 高速缓存用于构建表，将网络层上接收到的数据栈的地址转换为节点 MAC 地址。每当网络第一次发送接收者 IP 和 MAC 地址时，或者节点发送了发送者 MAC 和 IP 地址时，都会保存 ARP 高速缓存。缓存的地址为节点和网络之间的下一次通信构建了查找表。该过程使节点能够通过地址解析从因特网上传输和接收新 IP 地址的 IP 包。

此外，地址可以存储在本地的存储卡、闪存板或微控制器芯片中。当单片机启动时，软件读取这个地址。连接到以太网局域网的板卡和芯片使用所保存的 MAC 地址。芯片通过这个地址和 RARP 连接到互联网。芯片采用 ARP 接收 IP 数据栈。

温故知新

- IPv4 地址由 32 位组成。然而，它可以被认为是四个用点隔开的十进制数。例如，对于 32 位的 IPv4 地址，可以简写为 198.136.56.2。每个小数的值在 0 到 255 之间。
- 子网是由使用公共 IP 地址的联网设备或节点、机器或计算机组成的网络。因特网服务提供商将一个公共 IP 地址分配给一组子网及其主机。组中的每个子网都有一个子网掩码。
- A 类网络地址对应于子网（msb 位第 31 位为 0）上最大的子网和主机组（最大值为 $(2^{24}-2)$）。
- B 类网络地址对应于子网（两个 msb 位第 31、30 位为 10）上的一大群子网和主机（最大值为 $(2^{16}-2)$）。
- C 类网络地址对应于子网（三个 msb 位第 31、30、29 位为 110）上的一小群子网和主机（最大值为 $(2^{16}-2)$）。
- D 类地址对应于一个多播地址。
- IPv6 地址是一个 128 位的地址，由 32 个十六进制数字组成。例如，40a0:0acb:8a00:b372:0000:0000:0000:00。IANA 管理 IPv6 地址的分配过程。最后 64 位均为 0 时可以省略。
- IPv6 地址分为三类：单播地址、选播地址和多播地址。128 位有 64 位作为接口标识符，16 位或更少作为子网 id，其余的 msb 是路由前缀。

- DNS 是一个将顶级域和域名转换为 IP 地址的域名系统，反之亦然。这个名字已登记，很容易记住。
- IP 地址可以是静态的，也可以是动态的。动态 IP 的生成方式如下：DHCP 服务器配置并为 Internet 提供特定间隔的 IP 地址。DHCP 客户端从 DHCP 服务器查找并发现 IP 地址。
- ARP 从网络层 IP 地址找到数据链路层的节点（设备）MAC 地址。带有 MAC 地址的节点（设备）数据链路层使用 IP 地址连接到因特网。RARP 使用 MAC 地址找到 IP 地址。

自测练习

★ 1. 列出因特网中源和目的地的 IP 地址的用途。

★ 2. 服务提供商向公司提供 C 类网络地址。有多少子网和主机可以与互联网通信？

★★ 3. 列出 A 类、B 类、C 类和 D 类网络地址的特征。

★★★ 4. 企业有许多子网和主机。子网主机如何连接互联网？

★★★ 5. 子网掩码是 1111 1111 1111 1111 1001 0000 0000 0000。IP 地址是 198.136.56.2。这些数字如何提供子网和主机地址？

★★ 6. IPv6 的单播、选播和多播地址有什么不同？

★★ 7. 域名如何与邮件和 Web 服务器的 URL（Uniform Resource Identifier，统一资源标识符）相关联？

★★ 8. DHCP 协议中分配动态 IP 地址的步骤是什么？

★ 9. 为什么每个节点都提供一个固定的 MAC 地址？当一个新的物联网设备被制造，然后 MAC 地址被放置在固件。为什么？

★★ 10. 概述如何使用 ARP 高速缓存？

144

4.6　应用层协议：HTTP、HTTPS、FTP、Telnet 及其他

TCP/IP 套件由多个应用层协议组成。例如，HTTP、HTTPS、FTP、Telnet 等。端口使用协议发送和接收消息。TCP/IP 消息必须从传输端正确的端口发送到接收端正确的端口，否则接收端不会监听。

4.6.1　HTTP 和 HTTPS 端口

超文本传输协议（Hyper Text Transfer Protocol，HTTP）的端口号是 80。HTTP 类型的 Web 服务器只监听端口 80，只响应端口 80。HTTP 端口使用 HTTP 协议⊖将应用程序数据栈发送到底层。

HTTP 端口使用类似于 http://www.mheduc.com/ 的 URL，默认端口是 80。端口号可以在 TLD 之后指定。例如，在 URL http://www.mheducation.com:80/ 的 ".com" 之后。

HTTPS（安全套接字层（SSL）或 TLS 上的 HTTP）的端口号是 443。HTTPS 端口发送

⊖ http://www.w3.org/Protocols/。

URL。例如：https://en.wikipedia.org/wiki/List_of_TCP_and_UDP_port_numbers。TLD 是 .org，域名是 wikipedia.org，子域名是 en。资源 URL 在 /wiki/List_of_TCP_and_UDP_port_numbers。

端口在接收端接收输入端的数据栈。应用层的每个端口都使用不同的协议。根据传输和接收协议，为端口分配一个数字。

HTTP 的重要特性如下：

- HTTP 是请求 URL 定义的 Web 页面资源和向 Web 服务器发送响应的标准协议。HTTP 客户端在因特网上请求 HTTP 服务器，服务器发送响应。响应可以包含或不包含应用处理。

- HTTP 是一种无状态协议。这是因为对于 HTTP，协议会定义成一个新的请求，这意味着没有会话或序列号字段，或者没有在下一次交换中保留的字段。这使得 HTTP 请求的当前交换独立于以前的交换，之后的交换不依赖于当前的交换电子商务类应用程序需要一种状态管理机制。HTTP 的无状态特性通过一种方法得到补偿：cookie 是在 HTTP 请求和响应的一对特别的交换过程中创建的文本文件。创建过程是通过 CGI 或处理程序。例如，JavaScript、脚本或客户端。之前的交换可能依赖于这个 cookie，因此 cookie 提供了 HTTP 状态管理机制。

- 基本上，HTTP 是一种类似于文件传输的协议。我们使用它比 FTP（Internet 上用于文件传输的协议）更有效，因为在 FTP 中，我们必须给出特定的命令。然后，在两个系统之间建立通信以检索指定的文件。另一方面，HTTP 很简单，没有命令行开销。这使得浏览网站的 URL 变得很简单。来自客户端的请求和来自服务器的回复是范例。

- HTTP 协议非常轻便（一种小格式），因此与其他协议（如 FTP）相比速度更快。HTTP 能够向客户端传输任何类型的数据，前提是它能够处理这些数据。

- HTTP 非常灵活。假设在客户端 Web 连接期间，连接中断。客户端可以通过重新连接开始。作为无状态协议，HTTP 不像 FTP 那样跟踪状态。在每次 Web 服务器和客户端之间建立连接时，它们都将此连接解释为新的连接。简单性是必需的，因为网页有 URL 资源分布在许多服务器上。

- HTTP 协议基于面向对象编程系统（OOPS）。方法应用于由 URL 标识的对象。这意味着在面向对象程序的正常情况下，针对对象可应用各种方法。

- 从 HTTP 1.0 和 1.1 版本开始就包含了以下特性：多媒体文件访问是可行的，因为提供了 MIME（Multipurpose Internet Mail Extension，多用途因特网邮件扩展名）类型的文件定义。

- 从 HTTP 1.1 版本开始包含的 8 个特定 HTTP 的指定方法和扩展方法。HTTP 特定的方法如下所示：（1）GET；（2）POST；（3）HEAD；（4）CONNECT；（5）PUT；（6）DELETE；（7）TRACE；（8）OPTIONS（最后四个来自版本 1.1。）

- 早期版本，GET 在空格后面，然后是文档名。服务器返回文档并关闭连接。POST 方法允许表单处理，因为客户端使用它将表单数据或其他信息从版本 1.1 发送到服务器。此外，服务器在响应之后不会关闭连接，因此可以在发送响应之前处理响应。

- 除了基本身份验证之外，还提供了用户身份认证。

- HTTP 1.1 版本之前，摘要访问认证阻止以 HTML 或文本形式传输的用户名和密码。

- 主机报头字段用于支持那些不接受或发送 IP 数据包的端口和虚拟主机。当 HTTP 请求从 HTTP 1.1 版本开始没有主机报头字段时，向客户端报告错误。
- 服务器可以接受绝对 URL。在早期的版本中，只有代理服务器接受这个。
- 消息头部是来自客户端的请求期间的消息，或自服务器的响应期间的消息。消息头部由两部分组成——起始行、无或多个消息头部（字段）、空行以及消息主体。消息头部包括：
  - 在请求服务器和响应客户端时添加了通用头部信息。头部包含 MIME 版本、选项、可缓存或不可缓存以及传输以关闭或不关闭连接。
  - 请求头部用于向服务器发送请求和客户端信息。头部包括可接受的媒体或首选的规定——规定关于 HTML、HTML 或文本的可接受性，或其他任何类型通知是否接受特殊类型的字符集。
  - 实体头部包含关于消息中包含的实体主体的信息，或者如果主体不存在，那么关于实体的信息就不呈现其主体。例如，以字节为单位的内容长度信息。
  - 响应头部出现在对客户端的服务器信息的响应中。
- 状态码添加了服务器（和代理）上提供的资源的响应和缓存。例如，当 400 表示一个错误请求（请求不可响应）、401 表示未授权请求、402 表示请求在响应可行之前需要支付费用、403 表示请求禁止资源、404 表示服务器没有找到 URL 资源时，作为响应返回的状态代码。
- 字节范围规范有助于 HTTP 服务器发送部分大的响应。长度规范有助于以块的形式表示。
- 当服务器向客户端请求发送响应时，在客户端检索的各种特征中进行选择是可行的。例如，在客户端发送请求头以检索资源时，可以在服务器环境变量中指定语言和编码这两个特征。然后，资源使用该语言和编码检索。发送到客户端的内容不会改变，只会改变呈现给客户端的方式。在 1.1 之前的早期 HTTP 版本中，无法在服务器上更改资源检索方式的环境变量。

4.6.2　其他端口

IANA 保留了端口号。数字在 0 到 1023 之间。它们是广为人知的端口。系统过程或软件连接到它们。端口号 0 表示主机本身。Internet 指定数字权限（IANA）根据特定协议登记一个已注册的端口号。登记号码在 1024 至 49 151 之间。这些是注册端口。49 152 之间的 2^{12} 个号码未注册，供用户分配和使用。系统过程或软件连接到它们。用户未注册的服务器端口号超过 5000。

广泛使用的端口列表可以在 https://en.wikipedia.org/wiki/List_of_TCP_and_UDP_port_numbers 上找到。

例 4.4

问题

举例说明已注册的端口号和每个端口使用的协议。

答案及解析

示例如下：

端口号	17	21	23	25	53	79	80	108	110
协议	用户列表	FTP	Telnet	SMTP	DNS	Finger	HTTP	SNA-GAS	POP3

端口号	161	389	443	547	1293	2095	5222	5223	5683
协议	SNMP	LDAP	HTTPS	DHCPServer	IPsec	CPanel（默认用于 Web 邮件）	XMPP	XMPP-SSL	CoAP

FTP 是一种文件传输协议。它是一个有状态的协议。Telnet 用于远程连接到计算机。SMTP 用于邮件传输，POP3 用于邮件服务器的邮件检索。

端口支持 IP 地址的源和另一 IP 地址目的地之间的多个逻辑连接。由端口和 IP 组成的套接字将 Internet 上的应用程序数据栈发送到另一个 IP 地址和端口的套接字上。

温故知新

- HTTP、HTTPS、FTP、Telnet、SMTP、DNS、DHCP、POP3、SNMP、LDAP、XMPP、XMPP-SSL、CoAP、LWM2M 和 IPSec 是应用层 / 应用支持层端口协议。
- URL 在发送资源请求时指定协议。例如域名前的 http://、coap://、https:// 和 ws://。
- HTTP 是无状态通信。在 Web 应用程序的通信过程中，使用一种方法来保存状态。
- HTTP 客户端用于 Web 服务器，用于从 HTTP 服务器请求网页作为响应。
- HTTPS 端口用于安全套接字层（SSL）或 TLS 上的 HTTP 消息。
- 端口将 TCP/IP 消息发送到接收端口。IANA 为每个协议分配端口号。只有当发送方端口使用正确的端口并发送到正确的端口时，接收方端口才监听。
- 端口号将应用程序 / 应用程序支持层的协议关联起来。例如，端口 80 与 HTTP 关联。

148

自测练习

- ★1. HTTP、HTTPS、FTP、Telnet、CoAP 和 LWM2M 端口的功能是什么？
- ★★2. 除非在传输端使用正确的端口发送，并在接收端使用正确的端口接收，否则接收端不监听消息的优点是什么？
- ★3. 当客户端发送请求头来检索资源时，作为术语的语言和编码在服务器环境变量中指定了什么？
- ★★★4. 列举 HTTP 的特性。
- ★5. 列举八个 HTTP 特定指定方法的用法。
- ★★6. HTTP 1.1 版本中的消息头部类型和每种类型的用途是什么？
- ★7. 由状态码组成的服务器响应的优点是什么？
- ★★8. 端口的功能与套接字的功能有何不同？
- ★★★9. 列举 16 个端口号及其对应协议。
- ★★★10. 为什么 IANA 注册了端口号并给它分配了一个特定的协议？

关键概念

- 6LoWPAN
- ARP
- A、B、C 类网络地址
- 数据段
- DHCP
- DNS
- 报头
- 报头字段
- 主机

- HTTP
- HTTPS
- IP
- IP 路由器
- IPv6
- MAC 地址
- MTU
- 数据包
- PDU

- 端口
- RARP
- RPL
- 子网
- TCP
- TCP 报头
- TCP/IP
- UDP
- UDP 报头

学习效果

4-1

- 网络通信是通过数据包的路由进行的，一个数据包的大小最多为 2^{16}B。网络通信中的数据包路由方式如下：每个路由器都有关于数据包到达目的地的路径的信息，当在一个实例中有许多路径可达时，来自相同源的许多数据包就会同步地随不同的路径进行路由。目的端传输层根据源传输层数据流中的序列重新组装数据包。然后，重新组装的数据段传输到目的端的物联网应用层。 149
- 网络通信的四层是应用层、传输层、网络层和数据链路层。这些层使用为网络通信开发的 TCP/IP 协议套件。TCP/IP 套件是一组用于因特网不同层之间通信的协议。
- 当采用 TCP 协议进行数据报通信时，应用层协议是 HTTPS、HTTP、MQTT、XMPP、SOAP、FTP、TFTP、Telnet、POP3、SMTP、SSL/TLS 或其他协议。当采用 UDP 协议进行数据报通信时，应用层使用的协议是 DNS、TFTP、Bootpc、Bootps、SNMP、DHCP、CoAP、LWM2M 或其他协议。
- 应用层安全协议有 TLS 或 DTLS。
- 传输层协议是 TCP、UDP、RSVP、DCCP 或其他协议。TCP 的特性是经过确认的数据流，并确保数据段中所有序列的交付。UDP 是未确认的数据流。
- 网络层协议有 IP 协议（IP v4/IPv6/ RPL）/ICMP/ICMPv6/IPSec 和其他协议。网络层使用 IP 协议进行数据包的转发。
- 数据链路层协议的实例有以太网、MAC、PPP、ARP、RARP 或 NDP。
- IEEE 802.15.4 IoT/M2M 设备的适配层协议为 6LoWPAN。
- RPL 是非存储路由模式的协议，IoT/M2M 低功耗环境下采用 RPL 协议。网络层 IPv6 在从数据适配层接收和向数据适配层传输时使用 IEEE 802.15.4 WPAN 设备。

4-2

- 路由器之间的网络通信使用 IP 地址。IPv4 的地址是 32 位，IPv6 的地址是 128 位。
- 子网是由设备、节点、机器或计算机组成的网络，它们使用一个公共 IP 地址进行连接。因特网服务提供商为一组子网及其主机分配一个公共 IP 地址。组中的每个子网都有一个子网掩码。
- A、B、C 三种类型的网络地址分别对应一组子网和主机。
- IPv6 的地址是 128 位，有 32 个十六进制数字。IPv6 地址分为三类：单播地址、选播地址和多播地址。
- DNS 是一个域名系统，将 IP 地址转换为名称、名称转换为 IP 地址。

- IP 地址可以是静态的，也可以是动态的。动态 IP 的生成使用 DHCP 客户端和服务器。
- 网络层 IP 地址使用 ARP 来查找数据链路层中的节点（设备）的 MAC 地址。具有 MAC 地址的节点（设备）使用 RARP 转换成一个 IP 地址以连接因特网。

4-3

- 发送端口将一个 TCP/IP 消息发送到接收端口。HTTP 或 HTTPS 端口可以用于发送请求和接收响应。
- IANA 为因特网的每个协议分配端口号。只有当发送方端口使用正确的端口并发送到正确的端口时，接收方端口才监听。
- HTTP、HTTPS、FTP、Telnet、SMTP、DNS、DHCP、POP3、SNMP、LDAP、XMPP、XMPP-SSL、CoAP、LWM2M 和 IPSec 是应用层 / 应用支持层端口的协议。
- URL 在发送资源请求时指定协议，例如，在域名前指定 http://、coap://、https:// 和 ws://。
- 端口号和处于应用程序 / 应用程序支持层的协议关联起来。例如，端口号 80 与 HTTP 关联。

150

习题

客观题

以下问题中，在四个选项中选出一个正确的选项。

★ 1. 物联网应用 / 服务 / 业务流程的 TCP/IP 协议套件包括：
   (a) 应用层、应用程序支持层、安全层、传输层、网络层、适配层和数据链路层协议。
   (b) 安全层、传输层、网络层、数据链路层协议。
   (c) 传输层、网络层协议。
   (d) 安全层、传输层和网络层协议。

★★★ 2. TCP 协议：(i) 几乎保证所有包的成功接收；(ii) 指定如果在确定的间隔内，没有对消息最后发送的序列号进行确认，或者确认的序列号小于最后一个序列号，则未确认的序列重新传输；(iii) 在间隔后可以接收到数据栈的确认序列号；(iv) 接收端未接收数据包；(v) 多确认的标题字段规定；(vi) 窗口的大小比较大。TCP 中的重复确认和三倍确认是由于：
   (a) (ii)。　　　　　　　　　　　　　　(b) (ii) 和 (iii)。
   (c) (i)。　　　　　　　　　　　　　　(d) (i) 和 (vi)。

★★ 3. (i) 应用层协议为 DNS、TFTP、Bootpc、Bootps、SNMP、DHCP、CoAP 或 LWM2M 时，传输层协议为 UDP；(ii) 网络层协议是 IPv4/IPv6/RPL/ICMP/ICMPv6/IPSec；(iii) 传输层和 IP 层使用报头字段进行错误检测；(iv) 数据链路层使用 CRC 位进行错误检测。
   (a) 除了 (i) 以外均正确。　　　　　　(b) 除了 (iv) 以外均正确。
   (c) 除了 (iii) 以外均正确。　　　　　(d) 以上均正确。

★★ 4. UDP：(i) 是网络层协议；(ii) 是为 CoAP 客户端与物联网传感器进行数据通信的传输层协议；(iii) 发送大小为 2^{16}B 的数据报；(iv) 封装应用层的数据栈；(v) 经过确认的数据流。
   (a) 除了 (i) 以外均正确。　　　　　　(b) 除了 (ii) 和 (v) 以外均正确。
   (c) 除了 (iii) 以外均正确。　　　　　(d) (ii) 和 (iii) 正确。

★ 5. (i) 在 RPL 实例中，数据流从传输层的根节点指向子节点，从子节点指向物理层设备节点的叶节点；(ii) 数据流在 RPL 实例中从叶节点或子节点向上指向其他子节点，然后指向根节点；(iii) IoT/M2M 低功耗环境下采用 RPL 协议；(iv) 在使用 IEEE 802.2 LAN 设备时，网络层的 IPv4 协议对适配层进行接收和传输操作；(v) 当网络具有无约束节点时，使用 ROLL；(vi) 当网络需要较高的数据传输率时，相对于 IP 的低数据包传送率，链路显得不稳定；(vii) RPL 在存储模式下工作。

151

(a) 除了（i）和（vii）以外均正确。　　　　　(b) 除了（ii）和（v）以外均正确。

(c)（i）、（ii）和（iii）正确。　　　　　　　(d)（i）、（ii）和（iv）正确。

★ 6. IPv6 的特点：（i）提供更大的地址空间；（ii）允许分层地址分配；（iii）通过因特网的路由聚合；（iv）限制路由表的扩展；（v）使用路由器、子网和接口提供服务的额外优化；（vi）管理设备移动性、安全性和配置方面；（vii）提供了多播寻址的扩展和简单使用；（viii）规定 2^{16}B 的数据报。

　　(a) 除了（ii）和（vii）均正确。　　　　　　(b) 除了（viii）均正确。

　　(c)（i）至（v）均正确。　　　　　　　　　(d)（i）、（ii）和（iv）均正确。

★ 7. HTTP 1.1 版本支持 HTTP 特定的指定方法：（i）GET；（ii）POST；（iii）HEAD；（iv）CONNECT；（v）PUT；（vi）DELETE；（vii）TRACE；（viii）OPTIONS；（ix）HTTP 1.1 支持从 HTTP 1.1 版本开始包含的扩展方法。

　　(a) 除了（iii）和（vii）均正确。　　　　　　(b) 除了（ix）均正确。

　　(c)（i）至（v）均正确。　　　　　　　　　(d) 以上均正确。

★ 8. 6LoWPAN 设备节点帧大小为：

　　(a) 和以太网帧大小相同。　　　　　　　　　(b) 256B。

　　(c) 127B。　　　　　　　　　　　　　　　　(d) 2^{16}B。

★ 9. 关于端口：（i）是使用协议连接到网络的接口；（ii）将输出的数据栈发送到下层；（iii）端口将输出端的数据栈发送到网络层；（iv）从传输层接收输入的数据栈；（v）接收来自 TLS 层输入的数据栈；（vi）根据传输和接收协议分配端口号。

　　(a) 以上均正确。　　　　　　　　　　　　　(b) 除了（iii）和（v）正确。

　　(c) 除了（ii）均正确。　　　　　　　　　　(d) 除了（i）均正确。

简答题

★ 1. 为什么报头字段要在数据栈传输到底层之前添加到底层呢？

★★ 2. 6LoWPAN 中的报头字段是什么？为什么设备节点的应用程序数据是 33B 或 54B？

★ 3. 解释为什么 IoT 设备节点使用 RPL 代替 IPv6 或 IPv4，使用 CoAP 客户端代替 HTTP 客户端，使用 6LoWPAN 在适配层代替 MAC。

★★ 4. 报头字段在单播的 IPv6 地址中如何格式化和使用？

★★★ 5. 为什么以及如何在 RPL 中使用 DODAG？

★★★ 6. 网络地址 198.136.x.x，判断这个地址的类别。网络地址的第一个十进制数的最大值和最小值是多少？网络地址的二十进制数的最大值和最小值是多少？网络地址是 198.136.x.x 时，如何查找子网地址和主机？

★★ 7. 子网如何允许在企业网络中使用有限数量的 IP 地址？

★ 8. 网络接口、主机、子网、端口、套接字和子网是什么意思？

★★ 9. 子网如何扩展网络？

★★★ 10. 比较 HTTP 和 CoAP 的异同。

★★ 11. HTTP 中四种类型的报头、环境变量和状态码的用途是什么？

论述题

★ 1. 格式化为数据包后，数据如何使用 IP 地址从网关通信？

★★ 2. 物联网应用和服务层使用的是 TCP/IP 套件应用协议。源端网络层如何通过一组 IP 路由器与接收端应用层连接？

★★ 3. UDP 数据报何时以及如何从源端传输层与目的端应用程序支持层通信？

★ 4. TCP 流何时以及如何使用 IP 包从源端到目的端进行通信？

★★★ 5. RPL 的特性是什么？它们如何在有损的环境中启用路由？

152

★★ 6. 写出 6LoWPAN 框架、IP 数据包、TCP 流的报头字段并解释。

★★★ 7. 描述 A 类、B 类、C 类网络。

★★★ 8. 什么是 MAC 地址？MAC 地址如何分配给 IoT 节点？如何解析地址使 IP 网络中的包到达节点？

★ 9. 如何使用端口和端口号？

★★ 10. 描述 HTTP 的特点。

实践题

★ 1. 重绘图 4.1：源端 IoT/M2M 物联网应用层和服务层，通过一组 IP 路由器连接，使用 IP 地址发送数据包，使用 TCP/IP 协议套件与设备网络层 IP 地址通信。

153 ★ 2. 创建一个表，给出 IP、IPv6、RPL、6LoWPAN、TCP 和 UDP 协议的用法。

★★ 3. 画图表示在物联网设备和 6LoWPAN 适配层之间通信的 127B 数据栈中的字段。

★★★ 4. 在图 4.4 中列出用于从每个设备节点数据传输到接入点的通信的 RPL 实例。

★ 5. 创建一个表，解释 IPv4 地址、IPv6 地址、路由前缀、子网地址、子网掩码、子网 id、主机标识符和 MAC 地址中的数据栈的位、用法和字段。

★★ 6. 创建一个表，在每行给出子网掩码、网络地址的类别、子网 ID、子网地址和主机的 lsb。假设 4 行具有单个子网的子网掩码 =（1111 1111 1111 1111 0001 0000 0000 0000）、（1111 1111 1111 1111 0010 0000 0000 0000）、（1111 1111 1111 1111 1110 0000 0000 0000）、（1111 1111 1110 1100 0000 0000 0000 0000）。该表给出了标识符地址。

★★★ 7. 通过示例比较端口、套接字和 Web 套接字。

★★★ 8. 为每个端口创建一个表，以了解何时使用哪个端口号。使用 https://en.wikipedia.org/wiki/List_of_TCP_
154 and_UDP_port_numbers 列出的端口号。

第5章 数据获取、组织、处理和分析

学习目标

5-1 为 IoT/M2M 设备数据和消息提供数据获取和数据存储功能。

5-2 对组织数据的方式进行分类。

5-3 总结存储数据的事务、业务流程和商业智能的功能，以及物联网应用程序——集成和服务架构的概念。

5-4 确定物联网应用程序和业务流程的数据分析和数据可视化的功能和用法。

5-5 解释知识发现、知识管理和知识管理参考架构。

知识回顾

在先前章节中学习的 IoT/M2M 架构层和功能的经验教训是设备首先通过本地网络或 WPAN 进行通信，然后将物理层数据发送到数据适配层和网关层。网关连接到因特网，并传输数据包，数据包通过一组路由器在因特网上进行通信。应用程序和应用程序支持层将获取和收集的数据用于物联网应用程序，应用程序还可以控制和监视设备的功能，应用程序消息、命令和数据使用因特网通过网关与设备通信。

155

5.1 概述

在了解了设备、设备网络的数据、消息和与因特网的数据包通信之后，让我们了解应用程序支持层和应用层的应用、服务和业务流程所需的功能。这些功能包括数据采集、数据存储、数据事务、数据分析、结果可视化，物联网应用集成、应用服务、应用流程、智能化，知识发现和知识管理。

我们首先讨论 IoT 应用层中使用的以下术语及其含义。

应用程序是指应用程序软件或软件组件的集合，应用程序使用户能够执行一组协调的活动、功能和任务。例如，用于路灯控制和监控的软件是应用程序。用于追踪和库存控制的软件也是应

用程序。追踪应用程序使用 RFID 的标签和位置数据。

应用程序广泛应用于物联网，例如，用户能够使用自动取款机（ATM）提取现金、可以使用智能伞发送天气警告信息（见例 1.1）、废弃物容器管理、健康监测、交通灯控制、同步和监视等。

服务表示一种机制，可以提供对一个或多个功能的访问。该服务的接口提供对功能的访问，对每个功能的访问与服务描述指定的约束和策略一致。服务能力的示例有汽车维护服务能力或巧克力自动售货机（ACVM）的服务能力（用于及时将巧克力填充到机器中）。

服务由一组相关的软件组件及其功能组成。该集合被重用于一个或多个目的。集合的使用与每个服务的服务描述中指定的控件、约束和策略一致，服务还与服务级别协议（SLA）相关联。

服务由一组独立、独特和可重用的组件组成，它提供逻辑分组和封装的功能。交通灯同步服务、汽车维修服务、设备定位、检测和追踪服务、家庭安全漏洞检测和管理服务、废弃物容器替代服务和健康警报服务都是物联网服务的示例。

面向服务的体系结构（SOA）是一种软件体系结构模型，由服务、消息、操作和进程组成。SOA 组件通过网络或因特网分布在高级业务实体中。可以使用 SOA 开发企业中的新业务应用程序和应用程序整合体系结构。

消息表示通信实体或对象。

操作指单个行为或一组行为。例如，银行交易期间的行为。

事务是指两组相互关联的操作或指令。例如，事务可以访问销售数据来选择并获得特定年份的年度销售额。一种操作是访问销售数据，另一种操作是返回年度销售额。事务也可以是具有数据库管理系统（DBMS）的查询事务。

查询是一个从数据库中获取选择值的命令，该数据库在处理后将响应传递给查询。ACVM 数据库的命令是一个查询示例，用于在一年中的特定节日期间的星期日在城市花园附近提供 ACVM 的销售数据。另一个例子是查询服务中心数据库，以提供已完成预期使用寿命的特定车辆中需要更换的汽车部件的列表。

查询处理是一组结构化活动，根据查询从数据存储中获取结果。

键值对（KVP）是指一组两个链接的实体，一个是键，它是链接实体的唯一标识符，另一个是值，它是标识的实体或指向该实体位置的指针。一个 KVP 示例是生日日期对。KVP 是"生日：2000 年 7 月 17 日"。"生日"是表的键，"2000 年 7 月 17 日"是值。KVP 应用程序创建查找表、哈希表以及网络或设备配置文件。

哈希表（也称为散列映射）是指映射 KVP 并用于实现关联数组（例如 KVP 的数组）的数据结构。哈希表可以使用索引（键），该索引（键）使用哈希函数计算，键映射到值。索引用于获取或指向所需的值。

Bigtable 将两个任意字符串值映射到关联的任意字节数组中。一个用作行键，另一个用作列键。时间戳在三维映射中关联。映射与关系数据库不同，但可以视为稀疏的分布式多维有序映射。该表可以扩展到数百到数千的分布式计算节点，并且可以轻松添加更多节点。

数据库理论中的业务事务（BT）是指从数据库中请求信息或更改数据库中的数据的（业务）过程。BT 中的一个操作是连接 DBMS 和数据库的命令 connect，后者又与 DBMS 连接。同样，BT 是使用命令 insert、delete、append 和 modify 的过程。

流程是指一组结构化活动或任务的组合，这些活动或任务达成特定目标（或实现结果的交互）。例如，路灯控制机票的购买过程。流程根据流程中的数据指定具有相关规则的活动。 157

流程矩阵是一个多元素实体，其中的每个元素都将一组数据或输入关联到一个活动（或活动的子集）。

业务流程（BP）是一个活动或一系列活动，或者是相互关联的结构化活动、任务或流程的集合。它服务于特定目标、特定结果、服务或产品，是具有交错决策点的一系列活动的表示或流程矩阵或流程图。交错意味着介入，决策点是指在为进一步活动做出决策时的一系列活动中的实例。

Web[一]定义指出，"BP 是结构化业务活动链中的特定事件，通常会更改数据或产品的状态并生成某种类型的输出"。BP 的例子包括寻找年度销售增长和管理供应。BP 的另一个定义[二]是 "BP 是一个活动或一组活动，将实现特定的组织目标"。BP 还有一个定义[三]是 "BP 是一系列与逻辑相关的活动或任务（如计划、生产或销售），它们共同执行以产生一组定义的结果"。

商业智能（BI）是一个使业务服务能够提取新事实和知识，然后做出更好决策的过程。这些新的事实和知识来源于早期的数据处理、汇总和分析结果。

例 5.1 阐明了互联网连接的 ACVM 链的应用、服务、SOA、BP 和 BI 的含义。

例 5.1

问题

假设连接的 ACVM 链遍布整个城市。每个 ACVM 根据用户的选择在每种情况下提供 5 种巧克力口味中的一种，即 FL1、FL2、FL3、FL4 和 FL5。所选的巧克力可按成本投入适量的硬币。当孩子想要购买并获得他选择的巧克力时，显示单元显示用户界面并参与用户交互。ACVM 还会在不使用的时候显示城市中的巧克力、新闻、天气预报和活动的广告。每个 ACVM 都连接到因特网以进行管理和服务。应用程序、服务、SOA、业务流程和商业智能在 ACVM 的因特网中意味着什么？

答案及解析

应用程序指的是提供 ACVM 管理的软件。安装新的 ACVM 时，管理器会更新计算机 ID 的数据库。管理器为服务编程 ACVM，并定期对每个 ACVM 进行诊断。这有助于找到功能不正常的 ACVM。当管理器发现特定 ACVM 出现故障时，它会启动所需的步骤。例如，向所有者发送短信；通知机械师 ACVM 维修服务；通知巧克力填充服务等。 158

服务指的是软件，它启动时可以用不同口味的巧克力填充 ACVM。每个服务都由管理器应用程序描述其使用方法。服务包括与管理器的服务级别协议（SLA）。服务根据来自管理器的消息启动操作。例如，管理器会针对每种口味定期传递事件和警报消息，以便在每个 ACVM 上销售到指定的阈值级别。这使服务能够最佳地规划 ACVM 的填充。

ACVM 管理器可以部署许多服务，例如收集硬币服务。每个服务都有服务描述（desc）和 SLA。服务软件由于其用途不同于应用程序，它不仅特定于一个应用程序，而且也可以用于许多应用程序。服务选择使用 desc 并在服务和应用程序之间输入 SLA。

[一] http://www.webopedia.com/TERM/B/business_process.html。

[二] http://searchcio.techtarget.com/definition/business-process。

[三] http://www.businessdictionary.com/definition/business-process.html。

SOA 是一种体系结构，它对所有 ACVM 服务、它们之间的交互以及每个服务从一个应用程序、服务或流程到另一个应用程序、服务或流程的不同消息上的初始化进行建模。SOA 描述服务、其他组件、它们的交互、消息序列、操作和流程。

过程是指一系列的活动，例如从 ACVM 获取在编程间隔期间销售的每种口味的计数数据，分析获取的数据，通过填充过程为每种口味启动填充服务。又如，在编程的间隔获取每个 ACVM 收集的数据量，分析获取的数据，并通过收集过程为每个口味启动收集服务。

业务流程是指以适当的时间间隔填充、收集和显示一系列相关流程，是 ACVM 链中的一个业务流程。

商业智能是一个使 ACVM 业务服务能够提取新事实和知识的过程。这能够为新选项做出更好的决策，从而实现利润最大化。例如，在特定区域放弃或减少具有特定口味的 ACVM 的装载，或引入新的替代口味，或为儿童不太喜欢的口味做广告，或在特定区域重新安置 ACVM 或采用企业策略与儿童建立亲密关系（例如生日时的免费巧克力或授予忠诚度积分）。

新的事实和知识来源于早期获得的数据处理和聚合结果，以及区域、细分、口味、周和节日销售分析。

参考 Oracle 的物联网架构框架（如图 1.5 所示）。物联网设备通过互联网连接，为应用程序、服务、企业应用程序、BP 和 BI 采集、组织、处理并分析数据。IOT/M2M 设备（如传感器、路灯、ATM、RFID 和汽车）与互联网的连接适用于各种应用和服务。IOT/M2M 应用程序、服务和业务流程使用通过互联网设备接收的消息和数据包。

以下几节描述了物联网应用程序、服务、业务流程、知识发现和管理的数据获取、组织、分析、可视化。

5.2 数据采集和存储

以下小节描述设备数据，以及获取和存储应用程序、服务或业务流程等的数据的步骤。

5.2.1 数据生成

数据在之后通过网关传输到因特网的设备上生成。生成如下数据：

被动设备数据：根据交互结果在设备或系统上生成数据。无源设备没有自己的电源。外部源可帮助此类设备生成和发送数据，例如 RFID（见例 2.2）或 ATM 借记卡（见例 2.3）。设备可能有也可能没有相关的微控制器、存储器和收发器，例如非接触式卡（有相关器件），标签或条形码（无相关器件）。

主动设备数据：在设备或系统上或在交互结果之后生成的数据。有源设备有自己的电源，例如有源射频识别（RFID）、路灯传感器（见例 1.2）或无线传感器节点。有源设备还具有相关的微控制器、存储器和收发器。

事件数据：设备只能在事件上生成一次数据。例如，当检测到交通或黑暗的环境条件时，它会发出事件信号。黑暗事件表明需要点亮一组路灯（见例 1.2）。由安全摄像头组成的系统可以在发生安全漏洞或检测到入侵事件时生成数据。具有关联电路的废弃物容器可以在填充达到 90% 或更高的情况下生成数据。汽车中的部件和装置产生其性能和功能的数据。例如，当制动衬片磨损时，会感觉到方向盘上的间隙减少和空调性能降低。数据传送到因特网，当汽车接近 WiFi 接入点时，会接收到数据。

设备实时数据：ATM 生成数据并通过互联网立即将其传送到服务器。这将实时启动并启用联机事务处理（OLTP）。

事件驱动的设备数据：设备数据只能在事件上生成一次。例如，设备从控制器或监视器接收命令，然后使用执行器执行操作。当操作完成时，设备发送确认消息；当应用程序查询设备的状态时，设备会传达状态。

5.2.2　数据获取

数据获取是指从 IoT 或 M2M 设备获取数据。数据在与数据获取系统（应用程序）交互之后进行通信。应用程序与许多设备进行交互和通信，以获取所需的数据。设备按需或在编程的间隔发送数据。设备数据使用网络层、传输层和安全层进行通信（见图 2.1）。 |160|

当设备具有配置功能时，应用程序可以为数据配置设备。例如，系统可以配置设备以定义的周期性间隔发送数据。每个设备配置控制数据生成的频率。例如，系统可以配置伞装置以在一周中的每个工作日获取来自因特网气象服务的天气数据（见例 1.1）。可以将 ACVM 配置为每小时传达机器的销售数据和其他信息。ACVM 系统可以配置为在发生故障时即时通信，或者在需要特定巧克力味的情况下需要填充服务（见例 5.1）。

应用程序可以在数据适配层的网关处过滤或增强后配置数据发送。应用程序和设备之间的网关可以提供以下一个或多个功能：转码、数据管理和设备管理。数据管理可以提供隐私和安全，以及数据聚集、压缩和融合（见 2.3 节）。

设备管理软件提供设备 ID 或地址、激活、配置（管理设备参数和设置）、注册、注销、连接和分离（见 2.3.2 节）。

例 5.2 给出了从汽车中的嵌入式部件设备获取汽车部件和预测性汽车维护系统（ACPAMS）应用程序数据的过程。

例 5.2

问题

ACPAMS 应用程序的互联网——ACPAMS 应用程序如何从汽车组件中的嵌入式设备获取数据？

答案及解析

发动机控制系统、轴、转向系统、制动衬片、雨刮器、空调、蓄电池和减震器等储多组件都需要进行预测性维护。每个组件将计算硬件、软件和接口嵌入到汽车网络中。汽车中的每个嵌入式设备都使用控制器局域网（CAN）总线与中央计算系统通信。然后，合并数据通过互联网与 ACPAMS 中心通信。

系统中的应用程序首先管理每个嵌入式设备。这意味着它分配设备 ID（地址）、激活、配置（管理设备参数和设置）、注册、注销、连接和分离。系统网关软件与服务中心应用程序通信。

当汽车在热点附近时，网关应用程序将根据预置的所需时间间隔与每个嵌入式组件设备聚合获得的数据进行通信。通信采用 Wi-Fi（见 2.2 节）。当汽车恰巧靠近 Wi-Fi 热点时，设备数据就会与应用程序通信。

获取的数据存储在数据存储库的数据库中（见 5.2.6 节）。该应用程序按计划的时间间隔使用分析和高级分析。分析预测了预定间隔后每个汽车部件的维护需求（见第 5.5 节）。应用程序定期向汽车仪表板发送所需的预防性维护信息。

与上述示例类似，工业工厂使用应用程序从机器获取数据。数据分析可实现必要的预测性或规定性维护（见 5.5.1 节）。

5.2.3 数据验证

从设备获取的数据并不意味着是正确的、有意义的或一致的。数据一致性是指数据在预期范围内，或者根据模式或数据在传输过程中没有损坏。因此，数据需要验证检查。数据验证软件对获取的数据进行验证检查。验证软件应用逻辑、规则和语义注释。应用程序或服务依赖于有效数据，在此基础上的分析、预测、处置、诊断和决策的数据才是可以接受的。

大量的数据是从大量的设备中获取的，特别是从工业工厂的机器或嵌入式组件中获取的，数据来自 ICU 或无线传感网中的大量汽车或医疗设备等。因此，验证软件消耗大量资源，需要采取适当的策略。例如，所采用的策略可以是在网关或设备本身过滤掉无效数据，或者控制工业系统中设备集的获取频率或周期性调度。数据在适配层增强、聚集、融合或压缩。

5.2.4 存储数据分类

服务、业务流程和商业智能使用数据。有效的、有用的和相关的数据可以分为三类：单独存储的数据、数据及其处理结果、数据分析结果。以下是三个存储案例：

1）需要在将来重复处理、引用或审计的数据，因此需要存储数据。

2）仅需要处理一次的数据，结果将在以后分析时使用，并且存储处理和分析的数据和结果。这种情况的优点是快速可视化和生成报告，无须重新处理。此外，这些数据可供将来参考或审计。

3）需要处理在线、实时或流数据，并且此处理和分析的结果需要存储。

来自大量设备和数据源的数据构成第四类，即大数据。数据以大数据的形式存储在服务器、数据仓库或云上的数据库中。

5.2.5 事件的汇编软件

设备可以生成事件。例如，传感器可以在温度达到预设值或低于阈值时生成事件。锅炉中的压力传感器在压力超过需要注意的临界值时产生一个事件。

每个事件都可以分配一个 ID。为事件状态设置或重置逻辑值。逻辑 1 是指生成但尚未执行的事件。逻辑 0 是指已生成并对其执行或尚未生成的事件。应用程序中的软件组件可以组装事件（逻辑值、事件 ID 和设备 ID），还可以添加日期时间戳。来自物联网和逻辑流的事件使用软件进行组装。

5.2.6 数据存储

数据存储是集成到存储中的一组对象的数据存储库。数据存储的功能是：

- 数据存储中的对象使用由数据库模式定义的类建模。
- 数据存储是一般概念。它包括数据存储库，如数据库、关系数据库、平面文件、电子表格、邮件服务器、Web 服务器、目录服务和 VMware。
- 数据存储可以分布在多个节点上，例如，Apache Cassandra 是分布式数据存储的。
- 数据存储可以由多个模式组成，也可以仅由一个方案中的数据组成。仅一个方案数据存储的示例是关系数据库。

存储库（repository）是指一个组，可以查找所需的东西、特殊信息或知识。例如，艺术家绘画的存储库。数据库是数据的存储库，可用于报告、分析、处理、知识发现和智能。

平面文件是另一个存储库，平面文件是指记录中没有结构相互关系的文件（见 5.3 节）。5.5.1 节解释了电子表格的概念。VMware 使用数据存储来引用存储虚拟机的文件。

5.2.7　数据中心管理

数据中心是一个拥有多组计算机、服务器、大型内存系统、高速网络和互联网连接的设施。该中心使用高级工具、完整数据备份和数据恢复、冗余数据通信连接和完整系统电源以及电源备份提供数据安全和保护。

大型工业单位、银行、铁路、航空公司和以数据为关键组成部分的单位使用数据中心的服务。数据中心还拥有无尘、加热、通风和空调（HVAC）、冷却、加湿和除湿设备、具有物理高度安全环境的加压系统。

数据中心管理员负责所有技术和 IT 问题、计算机和服务器的操作、数据输入、数据安全、数据质量控制、网络质量控制以及用于数据处理的服务和应用程序的管理。

5.2.8　服务器管理

服务器管理是指管理与服务器关联的所有类型的系统的服务、设置和维护。服务器需要 24 小时服务。服务器管理包括管理以下内容：

- 系统或网络停机时较短的反应时间。
- 通过定期执行系统维护和更新来实现高安全性标准。
- 定期系统更新，以便进行最先进的设置。
- 优化的性能。
- 通过 SMS 和电子邮件通知监控所有关键服务。
- 系统安全和保护。
- 保持数据的机密性和隐私性。
- 高度的安全性和完整性以及对组织中数据、文件和数据库的有效保护。
- 保护客户数据或企业内部文档免受攻击，包括垃圾邮件、未经授权使用服务器访问权限、病毒、恶意软件和蠕虫。
- 严格记录和审核所有活动。

5.2.9　空间存储

考虑带有 RFID 标签的商品。当货物从一个地方移动到另一个地方时，追踪或库存控制应用程序都需要货物 ID 和位置。空间存储是作为空间数据库进行存储的，空间数据库经过优化后可存储并随后接收来自应用程序的查询。

假设一个城市的停车位需要一张数字地图。空间数据是指表示几何空间中定义的对象的数据。点、线和多边形是常见的几何对象，可以在空间数据库中表示。空间数据库还可以表示三维对象、拓扑覆盖、线性网络、三角形不规则网络等复杂结构的数据库。空间数据库中的其他功能可实现高效处理。

通过 RFID、ATM、车辆、救护车、交通灯、路灯、垃圾箱进行的互联网通信就是使用空间数据库的例子。

[164]

空间数据库对空间查询的功能是最佳的。空间数据库可以执行典型的 SQL 查询，例如 select 语句，并执行各种空间操作。空间数据库具有以下特点：

- 可以执行几何构造函数。例如，创建新几何图形。
- 可以使用顶点（点或节点）定义形状。
- 可以使用回复特定空间信息（例如几何对象中心的位置）的查询来执行观察者功能。
- 可以执行空间测量，这意味着计算几何之间的距离、线的长度、多边形的面积和其他参数。
- 可以使用空间函数将现有要素更改为新要素，并可以使用真或假类型查询来预测几何之间的空间关系。

温故知新

- 数据从主动或被动设备生成。数据可以在设备上的事件中生成，数据也可以实时生成。
- 应用程序交互以进行数据采集。它可以在设备具有配置功能时为数据配置设备。例如，设备可以配置为以定义的周期间隔、特定事件或实时发送数据。
- 从大量设备中获取大量数据，尤其是从工业工厂的机器或嵌入式组件中获取数据，从 ICU 或无线传感网中的大量汽车或医疗设备中获取数据。设备获取的数据需要验证是否正确、有意义或一致，是否在预期范围内或符合预期模式，并且在传输过程中有没有损坏。
- 数据存储系统存储数据。数据存储在服务器、云、仓库或云上的大数据的数据库中。
- 数据存储是一组对象的数据存储库，它们集成到存储中。
- 数据存储中的对象使用数据库模式定义的类建模。
- 数据存储包括数据库、关系数据库、平面文件、电子表格、邮件服务器、Web 服务器、目录服务和 VMware。数据存储可以分布在多个节点上。
- 数据存储可以由多个模式组成，也可以仅由一个方案中的数据组成，例如关系数据库。
- 数据存储在服务器上的响应时间短，性能优化，安全性高。
- 数据中心使用先进的工具、完整的数据备份和数据恢复、冗余的数据通信连接和完整的系统电源来存储数据，以实现数据安全和保护。数据存储需要数据中心管理或服务器管理。
- 空间存储是通过空间数据库进行存储，该数据库经过优化以存储、查询几何空间中定义的数据对象，以及用于二维和三维对象、拓扑覆盖、线性网络、三角形不规则网络或其他复杂结构的数据库。

[165]

自测练习

★ 1. 列出在设备上生成的不同类型的数据。

★★ 2. 数据采集意味着什么？在数据聚集、压缩或融合以及从多个设备中获取数据后，应用程序获取数据有什么好处？

★★ 3. 数据验证意味着什么？数据采集应用程序何时认为数据无效？应用程序如何补偿丢失或无效的数据？

★★★ 4. 应用程序或服务如何支持软件获取的工业设备数据？以图表方式显示物理层和数据链路层、适配层、网络层、传输层之间的连接。

★ 5. 你对数据存储有什么见解？数据存储有哪些不同的模式？

★★ 6. 列出数据中心的功能和数据中心管理器的活动。

★ 7. 服务器管理是什么意思？

★★★ 8. 空间数据库是什么意思？空间数据具有哪些附加数据字段？

5.3 数据组织

可以通过多种方式组织数据，例如，对象、文件、数据存储、数据库、关系数据库和面向对象的数据库。以下小节描述了这些方式。

5.3.1 数据库

所需的数据值被组织为数据库，以便之后可以检索所选择的值。

1. 数据库

组织数据的一种流行方法是数据库，它是数据的集合。此集合按表格组织。表格提供了访问、管理和更新的系统方法。单个表文件称为平面文件数据库。每条记录都列在单独的行中，彼此无关。

2. 关系数据库

关系数据库是将数据集合到多个表中，这些表通过称为密钥（主键、外键和唯一键）的特殊字段相互关联。关系数据库提供了灵活性。关系数据库的示例有 MySQL、PostGreSQL、使用 PL/SQL 创建的 Oracle 数据库和使用 T-SQL 的 Microsoft SQL 服务器。

面向对象数据库（OODB）是对象的集合，它将对象保存在面向对象的设计中。例如，ConceptBase 或 Cache。例 5.3 显示了使用关系数据库的优点。

例 5.3

问题

回顾例 5.1。以 ACVM 的互联网为例，展示关系数据库的优势。

答案及解析

管理器应用程序接收 ACVM 信息。它向 ACVM 发送已售出巧克力的请求和所需的数量。请求每小时从管理器发送到填充服务。当每小时收到 ACVM 对巧克力需求的请求时，填充服务就会执行。应用程序、服务和进程使用通用关系数据库 RDBACVM 表。表 5.1 用于 ACVM 信息，以及 ACVM 上可用的五种口味的待处理服务请求 Num1、Num2、Num2、Num3 和 Num4。表 5.2 用于 ACVM 填充请求信息，表 5.3 用于巧克力填充服务操作（见表 5.1 至表 5.3）。

表 5.1 RDBAVCM 表 A——ACVM 信息

机器 ID	地区	地址	安装日期	维护计划	填写服务地址	待定请求编号 1	待定请求编号 2	待定请求编号 3	待定请求编号 4

表 5.2 RDBAVCM 表 B——ACVM 填写请求信息

服务请求编号	机器 ID	请求收据日期时间	编号 FL1 请求	编号 FL2 请求	编号 FL3 请求	编号 FL4 请求	编号 FL5 请求

表 5.3 RDBAVCM 表 C——ACVM 填充服务操作

服务请求编号	服务日期时间	编号 FL1 已发送	编号 FL2 已发送	编号 FL3 已发送	编号 FL4 已发送	编号 FL5 已发送

A、B 和 C 之间的公共关键字段是机器 ID 或服务请求编号。A、B 和 C 字段之间的关系由 RDBMS 维护。例如，当请求的每种口味的数量与处理服务请求后发送到机器的数量相等时，A 中相应的 Num 将变为 0。

假设三个平面文件数据库单独维护——A' 表示 ACVM 信息，B' 表示 ACVM 填充服务请求信息和数据库，C' 表示填充服务流程。然后，每当引发服务请求或处理服务请求时，三个平面文件单独数据库中的 A'、B' 和 C' 的相应字段需要更新以维护每个应用程序、服务和处理中的数据库的一致性。此外，由于没有用于维持 A'、B' 和 C' 之间的关系的系统，每个字段都需要所有字段。

3. 数据库管理系统

数据库管理系统（DBMS）是一个软件系统，它包含一组专门用于创建和管理存储在数据库中的数据的程序。可以在数据库或关系数据库上执行数据库事务。

4. 原子性、数据一致性、数据隔离和持久性（ACID）规则

数据库事务必须在事务期间保持原子性、数据一致性、数据隔离和持久性。让我们使用例 5.3 解释这些规则，如下所示：

原子性意味着事务必须完整，并将其视为不可分割的。当服务请求完成时，挂起的请求字段也应该为零。

一致性意味着事务完成后的数据应保持一致。例如，在数据库上进行事务后，发送的巧克力总和应等于每种口味的已售出和未售出巧克力的总和。

隔离意味着表 5.1 和表 5.2、表 5.2 和表 5.3 以及表 5.3 和表 5.1 之间的事务彼此隔离。

持久性意味着在完成事务后，以前的事务无法被召回。只有新事务才能影响任何更改。

5. 分布式数据库

分布式数据库（DDB）是计算机网络上在逻辑上相互关联的数据库的集合。分布式 DBMS 是指管理分布式数据库的软件系统。分布式数据库系统的功能包括：

- DDB 是一组逻辑上相互关联的数据库。
- 数据库之间以透明的方式进行合作。透明意味着系统中的每个用户都可以访问所有数据库中的所有数据，就像它们是单个数据库一样。
- DDB 应该是"位置无关的"，这意味着用户不知道数据的位置，并且可以将数据从一个物理位置移动到另一个物理位置而不影响用户[○]。

|168|

6. 一致性、可用性和分区容错定理

一致性、可用性和分区容错定理（CAP 定理）是分布式计算系统的定理。该定理指出，分布式计算机系统不可能同时提供所有一致性、可用性、分区容错（CAP）三个保证[⊖]。这是由于在分布式计算节点之间的通信期间可能发生网络故障。因此需要容忍网络的分区。在任何时候都要有一致性或可用性。

一致性意味着"每次读取都会收到最近的写入或错误"。当查找消息或数据时，网络通常发出超时或读取错误的通知。在网络故障的间隔期间，通知可能不会到达请求节点。

可用性意味着"每个请求都会收到响应，但不保证它包含最新版本的信息"。由于网络故障的间隔，可能会发生请求的最新版本的消息或数据不可用。

分区容错意味着"尽管节点之间的网络丢弃了任意数量的消息，但系统仍继续运行"。在网络故障的间隔期间，网络将具有两组独立的联网节点。由于总是会发生故障，因此需要容忍分区。

5.3.2　查询处理

查询是指从数据库中查找特定数据集的应用程序。例如，在银行服务器的关系数据库中查询可能是针对一个月内由特定客户 ID 进行的 ATM 事务（见例 2.3）。又如，6 至 10 岁儿童在城市中最喜欢的巧克力味（见例 5.1）；车辆在 ACPAMS 中心访问的次数（见例 5.2）和服务的满意度为 5 分制中的 5 分的次数。

1. 查询处理

查询处理是指使用一个流程并从数据库中获取查询结果。该流程应使用正确且高效的执行策略。处理的五个步骤是：

1）解析和翻译：此步骤将查询转换为内部形式，转换为关系代数表达式，然后转换为解析器，检查语法并验证关系。

2）使用分析（针对操作所需的微操作数量）、连接和析取归一化以及语义分析将查询过程分解为微操作。

○　http://www.csee.umbc.edu/portal/help/oracle8/server.815/a67784/ds_ch1.htm。

⊖　https://en.wikipedia.org/wiki/CAP_theorem。

3）优化意味着优化处理成本。成本是指在处理中产生的微操作的数量，其通过计算等价表达式集合的成本来评估。

4）评估计划：查询执行引擎（软件）采用查询评估计划并执行该计划。

5）返回查询结果。

该流程还可以基于启发式方法，通过尽早执行选择和投影步骤并消除重复操作实现。

2. 分布式查询处理

分布式查询处理是指在同一系统或网络系统上的分布式数据库中查询处理操作。分布式数据库系统能够访问远程站点并将查询传输到其他系统。

5.3.3 SQL

SQL 是结构化查询语言的缩写。它是一种用于数据查询、更新、插入、附加和删除数据库的语言，是一种用于数据访问控制、模式创建和修改的语言，也是管理 RDBMS 的语言。

SQL 最初基于元组关系演算和关系代数。SQL 可以使用 SQL 模块、库和预编译器嵌入到其他语言中。SQL 的功能如下：

- 创建模式是一种结构，包含用户创建对象的描述（基表、视图、约束）。用户可以描述和定义数据库中的数据。
- 创建目录包含一组描述数据库的模式。
- 对描述数据库的命令使用数据定义语言（Data Definition Language，DDL），包括创建、更改和删除表以及建立约束。用户可以在数据库中创建和删除数据库和表、建立外键、创建视图、存储过程和函数。
- 使用数据操作语言（Data Manipulation Language，DML）来维护和查询数据库。用户可以操作（Insert、Update、Select）数据并访问关系数据库管理系统中的数据。
- 对控制数据库的命令使用数据控制语言（Data Control Language，DCL），包括管理权限和提交数据。用户可以对表、过程和视图设置（授予、添加或撤销）权限。

5.3.4 NoSQL

NoSQL 代表 No-SQL 或 Not Only SQL，它不与基于 SQL 的应用整合。NOSQL 用于云数据存储。NoSQL 可能包含以下内容：

- 由非关系数据存储系统类、灵活的数据模型和多个模式组成。
- 由未解释的键和值或"大哈希表"组成的类，例如在 Dynamo（Amazon S3）中。
- 由无序密钥和使用 JSON 组成的类，例如在 PNUTS 中。
- 由有序键和半结构化数据存储系统组成的类，例如 BigTable、Hbase 和 Cassandra（在 Facebook 和 Apache 中使用）。
- 由 JSON 组成的类（见 2.3 节），例如在广泛用于 NoSQL 的 MongoDB[⊖]中。
- 由文本中的名称和值组成的类，例如在 CouchDB 中。
- 可能不需要固定的表架构。

NqSQL 系统不使用连接的概念（在分布式数据存储系统中）。在一个节点上写入的数据复制到多个节点，因此相同的分布式系统可以容错，并且可以具有分区容错。适用 CAP

⊖ http://www.w3resource.com/mongodb/introduction-mongodb.php MongoDb。

定理。该系统可以松弛一个或多个 ACID 和 CAP 属性。在三个属性（一致性、可用性和分区）中，至少两个存在于应用程序中。

- 一致性表示所有副本具有与传统 DB 相同的值。
- 可用性指至少有一个可用副本，以备分区变得不活动或失败时使用。例如，在 Web 应用程序中，其他分区中的另一个副本是可用的。
- 分区是指在分布式数据库中有效但可能不合作的部分。

5.3.5　提取、转换和加载

提取、转换和加载（ETL）是一个允许使用数据库的系统，特别是存储在数据仓库中的数据库。提取意味着从同构或异构数据源获取数据。转换意味着以适当的结构或格式转换和存储数据。加载意味着最终目标数据库、数据存储或数据仓库中的结构化数据加载。

所有这三个阶段都可以并行执行。数据提取需要更长的时间。因此，系统在拉取数据的同时，对已经接收的数据执行另一个转换过程，并准备已完成转换的数据以进行加载。一旦数据准备好加载到目标中，数据加载就会开始。这意味着下一阶段开始时无须等待前几个阶段的完成。

ETL 系统可用于集成来自单独托管的多个应用程序（系统）的数据。

5.3.6　关系时间序列服务

时间序列数据是指用时间（日期时间或日期时间范围）索引的数字数组。时间序列数据可以被视为带时间戳的数据。它意味着数据携带有关数据值的日期和时间信息。例如，ACVM 的因特网中巧克力的销售（见例 5.1）在不同的日期和时间是不同的。171

销售需要使用两个日期之间的范围进行索引或使用日期时间编制索引。销售时间序列称为 ACVM 的销售概况。巧克力销售日志的时间序列称为巧克力销售追踪。

时间序列是在一系列时间内访问的任意数据集。软件程序和分析程序分析时间序列中的集合，即按时间顺序进行分析。物联网设备（如温度传感器、无线传感网节点、电表、RFID 标签、ATM、ACVM）可生成带时间戳或时间序列的数据。

时间序列数据库（TSDB）是一个软件系统，它实现了一个数据库，可以最佳地处理时间序列上的数学运算（轮廓、轨迹、曲线）、查询或数据库事务。

传统的数据库系统、关系数据库系统（RDMS）或平面文件数据库软件可能不会建模为时间序列处理，因此可能不能有效地用于具有复杂逻辑或业务规则的时间序列数据，以及在整个时间序列数据中进行高级事务处理。

IBM Informix TimeSeries 软件通过添加高效存储、更快的数据加载以实现快速查询处理和事务处理、提高性能以及管理时间序列的复杂支持来扩展数据库功能。服务器可以具有内置的时间序列 Informix 软件，用于处理物联网时间序列数据。

5.3.7　实时和智能

当实时数据（流）中的查询处理具有低延迟时，对实时数据的判定很快。当交互式查询处理具有低延迟时，对历史数据的判定很快。可以通过以下方法获得低延迟：大规模并行处理（MPP）、内存数据库和列式数据库。

TeraData Aster 和 Pivotal Greenplum 是 MPP 的例子。存在两种针对数据库的事务方

法：内存和外存。SAP Hana 和 QClick 视图是内存数据库的示例。SAP Sybase IQ 和 HP Vertica 是用于更快分析的列式数据库的示例。

温故知新

- 数据库是按表格组织的数据集合。关系数据库是组织为多个表的数据集合，它们通过特殊字段相互关联。面向对象数据库（OODB）是一组对象，它将对象保存在面向对象的设计中。
- 数据库管理系统是一个软件系统，它包含一组专门用于存储在数据库中的数据的创建、管理和事务的程序。
- 数据库事务是在数据库上执行一组特定的操作。关系数据库事务是使用关系执行相互关联的指令。事务是关系数据库上一组特定关系操作的顺序执行。
- 数据库事务模型声明事务必须保持事务原子性、数据一致性、数据隔离和持久性。
- 查询是指从数据库中寻找特定数据集的应用程序或服务，查询处理意味着使用进程并从数据库获取查询结果。
- CAP 定理适用于分布式计算节点。CAP 定理指出，对于分布式计算系统，分布式计算机系统不可能同时提供所有三个保证：一致性、可用性、分区容错（CAP）。
- 分布式数据库是计算机网络上在逻辑上相互关联、相互协作的数据库的集合。分布式数据库系统具有访问远程站点和传输查询的能力。
- 分布式查询处理意味着在同一系统或网络系统上的分布式数据库中查询处理操作。
- lSQL 是一种用于数据访问控制、模式创建和修改的语言。它是管理 RDBM 的语言，也是数据定义、数据操作和数据控制指令的语言。
- NoSQL 代表 Not Only SQL 或 No-SQL，不与基于 SQL 的应用程序整合。它用于云数据存储。NoSQL 由非关系数据存储系统类、灵活数据模型和多个模式组成。
- 时间序列数据是指一个数字数组，该数组以时间（日期时间或日期时间范围）为索引。
- 当实时数据（流）中的查询处理具有低延迟时，对实时数据的判定很快。当交互式查询处理具有低延迟时，对历史数据的判定很快。

自测练习

★1. 关系数据库是什么意思？
★★2. 列出平面文件数据库和关系数据库之间的差异。
★★★3. 考虑关系数据库表 A、B 和 C。A 是银行信息（姓名、地址、电话号码、IFSC 代码），B 是客户的信息（ID、姓名、地址、电话号码、账户类型、账号），C 是银行存折交易详情（交易日期、信用卡、借记卡、借方金额、贷方金额和余额）。使用的密钥是什么？表中的数据如何相关？ C 涉及 A 和 B 中的哪些字段。
★4. 使用分布式数据库时有哪三个基本功能？
★5. TSDB 是什么意思？
★6. SQL 的特性是什么？
★★7. SQL 与 NoSQL 有何不同？
★★★8. 列出时间序列数据库系统与 RDBMS 在构造和使用方面的差异。

5.4　事务、业务流程、集成和企业系统

事务是构成单个逻辑单元的操作的集合。例如，数据库连接、插入、追加、删除或修改事务。业务事务是以某种方式与业务活动相关的事务。

5.4.1　在线事务和处理

回顾例 2.3——OLTP 是指在实时生成数据或事件时立即处理。对数据库中的实时数据或事件有可用性、速度、并发性和可恢复性的需求时，可以使用 OLTP。例 5.4 给出了 OLTP 在连接到银行服务器的 ATM（银行 ATM）互联网应用程序和网络域中的用法。

例 5.4

问题

在连接到银行服务器的 ATM（ATM 银行）的互联网应用和网络域中 OLTP 的用途是什么？

答案及解析

服务器应用程序需要具有高吞吐量的处理和更新密集型数据库管理。这些应用程序中的要求是可用性、速度、并发性和可恢复性，以及减少纸张追踪。因此，ATM 上的事务需要 OLTP。

1. 批量事务处理

批量事务处理是指在没有用户交互的情况下执行一系列事务。事务作业被设置为可以运行到完成。脚本、命令行参数、控制文件或作业控制语言预先定义所有输入参数。

批处理是指以非交互方式分批进行的事务处理。当一组事务完成时，将存储结果，并接收下一批事务，例如使用月末最终结果的信用卡事务，或巧克力购买事务。ACVM 销售数据的最终结果可以在一小时或一天结束时发布到互联网上。

174

2. 流事务处理

流的示例是日志流、事件流和推特流。对流数据的查询和事务处理需要专门的框架。来自 Twitter 的 Storm、来自雅虎的 S4、Spark 流媒体、HStreaming 和 flume 是实时流式计算框架的框架示例。

3. 交互式事务处理

交互式事务处理是指涉及计算机和用户之间的连续信息交换的事务。例如，电子购物和电子银行之间的用户交互。处理与批处理相反。

4. 实时事务处理

实时事务处理意味着事务在数据从数据源和数据存储器到达的同时进行处理，例如 ATM 机器事务。内存中的行格式记录支持实时事务处理。行格式意味着几行和多列。CPU 在 SIMD（单指令多数据）流处理中访问单次访问中的所有列。

5. 事件流处理和复杂事件处理

事件流处理（ESP）是一组技术、事件处理语言、复杂事件处理（CEP）、事件可视化、

事件数据库和事件驱动的中间件。Apache S4 和 Twitter Storm 是 ESP 的例子。SAP Sybase ESP 和 EsperTechEsper 是 CEP 的例子。ESP 和 CEP 执行以下操作：

- 处理接收事件数据流的任务。
- 从流中识别有意义的模式。
- 检测多个事件之间的关系。
- 关联事件数据。
- 检测事件层次结构。
- 检测时间、因果关系、订阅成员资格等方面。
- 构建和管理事件驱动的信息系统。

6. 复杂事件处理

复杂事件处理有很多应用，例如，CEP 物联网事件处理应用程序、基于股票算法的事务和基于位置的服务。Eclipse 中的复杂事件处理应用程序用于捕获数据、时序条件的组合，并有效地识别数据流上的相应事件。

5.4.2　业务流程

业务流程由一系列服务于特定结果的活动组成。当企业具有许多服务于特定结果或目标的相互关联的流程时，就使用它。业务流程的使用有助于销售、计划和生产。业务流程是具有交错决策点的一系列活动的表示或流程矩阵或流程图。

RFID 互联网实现了一种称为追踪 RFID 标签商品的业务流程（见例 2.2），该流程还实现了库存控制流程。

IoT/M2M 使数据库中的设备数据可用于业务流程。数据支持该过程。例如，考虑路灯的控制和管理过程（见例 1.2）。每组路灯通过连接到互联网的网关实时发送数据。控制和管理过程使路灯的实时数据库和组数据库成为可能。

5.4.3　商业智能

商业智能是一个过程，它使商业服务能够提取新的事实和知识，然后进行更好的决策。新的事实和知识来源于早期的数据处理、汇总和分析结果。例 5.5 显示了 ACVM 因特网的商业智能，而例 5.6 显示了服务中心的汽车维护应用程序中的业务流程、智能和业务流程体系结构参考模型。

例 5.5

问题

回顾 ACVM 的因特网（见例 5.1）。从业务流程的早期结果中得出的新事实和知识是什么？

答案及解析

考虑 ACVM 的填充服务。BI 从事实中提取有关所需填充服务频率的知识，还提取策略以用于在城市的特定区域中的 ACVM 中填充巧克力，使得可以同时分派所有口味。一方面，当成本最低且每台机器都能满足用户的任何口味需求时，商业智能就为该地区的机器提供服务。

例 5.6

问题

回顾服务中心的汽车维修应用（见例 5.2）。在 ACPAMS 上绘制汽车零部件服务流程的商业智能 / 业务流程架构。

答案及解析

通过对数据库中获取的数据进行预测性分析，服务可以提取知识。它从事实中得到需要服务的组件的预测。对一套汽车零部件的维修必须及时、有预防性。当部件得到及时的维修或更换，且对维修中心的访问次数最少时，BI 将为汽车提供服务。图 5.1 显示了汽车服务中心商业智能和业务流程的模型体系结构。

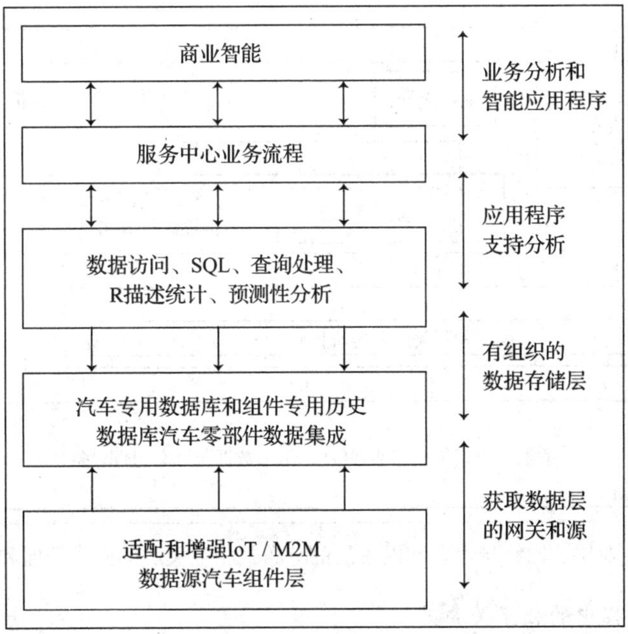

图 5.1 ACPAMS 的商业智能和业务流程的体系结构参考模型

5.4.4 分布式业务流程

有时需要分布式的业务流程。流程的分布降低了复杂性、通信成本，使中央系统的响应速度更快，处理负载更小。例如，回顾例 1.2，网关本身每组灯的控制过程的分布减少了复杂性、通信成本、使响应更快同时降低了中央系统的处理负载。

分布式业务流程系统（DBPS）是企业网络中逻辑上相互关联的业务流程的集合。DBPS 是指管理分布式业务流程的软件系统。DBPS 的功能如下。

DBPS 是一组逻辑相关的业务流程，如 DDBS。DBPS 以透明的方式作为业务流程之间的合作存在。透明意味着系统中的每个用户都可以访问所有流程中的所有流程决策，就好像它们是单个业务流程一样。

DBPS 应具备"位置独立性"，这意味着企业商业智能不知道业务流程所处的位置。可以将分析和知识的结果从一个物理位置移动到另一个物理位置，而不会影响用户。

例 5.7 显示了汽车企业中的分布式业务流程。

例 5.7

问题

回顾 ACPAMS 中心的汽车维修应用（见例 5.2 和例 5.6）。企业商业智能在于对汽车组件的预测性和规范性分析服务，这些服务可以以最少的服务中心访问次数及时得到服务或更换。绘制汽车零部件服务流程的商业智能和业务流程架构。

答案及解析

图 5.2 显示了汽车企业的分布式商业智能和业务流程的模型架构。在企业层有两个业务流程，即，一个在网络层，一个在设备和网关层。

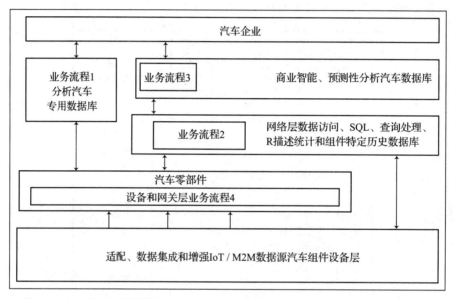

图 5.2 企业层、网络层设备和网关层的分布式相互关联的商业智能和业务流程

分布式业务流程中的相互关系是：

- 企业层业务流程 1（EBP1）直接与设备和网关层业务流程 4（DGBP4）相互关联，从而与特定汽车的设备数据、适配、数据集成和增强层相互关联。EBP1 分析与非历史数据有关。
- 网络层业务流程 2（NBP2）直接与企业层业务流程 3（EBP3）相互关联。NBP2 使用数据访问、SQL、查询处理、R 描述性统计和组件特定历史数据库。NBP 2 可以访问与向 EBP1 发送模型相同的汽车数量的数据。EBP3 分析与其他汽车数据库和历史数据库一起使用，并支持预测性和规范性分析。
- NBP2 直接与 DGBP4 相互关联。这样可以更新 NBP2 的数据库。

5.4.5 复杂的应用整合和面向服务的体系结构

企业有许多应用程序、服务和流程。异构系统在将它们集成到企业中时具有复杂性。以下是 Oracle 应用程序整合体系结构中定义的标准化业务流程：

- 整合和增强现有系统和流程。
- 商业智能。

- 数据安全性和完整性。
- 新的商业服务和产品（网络服务）。
- 协作和知识管理。
- 企业架构和 SOA。
- 电子商务。
- 外部客户服务。
- 供应链自动化和分析结果可视化。
- 数据中心优化。

物联网应用、服务和流程增强了许多企业的现有系统。例如，汽车企业有许多部门，每个部门都有销售、客户关系管理、汽车维修服务和会计。基于物联网的服务有助于商业智能、流程和系统，例如售后服务和供应链自动化以及分析，从而实现企业服务的可视化增强。

复杂的应用程序整合意味着异构应用程序体系结构和多个进程的集成。SOA 由服务、消息、操作和流程组成。

SOA 组件通过网络或因特网在高级业务实体中分发。可以使用 SOA 开发新的业务应用程序。

5.4.6　集成和企业系统

图 5.3 显示了基于云的物联网服务、Web 服务、云服务和服务的复杂应用程序整合体系结构和 SOA。

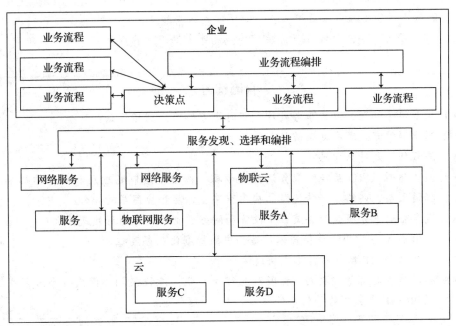

图 5.3　基于云的物联网服务、Web 服务、云服务和服务的复杂应用程序整合体系结构和 SOA

流程编排意味着有些业务流程并行运行，而有些流程按顺序运行。流程矩阵提供决策点，指示哪些过程应并行运行，哪些过程依次运行。SOA 模拟服务的数量和相互关系。每个服务在收到来自进程或服务的消息时启动。

服务发现和选择软件组件去选择用于应用程序整合的服务。服务编排软件协调服务数量、

179　云服务、云物联网服务和 Web 服务的执行。有些服务并行运行，而有些进程按顺序运行。

温故知新

- 数据库事务是形成数据库的单个逻辑单元的操作的集合。事务是指在数据库单元中进行连接、插入、追加、删除或修改等操作。业务事务是指以某种方式与业务活动相关的事务。
- OLTP 是在线事务处理的缩写，是指实时处理数据或事件。批量事务处理指批量和非交互方式的事务处理。流数据上的流事务处理需要专门的框架。实时事务处理指事务处理在数据从数据源和数据存储器到达的同时完成。
- 复杂事件处理应用程序用于捕获数据、定时条件的组合，并有效地识别数据流上的相应事件。
- 业务流程包含一系列活动。该流程可以包括一系列相互关联的结构化活动或遵循逻辑顺序的任务或过程。
- 流程矩阵具有许多元素。每个元素可以表示给定输入集上的一系列操作和活动，这些输入执行生成该过程中的决策点的特定任务。
- 商业智能是一个使业务服务能够提取新事实和知识然后做出更好决策的过程。新的事实和知识来源于早期的数据处理、汇总和分析结果。
- 流程分布降低了复杂性和通信成本，并使中央系统的响应速度更快、处理负载更小。
- 分布式业务流程系统（DBPS）是企业网络中逻辑上相互关联的业务流程的集合。
- 复杂的应用程序整合意味着异构应用程序体系结构和多个进程的集成。
- SOA 包括服务、消息、操作和流程的企业和服务发现、选择和编排层。

自测练习

- ★★1. 批量事务处理、流式事务处理和实时事务处理分别指什么？
- ★2. 列出事件流处理和复杂流处理的任务。
- ★3. 流程矩阵是什么意思？
- ★★★4. 列出追踪 RFID 互联网业务流程的步骤。概略地绘制物理层和数据链路层、数据适配层、网络层、传输层、应用程序支持层和应用层的操作。
- ★★★5. 汽车企业中分布式业务流程中设备和网关层业务流程的好处是什么？
- ★★6. 列出 Oracle 应用程序整合体系结构中的标准化业务流程。
- ★7. 为什么 OLTP 操作以行格式快速运行？
- ★★★8. 绘制废弃物容器（联网）管理商业智能和业务流程架构。假设每个容器在填充至 90% 时生成事件并将事件与容器 ID 一起传递。

5.5　分析

从设备中获取的有组织的数据可用于多种用途。应用程序通常以两种方式使用设备的数据：用于监视、报告和基于规则操作，例如，在路灯应用程序的互联网中就是这样做的（见例 1.2）；用于分析、找到新事实并基于这些事实做出决策，例如，ACVM 的互联网可以使用分析，找到新的事实，并且这些事实能够为新选项作出决策，以最大限度地提高机器的利润（见例 5.1）。

例 5.8 给出了连接到银行服务器的 ATM（银行 ATM）互联网应用和网络域中分析的用法。

例 5.8

问题

连接到银行服务器的 ATM 的互联网应用和网络域中的分析有哪些用途？

答案及解析

ATM 机通过交易费用、机器位置处的广告收费以及显示屏幕上的银行产品和银行服务的空闲状态广告产生收入。在每个细分市场中，每天每小时都会分析每台机器的使用情况。每台机器的费用和收入用于成本效益分析。分析可实现更快、更准确的计划。它可以实现及时的行动，为现金供应服务实现最佳的调度区域、特殊日期的特殊安排，例如发薪日、节日和假期的日期。分析还使每个区域的机器能够进行维护、调度和 ATM 位置重定位。

企业创建分区和智能单元分析。分析使基于事实的决策能够取代直觉驱动决策。分析提供商业智能，是企业业务成功的关键。

分析需要数据可用且可访问。它使用算术和统计、数据挖掘和高级方法（如机器学习）以找到新的参数和增加数据价值的信息。分析可以根据正确数据的选择构建模型。然后，模型将进行测试并用于服务和流程。

5.5.1　分析阶段

在获得新事实和提供商业智能之前，分析有三个阶段。分别是：

1）描述性分析可以从可视化和报告中获取额外的价值。

2）预测性分析是一种高级分析，可以提取新的事实和知识，然后预测或预报。

3）规范性分析可以推导出附加值，并为新选项做出更好的决策，以最大化利润。

1. 描述性分析

描述性分析回答了有关过去发生的问题。描述性分析是指使用所选属性查找聚合值、出现频率、平均值（简单或几何平均值）、值或分组中的方差，从而应用这些属性。描述性 |182| 分析可实现以下功能：

- 操作，例如用于分析的联机分析处理（OLAP）。
- 报告或生成电子表格。
- 分析结果的可视化或仪表板显示。
- 制定指标，称为关键绩效指标。

描述性分析方法

- **基于电子表格的报告和数据可视化**：在为用户创建数据视觉效果之前，可以以电子表格格式呈现描述性分析的结果。电子表格使用户能够可视化假设。例如，如果特定口味巧克力的销售额在特定 ACVM 上下降了 5%，它将如何影响盈利能力？电子表格是一张表格，值位于行和列的单元格中。每个值可以与其他值具有预定义的关系。例如，单元格 C_jR_i 中的值（第 j 列和第 i 行的单元格）可以通过公式、布尔关系或统计分析的值与另一个单元格（或一组单元格）相关联。

- **基于描述性统计的报告和数据可视化**：描述性分析也可以使用描述性统计。统计分析意味着找到峰值、最小值、方差、概率和统计参数。公式用于数据集，以使显示变化的数据可以理解。
- **分析中的数据挖掘和机器学习方法**：数据挖掘分析是指使用从大量数据中提取隐藏或未知信息或模式的算法。机器学习意味着对特定任务进行建模。

SAS 和 SPSS 是两个工具。R 语言是用于统计计算和图形的编程语言和软件环境。该语言也是许多开源产品的核心。描述性分析为进一步的行动提供了智能。

例 5.9

问题

A. 概括例 5.1、例 5.3 和例 5.5。如何在 ACVM 的因特网中使用描述性分析？

B. 如何在 ACVM 的因特网中使用电子表格方法？

答案及解析

A. 描述性分析着眼于过去的绩效，并通过挖掘历史数据来评估绩效。分析找出了过去表现成功或失败背后的原因。管理报告使用此类分析。例如，报告个别区域的销售分析、个别场合的销售、分析儿童偏好、分析口味偏好、各个地区的开支和收入、各种来源的收入、巧克力销售、机器闲置状态下的广告、机器上的巧克力销售等。

B. 回顾例 5.3。电子表格设计如下：行中的一个单元格用于 ACVM ID，另一个单元格用于所考虑的时段。另外五个单元格用来计算在这段时间内口味 FL1 至 FL5 的销量。预定义公式根据单元格中的值以及每种口味（FL1 至 FL5）的购买和销售价格计算盈利能力。如果更改在每种口味对应的值，那么新的盈利能力数字将使用每行以及求和行中的预定义公式自动计算。电子表格分析可以图形化可视化。

分析中的联机分析处理（OLAP）：OLAP 可以查看分析的数据，达到所需的粒度。它可以查看汇总（细粒度数据到粗粒度数据）或深入了解（粗粒度数据到细粒度数据）。OLAP 允许从大容量数据库中获取汇总信息和自动报告。查询结果基于元数据。元数据是描述数据的数据。预先存储计算值可提供始终如一的快速响应。

OLAP 使用无法在 SQL 中编码的分析函数。数据结构是从用户角度设计的，使用类似公式的电子表格。

OLAP 是对查询系统的重大改进。它是一个交互式系统，通过交互式选择多维数据立方体中的属性来显示多维数据的不同摘要[⊖]。

OLAP 允许在称为数据立方体的结构中分析多维数据。每个维度代表一个层次结构。每个维度都有一个维度属性，用于定义度量属性的维度和摘要。

当多个维度的值固定时，可以查看数据立方体的切片。可以使用多维中的变量值查看数据立方体的切块。切片和切块功能可以选择这些属性的特定值，然后显示在交叉表的顶部。

切片表示分析的多维数据中的数据关系。可以单独地可视化两个属性之间的数据关系的切片。例如，在分析之后，可以呈现例 5.1 中 ACVM 链上月销售额与口味的数据关系。

立方体切块有六个面，每个面都有明显的标记。第一面有一个点，第二面有两个，依

⊖ https://en.wikipedia.org/wiki/Online_analytical_processing。

此类推。第六面有六个点。类似地，可以在 OLAP 期间为三维结构创建六个不同的交叉引用表来分析数据。n 维结构将具有 $2-n$ 个面（表）。每个表和相应的视觉提供两个属性之间的关系。表格是交叉引用的。

OLAP 有以下三种类型：多维 OLAP（MOLAP）、关系 OLAP（ROLAP）和混合 OLAP（HOLAP）。

例 5.10 解释了多维数据立方体分析。

184

例 5.10

问题

OLAP 如何用于 ACVM 的因特网（见例 5.1）分析？

答案及解析

考虑 ACVM 的因特网（见例 5.1）。第一维度可以是时间间隔，在小时、日、周、月和年的层次结构中有所不同。第二维度可以是已安装的计算机的数量，具有数十、数百等的分层聚合值。第三维度可以是销售的巧克力数量，具有上百、上千、上万等分层聚合值。第四维度可以是销售的单个巧克力口味的数量，根据特定口味具有 50 以上、100 以上、150 以上、200 以上等分层聚合值。类似地，第五、第六和其他维度也可用于其他口味。

OLAP 使用以下步骤：

标识维度，每个维度都具有属性和层次结构。例如，标识维度：1）时间间隔数；2）已安装的机器数量；3）五种口味的巧克力总销量。

分析交叉表（带有一个属性的行标题，带有另一个属性的列标题，以及根据公式或分析具有聚合值或计算值的单元格）。例如，销售的巧克力数量和时间间隔表，以及销售的巧克力数量和机器数量表。

可视化 n 维立方体数据。立方体表示将事实表与跨维表集成，可视化切片和切块。

当可视化分析结果时，首先获取一个整体，然后根据区域选择，单独的 ACVM 意味着深入了解视图（从粗粒度的分析到细粒度的分析）。接下来，在可视化分析结果时，首先考虑味道，然后将视图作为一个整体表示上卷（从细粒度的分析到粗粒度的分析）。

2. 高级分析：预测性分析

预测性分析回答"将会发生什么？"的问题。预测性分析是一种高级分析。用户使用描述性分析方法（例如数据可视化）来解释高级分析的输出。例如，产量预测与过去五年的年销售额增长一起可视化，并预测未来两年的销售额。另一个例子是，汽车销售的下一个周期的销量预测是根据过去十年的销售增长和下降的年度周期进行可视化的。可视化可以显示未来几年产品竞争加剧的影响并做出决策，例如需要改变产品组合和引入新车型。

预测性分析使用算法，例如回归分析、关联、优化和多变量统计，以及建模、模拟、机器学习和神经网络等技术。软件工具使预测性分析易于使用和理解。示例如下：

- 预测趋势。
- 根据早期型号的设备和设备故障率进行预防性维护。
- 通过以前关于媒体类型、地区、目标年龄组的活动效果的研究，采用整合营销策略管理活动。
- 通过识别模式，对具有相似行为的集群进行预测。

185

- 基于异常特征的预测，异常检测。

预测结果需要从领域知识中进行验证，并从多个角度进行查看。

3. 规范性分析

规范性分析不仅可以回答预期会发生什么、将会发生什么或何时发生，还可以根据描述性分析和业务规则的输入来解释原因。除预测外，最后阶段还提出了从预测中获得收益的措施，并显示了决策选项、最佳解决方案、新资源分配策略和风险缓解策略的含义。规范性分析给出了在给定的状态或输入和规则集下的最佳操作过程的建议。

5.5.2　事件分析

事件可定义选项是事件的唯一、非交互或交互选项。事件分析使用事件数据进行事件追踪和事件报告。事件具有以下组件：

- 类别——ACVM 示例中的巧克力购买事件属于一个类别，达到特定巧克力口味的预定出售阈值事件属于另一个类别。
- 行动——在完成预定销售时从 ACVM 发送消息是对事件采取的行动。
- 标签（可选）。
- 价值（可选）——在事件中，传递出售或剩余的那种口味的巧克力数量。

事件分析使用事件度量生成事件报告，例如事件类别的事件计数、所采取的事件、事件挂起操作、该类别中新事件生成的速率。

5.5.3　内存数据处理和分析

可以在某些数据库中选择行或列格式的内存选项，例如，Oracle 双格式体系结构数据库允许对物联网数据进行实时、临时、分析查询。

1. 内存和外存的行格式选项（少行多列）

考虑事务的类型（ATM 事务或销售订单事务），每行都有单独的记录，例如，每个ACVM、每个银行客户或每个销售订单的单独记录。列具有与记录关联的数据，行格式可以快速访问记录的所有列。OLTP 操作以行格式快速运行。行数更少，列数更多。例如，更新、插入新事务或查询特定金额的事务。可以针对 OLTP 操作优化行格式，这些操作只访问很少的行，并且需要快速访问列。

允许行数据的行格式将通过单个内存引用载入 CPU。每条记录的数据在内存和外存上，外存上有一个表的副本。回顾 ACVM 的因特网（见例 5.1）。例如，对于不同的行格式ACVM，需要各种口味的巧克力在内存数据库中支持更快的查询。

2. 内存和外存的列格式选项（少列多行）

考虑分析的类型（ACVM 上巧克力的月销售额、企业年度利润）。分析工作负载访问很少的列，但扫描整个数据集。因此，分析在列格式（更多行和少列）上运行得更快。快速处理需要很少的列和很多行。它们通常也需要聚集、融合或压缩。当选择表中只有几列时，列格式允许更快的数据检索，因为列的所有数据都以列格式选项保存在内存中。单个内存访问会将许多列值加载到 CPU 中。它还有助于加快过滤和聚合速度，使其成为最优化的分析格式。

5.5.4　实时分析管理

实时分析管理意味着确保更快的 OLTP 和 OLAP。实时分析既可以作为使用 OLTP 数据库的直接查询，也可以作为数据仓库和查询结果的 OLAP 中的直接查询。查询返回速度很快，数据库（如 Oracle 数据库）为 OLTP 应用程序提供内存行格式选项大加速，为 OLAP 应用程序提供内存列格式选项大加速。

例 5.11

问题

举例说明数据库的双格式内存架构。

答案及解析

在某些数据库中，可以选择行或列格式的内存选项。例如，用于内存中的列格式和行格式的 Oracle 双格式体系结构数据库。

Oracle 独特的双格式架构允许数据同时以行和列格式存储。Oracle 数据库内存选项旨在与现有 Oracle 应用程序完全兼容并透明，且可轻松部署。这消除了那些仅提供一种格式选项的数据库所需的权衡，即在 OLTP 期间更快访问的格式或在分析期间更快访问的格式。仅提供一种格式的数据库需要生成用于分析的第二副本从而会产生延迟成本、额外的存储成本和同步问题。

Oracle 优化器具有内存感知功能。它已经过优化，可以使用列格式自动运行分析查询，使用行格式自动运行 OLTP 查询。Oracle 的内存列技术是一种纯内存格式。内存中的列格式不会在存储时保留。

187

5.5.5　使用 IoT/M2M 中的大数据进行分析

大数据是指着海量的数据，也指高容量、多样性、高速度的数据（3V）或同时包含准确性（4V）的数据。

容量是指从多个数据源接收的数据，包括数据集，其大小超出了常用软件工具在可容忍的时间内获取、管理和处理数据的能力。

多样性是指使用不同格式的结构化数据和非结构化数据，以及没有 SQL（结构化查询语言）的各种数据。

速度是指由于使用多个数据源而以较高速率接收的数据。

准确性是指分析数据质量的变化。分析需要可信任数据以及删除异常数据、非标准数据和非交叉引用数据后的过滤数据。

简而言之，大数据还指使用预测性分析或从数据中提取价值的某些高级方法。大数据很少涉及特定大小的数据集。极大量的数据意味着附加了额外信息的数据——情景信息。例如，对来自时间段、节日、假日和不同位置的数据进行分析得到的信息，以及上下文信息（即在特定上下文中收集的数据）。

5.5.6　大数据分析

大数据是多结构数据，而 RDMS 维护更多结构化数据。开源软件 Hadoop 和 MapReduce 来自 Apache Software。它们可以存储和分析大量数据。Hadoop 文件系统（HDFS）、Mahout

（一个机器学习算法库）和 HiveQ（一种类似 SQL 的脚本语言软件）均用于 Hadoop 生态系统中的大数据分析。MapReduce 是一种编程模型，也是 Hadoop 的核心。使用 MapReduce 将大型数据集在集群节点上处理。在同一节点上使用并处理 HDFS 上的数据集。

Hadoop 是一个开源框架，该框架存储和处理大数据，计算节点的集群使用简单的编程模型处理数据。处理在分布式环境中进行。该框架从单个服务器扩展到数千个处理机器和服务器，每个处理机器和服务器都提供本地存储和处理的环境。Hadoop 以顺序方式访问数据并执行批处理。来自输入数据集的新数据集也是按顺序处理的。

188

HBase 是列格式数据存储的一个示例，它支持对分布在 Hadoop 文件系统（HDFS）中的非常大的表进行实时读写访问。HBase 是大数据的数据库。数据访问是随机访问的。因此，它提供了来自大型表的快速查找，并且访问延迟很小。HBase 使用大哈希表。可以认为 HBase 类似于谷歌的 BigTable。

5.5.7　数据分析架构和栈

分析架构由以下层组成：
- 数据源层。
- 数据存储和处理层。
- 数据访问和查询处理层。
- 数据服务、报告和高级分析层。

图 5.4 显示了分析架构的参考模型的概述。图 5.4 还在右侧显示了参考模型中的图层。

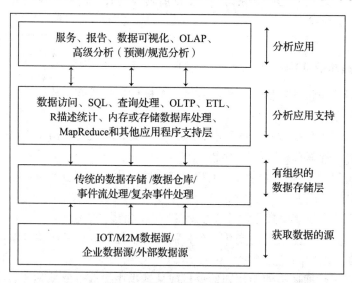

图 5.4　分析架构参考模型

分析沙箱指分析工具和分析环境，用于对多结构数据进行预测性分析。Mesos v0.9 是一个资源管理平台，它支持多个框架共享集群节点，并与开放式分析栈［数据处理（Hive、Hadoop、HBase、Storm）、数据管理（HDFS）］兼容。

189

伯克利数据分析栈（BDAS）由数据处理层、数据管理层和资源管理层组成。

应用程序、AMP-Genomics 和 Carat 在 BDAS 上运行。数据处理软件组件提供内存处理，可以跨框架有效地处理数据。AMP 代表伯克利的算法、机器和人民实验室。

数据处理结合了批量、流式和交互式计算。

资源管理软件组件提供跨框架共享基础结构。

图 5.5 显示了 BDAS 架构的概述，它是分析架构的参考模型。图 5.5 还在右侧显示了文件系统、机器学习算法库和用于 Hadoop 生态系统中大数据分析的 SQL 脚本语言软件。

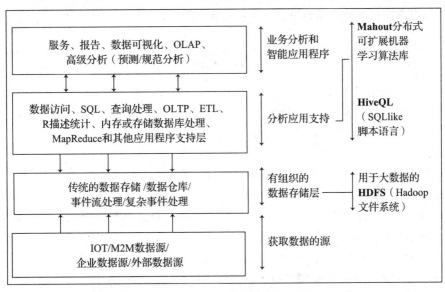

图 5.5　Berkeley 数据分析栈架构

温故知新

- 数据库或数据存储中的有组织数据用于分析、找到新的事实并基于这些事实做决策。在获得新的事实和提供商业智能之前，分析有三个阶段——描述性分析、预测性分析和规范性分析。

- 分析使用统计方法查找新参数，从而为数据增加价值。分析可以根据正确数据的选择构建模型。然后，模型将进行测试并用于服务和流程。

- 分析架构由以下几层组成——数据源层、数据存储和处理层、数据访问和查询处理层以及数据服务、报告和高级分析层。

- 描述性分析、统计、数据挖掘和机器学习都是分析工具。分析支持操作、报告和生成电子表格、数据可视化和 KPI。

- 描述性分析着眼于过去的表现。通过挖掘历史数据来评估性能。

- OLAP 使用以下步骤——标识维度（每个维度都具有属性和层次结构），分析交叉表格。

- OLAP 在列格式（多行少列）上运行得更快。OLTP 在行格式（少行多列）上运行得更快。双内存格式提供更快的实时查询处理和分析的优势。

- OLAP 可以查看分析数据，达到所需的粒度，查看切片和交叉引用的表，每个表都可以使用切割功能在 n 维结构面上单独查看。

- 预测性分析回答了"将会发生什么？"的问题。预测性分析是高级分析。用户使用描述性分析方法（例如数据可视化）来解释高级分析的输出。

190

- 规范性分析不仅可以回答预期会发生什么、将会发生什么或何时发生，还可以根据描述性分析和业务规则的输入来解释原因。
- 事件分析使用事件数据，用于事件追踪和事件报告。事件分析使用事件度量（事件计数、事件执行、事件待处理操作、新事件生成速率）在每个事件类别中生成事件报告。
- 伯克利数据分析栈由数据处理层、数据管理层和资源管理层组成。

自测练习

★ 1. 列出分析的用途。

★★ 2. 使用 ACVM 的每日销售数据库示例解释基于电子表格的报告和数据可视化。

★★★ 3. 列出 ACVM 数据描述性分析的优势。

★ 4. OLAP 是什么意思？

★★★ 5. 列出汽车零部件互联网汽车服务中心切片和切块功能的用途。

★★ 6. 预测性分析和规范性分析有何不同？

★★ 7. 为什么 OLTP 操作在行格式内存数据库中运行得更快？为什么 OLAP 操作在列格式的内存数据库中运行得更快？

★ 8. 什么是大数据？

★ 9. 大数据分析与结构化 RDMS 分析有何不同？

★★ 10. 如何将汽车服务中心的分析架构层用于汽车零部件的互联网？

★★★ 11. 解释伯克利数据分析栈层软件组件。

★★ 12. 分析如何产生商业智能？

5.6 知识获取、管理和存储过程

数据信息知识智慧（DIKW）[⊖]形成一个金字塔。在上下文中考虑信息时，信息是一组增强的数据值，可以对其进行查询。数据可视化提供信息。电子表格提供信息。分析提供信息。

"在路灯的互联网中只有 5% 的路灯在夜间开启"是信息（见例 1.2）。"所有 ATM 都处于活动状态"是信息（见例 2.3）。"目前所有五种口味的巧克力都装满了 ACVM"是信息（见例 5.1）。"企业在连续五年中表现出持续的增长和利润"是关于企业运作的信息。

给定上下文中的信息是查询或查询集的答案。答案来自处理数据和查询。例如，资产负债表数据是使用分析后得到的增强数据值集。"企业资产负债表中的数据是否显示前五年的持续增长？"正在查询资产负债表。答案是从资产负债表中获得的信息。

根据英语词典，知识是关于主题或背景的可共享信息和理解。所有 ACVM 在大多数时间填写的信息提供了"填充服务是否能及时满足服务请求"的理解和知识。有关巧克力销售数据的时间序列数据的信息提供了理解和知识，即"节日期间，ACVM 在花园附近能获得良好的销售和利润"。来自研究的知识提供现有的信息。企业持续增长是由于五年前安装了新机器，并且这些年来全面生产和销售强力产品。

物联网数据源不断生成数据，应用程序或流程使用分析获取、组织、集成或增强数

⊖ J.Rowley, "The wisdom hierarchy: Representations of the DIKW hierarchy", Journal of Information Science, 33(2), pp. 163-19, 2007。

据。随着越来越多的数据被处理和分析，*知识发现工具在特定时间点提供知识。知识是企* 192
业的重要资产。

1. 知识管理

知识管理[⊖]（KM）是在定期获取、处理和存储新知识时管理知识。知识管理还规定替换
先前收集的知识并管理存储知识的生命周期。"填充服务是提示"是时间知识。它可能会在
以后更改。"企业持续增长"也是时间知识。它可能会在运营的第六年发生变化。

管理工具的作用是创建、控制、使用、监视和删除。KM 工具具有发现、使用、共享、
替换新的、创建和管理知识数据库以及企业信息的过程。

2. 智慧

使用先进的工具有助于做出明智合理的决策。根据英语词典，智慧是"能够利用经验
和知识来做出明智合理的判断和决定"。从"ACVM 链需要适应忠诚点计划"的经验和知
识来判断是明智之举。从一家特定银行的客户的知识判断，"经营一个免费的药房将改善客
户的健康"，然后他们将赚取更多，因此银行期望吸引更大的存款是智慧的。

知识管理参考架构

图 5.6a 显示了知识管理的参考架构。图 5.6b 显示了与 ITU-T 参考模型四层和 OSI 模
型层的对应关系。

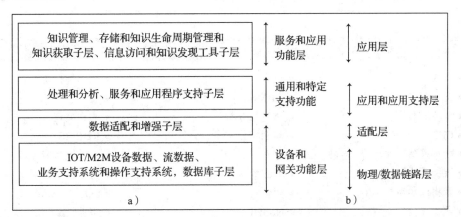

图 5.6　a）知识管理的参考架构（左侧）；b）ITU-T 参考模型和 IoT/M2M 的 OSI 层（中间和右
　　　　侧）的对应关系

第一层有设备数据的子层以及流式数据源为分析和知识提供输入。数据库、业务支持
系统（BSS）、操作支持系统（OSS）数据也可以作为附加输入。

第二层具有数据适配和增强子层。适配和增强子层以适当的形式（例如数据库、结构
化数据和非结构化数据）调整来自最底层的数据，以便它可用于分析和处理。

第三层具有处理和分析子层。这些子层输入到信息访问工具和知识发现工具。

第四层具有知识获取、管理、存储和知识生命周期管理功能，以及用于管理、存储和
知识生命周期管理的子层。知识是通过信息访问和知识发现等工具来获取的。 193

⊖ https://en.wikipedia.org/wiki/Knowledge_management。

温故知新

- 数据信息知识智慧形成金字塔。
- 信息是在给定的上下文中考虑的一组增强的数据值，可以查询。数据可视化提供信息。电子表格提供信息。分析提供信息。
- 知识通过研究信息来收集。知识是关于主题或背景的可共享信息和理解。
- 知识管理是在获取、处理和存储新知识时管理知识。
- 知识管理架构最高层是知识管理、存储、知识生命周期管理以及知识获取、信息访问和知识发现工具。
- 智慧是利用经验和知识来做出明智合理的判断和决定的能力。

194

自测练习

- ★ 1. 解释数据信息知识智慧金字塔。
- ★★ 2. 以图表方式显示汽车零部件互联网服务知识管理参考架构中各层的软件组件。
- ★★★ 3. 为什么知识管理包括用于替换早期收集的知识、定期使用知识发现工具以及管理存储知识的生命周期的功能？以 ACPAMS 为例。
- ★★★ 4. 通过巧克力自动售货机的互联网、ATM 的互联网和汽车零部件的互联网的应用、服务和过程的例子来解释知识管理。

关键概念

- 大数据
- 商业智能
- 业务流程
- CEP
- 数据采集
- 数据生成
- 数据源类型
- 数据存储
- 数据仓库
- 数据可视化
- 数据
- DBMS
- 描述性分析
- 切割功能
- 信息
- 内存数据库
- 知识
- NoSQL
- OLAP
- OLTP
- 预测性分析
- 查询
- 查询处理
- RDBMS
- 关系数据库
- 电子表格程序
- SQL
- 事务
- 时间序列数据库
- 智慧

学习效果

5-1

- 数据、实时数据、事件或事件驱动数据从主动或被动设备和其他数据源生成。
- 数据采集应用程序进行交互并从交互中获取数据。从大量连接设备获取大量数据，尤其是来自工厂中的机器或来自 ICU 或无线传感网中的大量汽车或健康设备的嵌入式组件数据。
- 数据存储系统在验证后存储数据。数据存储可以是服务器或云上的数据库、关系数据库。数据存储可以位于数据仓库，也可以位于云端的大数据。
- 数据存储可以由多个模式组成，也可以仅由一个方案中的数据组成，例如关系数据库。服务器上的数据存储反应时间短，性能优化，安全性高。

- 空间存储是作为空间数据库进行存储的，空间数据库经过优化，可以存储、查询几何空间中定义的数据对象，以及是用于二维和三维对象的数据库。

<h2 style="text-align:center">5-2</h2>

- 数据库是数据的集合。关系数据库是将数据集合到多个表中，这些表通过特殊字段相互关联。
- 数据库管理系统是一个软件系统，它包含一组专门用于创建和管理存储在数据库中的数据的程序。
- 数据库事务是在数据库上执行特定的一组操作。可以在数据库上执行事务。关系数据库事务是使用关系执行相互关联的指令。
- 查询处理指使用进程，获取对数据库进行查询的结果。
- 分布式数据库是计算机网络上在逻辑上相互关联的协作数据库的集合。分布式查询处理指在同一系统或网络系统上的分布式数据库中的查询处理操作。
- SQL 是用于数据访问控制、模式创建和修改的语言。NOSQL 代表 Not Only SQL 或 No-SQL，不与基于 SQL 的应用程序整合。它用于云数据存储。
- 时间序列数据表示按时间（日期时间或日期时间范围）索引的数字数组。

<h2 style="text-align:center">5-3</h2>

- 事务是构成数据库的单个逻辑单元的操作集合。OLTP 进程在实时生成数据或事件时立即启动。批量事务处理、流事务处理、实时事务处理和复杂事件处理是数据源和数据存储的数据和事件的处理方法。
- 业务流程由一系列相互关联的结构化活动、任务或遵循逻辑顺序的过程组成。
- 流程矩阵表示给定输入集上的一系列操作和活动，这些输入执行特定的任务，从而产生流程中的决策点。
- 商业智能是一个使业务服务能够提取新事实和知识然后做出更好决策的过程。
- 流程分配降低了复杂性和通信成本，并使中央系统的响应更快，处理负载更小。
- 复杂的应用程序整合集成了异构应用程序体系结构和多个进程。
- SOA 是一种软件架构模型，由服务、消息、操作和流程组成。

<h2 style="text-align:center">5-4</h2>

- 有组织的数据用于分析、找到新事实并基于这些事实做决策。在获得新事实和提供商业智能之前，分析有三个阶段：描述性分析、预测性分析和规范性分析。
- 分析使用统计方法并查找为数据增加价值的新参数。
- 分析架构由以下几层组成——数据源层、数据存储和处理层、数据访问和查询处理层以及数据服务、报告和高级分析层。
- 描述性分析、统计、数据挖掘和机器学习是分析工具。分析支持操作、报告和生成电子表格、数据可视化和 KPI。
- OLAP 在列格式（即多行少列）上运行得更快。
- 预测性分析回答"将会发生什么？"的问题。预测性分析是高级分析。用户使用描述性分析方法（例如数据可视化）来解释高级分析的输出。
- 规范性分析不仅可以回答预期或将要发生的事情或何时发生，还可以根据描述性分析和业务规则的输入来解释原因。
- 事件分析使用事件数据进行事件追踪和事件报告。

<h2 style="text-align:center">5-5</h2>

- 数据信息知识智慧形成金字塔。

- 知识通过研究现有的新信息来收集。知识是关于主题或背景的可共享信息和理解。
- 智慧是利用经验和知识来做出明智合理的判断和决定的能力。

习题

客观题

在每个问题中从四个中选择一个正确的选项。

★ 1. 应用层和服务层的物联网应用或服务软件组件是:(i)设备数据或事件或消息生成;(ii)数据获取、收集、组装和存储;(iii)事务处理;(iv)物联网应用与服务集成;(v)业务流程;(vi)复杂事件处理;(vii)商业智能;(viii)分析;(xi)数据分析栈;(ix)智能;(x)知识发现;(xi)知识管理。哪个是对的?

(a)除(i)至(vi)至(xi)外的所有。　　(b)(iv)至(viii)。
(c)除(x)和(xi)以外的所有。　　(d)除(i)外的所有。

★★ 2. 服务意味着:(i)能够提供对一个或多个能力的访问的机制。(ii)有一个访问功能的服务接口,(iii)从另一个服务发起消息;(iv)由一组相关的软件组件及其功能组成;(v)访问服务器数据库;(vi)对每个功能的访问与约束和策略一致;(vii)具有服务描述;(viii)可以为其功能做广告;(ix)可以与复杂的应用程序整合一起使用。哪个是对的?

(a)除(iii)至(v)和(viii)以外的所有。　　(b)除(iii)至(v)和(vii)以外的所有。
(c)除(v)外的所有。　　(d)除(vii)外的所有。

★★ 3.(i)数据存储模型中的对象使用数据库定义的类;(ii)数据存储包括数据存储库,如数据库、关系数据库、平面文件;(iii)数据存储包括数据存储库,如电子表格邮件服务器、Web服务器、目录服务和VMware;(iv)数据存储可以分布在多个节点上;(v)数据存储可以由多个模式组成,或者可以仅由一个方案中的数据组成。哪个是对的?

(a)(ii)至(v)。　　(b)(ii)和(v)。
(c)(i)、(ii)和(iv)。　　(d)全部。

★ 4. 关系数据库示例包括:(i)MySQL;(ii)PostGreSQL;(iii)使用PL/SQL创建的Oracle数据库;(iv)使用T-SQL的Microsoft SQL服务器;(v)HBase;(vi)MongoDB;(vii)CouchDB,(viii)一种数据库,其中数据被组织成通过特殊字段彼此相关的多个表;(ix)一种数据库,其中数据被组织成平面文件表,从而实现系统的访问方式。哪个是对的?

(a)除(iv)外的所有。　　(b)除(v)、(vi)、(vii)和(iv)以外的所有。
(c)除(iv)外的所有。　　(d)(i)和(iii)。

★ 5. 服务器管理功能包括:(i)通过SMS和电子邮件通知监控所有关键服务;(ii)系统安全和保护;(iii)保持数据的机密性和隐私性;(iv)高度的安全性和完整性以及对组织中数据、文件和数据库的有效保护;(v)保护客户数据或企业内部文档免受攻击,包括垃圾邮件;(vi)以及邮件、未经授权使用服务器访问、病毒、恶意软件和蠕虫;(vii)严格记录和审核所有活动。哪个是对的?

(a)除(i)、(vi)和(vii)以外的所有。　　(b)全部。
(c)(i)至(v)。　　(d)(ii)至(vii)。

★★ 6. SQL是一种语言,用于:(i)数据查询、更新、插入、附加和删除数据库;(ii)数据访问控制、模式创建和修改;(iii)访问服务器;(iv)查询文件;(v)服务。哪个是对的?

(a)(i)及(ii)。　　(b)除(ii)外的所有。
(c)除(iii)外的所有。　　(d)(i)、(ii)和(iv)。

★ 7. 当数据中的查询处理由于延迟较小时,对实时数据的决策是快速的因为:(i)大规模并行处理;(ii)关系数据库;(iii)时间序列数据库;(iv)内存数据库;(v)列状数据库。哪个是对的?

(a)(iii)、(iv)和(v)。　　(b)除(ii)外的所有。

(c)（i）至（iv）。　　　　　　　　　　　　　　(d)（i）、（iv）和（v）。

★ 8. NOSQL：（i）用于云数据存储；（ii）用于数据挖掘；（iii）表示没有数据库模式；（iv）不与基于 SQL 的应用程序整合；（v）由非关系数据存储系统、灵活数据模型和多个模式组成。哪个是对的？

(a)除（ii）外的所有。　　　　　　　　　　　(b)除（i）外的所有。

(c)（i）、（iv）和（v）。　　　　　　　　　　(d)全部。

★★★ 9. OLTP 用于：（i）路灯互联网；（ii）巧克力自动售货机的互联网；（iii）ATM 互联网；（iv）服务中心预测性分析的汽车零部件互联网；（v）RFID 互联网；（vi）复杂事件处理；（vii）当应用程序要求数据库中实时数据或事件的可用性、速度、并发性和可恢复性时。

(a)全部。　　　　　　　　　　　　　　　　(b)（iii）、（iv）、（vi）和（vii）。

(c)（iii）和（vii）。　　　　　　　　　　　(d)（iii）至（vii）。

★★ 10. 用于服务中心的汽车零部件互联网的商业智能和业务流程架构参考模型包含以下内容：

(a)数据报传输层安全层。

(b)数据访问层、SQL 层、查询处理层、R 描述统计层、预测性分析层。

(c)数据集成层。

(d)事务处理层。

★ 11. SOA：（i）模拟服务数量和相互关系；（ii）是一个软件架构模型，由服务、消息、操作和过程组成；（iii）组件通过网络或因特网在高级业务实体中分发；（iv）可以使用 SOA 开发企业中的新业务应用程序和应用程序整合体系结构。哪个是对的？

(a)除（iii）外的所有。　　　　　　　　　　(b)全部。

(c)除（iv）外的所有。　　　　　　　　　　(d)（ii）。

★ 12. 描述性分析使以下成为可能：（i）行动；（ii）报告或生成电子表格；（iii）统计分析；（iii）从分析结果的不同角度对可视化进行观察；（iv）制定关键绩效指标；（v）来自交叉参考表的切片和切块的数据可视化；（vi）创建内存行格式数据库；（vii）然后使用预测性分析进行预测。哪个是对的？

(a)（i）至（iv）。　　　　　　　　　　　　(b)除（ii）和（iii）以外的所有。

(c)全部。　　　　　　　　　　　　　　　(d)除（vi）外的所有。

★★ 13. 大数据指：（i）云数据；（ii）从多个数据源接收的数据；（iii）数据集的大小超出常用软件工具在可容忍的时间内获取、管理和处理数据的能力；（iv）预定义格式的非结构化数据；（v）适用 NOSQL（结构化查询语言）的数据。

(a)除（iv）外的所有。　　　　　　　　　　(b)（ii）至（vii）。

(c)除（i）和（vi）以外的所有。　　　　　　(d)（iii）至（vii）。

★★ 14. Oracle 数据库具有：（i）内存行格式选项；（ii）内存列格式选项。哪个是对的？

(a)实时分析需要两种选择。　　　　　　　　(b)实时分析需要选项（ii）。

(c)OLTP 需要（ii）选项。　　　　　　　　(d)OLAP 需要（i）选项。

★★ 15. 分析架构和伯克利数据分析栈架构包括：（i）数据源层；（ii）数据存储和处理层；（iii）数据访问和查询处理层；（iv）数据服务、报告和高级分析层。哪个是对的？

(a)（i）至（iv）仅限于分析架构。　　　　　(b)除（i）和（ii）外的所有。

(c)除（i）外的所有。　　　　　　　　　　(d)全部。

★ 16. 知识管理参考架构的最高层包括：（i）知识管理；（ii）知识存储；（iii）知识生命周期管理；（iv）知识获取；（v）信息访问和知识发现工具；（vi）分析；（vii）处理；（viii）服务和数据库。哪个是对的？

(a)除（viii）外的所有。　　　　　　　　　(b)除（iii）外的所有。

(c)（i）至（v）。　　　　　　　　　　　　(d)全部。

简答题

★ 1. 传感器数据、实时数据、周期性间隔数据、事件数据和事件发起数据意味着什么？在 IoT/M2M 应用程序中举例说明。

★★ 2. 验证数据的检查是什么？

★★ 3. 有哪些数据存储方法可以在以后用于分析？

★★★ 4. 数据库和关系数据库有何不同？

★ 5. 空间数据库可以执行哪些功能？

★★ 6. 如何在数据商店的事务中选择节日期间的巧克力口味 FL1 销售？

★★ 7. 为什么数据库事务遵循原子性、一致性、隔离性和持久性规则？

★★★ 8. 列出事件流处理和复杂事件处理期间执行的操作。

★★★ 9. 如何在时间序列数据库（TSDB）中实现时间序列中的数学运算（配置文件、追踪和曲线）、查询或

|200| 数据库事务？

★★ 10. CAP 定理适用的数据类型是什么？回答为什么 CAP 定理指出三个属性（一致性、可用性和分区）有两个至少存在于服务或流程中？

★ 11. 有哪些业务流程类型？

★★ 12. 描述性分析的软件组件是什么？

★★ 13. 何时进行流事务和批量事务？

★★★ 14. 商业智能之前的操作是什么？

★★ 15. 列出分布式数据库降低了中央系统的复杂性、通信成本以及提供更快的响应和更小的处理负载的原因。

★ 16. OLAP 有哪些不同的可视化？

★★★ 17. 为什么知识需要替换，需要在指定的定期间隔内使用知识发现工具？以使用描述性分析和规范性分析为汽车服务的企业为例。

论述题

★ 1. 描述 IoT/M2M 设备的数据生成。

★★ 2. 列出关系时间序列服务的功能。

★★ 3. 什么是 NoSQL 以及 NoSQL 的用途是什么？

★★★ 4. 描述数据库、流数据和事件的不同类型的事务处理。

★★ 5. 列出分布式业务流程和分布式业务流程系统（DBPS）的功能。

★ 6. 列出 OLAP 的功能。

★ 7. 描述内存中行格式和列格式数据库的功能和用法。

★★★ 8. 使用销售数据获取、组织和分析中的数据信息知识智慧金字塔示例进行说明。

实践题

★ 1. 列出在 RFID 互联网中来自 RFID 通信的数据类型。

★★ 2. 列出传感器节点在路灯互联网中配置的方式。

★★ 3. 列出 SQL 的功能。

★★★ 4. 在 ACPAMS 中心中使用了例 5.2 中的汽车组件互联网中的哪些关系数据库表？

★★★ 5. 考虑例 5.1 并列出流程矩阵和交叉决策点。

★★ 6. 列出使用三个关系数据库表进行分析后巧克力自动售货机的互联网用途（见例 5.3）

★ 7. 列出在 ATM 网上获得的商业智能。

★★★ 8. 在巧克力自动售货机的互联网上建立 2 – n 个交叉引用表的 n 维结构。

★★★ 9. 假设来自 10 名患者的 ICU 中的每个设备都将数据和事件传递到因特网上。列出获取、存储和分析所需的每一层的一系列活动和软件工具。绘制分析参考架构。

|201| ★ 10. 列出知识创建的过程。

第6章 云平台数据收集、存储和计算

学习目标

6-1 概述数据收集、存储和计算服务的云计算范式。

6-2 在软件架构概念中描述云计算服务模型，一切即服务（XaaS）。

6-3 以 Xively（Pachube/COSM）和 Nimbits 为例，解释物联网应用和服务的云平台的使用情况。

知识回顾

前面章节中学到的概念可归纳如下——大量设备产生大量数据，特别是工业设备中的机器、大量汽车的嵌入式组件、ICU 中的健康设备和无线传感网等设备。应用程序获取数据，收集并存储在服务器、数据中心和数据仓库中。数据以关系数据库、其他结构化和非结构化的格式组织。物联网应用、服务和流程使用数据进行计算、交易、OLTP、OLAP、分析、业务流程、商业智能和知识发现。

6.1 概述

一些传统的数据收集和存储方法如下。

- 在设备节点的本地服务器上保存设备的数据。
- 在可移动介质（如 micro SD 卡和计算机硬盘）上本地传输和保存文件中的设备数据。
- 在专用数据存储和本地协调节点中传输和保存计算的数据和结果。
- 在本地节点上传输和保存数据，该节点是分布式 DBMS 的一部分（见 5.3.1 节）。
- 在分布式 DBMS 的远程节点上进行通信和保存。
- 在互联网上通信并保存在 Web 和企业服务器的数据存储中。
- 在互联网上通信并保存在企业数据中心。

云是数据收集、存储和计算的新一代方法。6.2 节描述了数据收集、存储、计算和服务的云计算范式。6.3 节描述了软件架构概念中的云计算服务模型，"一切即服务"。6.4 节描述了物联网特定的云服务：Xively 和 Nimbits。12.2.4 节描述了 AWS IoT、Cisco IoT、IOx 和 Fog、IBM IoT Foundation 和 TCS Connected Universe（TCS CUP）等平台。

6.2 用于数据收集、存储和计算的云计算范式

数据收集、存储和计算的不同方法如图 6.1 所示。该图显示：（i）设备 Web 服务器上设备和传感器网络的数据收集；（ii）本地文件；（iii）协调节点处的专用数据存储；（iii）分布式 DBMS 中的本地节点；（iv）连接互联网的数据中心；（v）连接互联网的服务器；（vi）连接互联网的分布式 DBMS 节点；（vii）连接互联网的云基础设施和服务。

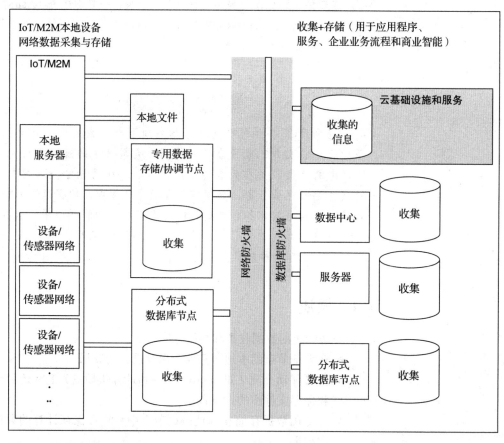

图 6.1 设备和传感器网络在本地服务器、本地文件、专用数据存储、协调节点、分布式 DBMS 的本地节点、数据中心的网络服务器、服务器、分布式数据库节点和云基础设施上的数据收集

云计算范式是信息和通信技术（Information and Communications Technology，ICT）的一次重大发展。新范式使用 XaaS 在互联网连接云上收集、存储和计算。

以下是在学习云计算平台之前需要了解的关键术语及含义。

资源是指可以读取（使用）、写入（创建已更改）和执行（已处理）的资源。路径规范也是一种资源。资源是原子（不可进一步拆分）信息，可在计算过程中使用。资源可能有多个实例，也可能只有一个实例。数据点、指针、数据、对象、数据存储和方法也可以是资源。 203

系统资源是指操作系统（Operating System，OS）、内存、网络、服务器、软件和应用程序。

环境是指编程、程序执行或两者兼有的环境。例如，cloud9 为 BeagleBone 板在线提供了一个开放的编程环境，用于开发物联网设备；Windows 环境用于编程和执行应用程序；Google App Engine 环境用于在 Python 和 Java 中创建和执行 Web 应用程序。

平台表示基础硬件、操作系统和网络，用于可以运行和开发程序的软件应用程序和服务⊖。平台可以提供浏览器和应用程序编程接口，作为其他应用程序运行和开发的基础。 204

边缘计算是一种计算类型，它将集中式的计算应用程序、数据和服务向前推送到物联网数据生成节点，即网络边缘⊜。集中式节点将事件、触发器、警报和消息推送到物联网设备节点，物联网设备节点从远程集中式数据库节点处收集数据来进行增强、存储和计算。从中心节点将计算推送到设备节点，能够有效利用设备节点的资源，这也是低功耗网络的需求之一。这种处理也可以被认为是本地云上的边缘计算或网格计算。节点可以是移动的，也可以是无线传感网，或者是分布在对等网络和自组织网络中的协作网络。

分布式计算是指通过互联网在多个计算环境中分布地计算和使用资源。资源是逻辑相关的，这意味着使用消息传递和透明度概念在它们之间进行通信，彼此协作，可以在不影响计算的情况下移动，并且可以被视为一个计算系统（与位置无关）。

服务是一种提供功能、逻辑分组和封装功能的软件。应用程序调用服务以利用这些功能。服务具有描述和发现方法，例如直接或通过服务代理使用广告。该服务绑定到服务（提供者端点）和应用程序（端点）之间的服务级别协议（Service Level Agreement，SLA）。一个服务也可以使用其他服务。

根据 W3C 定义，Web 服务是由 URI 标识的应用程序，使用基于 XML 的 Web 服务描述语言（Web-Service Description Language，WSDL）进行描述和发现。Web 服务使用 XML 消息与其他服务和应用程序交互，并使用互联网协议交换对象。

面向服务的架构由被实现为独立服务的组件组成，这些服务可以动态地绑定和编排，并且具有松散耦合的配置，它们之间使用消息进行通信。编排是指预定义服务调用（串行和并行）和数据消息交换顺序的过程。

Web 计算是指使用互联网上的 Web 服务器或者 Web 服务计算环境等资源进行计算。

网格计算是指使用计算资源和环境的池化互联网格代替 Web 服务器进行计算。

效用计算是指使用专注于服务级别的计算，在需要时分配最佳资源量，并利用池化资源和环境来托管应用程序。应用程序使用这些服务。 205

云计算是指使用互联网上可用的服务集合进行计算，该服务集合在连接系统的服务提供商的基础设施上提供计算功能，并实现分布式网格和效用计算。

⊖ 基于 https://www.techopedia.com/definition/3411/platform 的定义。
⊜ https://en.wikipedia.org/wiki/Edge_computing。

　　关键绩效指标（Key Performance Indicator，KPI）是指一组值，通常由一个或多个原始监控值组成，包括指定比例的最小值、平均值和最大值。服务应该是快速、可靠和安全的。KPI 监控这些目标的实现情况。例如，一组值可以与服务质量（Quality of Service，QoS）特性相关，例如带宽可用性、数据备份能力、峰值和平均工作负载处理能力、在一天中的不同时间处理定义的需求量的能力以及交付定义的总服务量的能力。云服务应该能够满足 SLA 中约定的最小、平均和最大 KPI 值。

　　本地化指通过确定 QoS 级别和 KPI 的本地化来监控云计算内容的使用。

　　无缝云计算指在计算期间，当服务使用移动到具有类似 QoS 级别和 KPI 的位置时，内容使用和计算继续而不会中断。例如，当软件开发人员转移时继续使用相同的云平台。

　　弹性表示应用程序可以部署本地和远程应用程序或服务，并在应用程序使用后释放它们。用户根据使用量和 KPI 产生成本。

　　可测性（资源和服务的）是用于衡量控制和监测的指标，能够给出传递资源和服务的能力。

　　集群中不同计算节点的同质性是指与内核的集成，提供进程从一个节点到其他同质节点的自动迁移。每个计算节点上的系统软件应确保相同的存储表示和相同的处理结果[⊖]。

　　弹性计算是指在确定的挑战、定义的和适当的弹性指标和保护服务的情况下提供和维护接受的 QoS 和 KPI 的能力[⊜]。挑战可能从小到大，例如网络中的计算节点对自然灾害的错误配置。英语剑桥词典赋予弹性的含义是在弯曲、压缩和拉伸后返回原始形状、位置等的力量和能力。

[206]　　云服务的可扩展性是指应用程序可以使用该功能部署较小的本地资源以及远程分布的服务器和资源，然后增加或减少使用量，同时根据使用量增加的规模产生费用。

　　云服务的可维护性是指存储、应用程序、计算基础设施、服务、数据中心和服务器维护，它们是远程连接的云服务的职责，不会给用户带来任何成本。

　　XaaS 是一种软件架构概念，支持应用程序的部署和开发，并使用 Web 和 SOA 提供服务。计算范式集成复杂的应用程序和服务（见 5.3.5 节），并使用 XaaS 概念部署云平台[⊛]。

　　多租户云模型是指云平台和计算环境的可访问性，多个用户按照商定的 QoS 和 KPI 进行支付，这些 QoS 和 KPI 是在与每个用户分开的 SLA 中定义的。资源池由用户完成，但每个用户单独付费。

　　以下小节描述了云计算范式和部署模型。

6.2.1　云计算范式

　　云计算是指通过互联网提供的一系列服务。云提供计算功能。云计算部署云服务提供商的基础设施。基础设施部署在效用计算、网格计算和 Web 服务环境中，主要是计算机、服务器或数据中心等网络系统。

　　⊖　http://www.netlib.org/utk/papers/practical-hetro/node3.html。

　　⊜　https://en.wikipedia.org/wiki/Resilience (network)。

　　⊛　读者可以参考标准书籍了解云计算和 SOA 的详细信息，例如 Rajkumar Buyya、Christian Vecchiola 和 S. Thamarai Selvi 编著的《Mastering Cloud Computing》（来自 McGraw-Hill Education（2013）。）

正如我们——电力用户——不需要了解电力供应服务的来源和底层基础设施一样，计算服务和应用的用户也不需要知道基础设施如何部署和计算环境的细节。正如用户不需要知道计算机内的英特尔处理器一样，用户也可以使用云中的数据、计算和智能作为服务的一部分。同样，这些服务在云上用作实用工具。

1. 云平台服务

云平台提供以下功能：
- 用于设备、RFID、工业设备机器、汽车和设备网络的大数据存储的基础设施。
- 分析计算能力，集成开发环境（Integrated Development Environment，IDE）。
- 协作计算和数据存储共享。

2. 云平台使用

云平台用于连接设备、数据、API、应用程序和服务、人员、企业、商业和 XaaS。 [207]
等式（6.1）描述了互联网云的简单概念框架：

互联网云 + 客户 = "没有边界，没有墙"的用户应用程序和服务　　　　（6.1）

应用程序和服务在包括操作系统、硬件和网络的平台上执行。最初可以将多个应用程序设计为在多种平台（操作系统、硬件和网络）上运行。应用程序和服务需要将它们集成到通用平台和运行环境中。

云存储和计算环境提供了一个虚拟化的环境，虚拟环境是一个运行环境，使所有的应用程序和服务显示为一个，但实际上可能存在多个运行环境和平台。

3. 虚拟化

虚拟化环境的一个特点是它使应用程序和服务能够在独立的执行环境（异构计算环境）中执行。每一个应用程序或服务都在同一平台上独立地存储和执行，但事实是，它实际上可以执行和访问一组数据中心、服务器、分布式服务和计算系统。只要存在互联网或其他通信，远程托管的应用程序和服务就可以使用互联网轻松地部署在虚拟环境中的用户应用程序和服务上。

应用程序无需了解该平台，只需要与该平台（称为云平台）的互联网连接即可。存储称为云存储。计算称为云计算。这些服务称为云服务，与 Web 服务器上托管的 Web 服务一致。

存储虚拟化（virtualisation of storage）指用户应用程序和服务使用抽象数据库接口、文件系统、逻辑驱动器和磁盘驱动器访问物理存储，但实际上存储可以使用多个接口和服务器来访问。例如，Apple iCloud 为用户和用户组提供存储，以便在用户组成员之间共享相册、音乐、视频、数据存储、文件编辑和协作。

网络功能虚拟化（Network Function Virtualisation，NFV）指用户应用程序和服务访问仅作为一个网络出现的资源，尽管对资源的网络访问可以通过多个资源和网络。

服务器虚拟化（virtualisation of server）指用户应用程序不仅访问一个服务器，实际上访问多个服务器。

虚拟桌面（virtualised desktop）指用户应用程序可以更改和部署多个桌面，用户可以通过自己的计算机平台（OS）进行访问，而实际上有可能是通过多个 OS 和平台甚至是远

208 程计算机进行访问的。

4. 云计算的特点和优势

云存储和计算的基本功能包括：

- 按需求为用户提供自助服务，用于提供存储、计算服务器、软件交付和服务器时间。
- 多租户模型中的资源池。
- 虚拟化环境中对异构用户、客户端、系统和设备的广泛网络可访问性。
- 弹性。
- 大规模可用性。
- 可扩展性。
- 可维护性。
- 同质性。
- 虚拟化。
- 具有企业虚拟环境的互联平台和中间服务水平协议（SLA）的配置。
- 弹性计算。
- 高级安全性。
- 成本低。

5. 云计算的问题

使用云计算时的顾虑是：

- 要求持续的高速互联网连接。
- 可用服务的限制。
- 可能的数据丢失。
- 根据定义的 SLA 指定性能进行非交付。
- 不同云使用不同的 API 和协议。
- 多租户环境中的安全性需要高度信任和低风险。
- 用户控制权丢失。

6.2.2 云部署模型

以下是四种云部署模型：

1）**公有云**：该模型由教育机构、工业界、政府机构和企业提供，可供公众使用。

2）**私有云**：该模型仅供机构、工业界和企业使用，仅供员工和相关用户在组织中私人使用。

3）**社区云**：该模型仅供机构、工业界和企业组成的社区使用，并在社区组织、员工和
209 相关用户中使用。社区指定了安全性和合规性因素考虑事项。

4）**混合云**：一组两个或多个不同的云（公共、私有或社区），具有不同的数据存储和应用程序，在它们之间进行绑定以部署专有和标准技术。

云平台架构是一种虚拟化的网络架构，由数据中心上的连接服务器集群和它们之间的服务级别协议（SLA）组成。云平台控制和管理资源，并动态配置网络、服务器和存储。

云平台应用程序和网络服务是实用程序、网格和分布式服务。云平台的示例包括 Amazon EC2、Microsoft Azure、Google App Engine、Xively、Nimbits、AWS IoT、Cisco IoT、IOx 和 Fog、IBM IoT Foundation 以及 TCS Connected Universe Platform。

例 6.1

问题

回顾例 5.1 并列出微软云平台的功能。

答案及解析

微软云平台包括：（i）微软完成的服务和解决方案；（ii）微软构建块服务（Dynamic CRM Online、Sharepoint Online；Exchange Online、.NET、SQL、ASP.NET、Office Live 和 Windows Live Services）；（iii）云基础设施服务（用于计算、存储和资源管理服务的 Windows Azure）；（iv）全球基础服务（硬件、网络、部署和运营服务）。该平台包括开发工具（Visual Studio、Windows Server、Visual C++、Visual Basic、Visual C# 和 .NET）。

温故知新

- 计算需要资源、计算环境和平台。
- 应用程序和服务可能需要多个平台和环境以及多源资源。
- 为应用程序和服务部署的计算示例是边缘计算、分布式计算、网格计算、效用计算和云计算。
- 云服务将设备、数据、API、应用程序、服务、流程、人员、企业和一切服务连接起来。
- 云服务提供虚拟化环境，需要 QoS 和用户在 SLA 中定义的 KPI。
- 云服务的特点是按需自服务、资源池、网络广泛可访问性、弹性和可测量性、大规模、可扩展性、可维护性、同质性、虚拟化、互连平台和弹性计算。
- 云服务需要以低成本独立地为远程连接云服务的存储、应用程序、计算基础设施、服务、数据中心和服务器提供高级安全性。
- 云服务的使用需要高速互联网连接。
- 云计算部署模型包括公共云、私有云、社区云和混合云。
- Amazon EC2、Microsoft Azure、Google App Engine、Xively 和 Nimbits 是云服务的示例。

210

自测练习

- ★★ 1. 如图 6.1 所示，列出数据存储的每种方法的优点。
- ★ 2. 列出云计算的五个关键特性。
- ★★ 3. 列出数据存储、网络和服务器的虚拟化功能的用法。
- ★ 4. 比较四种云部署模型的优点。
- ★★ 5. 在应用程序中使用云计算有哪些问题？
- ★★★ 6. 如何定义云计算？它与分布式计算有何不同？

6.3　一切即服务和云服务模式

　　云连接设备、数据、应用程序、服务、人员和业务。云服务可以看作分布式服务——用于连接资源（计算功能、数据存储、处理功能、网络、服务器和应用程序）并提供资源之间协调的服务。图 6.2 显示了四种云服务的模型和示例。

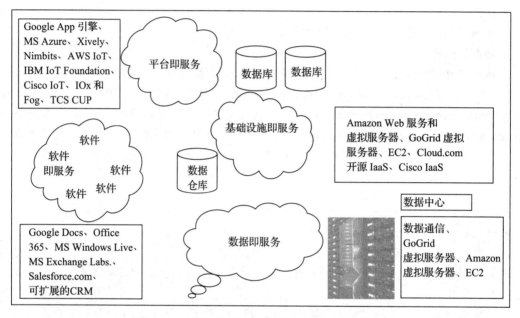

图 6.2　PaaS、SaaS、IaaS 和 DaaS 云服务模型

　　云计算可以通过一个简单的等式来表示：

云计算 = SaaS + Paas + IaaS + DaaS　　　　　　（6.2）

　　SaaS 表示软件即服务。该软件可根据需要提供应用程序和服务。SaaS 是一种服务模型，其中应用程序和服务在云上部署和托管，并且可以由服务用户根据需要通过互联网提供。软件控制、维护、更新到新版本和基础设施、平台和资源需求是云服务提供商的职责。

　　PaaS 表示平台即服务。应用程序开发人员可以根据需要使用该平台。PaaS 是一种服务模型，其中应用程序和服务使用平台（用于计算、数据存储和分发服务）开发和执行，该平台通过互联网按需供给应用程序的开发者。根据开发者的要求提供平台、网络、资源、维护、更新和安全性是云服务提供商的职责。

　　IaaS 表示基础设施即服务。基础设施（数据存储、服务器、数据中心和网络）可根据需要提供给应用程序的用户和开发人员。开发人员安装操作系统映像、数据存储和应用程序，并在基础设施上控制它们。IaaS 是一种服务模型，其中应用程序开发和使用由开发者或用户通过互联网按需租赁（按照多租户模型的使用付费）基础设施。IaaS 计算系统、网络和安全性是云服务提供商的职责。

　　DaaS 表示数据即服务。数据中心的数据可按需提供给应用程序的用户和开发人员。DaaS 是一种服务模型，其中数据存储和数据仓库通过互联网按需租赁（按照多租户模型中的使用付费）给企业。数据中心管理、24×7 电源、控制、网络、维护、扩展、数据复制、镜像节点和系统以及物理安全是数据中心服务提供商的职责。

例 6.2

问题

举例说明用于云计算的 Saas、PaaS、IaaS、DaaS 服务模型。

答案及解析

- SaaS：用于在线办公的 Google Docs、用于在线办公应用程序的 MS Windows Live、MS Exchange Labs、TCS iON（Integrated IT-as-a-Service）和用于可扩展客户关系管理（Customer Relations Management，CRM）系统的 Salesforce.com。
- Paas：用于业务流程开发 NetSuite 工具的 SuiteFlex、用于 Windows 应用程序编程和执行环境的 MS Azure、EC2 和 GoGrid 的服务器平台、Force Com 的应用程序平台、用于 Web 应用程序的可扩展执行环境的 Google App 引擎、TCS 平台 BPO 解决方案、Xively、Nimbits、AWS IoT、IBM IoT Foundation、Cisco IoT、IOx 和 Fog、TCS CUP。
- IaaS：基础设施服务——Amazon 虚拟服务器、GoGrid 虚拟服务器、弹性计算云（Elastic Computing Cloud，EC2）、Cloud.com 开源 IaaS、TCS 转换解决方案、Cisco IaaS 和可自动满足 IT 资源的波动需求的 IBM BlueCloud 共享基础设施服务。
- DaaS：用于 Daas 的 Tata Communications 10 X、Apple 和 Cisco 的数据存储平台。

212

温故知新

- 计算范式是**一切即服务**。这意味着每个软件、应用程序、基础设施、平台和计算环境都被视为一项服务。
- 面向服务的架构通过 SLA 绑定服务。
- 云服务的四种服务模式是：软件即服务、平台即服务、基础设施即服务和数据即服务（SaaS、PaaS、IaaS 和 DaaS）。
- 许多组织，如 CISCO、Oracle、IBM、Google、Amazon、Microsoft、TCS 和 Tata Communi-cations，都提供云 PaaS。

自测练习

- ★1. 回顾例 2.3 和例 5.4 的 ATM 互联网。列出 ATM 上网所需的应用程序和相应的云服务模型。
- ★★2. 列出在 IBM BlueCloud 中为应用程序部署的服务模型。
- ★3. 为什么绑定云端服务需要 SLA？
- ★★★4. 如何在废物容器的互联网中部署废物容器管理、商业智能和业务流程的云服务模型？

6.4　Xively、Nimbits 和其他平台的物联网云服务

用户是一个应用程序和服务，能够从其他应用程序和服务获得响应和供给（feed）。物联网云服务提供数据收集、数据点、消息和计算对象，它还规定了向用户生成和传递警报、

213　触发和供给。可以在边缘（设备节点）部署服务器，并实现与云服务通信。

每次记录新的监测值（数据）时，都会生成一个新数据。供给是在应用过滤、计算、压实、融合、压缩、分析和聚集等规则之后生成和交换的一组数据点、对象、数据流或消息，还可以用于可编程的触发器和警报等提示。供给可以是在当前时间间隔生成和交互的数据流，它适用于应用程序和服务。供给表示使用推送 / 订阅和任何其他模式，以预定义的时间间隔为应用程序和服务提供所需的数据实例。

例 6.3

问题

服务器为数据点、对象、流、警报、触发和供给的生成和通信使用过滤和计算规则。考虑例 1.2 的路灯互联网。假设每个路灯设备节点生成以下数据：(i) streetlightID；(ii) ambientLightCondition aLC（= 黑暗或明亮）；(iii) trafficDensity tD（= VehiclesPassingPerSec）；(iv) functionality func（= 路灯功能或非功能性），它在本地流向路灯组服务器。

假设街区服务器（streetServer）提供本地控制并将数据流供给到云上的物联网街区路灯服务器（IoTStreetLightsServer，ILS）。三个应用程序（服务）、中央控制器、维护服务和交通路灯控制服务（Traffic_Lights_Control_Service）连接到云，以便从云上托管的 ILS 中获取消息和警报，并为云中的 ILS 推荐数据点、数据流、触发器和供给。

答案及解析

数据点和每个路灯是：(i) aLC（= 1 或 0）；(ii) trafficPresence（= 1 或 0）；(iii) tD；(iv) funct（= 1 或 0）；(v) 激活。

当 aLC = 明亮、tD = 0 甚至从控制器接收到触发激活时（中央控制器是否激活路灯），街区服务器在本地控制各个灯的停用。这是一项节能措施。服务器接收来自控制器中每个 streetlightID 供给触发器的激活值。服务器为：(i) streetID、streetServerID、streetTrafficDensity 消息；(ii) streetlightID 提供控制器数据流。当 func = 0 时，功能警报会被发送，这意味着路灯需要维护。

中央控制器从云端接收供给。控制器生成以下数据点：(i) streetlightID；(ii) 激活（中央控制器控制路灯是否激活)；(iii) tD；(iv) func。

控制器按如下方式生成供给：

1）feed_ID、streetServerID、streetlightID 和 streetServer 激活值。

2）feed_ID、streetlightID 和维护服务功能警报。

3）Traffic_Lights_Control_Service 的 feed_ID、streetServerID 和 streetTrafficDensity 数据流。

214　以下小节将 Xively、Nimbits 和其他云平台描述为对用户的服务。

6.4.1　Xively 进行物联网云数据的收集、存储和计算服务

Pachube 是一个通过互联网实时捕获数据的平台。Cosm 是一个已更改的域名，在这里使用控制台的概念可以监控供给。Xively 是最新的域名。Arduino 是一个通过连接 Web 部署互联网的开源原型平台，Xively 是 Arduino 的开源平台之一。

Xively 是 IoT/M2M 的商业 PaaS[⊖]。它被用作数据聚合器和数据挖掘网站，通常集成

　　⊖　https://dzone.com/articles/how-to-use-xively-platform-in-iot-project。

到物联网中。Xively 是服务和商业服务的物联网 PaaS。该平台支持 REST、WebSocket 和 MQTT 协议，并将设备连接到 Xively 云服务。Android、Arduino、ARM mBed、Java、PHP、Ruby 和 Python 语言都有自己的 SDK。开发人员可以通过 Xively 提供的工具使用原型设计、部署和管理工作流程[3]。

Xively PaaS 服务提供以下功能：

- 它支持将产品（包括协作产品、Rescue、Boldchat、join.me 和操作）连接到互联网的服务、业务服务平台。
- 通过互联网实时收集数据。
- 连接到物联网设备的传感器的数据可视化。
- 数据图表。
- 生成警报。
- 访问历史数据。
- 支持 Java、Python、Ruby 和 Android 平台。
- 生成的源可以是自己或他人的真实对象。
- 支持基于 ARM mBed、Arduino 和其他硬件平台的物联网设备，以及基于 HTTP 的 API，这些 API 可以作为客户端在硬件设备上轻松实现 Xively Web 服务，并连接到 Web 服务发送数据。
- 支持 REST。

在为数据收集和其他功能部署 Xively API 时，用户使用 Xively 创建账户。必须复制我的设置中的 API 密钥。

Xively API 支持 Python、HTML5、HTML5 server、tornado、webSocket、webSocket server、WebSocket、和 RPC（远程过程调用）的接口。

设备实现在线状态。例如，可以使用 Xively 通过浏览器和移动设备访问 Arduino 气候日志客户端。Arduino 是一个基于 ATmega 单片机的适用于嵌入式应用 IoT/M2M 的开源原型平台。另一个平台是 mBed，它基于 ARM Corte-microprocessor。mBed 也适用于嵌入式应用和 IoT/M2M（见第 8 章）。Xively 是一个开源平台，可以使物联网设备和传感器网络将传感器数据连接到 Web[⊖⊖]。Xively 使用基于 HTTP 的 API 提供各种传感器数据的日志记录、共享和显示服务。

Xively 基于用户、源、数据流、数据点和触发的概念。源通常是单个位置（例如一间房屋），并且数据流是与该位置相关的传感器（例如，环境光、温度、功耗）。

1. 物联网设备数据的拉取（Pull）和推送（Push）（自动或手动供给）方法

Xively 提供两种数据捕获模式，即从 http 服务器收集数据的拉取方法（自动源类型）和使用 http 客户端将数据写入 Xively 的推送方法（手动源类型）。

2. 数据格式和结构

许多数据格式和结构支持与 Xively 交互、数据收集和服务。支持 JSON（见 3.2.3 节），XML（见 3.3.3 节）和 CSV（表格、电子表格、Excel、数据编号和文件中带有逗号分隔值的文本）。

⊖ http://blackstufflabs.com/2011/10/08/ arduino-pachubes-api-v2/?lang=en。
⊖ https://developer.mbed.org/cookbook/Pachube) which is easy to implement with mbed。

3. 私人和公共数据访问

一个免费账户支持近乎实时更新的 10 个传感器源，数据最多可存储 3 个月。服务提供的交互式图形可以嵌入到移动设备中，使应用程序可以在任何地方访问数据。应用程序甚至可以使用其他用户的数据源作为输入。

4. 数据流、数据点和触发器

Xively 支持数据流、数据点和触发。数据流是指通过互联网连续感知的数据流。数据点表示数据值，而触发表示对状态更改的操作。例如，环境亮度感应低于附近一组路灯的阈值（见例 1.2）或数据点达到阈值（最大值、最小值或设定点）。

例 6.4 显示了使用 Xively API V2 API 创建、读取、更新和删除数据流功能以及数据点和触发的用法[⊖]。

例 6.4

问题

Xively API V2 怎样创建、读取、更新和删除数据流？ API 怎样使用数据点？ API 怎样使用触发？

答案及解析

首先注册 API。然后对数据流、数据点和触发执行如下过程。

数据流

Xively V2 API 支持以下数据流功能：

1）使用 POST/v2/feeds/\<feed_id\>/datastreams/\<datastream_id\> 创建新的数据流。

2）使用 GET/v2/feeds/\<feed_id\>/datastreams/\<datastream_id\> 读取数据流。

3）使用 PUT/v2/feeds/\<feed_id\>/datastreams/\<datastream_id\> 更新数据流。

4）使用 DELETE/v2/feeds/\<feed_id\>/ datastreams/\<datastream_id\> 删除数据流。

每个函数使用：

1）@param stream_id 流 ID 文本。

2）@param value 值。

3）@return 从 Web 服务器返回代码。

数据点

Xively V2 API 支持以下数据点功能：

1）使用 POST/v2/feeds/\<feed_id\>/datastreams/\<datastream_id\>/datapoints 创建新数据点。

2）使用 GET/v2/feeds/\<feed_id\>/datastreams/\<datastream_id\>/datapoints/\<timestamp\> 读取数据点。

3）使用 PUT/v2/feeds/\<feed_id\>/datastreams/\<datastream_id\>/datapoints/\<timestamp\> 更新数据点。

4）使用 DELETE/v2/feeds/\<feed_id\>/datastreams/\<datastream_id\> 删除数据点。

触发

Xively V2 API（http://api.pachube.com/v2/）启用以下触发功能：

1）使用 POST /v2/triggers 创建新的触发。

⊖ http://api.pachube.com/v2/。

2）使用 GET/v2/triggers 列出所有可用触发。

3）使用 GET/v2/triggers/<trigger_id> 读取触发。

4）使用 PUT/v2/triggers/<trigger_id> 更新触发。

5）使用 DELETE/v2/triggers/<trigger_id> 删除用户。

触发可以是文本/数字，例如 Triggers_Max_Min。Trigger_id 可以是文本/数字，例如 temperatureMax12345。

5. 创建和管理源

传感器和物联网设备网络（例如一组路灯（见例 1.2））可以通过互联网向 Xively 提供价供（也称为环境）数据。各个设备可以通过互联网将感测参数的数据流发送到 Xively。

6. 可视化数据

Xively 是一个通过互联网实时捕获数据并提供图形、警报和历史数据访问的平台。Xively 可以显示源和数据流的数据。Xively 允许手动和自动输入。

下面的例 6.5 显示了 Xively V2 API 的用法。

例 6.5

问题

如何使用 Xively V2 API 创建、列出、读取、更新和删除源？用户如何使用 Xively V2 API 创建、列出、读取、更新和删除？ 217

答案及解析

Xively V2 API 支持以下提要功能：

1）使用 POST/v2/feeds 创建新的源。

2）使用 GET/v2/feeds 列出所有可用源。

3）使用 GET/v2/feeds/<feed_id> 读取源。

4）使用 PUT/v2/feeds/<feed_id> 更新源。

5）删除源：DELETE/v2/feeds/<feed_id>。

Feed_id 可以是文本/数字，例如 streetlights_group12345。源可以是文本/数字，例如 street_lightsFeed。

Xively V2 API（http://api.pachube.com/v2/）支持以下用户功能：

1）使用 POST/v2/users 创建新用户。

2）使用 GET/v2/users 列出所有可用用户。

3）使用 GET/v2/users/<user_id> 读取用户。

4）使用 PUT/v2/users/<user_id> 更新用户。

5）使用 DELETE/v2/users/<user_id> 删除用户。

用户可以是 Controllers_Monitors。User_id 可以是文本或数字，例如 controller12345。

6.4.2　Nimbits 进行物联网云数据的收集、存储和计算服务

Nimbits 在开源分布式云上实现物联网。Nimbits Cloud PaaS 在设备节点上部署 Nimbits 服务器实例。Nimbits 的功能是作为机器对机器系统的数据存储、数据收集器和记录器，可

访问历史数据。Nimbits 架构是一个基于云的谷歌应用程序引擎。Nimbits 服务器是一个 java.lang.Object 的类层次结构 com.nimbits.server.system.ServerInfo。Nimbits PaaS 服务提供以下功能：

- 在本地应用程序构建的嵌入式系统上进行本地边缘计算。它运行规则并在通过互联网连接时将重要数据推送到云上，并在设备节点上启用 Nimbits 服务器主机的实例。
- 它支持多种编程语言，包括 Arduino、新的 Arduino 库、Arduino 云的推送功能、JavaScript、HTML 和 Nimbits.io Java 库。
- Nimbits 服务器作为后端平台。Nimbits 数据点可以使用云作为后端，在软件系统和 Arduino 等硬件设备之间传递数据。
- 一个名为 nimbits.io 的开源 Java 库可以轻松开发 JAVA、Web 和 Android 解决方案（移动设备上的 Nimbits 数据、警报、消息）。
- 它提供了一个规则引擎，用于将传感器、人员和软件连接到云上。规则可以用于计算、统计、电子邮件警报、xmpp 消息（见 3.3.3 节）、推送通知等。
- 它提供数据记录服务和访问，并存储历史数据点和数据对象。
- 以任何可序列化为字符串的格式存储，例如 JSON 和 XML。
- 它过滤发送到另一个更大的中央实例的噪声和重要更改。
- 它处理特定类型的数据并可以存储它。
- 数据的时间和地理戳。
- Nimbits 客户端通过互联网提供实时数据收集和动态图表。
- 连接到物联网设备的传感器数据的可视化。
- 支持在互联网上实时订阅、生成和发送警报。
- 它创建数据对象流并将它们存储在数据点系列中。
- 数据可从任何地方进行数据访问和监控，并用于塑造连接设备和软件的行为。
- 支持基于 mBed、Arduino、树莓派等硬件平台的物联网设备。
- Web 服务 API 易于在作为 Nimbits Web 服务的客户端的硬件设备上实现，连接到 Web 服务并发送数据。
- 它在 Google App Engine、Amazon EC2 上的 J2EE 服务器和树莓派上部署软件。

图 6.3 显示了联网设备、传感器节点、网络数据点、Nimbits 服务器、设备网络节点的部署，以及与提供应用程序和服务的云 Nimbits 服务器（PaaS、SaaS 和 IaaS 服务）的网络连接。

图 6.3 所示的体系结构显示了一个 NimbitsServerL，它部署在每个设备节点上，是云上 NimbitsSeverS 的一个实例。设备节点的每个 NimbitsServerL 为设备节点生成计算对象。

每个节点还承载一个 XMPPServerL，它是云上 XMPPSeverC 的一个实例。

XMPPServerL 部署在每个设备节点上，并为 XMPP 消息和警报生成数据源通道。每个 XMPPServerL 都将源发送到 XMPPSeverC。

数据点

数据点表示一组传感器中一个传感器的采集值。数据点以多种方式组织数据。例如，点可以有子节点（例如，如果灯的级别是数据点，则打开或关闭灯是子节点，高于或低于阈值的亮度级别可以是另一个子节点。）

点可以在文件夹中。文件夹可以像树一样深（树表示具有多个子文件夹的文件夹，一个子文件夹具有多个子文件夹，直到叶子文件夹。）

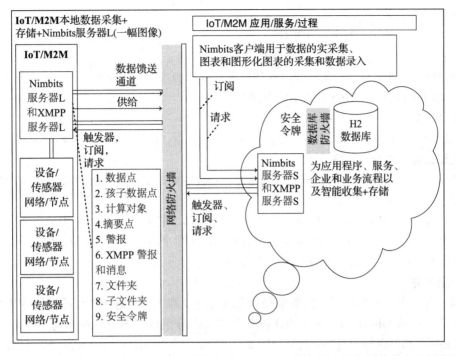

图 6.3　连接的设备、传感器节点、网络数据点、Nimbits 服务器、设备网络节点上的部署，
以及与云上的 Nimbits 服务器（PaaS、SaaS 和 IaaS 服务）联网的应用程序和服务

任何类型的文档都可以使用点上传和组织它们。文件可以公开共享，也可以通过连接共享。

订阅数据源是每个用户的特殊点，用于记录来自服务订阅的其他点的系统消息、事件、警报等。

数据通道

用户可以创建数据源通道，该通道显示系统事件和消息，这些系统事件和消息还显示订阅的数据警报，以便在源中显示。用户还可以订阅其他用户的数据点，并将订阅配置为向源发送消息。用户可以实时观察空闲、高警报和低警报。用户数据源只是另一个 Nimbits 数据点。

使用高级功能

应用程序可以创建与另一个 Nimbits 应用程序或服务的连接[⊖]。应用程序发送一个邀请，如果被邀请者批准，则应用程序可以在其树中查看被邀请者的点和数据（如果他们将对象权限级别设置为公共或连接可见）。

Nimbits 3.6.6 引入了 H2 数据库引擎。Nimbits 3.8.10 包含 H2 数据库引擎。H2 是 Java SQL 数据库。API 采用纯 Java，H2 的主要特点是：

- 非常快，开源，JDBC API。
- 嵌入式和服务器模式；内存数据库。
- 加密数据库。
- ODBC 驱动程序。
- 全文搜索。

⊖　http://bsautner.github.io/com.nimbits/。

- 多版本并发。
- 基于浏览器的控制台应用程序。
- 占用空间小（jar 文件大小大约 1.5MB）。

MySQL 不是纯 Java，也没有内存和加密数据库的规定。Footprint（DLL）接近 4MB。（JAR 表示 Java 归档，而 DLL 表示动态链接库。）

安全令牌

Nimbits 3.9.6 以新的方式提供安全令牌。

突破性能和数据完整性

Nimbits 服务器于 2015 年 6 月推出的 3.9.10 版本规定了突破性的性能和数据完整性。

警报

过滤器表示应用某些规则来获取数据点的新数据。名为"ah"的树中的过滤器项用于 XMPP 警报（见 3.3.3 节）。用户应用程序现在可以为单个点提供许多 JID（Jabber ID）——警报和消息可以使用自定义 JID 点通过 XMPP 发送。

消息轰炸

消息轰炸表示快速向下推送警报和消息或是反复推送。为每种类型的警报和消息分配一个名为 JID 的 Jabber ID。每个 JID 由三个主要部分组成，即节点标识符（可选）、域标识符（必需）和资源标识符（可选）。JID 的符号形式写为 <JID>: = [<node>"@"] <domain> ["/"<resource>]。

订阅

用户可以为单个点创建许多订阅。它可以订阅其中一个点、其他用户或任何人的公共点以获取警报。当点进入警报状态和接收新数据时，用户会收到警报。报警状态意味着达到预设值。例如，压力锅炉达到临界压力需要行动，水达到沸点需要采取行动。

订阅是警报配置的替代方法（警报配置指使用点属性菜单指定某个点何时变为空闲、高、低）。订阅点会创建配置订阅——如何编写应用程序以获取警报（XMPP、Twitter、电子邮件和其他）以及触发警报的事件（新数据、高警报和其他警报）。可参阅教程[⊖]。

ACVM 的互联网（见例 6.6）阐明了数据点、系统事件和消息的子节点、订阅、XMPP 服务器警报的 JID 以及云上 NimbitsServerC 的订阅。它假设架构如图 6.3 所示。

例 6.6

问题

考虑巧克力自动售货机（ACVM）的互联网（例 5.1、5.3 和 5.8）。假设每个 ACVM 设备节点生成以下数据点、子节点以及直到叶和汇总点的其他子节点。

给出系统事件和消息的数据点以及子节点、XMPP 服务器的警报订阅和云上 NimbitsServerC 的订阅。

答案及解析

在每个 ACVM 上生成的数据是：(i) ACVM_ID；(ii) TimeDate；(iii) ActiveStatus；(iv) ～ (viii) ChocFl1Sold、ChocFl2Sold、ChocFl3Sold、ChocFl4Sold、ChocFl5Sold（每次巧克力销售的 Fl1、Fl2、Fl3、Fl4 和 Fl5 五种口味）。

⊖ http://nimbits.blogspot.in/。

每个 ACVM 的**数据点**是：（1）ACVM_ID；（2）TimeDate；（3）ChocolateUnsold；（4）ChocolateReqPending（表示在机器上请求和等待填充的巧克力数量）。数据点可以拥有多个子节点，子节点可以以树的格式拥有更多的子节点。

子节点如下所示：

- ACVM_ID 的子节点是区域 Region、地址 Address、安装日期 Installation date、维修计划 MaintenanceSchedule、填充服务地址 Fill Service address、激活状态 Active-Status（ACVM 状态 = 活动或非活动）和 ACVM 节点域地址 ACVM_Nodedomaina-dress。
- TimeDate 的子节点是 HourOnDate、DayOnDate、WeekOnDate、MonthOnDate 和 YearOnDate，分别表示哪个小时、哪一天（第 1 天，第 2 天，...，第 365 天）、哪一周（第 1 周，第 2 周，...，第 52 周）、哪个月（第 1 个月，第 2 个月，...，第 12 个月）和哪一年（第 1 年，第 2 年，......）。
- ChocolateUnsold 的子节点是 ChocFl1UnSold、ChocFl2UnSold、ChocFl3Sold、Choc-Fl4unSold、ChocFl5UnSold，表示每种巧克力的未销售口味。
- ChocolateReqPending 的子节点是 ChocFl1ReqPending、ChocFl2ReqPending、Choc-Fl3ReqPending、ChocFl4ReqPending、ChocFl5ReqPending，表示等待填充每种巧克力口味的服务请求。

子节点可以包含树形式的其他子项。子叶节点如下：

- MaintenanceSchedule 的子叶节点是上次维修日期 Last_MaintenaceDate 和下次预防性维护日期 Next_Preventive_Maintenance_Date，表示上次维修和下次预防性维护的日期。
- ActiveStatus 的子叶节点是 ChocolateFl1Present、ChocolateFl2Present、ChocolateFl3-Present、ChocolateFl4Present 和 ChocolateFl5Present，表示每种口味的巧克力存在的数量。

222

一个应用程序可以对一个点有多个订阅。它可以订阅用户连接的另一个用户的点，使用 nimbits.com 上的搜索引擎找到一个点，甚至可以订阅一个陌生用户的公共点。

汇总点

用户创建一个汇总点，可以计算特定时间间隔内的另一个点的平均值、最小值、最大值、标准差、方差和总和。

计算

用户可以为一个点创建计算对象。对象可以在树中组织，用户可以为单个数据点应用许多公式。例如，在温度传感器数据点中，一个公式表示高于上一个值，另一个公式表示高于正常值，每次记录一个新的温度数据点。

ACVM 的互联网（见例 6.7）阐明了系统事件和消息的汇总点、数据源通道、订阅、XMPP 服务器警报的 JID 和云上 NimbitsServerC 的订阅。它假设架构如图 6.3 所示。

例 6.7

问题

Nimbits ServerL 生成计算对象。XMPPServerL 注册资源（消息和警报）的订阅。XMPP-

ServerC 接收数据通道供给的事件和消息，它们来自 ACVM 节点 XMPPServerL 的多个实例，其中 ACVM 节点是不同地址的设备节点。每个 NimbitsServerL 都将数据通道源发送到云上的 NimbitsServerC 和 XMPPServerC。

应用程序连接到云服务的 NimbitsServerC。Nimbits 应用程序的客户端将事件和消息的订阅发送到 XMPPServerC。

参见例 6.6。给出汇总点、系统事件和消息的数据供给通道、XMPP 服务器警报的订阅和云上 NimbitsServerC 的订阅。

答案及解析

汇总点由 ACVM 设备节点本身的数据点生成。汇总点如下：（i）ACVM_ID；（ii）HourDate；（iii）～（vii）Fl1HourlySell、Fl2HourlySell、Fl3HourlySell、Fl4HourlySell 和 Fl5HourlySell，汇总点每小时通过数据源通道与 NimbitsServerL 通信一次。

计算对象是 NimbitsServerL 上的计算对象，NimbitsServerL 是云上 Nimbits Server S 的一个实例。CalculationObjects 部署为来自设备节点的汇总点接收的数据通道源。

考虑一个计算对象。每个计算对象都有以下资源：

1）ACVM_ID 及其子节点 ACVM_Node_domainAddress。

2）HourDate 及其子节点 Fl1FillHourlyStatus、Fl2FillHourlyStatus、Fl3FillHourlyStatus、Fl4FillHourlyStatus、Fl5FillHourlyStatus，各子节点表示每种口味的巧克力在 ACVM 中剩余未售出的巧克力占最大填充量的百分比。

3）DayDate 及其子节点 Fl1DaySell、Fl2DaySell、Fl3DaySell、Fl4DaySell 和 Fl5DaySell，表示每个 ACVM 的每日销售。

4）DayDate 的另外 5 个子节点 Fl1DaySellAmount、Fl2DaySellAmount、Fl3DaySellAmount、Fl4DaySellAmount 和 Fl5DaySellAmount，表示一天内 ACVM 每种口味的销量，以及每天的总销量 DayTotalSellAmount。

5）WeekDate 及其子节点 WeeklyTotalFl1SellAmount，…，WeeklyTotalFl5SellAmount，表示一周内 ACVM 每种口味的销量，以及每周的总销量 WeekTotalSellAmount。

6）MonthDate 及其子节点 MonthlyTotalFl1SellAmount，…，MonthlyTotalFl5SellAmount，表示一个月内 ACVM 每种口味的销量，以及每月的总销量 MonthlyTotalSellAmount。

7）YearDate 及其子节点 YearlyTotalFl1SellAmount，…，YearlyTotalFl5SellAmount，表示一年内 ACVM 每种口味的销量，以及每年的总销量 YearTotalSellAmount。

数据源通道传递系统事件和消息、订阅和 XMPP 警报。订阅是针对 JID 的资源。JID 是 <JID>：= ACVM_ID @ ACVM_Node_domainAddress/<resourceName>。

应用程序中的 Nimbits 客户端订阅了 XMPPServerS 的数据源通道。在订阅 XMPPServerL 时生成以下警报：

1）由于某些 ACVM 设备节点运行问题，ActiveStatus（ACVM 状态 = 活动或非活动 = 0。

2）每小时的警报只要满足 ActiveStatus = 0 或 Next_Preventive_Maintenance_Date = DayDate。

3）Next_Preventive_Maintenance_Date < TimeDate。

4）每日的警报只要满足 TimeDate > Next_Preventive_Maintenance_Date。

5）Fl1FillHourlyStatus、Fl2FillHourlyStatus、Fl3FillHourlyStatus、Fl4FillHourlyStatus、Fl5FillHourlyStatus 低于每种风味巧克力的最大填充空间的 20%、低于 10% 和低于 5%。

6）ChocF11UnSold、ChocF12UnSold、ChocF13UnSold、ChocF14UnSold、ChocF15UnSold 中的任何一个低于每种口味巧克力最大填充空间的 1%。

消息生成并在订阅 XMPPServerL 上进行通信，以获取所需的计算对象资源及其数据字段（子节点）。XMPPServerS 从 XMPPServerL 接收每个 ACVM 设备节点的警报和计算对象的数据源通道。

应用程序中的每个 Nimbits 客户端都接收来自 NimbitsServerS 和 XMPPServerS 的数据通道源。

6.4.3　公有云物联网平台

许多云 PaaS 和 SaaS 平台现在可应用于物联网。表 6.1 给出了云平台的示例。 224

表 6.1　云 PaaS 和 SaaS 平台

云平台	特点
Spark	分布式、基于云的物联网操作系统和基于 Web 的 IDE，包括一个命令行界面，支持多种语言和用于处理许多不同物联网设备的库
OpenIoT	开源中间件，支持与传感器云的通信，实现基于云的传感即服务，并为智慧农业、智能制造、城市人群感知、智慧生活和智能园区开发用例
Device Hub	物联网的开源骨干网是一种基于云的服务，可存储与物联网相关的数据，提供数据可视化，允许基于网页的控制台控制物联网设备，使开发人员能够创建应用程序，如追踪车辆数据、监控天气数据

12.2.4 节介绍了 AWS IoT、IBM IoT Foundation、Cisco IoT、IOx 和 Fog、TCS CUP Cloud PaaS，包括许多没有向企业开源的物联网应用和服务。

温故知新

- IoT/M2M 客户端应用程序通信、订阅和设置触发，并接收部署云服务的响应和源。
- 云服务在传感器节点的边缘计算节点处部署云服务器实例，用于数据点、对象、树、流和警报，以及请求、订阅和触发源的生成和通信。
- 源由时间 / 地理标记的数据点、流和警报组成。消息和警报的源根据过滤和计算规则的应用程序生成。
- Xively（Pachube/COSM）Cloud PaaS 服务在 Arduino 和其他物联网传感器节点平台上部署服务器实例，提供实时数据收集、数据可视化、图形图，基于 HTTP 的 API 和源。
- Nimbits Cloud PaaS 服务在 Arduino、树莓派和其他物联网传感器节点平台上部署 Nimbits 服务器实例，提供实时数据收集、H2 数据库存储、边缘计算、Nimbits 数据、警报、消息、应用程序编程获取警报（XMPP、Twitter、电子邮件和其他）、数据可视化分析、规则引擎、计算对象、汇总点、警报以及订阅、触发和请求的源。
- Spark、OpenIoT、DeviceHub 和 Intel IoT 云分析工具包也是云平台，可以被客户 / 应用程序部署用于数据收集、存储、组织和分析。

225

自测练习

★ 1. 图 6.1 所示的架构中有哪些方法用于图 6.3 中的云计算架构中的数据收集、存储和计算？

★ 2. 什么时候在云计算架构中使用推送、拉取和订阅方法，其中服务器实例在设备节点或网络上部署？

★★ 3. 列出在云计算期间在物联网设备节点和网络上部署服务器实例的优点。

★★ 4. 从设备节点生成的数据生成数据点的方法有哪些？列出 Xively（Pachube/COSM）云平台的最新功能。

★★ 5. 列出 Nimbits 云平台的最新功能。

★★★ 6. 列出从云服务器实例到云服务器的消息和警报源的用法优点。

★ 7. 列出 H2 数据库优于 MySQL 的地方。。

★★★ 8. 列出废物容器管理互联网所需的数据点、汇总点、警报、数据通道以及警报和消息订阅。

关键概念

- Amazon EC2
- 计算对象
- 子节点
- 云常用功能
- 云计算
- 云基本特征
- 数据即服务
- 数据源通道
- 数据点
- 设备集线器
- 分布式计算

- 边缘计算
- 弹性
- 一切即服务
- 源
- 网格计算
- 基础设施即服务
- Microsoft Azure
- 网络虚拟化功能
- Nimbits Cloud
- 平台即服务
- 软件即服务

- 服务器实例
- 订阅
- 汇总点
- TCS iON
- 触发
- 效用计算
- 虚拟化
- Xively (Pachube/COSM)
- XMPP Server

学习效果

6-1

226

- 传统的数据收集和存储方法是（i）保存在设备 Web 服务器上；（ii）在本地通信和保存文件；（iii）在专用数据存储和本地协调节点上传送和保存计算的数据和结果；（iv）在分布式 DBMS 的本地节点上传送和保存数据；（v）在分布式 DBMS 中的远程节点进行通信和保存；（vi）在互联网上进行通信并保存在企业服务器上；（vii）在互联网上进行通信并保存在企业的数据中心。
- 云为网络、数据存储和计算提供虚拟化环境。
- 云的使用是一种数据存储和计算方法，具有随需应变的自助服务、资源池、网络广泛可访问性、弹性和可测量性等特点。
- 云具有大规模、可扩展性、可维护性、同质性、虚拟化、互连平台和弹性计算功能。
- 云部署模型是公共云、私有云、社区云和混合云。

6-2

- 云计算模型就是一切即服务模型。
- 四种模式是 SaaS、PaaS、IaaS 和 DaaS。
- 云基础设施服务的示例包括 Amazon 虚拟服务器、GoGrid 虚拟服务器、弹性计算云、Cloud.com 开源 IaaS、TCS 转换解决方案、Cisco IaaS 和 IBM BlueCloud 共享基础设施服务，可自动满足 IT 资源的波动需求。

6-3

- 使用 Xively、Nimbits、其他平台（如 TCS Connected Universe）的物联网云服务在设备节点网络上部署云服务器实例（设备代理）。
- 服务器收集数据，生成数据点和数据点树，使用过滤和应用规则计算对象。
- 服务器根据请求、触发和订阅来传输源。

习题

客观题

从四个选项中选择一个正确的选项。

★★ 1. 云计算是指以下的集合：(i) 可在互联网上提供计算功能的服务；(ii) 服务提供商的基础设施服务；(iii) 公用事业、网格计算和网络服务环境的基础设施部署；(iv) 分布式计算服务；(v) 计算机网格；(vi) 服务器；(vi) 数据中心；(vii) 应用层、应用支持层、安全层、传输层、网络层、适配和数据链路层等协议。

    (a) 所有均正确。   (b)(i) 到 (iii) 正确。

    (c) 除了 (vii) 均正确。   (d)(iii) 到 (vi) 正确。

227

★ 2. 用户应用程序、服务或进程访问资源只显示为一个网络，但实际上对资源的网络访问可能是通过多个资源和网络，称为：(i) 云网络；(ii) 网络功能虚拟化；(iii) 应用程序虚拟化；(iv) 或互联网访问。

    (a)(i)。   (b)(i) 和 (iv)。

    (c)(i)。   (d)(ii)。

★★ 3. 物联网云平台提供：(i) 用于设备、RFID、工业工厂机器、汽车和设备网络的大数据存储的基础设施；(ii) 计算能力，例如分析、IDE 和数据可视化；(iii) 提供协作计算和数据存储共享；(iv) 数据库；(v) 用于在线分析的内存数据库；(vi) 设备数据收集和与服务、应用程序的连接；(vii) 数据计算对象；(viii) 数据源通道。

    (a) 除了 (ii)、(vii) 和 (viii) 均正确。   (b) 除了 (iii) 和 (v) 均正确。

    (c) 除了 (ii)、(iii) 和 (viii) 均正确。   (d) 除了 (v) 均正确。

★★★ 4. 用于数据收集、存储和计算的云服务的基本特征是：(i) 按需自助服务；(ii) 资源池；(iii) 可测量性；(iv) 大规模；(v) 无用户维护成本；(vi) 同质性；(vii) 以低成本独立地在远程连接的云服务上存储、应用、计算基础设施、服务、数据中心和服务器的高级安全性。

    (a) 除了 (i) 均正确。   (b) 除了 (ii) 和 (v) 均正确。

    (c)(i)、(ii) 和 (iii) 正确。   (d)(ii) 到 (v) 和 (vii) 正确。

★ 5. Nimbits 3.8.10 H2 数据库具有以下功能：(i) Java SQL 数据库；(ii) 非常快、开源、JDBC API；(iii) 嵌入式和服务器模式，内存数据库；(iv) 加密数据库；(v) ODBC 驱动程序；(vi) 全文搜索；(vii) 多版本并发；(viii) 基于桌面的控制台应用程序；(ix) footprint jar 文件的大小大约为 10MB。

(a) 除了 (viii) 和 (ix) 均正确。   (b) 除了 (v) 到 (viii) 均正确。

(c) (i) 到 (iv) 正确。   (d) (i)、(ii)、(iv) 和 (vii) 正确。

★★6. 下面正确的是：(i) Jabbing 意味着快速下发警报和消息，或者反复下发；(ii) JID 被分配给来自一组域的一组警报和消息；(iii) 订阅指请求推送资源；(iv) 源是指在应用过滤、计算、压实、融合、压缩、分析和聚合规则后生成和通信的一组数据点、对象、数据流和消息；(v) 供给也可用于已编程的触发器和警报。

(a) 除了 (i) 均正确。   (b) 除了 (ii) 均正确。

228 (c) (i)、(ii) 和 (iii) 正确。   (d) (i)、(ii) 和 (iv) 正确。

★★★7. DeviceHub 是：(i) 物联网的开源骨干；(ii) 基于云的混合服务，存储与物联网相关的数据；(iii) 提供数据可视化；(iv) 允许基于网页的控制台控制物联网设备；(v) 提供描述性和预测性分析；(vi) 使开发人员能够创建应用程序，例如追踪车辆数据、监控天气数据。

(a) (iii) 到 (vi) 正确。   (b) 除了 (ii) 和 (v) 均正确。

(c) 除了 (v) 均正确。   (d) 所有均正确。

★8. 云的例子有：(i) Nimbits；(ii) DeviceHub；(iii) 亚马逊虚拟服务器；(iv) GoGrid 虚拟服务器；(v) 弹性计算云；(vi) Cloud.com 开源 IaaS；(vii) TCS 转型解决方案；(viii) Cisco IaaS；(ix) IBM Bluemix Cloud 共享基础架构服务，可自动满足 IT 资源的波动需求。

(a) 所有均正确。   (b) 除了 (ix) 均正确。

(c) (i) 到 (v) 正确。   (d) 除了 (i) 和 (ii) 均正确。

★9. 数据源通道传达系统：(i) 事件；(ii) 消息；(iii) 订阅；(iv) XMPP 警报。

(a) (i) 到 (iii) 正确。   (b) (i) 和 (ii) 正确。

(c) 所有均正确。   (d) (iv) 正确。

简答题

★1. 列出云计算的服务模型。

★★2. 为什么云计算需要虚拟化？

★★★3. 云计算与网格计算有何不同？

★4. 列出物联网部署"一切即服务"模式的云服务的用法。

★★5. 列出在物联网应用中使用云的优点。

★★★6. 绘制面向汽车零部件互联网部署边缘和云计算的架构。

★★7. 在例 6.6 中展示 ACVM 物联网的架构部署边缘和云计算。

★★8. 云如何在物联网应用中用作数据库？

229 ★9. 物联网应用的 Nimbits 和 Xively 云之间的共性和差别是什么？

★★10. 设备节点和网络使用数据点树代替各个数据点的优点是什么？

★★★11. 解释 XMPP 服务器将设备节点、网络消息和警报作为应用程序的公共资源。

★★★12. 如何从数据点树创建计算对象？

论述题

★★1. 描述云服务使用中的虚拟化概念。

★2. 在物联网应用中使用云服务有什么优点和关注点？

★★3. 物联网应用的云服务部署模型是什么？

★4. 解释云的 SaaS、PaaS、IaaS 和 DaaS 服务模型。

★★★5. 描述每个云的使用——Spark、OpenIoT、DeviceHub、Intel IoT 云分析工具包、Xively 和 Nimbits。

★★★6. 物联网应用的 Nimbits 有哪些功能？

实践题

★★ 1. 举一个例子来解释术语，"按需自助服务""资源共享""网络广泛可访问性""弹性"和"可测量性"。

★ 2. 列出 Amazon EC2 云和 TCS 云提供的服务。

★ 3. 除了 SaaS、PaaS、IaaS 和 DaaS 四种主要服务模型之外，还有哪些云服务模型？

★★★ 4. 列出来自 Oracle、Google、Amazon、Microsoft、Tata Communications、GoGrid 和 NetSuite 的主要云服务。

★★ 5. 回顾例 5.2。对汽车零部件互联网云在汽车服务中心应用中的应用体系结构进行图解说明。

★★ 6. 显示云的使用架构。图解 ACVM 在互联网的应用。

★ 7. 回顾路灯互联网的例 1.2 和例 6.3。在使用云服务和网关时在每条街道上使用一组路灯和 Web 服务器显示架构。列出每条街道物联网设备网络中各设备节点、数据点和源的数据通信情况，以用于控制和监控。

★★★ 8. 回顾用于汽车零部件互联网的例 5.2，用于建立汽车服务中心 H2 数据库的数据、数据点、汇总点和数据源通道。列出系统事件和消息的数据点、子节点、计算对象、汇总点、数据源通道、XMPP 服务器警报的订阅和在云上的 NbitsbitsServerC 构建 H2 数据库的订阅。

★★★ 9. 回顾例 5.3 RDBAVCM 表 A、B、C 和例 6.6。列出与表对应的云上的数据点、子点、计算对象、汇总点、系统事件和消息的数据源通道、XMPP 服务器警报的订阅和 NimbitsServerC 的订阅。 230

第7章 传感器、交互式传感、RFID 和无线传感网

学习目标

7-1 阐述说明传感器如何通过模拟和数字技术感应真实世界，并给出用于 IoT 和 M2M 传感设备的示例。

7-2 给出交互式传感、工业物联网和汽车物联网的概念。

7-3 描述传感设备中执行器的用途。

7-4 描述使用串行总线协议在数据通信中的用途。

7-5 解释射频识别（RFID）技术。

7-6 解释无线传感网（WSN）技术。

知识回顾

从第 1 章和第 5 章我们了解到，传感器在收集 IoT 和 M2M 数据方面发挥着重要作用。物联网设备的组件通常是由微控制器、固件、传感器或执行器组成的硬件。汽车组件将微控制器和固件组成的传感器和电路嵌入汽车中，传感设备网络将每个组件和感测数据的状态传送到汽车服务中心的应用程序，处理中心的应用程序制定服务计划，并为所需的紧急操作和特定操作生成警报。

执行器是用于触发动作的装置，例如，它可以接通一组路灯，可以在自动售货机中递送巧克力，也可以在因特网上为服务提供者的应用程序传送信息。

RFID 及其传感器在互联网中发挥着积极作用。RFID 技术使用无线射频识别物体，其互联网应用的例子包括跟踪包裹、货物和交付以及供应链管理等。

无线传感网可以被定义为"由空间分布式自治设备组成的无线网络，使用传感器协同监测不同位置的物理或环境状态，如温度、声音、振动、压力、动作或污染物。"

7.1　概述

IoT 和 M2M 应用需要大量数据，这些数据来自大量设备，如 ATM 机、停车位传感器、ICU 中的健康设备、工业设备中的机器、汽车中的嵌入式组件、RFID 设备及无线传感网。

在物联网体系结构中，数据由物理层中的传感器、嵌入式设备及系统生成。此后，数据通过数据链路层、数据适配层、网络层、应用支持层及应用层与物联网应用进行通信。

物联网所采集的数据被广泛用于分析、可视化、智能化和知识发现，以及控制和监控。控制系统使用传感器进行监控，并使用执行器进行操作。

物联网应用在原型设计时，需要嵌入式设备平台作为基础。这些平台能够提供设备与互联网的连接，使设备能与应用程序通信。物联网监控和控制设备、系统和机器中的应用程序使用执行器。

本章介绍了传感技术的多个方面、M2M 设备中交互式传感的概念，以及工业物联网和汽车物联网。同时，本章还介绍了执行器的作用，并描述了 RFID 和 WSN 的使用细节。

7.2 节介绍了 IoT 和 M2M 网络中使用的传感器技术以及模拟和数字传感器。7.3 节描述了交互式传感、工业物联网和汽车物联网的概念。7.4 节介绍了执行器的使用。7.5 节描述了 IoT 和 M2M 设备使用的数据通信协议（UART、I2C、LIN、CAN、USB 和 MOST）。7.6 节和 7.7 节描述了 RFID 和 WSN 的技术方面。

232

7.2　传感器技术

传感器技术用于设计传感器、数据采集器以及相关电路和设备。传感器可以感知物理参数的变化，例如温度、压力、光线、金属、烟雾和物体间距离。传感器还可以感应加速度、方向、位置、振动、气味，以及分辨有机蒸汽和气体。例如，麦克风能够感应声音的变化，可用于录制语音或音乐。

传感器将物理能量（如热量、声音、应变、压力、振动和运动）转换为电能。电子电路连接到传感器的输入端，电路接收传感器的输出。输出根据物理状况的变化而变化。智能传感器在其自身内部包含电子电路，并且拥有计算和通信的能力。

电路板借助电流、电压、相位、频率的变化来接收能量。模拟传感器会根据参考值或正常状态来测量参数变化，并在计算后提供传感参数的值。

这些根据参考值或正常状态得到的状态变化，就是数字传感器中的状态 0 和 1。

7.2.1　感知现实世界

电子元件可用作传感器，传感器是电路中可以感知物理环境或状况的电子设备。传感器将信号发送到电子电路，该电子电路与微控制器或计算设备串行端口接口互连。

特定的环境或物理状况变化，会引起特征电路参数的可测量的变化，传感器由此感测特定的物理状况。

1. 基于电阻、电容、二极管和晶体管的传感器示例

例 7.1 给出了随物理状态变化的特征电路参数。

233

例 7.1

问题

假设 R 是电阻，C 是电容，I_{rev} 是 p-n 二极管中的反向饱和电流，I_{sat} 是双极结型晶体管（BJT）中的饱和电流。特征电路参数 R、C、I_{rev} 和 I_{sat} 如何感知其周边物理环境并测量环境参数？

答案及解析

- 现有电阻 R，是特殊设计的缠绕在线圈上的导线，可用作温度传感器组件。R 表示金属线如铂的温度变化，通过触摸屏位置感测 R 的电阻变化，应变传感器电阻显示 R 随应变的变化。R 的变化与应变引起的长度变化成正比。例如，每 12cm10kΩ。应变传感器通过 R 的变化来感测施加力时的弯曲，传感器电阻 R 随着路径或局部偏转轮廓变化而弯曲。

有机溶剂蒸汽传感器的电阻反映了附近的蒸汽浓度可测量的下降。传感器的电导率（电阻的倒数）根据传感器附近的空气中的蒸汽或气体浓度的增加而增加。蒸汽传感器一般由金属氧化物涂层包裹，其电阻随蒸汽吸附而变化，如 Figaro 公司生产的传感器（TGS2620）。

光导体的电阻暴露在光下时会反映出可测量的下降，其导电率（电阻的倒数）根据辐射强度的增加而增加。这类传感器通常是一种特殊的半导体，其电导率与接收光强度成指数相关。

- 当传感元件的电容随着接近特定物体（例如金属部件或手指）的变化而变化时，电容 C 可用作距离传感器。液位传感器的电容可反映容器中填充物水位的变化。
- 触摸位置传感器的电容可反映出当手指触摸或接近屏幕上的位置变化。电容 C 的变化取决于触摸位置，在用户点击一个菜单位置时，该菜单对应位置的程序即开始运行。
- 在一定温度范围内，p-n 结二极管的反向饱和电流 I_{rev} 能够反映温度的可测量变化，进而可用作温度传感器。
- 特殊制造的 p-n 二极管在连接处具有用于辐射的窗口，可以用作光电传感器可以用作光电传感器。二极管反向饱和电流 I_{rev} 随辐射能量的变化而发生可测量的变化，从而可用于入射辐射强度传感器。
- 特殊制造的 BJT 在连接处具有用于辐射的窗口，可以用作光电传感器（光电晶体管）。在入射红外或光辐射强度变化时，BJT 中集电极 – 发射极之间的饱和电流 I_{sat} 会发生可测量的变化。

电路的特征参数随物理状态的变化而变化，为了发展传感技术而促进的电路特征技术也用于移动电话中。手机可以感知周围环境，其触摸屏可以感测手指触摸和手势。智能手机具有电阻和电容传感器、基于光电二极管电流的传感器、加速度传感器、陀螺仪传感器，以及温度和压力传感器。传感器，使一些应用程序和游戏能够顺畅运行。

微控制器是具有传感器电路的关联计算设备，当使用基于电阻的触摸屏时，该传感器电路计算触摸位置并将其映射到用户命令，之后智能手机会根据命令采取进一步的动作。

2. 模拟传感器

模拟传感器使用传感器和相关的电子模拟电路。模拟传感器根据物理环境参数生成模拟输出，例如温度、应变、压力、力、弯曲、蒸汽、磁场或接近度。传感部件的电阻可能随着周围的压力、拉力、磁场或湿度而显示出可测量的变化。压力传感器的电阻随压力增加而在传感器上产生应变。例如，2.2 英寸或 4.5 英寸长度的柔性传感器显示，由于传感电阻器的路径和偏转的改变，其在传感器带上的电阻随着弯曲而增加。

来自传感器电路的模拟输出的测量如下进行：传感器输出被给予信号调节和放大电路（SC，Signal conditioning-cum-amplifying Circuit）的输入，SC 输出是模数转换器（ADC，Analog-to-Digital Converter）的输入，ADC 提供数字输出，例如 8 或 12 位的二进制输出。使用微控制器读取该输出，计算出的感测参数值可以反映传感器周围的物理状态。

3. 从电阻传感器读取温度

例 7.2 显示了模拟传感器和带有相关电子元件的传感电阻如何实现温度传感和测量。

例 7.2

问题

假设具有感测组件电阻的电子电路作为物理对象。如何检测温度？

答案及解析

导线或元件形式的电阻器可以是电子电路的一部分。欧姆定律指出，只要物理状态保持不变，电阻就会保持不变。当电阻器的值在所需的感应温度范围内可测量地变化时，该电阻器可被用作传感器。

首先，可以使用两个标准或参考温度点进行测量，例如 0℃ 和 100℃。针对作为温度 T（以 ℃ 为单位）的函数的感测部件电阻 R 值来制定公式或表格。当变化与物理环境的变化线性相关时，则使用该公式。当变化与物理环境的变化呈非线性或指数级相关时，则首选使用该表格。

235

在感测诸如汽车中的 M2M、IoT 设备中的油或冷却板等物体的温度时，简单电子电路会在被测物体处触发感测组件，关联计算设备计算待测物体的温度值。图 7.1 为由电阻桥组成的电路，电桥在传感物体上有一个传感电阻和三个固定（标准）电阻。该图展示了一个使用电子电路的微控制器，其端口连接到子电路、串行端口接口、ADC、信号调理放大器和电阻桥。

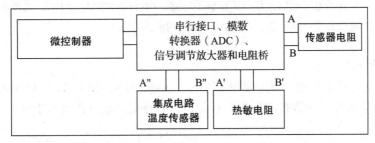

图 7.1　连接到子电路的微控制器串行端口接口、ADC、信号调节放大器、电阻桥和传感器电阻输出 A 和 B。另一种情况是，电路连接到热敏电阻输出 A' 和 B'，或基于 IC 的温度传感器的输出 A" 和 B"

换能器感应电流或电压，其输出根据输入物理能量的变化而变化。用于温度传感器的基于 IC 的电路，根据由热能带来的温度变化在输出中感应电流。

微控制器是一种计算设备，它在其端口读取输入，将读数保存在存储器中，然后将读数用于计算和通信。

4. 从电容传感器读取

例 7.3 展示了传感电容如何使用电容桥进行传感。

例 7.3 ——

问题

假设具有感测组件电容器的电子电路作为物理对象。当使用带有传感电容器的电子电路作为物理对象时，如何检测电容的变化？

答案及解析

考虑两种情况：

1）当金属部件存在于平行板电容器附近时，电容 C 改变并且感测到接近距离。

2）屏幕底部有金属网格，当手指到达屏幕附近时，C 将根据触摸位置而改变；或者当手指靠近屏幕上的菜单项时，C 随时间变化。

——

传感器对象的 C 是电容桥的一部分。关联计算设备计算情况 1 中的接近距离，及情况 2 中的触摸位置以及连续变化。微控制器是一种计算设备，它在其端口读取输入，将输入保存在存储器中，然后使用数据通过网络进行通信。

图 7.2 展示了使用电容桥的电路。电桥由传感电容（物体）和三个固定电容（标准）组成。该图展示了基于微控制器的电子电路，其端口连接到四个子电路、串行端口接口、ADC、信号调节放大器、二极管和电容桥。

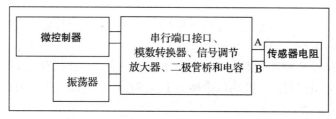

图 7.2 微控制器电子电路，端口连接到子电路、串行端口接口、ADC、二极管、信号调理放大器和电容桥，以及 A 和 B 处的传感器电容

5. 串口接口

有 ADC 支持的串行端口接口的优点在于，ADC 的 8、10 或 12 位输出可直接输入到接口，接口将输入发送到微控制器的串行端口。串行端口接口在输出中只有两个端子（见 7.5 节）。

6. 模数转换器

微控制器包括内部电路 ADC 或多输入 ADC，它处理来自电路 ADC 的数字输出。端口通过外部 ADC 接受由 1 和 0 组成的数字输入。8 位端口接受 8 位输入，对应于 0 到 255 的十进制数（255d）。该端口在两个周期内接受 12 位输入，即一次 8 位，然后是 4 位，对应 0 到 4096 的十进制数（4096d）。信号调节放大器的模拟输出连接到 ADC 输入 V_{in}。

ADC 数字输出的十进制值与 V_{in} 相关，并且在输入端采用二进制位的形式。二进制数字的十进制值与模拟输入 V_{in} 和参考电压 V_{ref} 的比值成正比。假设微控制器具有 V_{DD}，即微控制器电源 +ve 输入和 V_{SS} 微控制器电源 –ve 输入。

假设（VDD – VSS）= 5 V，为 ADC 施加参考电压的一半，即（V_{ref} / 2）。半参考电压可以是 1.65 V（Vref <5V。（V_{ref} / 2）<< （V_{DD} – V_{SS}）。

假设 ADC 为 8 位。[2n – 1 = 255d] 然后 ADC 数字输出 = V_{in}*255d / Vref，因为 Vref 是可以应用于 ADC 的最大输入，它提供的最大数字输出为 11111111b，即 255d。

7. 采样 ADC

采样指 ADC 以指定的周期间隔接受输入信号并将其转换为数字信号。根据信号频率和其他需求来设置时间间隔。采样 ADC 的应用有很多，例如，在记录语音或音乐时，采样 ADC 从麦克风接收用于记录传感器的信号。

8. 信号调节放大器

SC 通过加上或减去偏移电压来放大输入处的信号，使得 SC 输出处测量的物理参数的最小 V_{in}（min）和最大 V_{in}（max）值分别等于 0V 和 V_{ref}。例 7.4 阐明了如何使用 SC 和 ADC，并计算温度。

例 7.4

问题

使用传感器测量温度时，ADC 和信号调节放大器的电压输入应该如何设计？如何计算检测到的温度？假设传感器测量的温度介于 –10℃～ +40℃之间。

答案及解析

设置如图 7.1 所示电路中信号调节放大器（SC）的输出，使得 ADC 输入端的电压始终在 0V 和 V_{ref}（参考电压输入）之间。由于温度范围介于（T_{min}）和（T_{max}）之间，当要检测的温度介于 –10℃（T_{min}）和 + 40℃（T_{max}）之间时，ADC 输入 = SC 输出应为 0V，此时传感器所在环境温度应为 –10℃。当传感器所在环境温度为 40℃时，ADC 的输入应为 V_{ref}。（T_{min}）和（T_{max}）之差为 50℃。

微控制器中的软件使用预定义的表或公式来计算检测到的温度 T。当 ADC 输出为 255d（= 11111111 二进制）时，该表保存 T = 40℃。当十进制的 ADC 输出等于 n 时，检测到的温度为 [5℃ *n / 255 –10℃]。当 ADC 输出等于 0_d 时，检测到的温度为 –10℃。

使用 SC、ADC、计算等同样的方法不仅适用于温度测算，还适用于其他传感器数据，例如应变、压力、推力、弯曲程度、蒸汽、磁场或接近距离传感器。

9. 数字传感器

特定的电子元件或电路可以给出数字输出，即表示开关状态的二进制数 1 或 0，或由 1、0 序列组成的二进制串（对应一组开关状态）。数字传感器中包含传感设备，并具有相关的电子电路以提供数字输出。通过微控制器中的端口读取输出 1 或 0（或由 1 和 0 组成的二进制串）。该电路可用于感测特定物理状态或状况的突然变化，或用于感测特定物理状态或状况集的突然变化。

10. 感知开关状态

使用开关状态的数字输出需要检测许多条件。例 7.5 给出了四种关于如何检测开关状态的情况，此时二进制 1 和 0 的输出由电路或微控制器读取。

例 7.5

问题

（a）如何检测开关状态？一位数字输出 1 或 0 是如何产生的？（b）路灯传感器如何感应环境光线状态？（c）旋转车轮的状态如何感知它已到达特定方向？（d）线性运动部件状态如何感知它已达到特定的线性位置？假设数字输出是微控制器端口的输入。

答案及解析

（a）图 7.3 展示了电路（左上方）由连接到地电位的电阻的一端 A（电源的负极）组成。另一端 B 连接到交换机的 C 端。开关包括打开或关闭两个状态，并给出两个输出 1 或 0。另一端 D 连接到电源电压 V+（= 5V）端口。微控制器端口引脚连接 C 和 A。

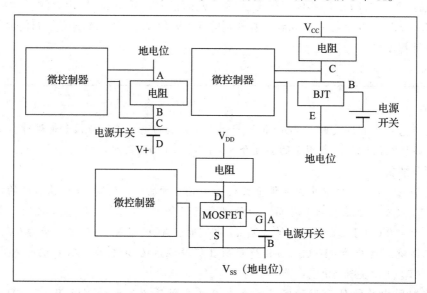

图 7.3　三个微控制器电子电路，用于检测端口引脚输出 1 和 0 产生的开启和关闭状态

交流电路（右上方）是 BJT 的基端 B，它连接到开关的一端。BJT 的发射极端 E 连接地电位。集电极端 C 通过电阻连接到电源 Vcc（= 5V）的 + ve 端。开关一端连接到微控制器端口引脚，微控制器端口引脚另一端连接到 C。

另一个交流电路（底部中间）是开关一端 B 连接到 MOSFET（金属氧化物场效应晶体管）源极端 S。MOSFET 的漏极端 D 通过电阻连接到电源电压 + 端子 V_{DD}。门 G 连接到开关的 A 端。微控制器端口引脚的输入来自 B 和 D。

当开关状态分别为关闭和打开时，电路在端口引脚处给出 1 和 0 输出串。

集电极 C <0.8 V 时的右侧顶部电路电压取为 0，> 2.8 V 取为 1，VCC 取为 5V。

漏极 D（相对于电源端子 V_{SS}）的中间底部电路电压小于 $(1/3) * (V_{DD} - V_{SS})$，则输出状态被视为 0，当大于 $(2/3) * (VDD - VSS)$ 时被视为 1。

（b）路灯处的环境状态传感器使用光电晶体管 FPT 感测环境光线状态。FPT 能够检测高于阈值的环境光强度。图 7.4 即该电路示意图，当环境光强度低于阈值时电路输出 1，环境光强度高于阈值时输出为 0。

（c）旋转的车轮可输出 1 或 0，它具有一对 LED 或 IR-LED（发光二极管或红外 LED）和光电晶体管（FPT），位于车轮上的狭槽的两侧。图 7.5 展示了该电路。当旋转轮的槽在完成旋转时到达 FPT 附近时，电路输出 1，而直到下一次旋转完成前，电路输出 0。在车轮完成转动之前，FPT 的显示灯不会被遮光器遮挡。

240

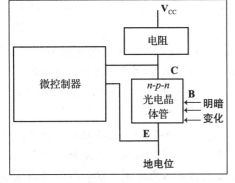 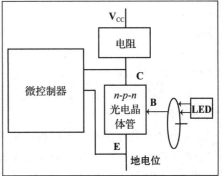

图 7.4　用于监测路灯环境的微控制器电子电路环境状态传感器，微电路可以检测两种状态并为端口引脚生成两个输出 1 或 0　　图 7.5　用于旋转车轮的微控制器电子电路，旋转 – 完成感应两种状态（完整或不完整）并为端口引脚产生两个输出 1 或 0

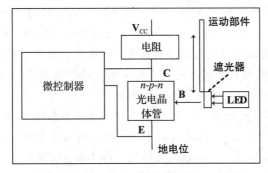

图 7.6　微控制器电子电路，用于检测移动部件何时到达特定位置并检测两种状态（达到或未达到），并为端口引脚生成两个输出 1 或 0

微控制器端口 P_0 引脚接收输入 1 或 0。特定时间间隔内的 1 的个数除以时间间隔可得出转速，即每分钟转数（rpm）。轮胎的转速和周长的值可用于计算汽车中以 km/h 为单位的速度，将转子运动转换成汽车的线性运动即可。

（d）检测接近特定位置的运动部件的过程如下：运功部件设有遮光器，当部件运动到一对 LED（发光二极管）和 FPT 之间的空白区域时，阻挡器阻挡落在 FPT 上的光，从而电路输出为 1。当器件不在附近并且没有阻挡光到 FPT 时，电路给出输出为 0。图 7.6 展示了该电路。

241

除此之外，还有许多运用数字通断的感测技术。例如，感知街道上交通堵塞的存在，感知废弃物容器的填充达到某个预设水平，并在该时刻通过网络向城市垃圾管理服务发送警报。除此之外，传感器还能感测有机蒸汽的存在，当感测到有机蒸汽产生时触发气体泄漏或火灾警报。

11. 感知一组开关状态

在许多应用中需要检测一些特定的条件。电路为一组 On-Off 状态产生数字输出。特定的电子元件或电路给出数字输出，例如由 1 和 0 组成的一组 4、8 或 16 个状态，用于检测特定物理状态或条件组中的一组离散变化。输出连接到微控制器的端口输入，微控制器读取给定实例的输入。例 7.6 详细解释了这一点。

例 7.6

问题

（a）如何使用 8 个开关的数组产生一组 1 和 0？（b）在巧克力自动售货机物联网络上，如何实现"当每种口味的巧克力售出 10% 时，剩余的巧克力如何在网络自动售货机里实现交换"？（c）如何根据车位数据确定闲置车位的个数，并应用在停车网络中？

答案及解析

（a）8 个开关的阵列可为一个端口生成 8 位输入。微控制器中的输出端口引脚发送检测信号 1，8 条返回线将输入提供给微控制器端口。8 位端口读取输入以检测开关的 8 个开关状态。图 7.7a 展示了该电路构造。当操作者使用键盘时，八条感测线路和八条返回线路用于读取输入，进而感测在给定实例处按下了哪个键。

（b）假设有五组（每组十对）FPT-LED 阵列，每种巧克力口味在每个巧克力填充组件中每个 10% 的水平对应一个。五种口味意味着共有五十个传感器。如果某个口味巧克力的 10% 未售完，则对应的传感器产生 on 状态信号 1。当该口味巧克力余量为 80% 时，传感器阵列中给出 8 个 1 和 2 个 0。每种口味巧克力的总含量上限为 10，1 和 0 个数的总和为 80d。间隔循环读取五种口味巧克力各自的余量，并将该数据传输到互联网，巧克力自动售货程序会定期向供应商传达已出售的巧克力百分比。图 7.7b 展示了该电路。

（c）假设有 64 个停车位。每个停车位处都安置了作为传感器的光电导体，用于激光二极管光束块检测。当车位空出时，传感器会产生导通状态信号 1。通过来自微控制器的三条编码线路选择八个时隙阵列，循环读取阵列中的一组八个插槽状态。每个阵列都是循环选择的。所有 64 个时隙的数据被发送到互联网，停车服务应用程序可以借助停车场附近交通信号灯的变化，定期地向车主推送空闲车位信息。图 7.7c 展示了该电路的构造。

7.2.2　传感器示例

1. 温度

热敏电阻可以在较窄的环境温度范围（−90 ～ 120℃）内反映出较大的电阻变化。NTC 热敏电阻显示负温度系数，这意味着电阻值随温度升高而下降。

热敏电阻可用于家庭自动化或感应云。热敏电阻的输出连接到信号调节放大器、ADC 的电路，然后连接到微控制器串行端口，类似于图 7.1 中的电路，不同点在于使用热敏电阻电路代替电阻桥。

当温度传感器表现出正温度系数时，被称作 PTC（Positive Temperature Coefficient）。PTC 电阻器的电阻值随着温度的升高而升高，如铂金或其他金属合金导线，其电阻随温度呈线性变化。这些可用于检测温度并在很宽的温度范围内测量值，例如（0 ～ 1600℃）。

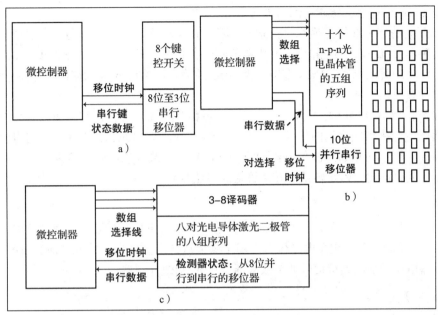

图 7.7　用于检测开关状态的微控制器电子电路 a）8 个开关阵列；b）当巧克力自动售货机销
售 5 种口味的巧克力时，10 个销售级别的 50 个传感器的二维阵列；c）阵列停车位上
有 64 个传感器，每个插槽都有一个传感器

例 7.2 描述了使用电阻桥、信号调节放大器和 ADC 产生微控制器输入的测量原理和程
序。图 7.1 展示了该电路结构。

一些特定的 IC（如 AD590）可用作温度传感器，每升温 1℃就会产生 $1\mu A$ 电流。传
感器的输出连接到信号调节放大器和 ADC，然后连接到微控制器的串行端口接口。该电路
类似于图 7.1 中的电路，不同之处在于，使用 IC 换能器代替了电阻桥。

随时可用的温度传感器具有带三个端子的内置电路，两个用于 5V 或 3.6V 电源正负极
端子，一个用于 ADC 输入，即 V_{in}。

2. 湿度

湿度以百分比衡量，它是空气中水蒸气含量与在测量实例温度下空气中的最大可能水
蒸气含量的相对百分比（RH%），湿度超过 90% 表示即将下雨。电容传感器反映电容的变
化，可以作为相对湿度变化的百分比。

易用湿度传感器可以反映与 RH% 成比例的输出电压（美国 Sparkfun 公司可提供湿度传感
器）。传感器在正负（接地）电位端子处提供输入电源，并产生输出 VRH 作为 RH% 的函数。

图 7.2 为使用电容式传感器进行传感的电路，除了代替电容桥输出之外，传感器电路
内置于现成的传感器中。V_{RH} 被直接输入至 ADC，ADC 输出到微控制器的串口接口。该电
路可用于测量相关参数并计算 RH%。

3. 距离

红外（IR）传感器适用于感测 0.15m ～ 0.8m 范围的物体。红外传感器的工作原理是，
当窄光束红外 LED 以倾斜角度发射辐射时，附近的光电晶体管 FPT 在物距传播两倍后接
收反射的辐射。发射和反射信号之间的反射辐射延迟（= 2*3.3ns/m）与距离成正比。物体
的距离测量范围为 0.1m ～ 0.8m，高于 0.8m，辐射强度可能不足以检测；低于 0.15m，时

间间隔小于 1ns，这也会妨碍检测的进行。

基于距离的易用红外传感器（Sparkfun 距离 IR 传感器）可以测量与距离成比例的输出电压。传感器 LED 在正负（接地）电位端子处提供输入电源，IR-FPT 与内部电路一起产生输出 V_{dis} 作为距离的函数。Vdis 直接作为 ADC 的输入，然后 ADC 输出到微控制器串行端口，通过计算得出距离。

244

超声波传感器也可以发送脉冲，其频率为每秒几千周。来自超声脉冲和相关电路的回波的检测产生与距离成比例的信号。由于空气中的声速为 330m/s，空气中的超声波延迟约为 2*3ms/m。可以使用超声波传感器测量较远的距离，或检测附近的障碍物。这些传感器被应用于工业自动化、铁路轨道和石油管道故障监测。

4. 光

例 7.1 表明光电导体可用于检测附近的光。传感器可以反映出周围光线的阻力下降。或者，p-n 结光电二极管或光电晶体管可用于测量从特定方向进入的入射辐射强度。图 7.1 显示传感器电路的输出连接信号调节放大器、ADC 和微控制器。

5. 加速度

微机电传感器（MEMS）分别沿三个轴 x、y 和 z 检测线性加速度 ax、a_y 和 a_z。当质点沿着一个方向移动时，传感器也会随之移动。机械运动有三个组成部分。这些变化导致三个电容值 Cx、Cy 和 Cz 的变化。每个 C 的值取决于两个平面之间的空间，该平面随着轴的加速度而变化。这些电容是电子电路的一部分，由此产生的电压变化给出了 a_x、a_y 和 a_z。

加速计传感器被应用于新一代智能手机中。当手机旋转时，传感器检测三个参数，使屏幕图像及菜单项可以随之横向或竖向旋转。加速度计还可以检测设备的上下、左右和前后方向的加速度。

Sparkfun ADX335 是一款设计简单的加速计传感器。加速度计在正负电位端子处提供输入电源，并产生三个输出 V_x、V_y 和 Vz 作为时间的函数。计算给出 a_x、a_y 和 a_z。图 7.8 即加速度计电路。

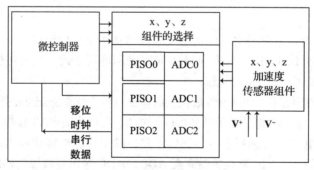

图 7.8 用于测量加速度传感器的三个加速度分量的微控制器电子电路

6. 振动和冲击

245

MEMS 可以使用压电效应代替电容变化效应。在某些特定材料中观察到的效果是由于压电材料的机械压缩而在该材料表面上积累电变化导致。电荷数随时间的变化率即电流的流动。振动会导致压力的反复升降，相关的电子电路能根据振动强度产生输出。该电路还可以感应到机械冲击，用户一旦触发振动或冲击，或者设备在跌落时摇动，内置传感器就会感应到这些变化，并按照程序执行系统后续动作。

7. 角加速度和方向变化（角度）

陀螺仪是一种测量角速度（角加速度）和方向（角度）变化的传感器。应用程序使用陀螺仪或加速度计进行测量，系统按照预先编好的程序启动操作。例如，玩家可以在移动游戏应用程序中使用手势操作陀螺仪。

8. 方向和方向指南针

陀螺仪可用作电子罗盘或数字罗盘，因为它能显示方向（角度）的变化。

数字罗盘也是一种新应用。罗盘显示东西南北方向，也可指示物体倾斜的方向，是一种非常简单的导航设备。它有一个磁条，在地球磁场的影响下与地球的磁北极对齐。数字罗盘可以显示罗盘指针所指的北方向与实际地球磁北极的顺时针偏离度数 φ。移动设备的北面是指屏幕的上方向，南面指下方向，西面指左边，东面指右边。

数字罗盘是用于以度为单位检测相对于正北方向偏离度的电子设备。指南针以 1 和 0 的序列给出数字输出。随时可用的数字罗盘传感器将序列发送到微控制器串行端口。传感器在 +（V_{CC}）和 -（地）电位端子处提供输入电源，并连接串行端口端子、串行时钟（Serial Clock，SCL）和串行数据（Serial Data，SDA）（见 7.5 节）。串行位序列对应一个字节（8 位二进制数）。对于该数量计算，给出相对于北方向的角度 φ。

9. 磁传感器 / 磁力计

例 7.7 解释了传感原理和过程。

例 7.7

问题

磁力计如何反映磁场的方向和变化？

答案及解析

传感器设备中的磁力计可以借助设备环境中创建的磁场，使装置中的微小磁体 M1 与附近的磁化铁件 M2 之间能够进行无接触的三维相互作用。磁力计还可用作工业自动化中铁制或钢制物体的方向、接近程度以及距离的传感器。

有的应用程序还可识别铁制或钢制物体的存在，并在检测到时关闭手机。除此之外，也有应用可以监视 M1 的磁场变化并识别用户的手势。

---

10. 电流

交流电（Alternating Current，AC）由微型变压器及其相关电路检测。在所有情况下，直流电（Direct Current，DC）在一个方向上流动。它使用传感器电路进行检测，该电路通过流动电流来检测磁场。使用随时可用的电流 i 和电压 v 或功率（i 和 v 的乘积）。它们可以使用其相关电路连接到微控制器。微控制器内部可完成计算，无线发射器可以通过 WiFi 将数据传输到电力公司。

11. 声音

麦克风可以感应声音。一个随时可用的带有麦克风的电子板连接到微控制器之后，微控制器就可以根据声音信号控制执行器的动作，或进一步识别语音然后采取必要的动作，例如借助执行器电路实现拨打电话或启停汽车等操作。

12. 感知具体物体

读取条形码

条形码可用于表示数据，该数据与打印的代码条所附着的实体有关，可以由光学扫描仪读取。在其发展初期，条形码通过改变平行线的宽度和间距来系统地表示数据，主要是线性或一维代码。之后，条形码演变为矩形、点阵、六边形和其他二维几何图案，该系统中条形码也被称为符号。

条形码读取器是用于扫描条形码的扫描仪。电子设备读取微控制器或计算设备或计算机的端口的输出。扫描仪有一个光源，当它被打开时，光脉冲通过镜头并聚焦在条形码的黑白色空间上。光源基于激光的或基于 LED。

扫描仪上的反射光传感器或 CCD（电荷耦合器件）检测器以及相关的解码器电路，能够将光脉冲转换成电子脉冲，并分析条形码的图像数据。通常使用的分辨率是印刷代码的尺寸，即 0.33mm。传感器在计算设备的输入端口将条形码的内容发送为 1 和 0 的二进制串。

二维码

二维码（QR）是快速响应（Quick Response）代码的缩写。它最初用于汽车行业，其应用是产品识别、跟踪、营销和文档管理。

二维码使用标准化编码模式，例如数字、字母数字、字节、二进制或其他。二维码可以有效地存储数据，并且是可扩展的，在汽车工业以外的行业中同样很受欢迎。相比于标准通用产品代码（UPC），二维码读取速度更快，存储的数据更多。

二维码由在白色背景上以正方形网格格式排列的黑色方形点组成，其所需数据的模式为图像的水平和垂直分量。扫描仪或照相机读取代码，并使用称为 Reed Solomon 方法的纠错方法处理数据，直到处理出对二维码图像的适当解释。

13. 用于移动物体的运动传感器

物体的运动速度以 m/s 为单位。传感器测量连续反射的 IR 光脉冲之间的延迟。LED 光源是 IR 光源，光电晶体管是 IR 传感器。超声波回波可用于感测光的运动，传感器测量连续回波之间的延迟。

随时可用的运动传感器，例如 Sparkfun 传感器，可以测量并给出与运动成比例的输出电压。传感器在正负电位端子处提供输入电源，并产生作为 m/s 的函数的输出 V_m。

通过计算，可得出附近物体速度的变化，安全系统通过使用运动传感器，能够在网络上传输数据并引发安全警报。

14. 压力传感器

压力 P 为物体每平方米所受的力，可以通过多种方式感测。压力计压力传感器在两个表面之间使用压电物体。压缩会使物体相对的表面上产生电荷，电荷流产生电流和电压，从而使压力测量成为可能。

电阻传感器根据压力产生的形变测量电阻的变化。

随时可用的压力传感器，例如 Sparkfun 传感器，显示与压力成比例的输出电压。传感器在正负电位端子处提供输入电源，并根据压力 P 产生输出电压 V_P。

压力传感器的应用示例如下，轮胎上的若干压力传感器构成压力监测系统。传感器传递每个轮胎中的轮胎压力，并且由相应的监控电路在车辆的仪表板上发送警报。

图 7.1 显示了使用电阻传感器进行传感的电路，除了代替电阻电桥输出，传感器电路是使用现成的传感器内置的。V_P 直接给 ADC，ADC 输出到微控制器的串口接口。该电路可测量并计算压力 P。

15. 环境监测传感器

环境参数包括温度、湿度、气压和光强。这些参数传感器的协同工作使得监视环境成为可能。这些传感器根据需求测量相关数据，并通过网络将数据发送到云或 Web 用于环境监视应用。例如，街道上的光环境传感器可以监视路灯的光强度（见例 1.2 和 5.5）。

16. 位置数据

确定物体的位置意味着从多个方向上得出它相对若干固定位置的距离，并且通过测量光、IR 或超声波的强度以计算位置（在光源强度以及每米的光衰减情况已知的情况下）。

17. 全球定位系统

全球定位系统（Global Positioning System，GPS）也被称为地理定位系统，可用于确定物体位置。用户可以从服务提供商接收位置，而服务提供商通过来自卫星的信号找到 GPS 位置，并通过基站找到用户的相对位置。

249

18. 相机

相机是图像传感器，使用 CCD[⊖]，由大量像素组成，暴露在图像的光线下，在大量水平和垂直坐标点上的每个像素上累积电荷。电荷累积是指根据图像中相应像素坐标处的单位光强度。彩色相机在每个像素坐标处具有 R、G 和 B（红色、绿色和蓝色）光强度分量的集合。

相机根据每个图像像素的 R、G 和 B 强度生成图像文件。压缩后的文件以 jpg、gif 或任何其他标准格式保存在存储器中。计算机将保存的文件传送到互联网，用于诸如工业物联网、家庭安全系统、ATM 安全系统、汽车物联网或参与式感知物联网等应用。

19. LIDAR

LIDAR（Light + Radar，光 + 雷达）[Laser Imaging、Detection and Ranging，激光探测与测量] 传感器和激光 3D 成像技术可实现遥感和成像。它通过使用激光在目标上投射光来得出距离。传感器感应反射光，依此能够计算距离。

20. 激光 3D 成像

使用激光的 3D 成像技术是可行的。该技术同时应用了扫描和非扫描系统。3D 门控观察激光雷达是一种使用脉冲激光和快速门控摄像头的非扫描系统。

温故知新

- 传感器可以感应温度、湿度、加速度、角加速度、距离、相对于固定方向的方向角、磁体接近度，以及用户的触摸和手势、运动、声音、振动、冲击、电流和环境条件等参数。
- 许多物联网应用需要借助传感设备来测量数据。传感器将物理能量（如热量、声音、

⊖　Charge-Coupled Device，指电荷耦合器件，是一种用电荷量表示信号大小，用耦合方式传输信号的探测元件。——编辑注

应变、弯曲、压力、振动和运动）转换为电能。电子电路与传感器相关联，电路接收传感器的输出，而输出状态根据物理参数或状态的变化而定。

- 传感器有两种类型 – 模拟和数字。
- 当电路参数显示出可测量的热量、声音、应变、压力、振动和运动变化时，可用作传感器。
- 复杂的传感器包括输出处理电路以及计算和通信功能。数字传感需要一个电路来产生 1 或 0 或 1 和 0 的二进制输出，用于存储、计算和设备通信。传感器可以使用光电晶体管 – LED 对和数字电路来产生 1 和 0。
- 一组数字传感器监测每种口味的未售出的巧克力的数量，并在巧克力自动售货机物联网络应用中进行通信（见例 5.5）。
- 数字传感器检测未占用的停车位，数字输出识别停车位数量中未占用的插槽，这些技术被用于停车位网络的形成。相关传感器使用光电导体 – 光束对和数字电路。
- MEMS 是一种微机电传感器，可分别沿 x、y 和 z 三轴检测线性加速度 a_x、a_y 和 a_z。
- 通过条形码读取器或二维码感知和识别事物，并且关联电路将对象身份和对象文档信息传送到网络。
- 在物联网应用程序中，特征数据如身份、位置、文档信息、压力、动作及环境参数等在网络上被传递。

自测练习

★ 1. 有哪些特征参数可随物理环境的变化而变化，因而可用于传感应用？

★★ 2. 有哪些电路可以用于测量电阻相对于温度的变化？比较并描述它们的应用。

★ 3. 使用微控制器绘制一个电路，用于测量相对于有机溶剂蒸汽浓度的电容变化。

★ 4. 在什么情况下使用模拟传感器或数字传感器？

★★★ 5. 什么是智能传感器？智能传感器有哪些功能？

★★ 6. 为什么以及何种情况下需要 ADC？ADC 之前的信号调节放大器需要什么？

★★★ 7. 如何在 –20℃～＋100℃范围内以 1℃的分辨率测量温度？

★★★ 8. 将测量以下参数的传感器整理成表格：温度、容器水位、压力、轮胎压力、湿度、环境光强度、附近交通状况、加速度、前方物体距离、相对于固定位置的位置、物体接近度、金属物体接近度、铁制物体接近度、相对于正北的偏离方向、声音、振动、空闲停车位。

★★ 9. 如何为城市垃圾管理服务设计一种传感器，用于检测四种填充废弃物容器的状态，即低于 80%，高于 80% 低于 90%，高于 90% 低于 100%，和满 100%？

★★ 10. 什么是 MEMS？使用 MEMS 能够检测哪些物理实体？

★★ 11. 什么是压电效应？使用压电效应能够检测哪些物理实体？

★ 12. 如何识别声音和语音？

★★ 13. 条形码读取器感测事物并识别产品信息的原理是什么？条形码传感器在物联网中有哪些应用？

★★ 14. 什么是二维码？如何在物联网应用中使用二维码？

★ 15. 如何感应移动物体的运动？

7.3　交互式传感、工业物联网和汽车物联网

从多个异构源的传感器收集的信息可以在分析处理和数据可视化之后演进为知识发现。网络资源将参与式感知（Participatory Sensing，PS）定义为"由提供感官信息以形成知识体的个人和群体感知"。加州康奈尔大学洛杉矶分校的 Deborah Estrin 将参与式感知定义为："参与式感知是指个人和社区使用具有越来越强大功能的手机和云服务来收集和分析用于发现的系统数据的过程。"

参与式感知过程的参与者可以是手机中的传感器。手机具有摄像头、温度和湿度传感器、加速度计、陀螺仪、指南针、红外传感器、NFC 传感器、条形码及二维码扫描器、麦克风和 GPS 等传感器。移动设备将感测到的信息标记上时间、日期和位置等参数，并在网络上实现信息传递。

交互式传感的应用包括检索有关天气，环境信息、污染、废弃物管理、道路故障、个人和群体健康、交通拥堵、城市交通或灾害的信息，如洪水、火灾等。当前，交互式传感技术面临诸多挑战，如安全、隐私、声誉以及对参与实体缺乏有效的激励等。

图 7.9a 显示了物联网应用的交互式传感过程中的数据来源。图 7.9b 显示了交互式传感过程的各个阶段。阶段 1 是协调，其中参与者在识别信源后组织、处理感测数据。接下来的阶段 2 和阶段 3 涉及服务器或云上的数据捕获、通信和存储。接下来的两个阶段，即阶段 4 和阶段 5 涉及 PS 数据处理和分析、可视化和知识发现。最后阶段 6 用于进行相关的实际操作。

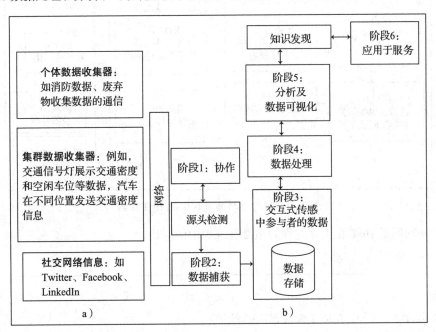

图 7.9　a）交互式传感过程中的数据来源；b）物联网应用和服务的参与式感知过程的阶段

7.3.1　工业物联网

工业物联网（IIoT）涉及在制造业中使用物联网技术，即将复杂的物理机械 M2M 通信与网络传感器相集成，其中会用到软件分析、机器学习和知识发现。IIoT 的功能示例有改进制造或维护操作，以及完善行业的业务模型。

252

IIoT 广泛应用于制造业、铁路、采矿、农业、石油和天然气、公用事业、运输、物流和医疗保健等服务。

例 7.8 解释了物联网技术在制造业和工业中的应用。

例 7.8

问题

IIoT 技术如何用于优化自行车制造过程?

答案及解析

在自行车制造行业中,传感器在自行车的每个制造阶段都会感测并传达完成状态信息。IIoT 应用程序分析每个阶段活动完成时的数据,包括故障、工作中断和阶段失败的数据标志。该应用程序使公司能够完善工作步骤并同步各种操作,以消除在制造阶段由于组件供应或机器或人为故障导致的任何瓶颈,因此优化了自行车制造行业。图 7.10 概述了自行车制造过程中的 IIoT 阶段。

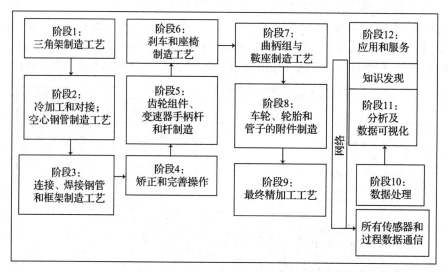

图 7.10 自行车制造过程中的 IIoT 阶段

例 7.9 阐明了 IIoT 在工业过程的预测性维护中的应用。

例 7.9

问题

IIoT 技术如何用于工业过程的预测性维护?

答案及解析

设想一个预测性铁路服务中心的应用。沿铁路轨道的超声波传感器、红外温度传感器和麦克风传感器感测并传递来自每条轨道列车的捕获数据。该应用可以预测程序错误,进而能够进行预防性维护。

同样,IIoT 可用于飞机零件、燃气管道和生产用机器的预测性维护。

面向服务的智能嵌入式设备跨层基础设施（SOCRADES）项目开发了一种集成架构，将车间工业机器与企业系统集成在一起。其架构分为三个级别：系统的设备管理、服务管理和应用程序接口。

例 7.10 描述了 IIoT 和 M2M 应用的软件。

254

例 7.10

问题

IIoT 技术如何用于工业过程的预测性维护？

答案及解析

- GE 工业分析软件 Predix 提供 IIoT 平台。该平台提供基于传感器的计算和预测分析。
- Axeda 公司推出的基于云的服务和软件管理联网进阶版产品和机器。该软件可实现创新的 M2M 和物联网应用。
- OSI soft 是用于传感器驱动计算的实时数据管理软件。传感器数据来自制造过程和公用事业公司，如电力、电话和采矿。

工业互联网联盟（2014）是为创建标准、开放互操作性和工业物联网（IIoT）架构的开发而建立的机构。

7.3.2　汽车物联网

汽车物联网可实现网联车、车辆到基础设施技术、预测和预防性维护以及自动驾驶汽车。

1. 网联车技术

汽车可以通过很少或零人为干预的方式在道路上行驶。通过 GPS 跟踪和互联网连接相结合的网联车可实现以下应用：

1）为驾驶员呈现实用路况信息，如最短行驶路线、避免拥挤的路线等。

2）定制车辆的功能以满足驾驶员的需求和偏好。

3）获取交通状况的通知。

4）保护汽车免受盗窃。

5）天气和途中目的地。

6）记录驾驶员的健康状况和行为。

2. 车辆到基础设施技术

汽车物联网支持车辆到基础设施（Vehicle-to-Infrastructure，V2I）技术。车辆能够与其他车辆、周围的基础设施以及无线局域网进行通信。V2I 应用程序的示例如下：

- 前方车辆碰撞的警报和警告。
- 有关盲点的信息。
- 关于空置停车位的通知。
- 有关到目的地的路线上的交通拥堵的信息。
- 流式传输播放音乐和新闻。

255

3. 预测和预防性维护

例 7.11 显示了用于服务中心应用的汽车预测和预防性维护的汽车物联网应用。

例 7.11

问题

如何通过服务中心应用将汽车物联网技术用于汽车的预测性维护?

答案及解析

设想一个由许多汽车组件连接构成的网络(见例 5.2),包括许多用于监测组件状况的传感器。例如发动机运动单元、车轴、转向单元、制动衬片、刮水器、空调、电池、轮胎运动、冷却液和减震器。预测性维护需要状态和条件数据。组件嵌入计算硬件和超声波传感器、红外传感器、声音传感器、座椅对准传感器、高度传感器、加速度传感器在驾驶员启动、运行期间和制动时应用与道路摩擦相关以及麦克风传感器。传感器捕获噪声、振动、不良驾驶情况以及车辆动作的数据。

当汽车到达 WiFi 节点时,感测数据即进行实时通信或存储和发送。服务中心应用程序安排维护警报并预测操作的故障和警报。图 7.11 显示了由服务中心进行的汽车预测,以及预防性维护的互联汽车部件网络。

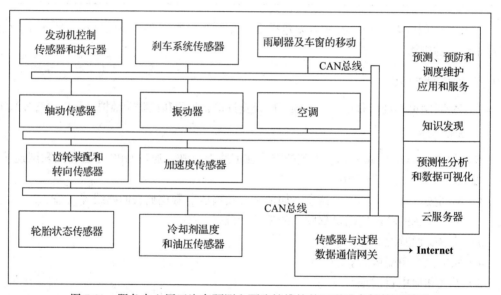

图 7.11 服务中心用于汽车预测和预防性维护的互联汽车部件互联网

4. 自动驾驶汽车

自动驾驶汽车(也称为无人驾驶汽车或机器人汽车)已成为现实。它们大多部署了 LIDAR 和激光 3D 成像技术。

温故知新

- 参与式感知(PS)由个人和群体感测,他们提供感官信息以形成知识体系。
- PS 的应用很多,例如检索有关天气和环境的信息、污染、废弃物管理、道路故障、个人和团体身体健康状况、交通拥堵状况,以及城市交通和灾害管理,如洪水,火灾。
- 工业物联网(IIoT)是物联网技术在制造和预测性维护中的应用。IIoT 涉及将复杂的物理机械 M2M 通信与网络传感器集成，以及使用软件分析、机器学习和知识发现等技术。
- 汽车物联网可实现网联车、车辆与基础设施技术、预测性和预防性维护以及自动驾驶汽车。

自测练习

★ 1. 列出交互式传感的优点。

★★★ 2. PS 如何启用交通拥堵报告？给出该过程的架构图。

★ 3. 列出工业物联网的应用。

★★★ 4. 工业物联网如何用于行业中机器的预测性维护？

★ 5. 列出汽车物联网中车辆所需的传感器。

★★ 6. 绘制汽车物联网过程的架构图，以进行预测性和预防性维护。

7.4　执行器

执行器是根据输入命令、脉冲或状态（1 或 0）或 1 和 0 的序列或控制信号采取动作的设备。互联的电动机、扬声器、LED 或输出设备可在电能驱动下进行物理动作。执行器的应用示例如下：

- 光源
- LED
- 压电振动器和发声器
- 扬声器
- 螺线管
- 伺服电机
- 继电器开关
- 打开一组路灯
- 在移动车辆中应用制动器
- 铃声响起
- 关闭或打开热电厂蒸汽锅炉中的加热器、空调或锅炉电流。

1. 光源

交通信号灯是作为由输入控制的致动器的光源功能的示例。

2. LED

LED 是发射光或红外辐射的致动器。使用不同颜色的 LED、RGB（红绿蓝）LED、LED 和颜色的强度变化，使用大屏幕的图形和文本显示是使用输入控制的动作。RGB-LED 有三个输入来控制，即 R、G 和 B 分量，进而生成复合色。脉冲宽度调制脉冲控制 LED 发光强度，微控制器用于产生 PWM 输出。

3. 压电振动器

压电晶体在输入端以不同的电压施加时会产生振动。

4. 压电扬声器

压电扬声器可以合成声音及音乐曲调。经过预先编程的脉冲作为扬声器的输入，产生音乐、声音、蜂鸣器和警报。微控制器用于为使用扬声器的动作生成 PWM 输出。

5. 螺线管

螺线管是由多个圆柱形缠绕的线圈组成的致动器。电流的流动产生的磁场与螺线管中的匝数和其中的电流成比例。如果将铁杆沿某轴方向放置，则可以通过输入电流、脉冲和电流随时间的变化来控制铁杆的运动。它可以产生突然的向前推动、向后推动和反复来回运动，也可以通过使用凸轮从线性运动创建旋转运动。

具有线性轴组件的凸轮用于引擎中，可将旋转运动转换成线性运动，反之亦然。凸轮是特制的机械旋转物体，使得半径在 0° 和 180° 之间（从中心）线性地增加并且在 180° 和 360° 之间减小。当凸轮组件旋转时，线性轴在每次旋转中向前和向后运动。

258

6. 发动机

发动机可以是 DC（direct current controlled，直流控制）或 AC（alternating current controlled，交流电控制）。IO 模块随时可用于接收 1 和 0 的控制数字输入并提供高电流，直流电或交流电被供应于旋转电机。当电机旋转时，凸轮将旋转运动转换为线性运动。

7. 伺服电机

伺服电机是一种齿轮直流电机，适用于机器人等应用。它旋转电机的轴，电机轴可以控制和定位或旋转 180°（+90°）。轴的角度位置控制在 180°，–90° 和 +90° 之间。

例 7.12

问题

如何使用输入脉冲宽度控制伺服电机轴中的角位置？

答案及解析

伺服电机只有三个端子，即两个用于电压供应的正负端子，一个用于脉冲宽度调制（PWM）的输入端。可通过 PWM 方便地控制伺服电机。发动机也有三个端子，其中两个分别用于电源电压和接地，并在第三端子处给出到电动机的位置控制 PWM 信号。

图 7.12 显示了用于控制伺服电机角位置的接口电路。脉冲对电机输入重复 50 次（即每次间隔 20ms）。输入通过微控制器端口引脚的 PWM 控制输出，它控制伺服电机的运动角度介于 –90° 和 +90° 之间。

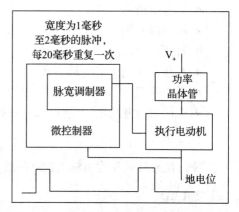

图 7.12　用于控制伺服电机角位置的微控制器电路

微控制器有一个内部电路，可以按照 PWM 寄存器中的 p 值生成不同宽度的脉冲。当端口输出 PWM 脉冲宽度为 1.5ms 时，它将轴置于中心位置。我们假设当脉冲宽度

为 1ms 时，角度为 –90°；当宽度为 2ms 时，角位置为 + 90°。使用 PWM 寄存器值改变宽度，pw ms 在 1ms 到 2ms 之间将改变角度位置，$\varphi = [(pw -1.5) \times 180°]$。当 $pw = 1.5$ ms 时，则 $\varphi = 0°$（中间角位置）；若 $pw=1$ms，则 $\varphi= -90°$；若 $pw=2$ms，则 $\varphi=+90°$。　259

8. 继电器开关

电子开关可以通过微控制器端口引脚的输入 1 或 0 控制，也可以通过按钮开关和电池控制。输入状态 1 或 0 决定是否有电流流过开关或电压施加于开关。

当输入电路通过控制电路磁化并拉动杠杆进行接触时，继电器开关进行机械接触。根据微控制器端口引脚的输入状态 1 或 0 或通过按钮开关和电池，电流流过开关或给开关施加一定电压。

温故知新

- 执行器是根据控制输入或命令进行动作的装置，命令可以由 0、1 序列、脉冲或状态（1 或 0）、1s 和 0s 的集合，或 1s 和 0s 的输入脉冲宽度构成。
- 执行器例子包括光源、LED、压电振动器和发声器、扬声器、螺线管伺服电机、继电器开关、一组路灯的开启或关闭、移动车辆制动器的应用、警铃的开启或关闭、热电厂蒸汽锅炉中的加热器、空调或锅炉的电源。

自测练习

- ★ 1. 列出物联网控制和监控应用中 LED 和 RGB-LED 的用途。
- ★★ 2. 压电振动器如何工作？
- ★★★ 3. 螺线管如何实现线性和角度运动？
- ★ 4. 伺服电机如何在汽车物联网中应用？

7.5　传感器数据通信协议

串行接口使用协议进行串行通信，而微控制器包括用于串行通信的接口。通常使用 UART 和其他几种协议。有线通信包括以下几种：

- 串行异步通信，例如，使用 UART 通信。RFID 读取器使用 125kHz RFID UART 模块。GPS 设备还使用 UART 发送串行数据。　260
- 同步串行通信设备，例如可以使用 I2C 或 SPI 接口在有线总线通信中传输串行数据的传感器。

汽车传感器使用 LIN、CAN、MOST、IEEE 1394 等串行协议传送串行数据（见 2.3.2 节）。

串行总线

总线在传感器电路和连接设备中具有以下优点⊖：

1）与传感器间直接连接相比，总线连接简化了互连的数量。

2）提供连接不同或相同类型的 I/O 设备的通用方法或协议。

⊖ http://www.webopedia.com/TERM/B/bus.html and https://en.wikipedia.org/wiki/Serial_communication。

3）可以添加与系统 I/O 总线兼容的新设备或系统接口。

4）提高了灵活性，使得系统可以根据用户的需要支持许多不同的 I/O 设备，并允许用户根据需求的变化更改连接到系统的 I/O 设备。

当下广泛使用的串行总线通信协议包括内部集成电路（I2C）、通用串行总线（USB）和 FireWire（即 IEEE 1394 标准）。用于汽车内部的串行通信传感器和其他嵌入式电路的串行总线通信协议包括局域互联网络（LIN）、控制器局域网（CAN）和面向媒体的系统传输（MOST）[⊖]。

串行接口与另一个设备串行接口进行串行通信，可用于以下场景：

- 在汽车网络上发送传感器数据。
- 接收命令以通过微控制器串行输出控制执行器动作。

微控制器程序负责配置串行接口的相关设备，并在数据接收或发送程序开始时设置数据速率。程序从串行端口输入读取字节，并在串行或并行端口发送输出。

1. UART 用于串行总线

UART 设备以连续的间隔发送 8 位数据，称为波特间隔。起始位在数据（字符）之前，表示 1 在某个时间间隔内变为 0，称为 8 位数据之前的波特间隔。停止位为 1，最小间隔等于波特间隔。该位被置于 8 位数据之后，这意味着每个字符有 10 个波特。每个数字、字符及命令均承载 8 位信息，并按照 ASCII（美国信息交换标准码）代码进行编码。

2. 软件序列库

用于微控制器系统的集成开发环境（IDE）提供软件序列库，它由许多程序构成，比如针对每个串行接口协议的不同程序。这些程序使用户能够直接使用协议。例如，库程序用于读取 RFID 标签。另一个可用于将数据发送到 USB 端口，USB 端口用于向前传输数据到网络。

3. 使用 UART 通信获取 RFID 标签

在标记之前发送标题字符。标签 ID 有十位数字符。结束字符由 1 个字节组成，其后为 10 位标记，共发送数据 12 位。

波特间隔的倒数称为波特率。125kHz 对应 125kbaud/s（千波特每秒），即每秒传输 12.5 千字符。"波特"是一个德语单词，本意是雨滴的下落。UART 协议中的比特序列就像雨滴一样进行通信。

使用 UART 串行接口协议的 RFID 库程序使其可以直接用于 RFID 标签。

4. 将 I2C 协议用于串行总线

集成电路、传感器或执行器可以与串行同步接口 I2C 互连。用于 I2C 串行接口协议的库程序可以直接使用传感器 IC。I2C 总线意味着在同一组线路上使用 I2C 接口通信的不同集成电路。

I2C 是内部集成电路总线。使用 I2C 总线协议的传感器由两个有源信号端子组成，即串行数据（SDA）和串行时钟（SCL）线以及一个地线端子。"I2C"应当读作"I square

---

⊖ Raj Kamal, Embedded Systems- Architecture, Programming and Design 3/e, McGraw-Hill Education, New Delhi, 2014,pp.169-174。

C"，用于多个器件电路的串行总线通信。例如，这些器件可用于闪存、触摸屏，或用于测量温度，以及测量工厂中的多个生产过程中的压力。这些 IC 通过公共同步串行总线相互连接。图 7.13 显示了使用 I2C 协议进行串行同步数据通信的总线 SCL 和 SDA 线。

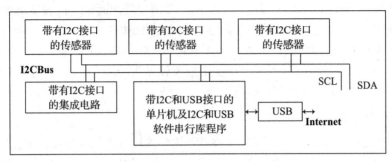

图 7.13　使用 I2C 协议进行串行同步数据通信的总线 SCL 和 SDA 线 $\boxed{262}$

　　三种 I2C 总线标准分别为工业级 100kbps I2C、100kbps SM I2C 和 400kbps I2C。I2C 是串行计算机总线，它可以单端通信（一个实例进行一端通信）、多主机通信（多个主机设备可以连接总线）和多路通信（多个从属设备可以连接总线）。通信设备使用 SCL 和 SDA 发送信号，并且可以用作主机设备。从属设备接收信号 SCL 和 SDA，接收设备确认使用主设备输入 SCL 发送 SDA 输出。

5. 使用 LIN 串行总线

　　本地互联网络（LIN）是一种串行总线网络协议，用于汽车电路、传感器和执行器电路，以及组件和系统之间的通信，例如窗户的开关，座椅的移动和雨刷器的运动。与汽车产业中的 CAN 相比，LIN 协议更易于使用。

　　LIN 通信为单主机通信，最多包括 15 个从属设备，并且没有总线仲裁。当多个设备同时请求总线时，总线不会主动选择传输目的地⊖。

　　LIN 的特点是：（i）使用单线，使用该线可以完成距离 40m 的速率高达 19.2kbps 的通信；（ii）可变长度的数据帧（2、4 和 8 字节）；（iii）具有较高的配置灵活性。

6. 使用基于串行总线的 CAN 协议

　　带传感器和执行器的嵌入式控制器可以接入特定的网络，并通过 CAN 总线对控制器进行控制。图 7.14 显示了多个 CAN 控制器和设备的串行双向线路网络。

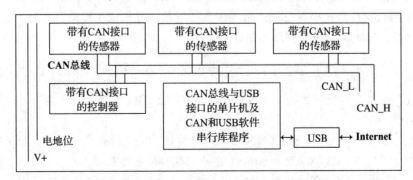

图 7.14　CAN 总线上 CAN 控制器和设备的 CAN 总线串行双向线路网络 $\boxed{263}$

⊖ https://en.wikipedia.org/wiki/Local_Interconnect_Network。

CAN 串行接口协议的库程序可直接用于带传感器的嵌入式电路。CAN 总线是指使用同一组线路进入 CAN 通信的不同控制器电路。

在车辆控制网络（VCN）中分散地设有各种设备。汽车使用许多分布式控制器，包括制动器、发动机、电池、车灯、温度计、空调、车门、驾驶面板、仪表显示板和巡航提供控制。医疗电子和工业设备串行通信也会用到 CAN 总线协议。

CAN 总线具有串行双向线，CAN 设备通过以 1Mbps 的最大速率来接收或发送实例位，它采用双绞线连接到每个节点，双绞线最大长度为 40m。CAN 最高数据传输率高达 2Mbps，CAN 总线是分布式网络中的标准总线。

7. 使用 USB 总线

通用串行总线（USB）是主机系统和许多互连外围设备之间的总线，主机最多允许 127 个设备同时连接。USB 可以在主机和串行设备之间提供快速（最高 12Mbps）以及低速（最高 1.5Mbps）的数据传输和接收，主机和接入设备可以在系统中同时运行。USB 的三种标准协议包括 USB 1.1（低速 1.5Mbps 3m 通道以及高速 12 Mbps 25m 通道）、USB 2.0（高速 480 Mbps 25m 通道）和无线 USB（高速 480 Mbps 3m 通道）。

USB 串行接口协议的库程序可直接用于 USB 总线连接的主机系统和串行设备。

USB 总线使用树形拓扑，主机使用 USB 端口驱动软件和主机控制器连接到设备或节点。主计算机或系统具有主机控制器，它被连接到根集线器。集线器可以连接到其他节点或集线器，从而形成树状拓扑，其中根集线器连接到层级为 1 的集线器和节点，层级为 1 的集线器连接到层级为 2 的集线器和节点，以此类推。

8. 使用 IEEE 1394 总线标准（FireWire）协议

数字摄像机、数字视频磁盘（DVD）、机顶盒、高清晰度音频、视频和音乐系统多媒体外围设备，以及最新的硬盘驱动器和打印机等设备需要直接连接到个人计算机的高速总线接口。IEEE 1394 是 800Mbps 串行异步数据传输的标准。异步意味着数据帧中的位同步通信，但是时间间隔之间的数据帧是可变的。

9. 使用 MOST 协议

MOST 网络服务的驱动程序软件能够提供通信功能的支持。用于处理 MOST 网络接口控制器（Network Interface Controller，NIC）和设备之间的 MOST 协议通信的软件，它让用户能够直接使用这些服务程序，例如使用 MOST-NIC 传输媒体文件。

MOST 协议支持高速串行总线进行同步数据通信，并形成了针对汽车和其他行业优化的多媒体网络。MOST 总线使用环形拓扑。

温故知新

- 串行接口使用串行通信协议。微控制器包括使用 UART 和串行协议的串行通信接口，例如 I2C、CAN。
- 传感器电路使用 UART、SPI 或 I2C 或 CAN 协议，实现串行总线上串行数据的发送。
- 汽车传感器使用 LIN、CAN 和 MOST 串行协议传输串行数据。
- UART 设备以连续的间隔为每个 8 位数据（字符、数字或命令）发送长度为 10 位的报文。
- RFID 的 UART 接口传送 12 个字符，即一个开始字符、10 个用于 ID 的字符和一个

> 结束字符。
> - 集成开发环境（IDE）中为微控制器系统提供了一个软件串行库，它由许多程序组成。存在用于在使用串行接口协议的通信期间使用的不同程序。
> - 总线允许通过一组通用线路连接的多个接口。
> - USB 可用于与计算机、平板电脑、移动设备和其他设备的串行同步通信。
> - MOST 协议通信支持汽车中的多媒体文件传输。

自测练习

★1. 当 UART 串行通信中的波特率为 1.2kBaud/s 时，在 1s 内传输多少个长度为 8 位的字符？

★2. 当 RFID UART 将 10 个 ASCII 字符的 ID 传输给读取器时，有多少个字符进行通信？

★★3. 如何使用软件序列库？

★★★4. 列出以下串行协议的功能：UART、I2C、USB、CAN、LIN、IEEE 1394 和 MOST。

★★5. 绘制使用微控制器 I2C 总线接口和 I2C 总线的图表，用于测量温度、气压、湿度和有机溶剂蒸汽泄漏等参数的传感器。

★6. 列出电子控制单元的汽车网络中的 LIN 应用。

★7. 如何以及何时使用 USB 总线？

★★★8. 列出使用以下串行协议的情景：UART、I2C、USB、CAN、LIN、IEEE 1394 和 MOST。

265

7.6　射频识别技术

1.5.2 节介绍了 RFID 的功能和作用，以及相关物联网应用。RFID 是一种使用物体标记的识别系统。下面给出了 RFID 技术的详细说明。

7.6.1　RFID 物联网系统

2.3.1 节介绍了 RFID 无线通信。标签可以识别不同位置和时间的对象，如商品、包裹、邮件、人、鸟、动物、车辆等物体，可以附加标签以实现正确识别。

当 RFID 读取器与标签距离小于 20cm 时，读取器电路可以使用 UART 或 NFC 协议来识别标签。有源 NFC 设备或移动设备可以产生射频场，该射频场感应 RFID 中的电流并为 RFID 产生足够的电力，借助该电力，RFID 可以发送标签内容的标识。

无源设备通过来自读取器或热点的输入 RF 信号从其天线中感应电流以获取驱动电力，然后将标签信息发回。有源设备具有内置电源（电池）并自行传输信息。

热点由连接互联网的无线收发器或 Wi-Fi 收发器。它从组织中的多个 RFID 标签接收信号，并通过互联网将数据发送到 Web 服务器。设备可以通过热点连接到网络，以获取物联网服务、应用程序和业务流程。设备附近的移动设备或无线设备也可以充当热点。

RFID 设备可以构成物联网网络，它们首先连接到互联网，然后再连接到物联网服务器。物联网服务器由 RFID 身份管理器、设备管理器、数据路由器、分析器、存储和数据库服务器及相关服务组成。

1. RFID 原理

标签是使用 RF 信号发送其 ID 的电子电路。ID 被发送给读取器，然后与附加信息一起发送到通过互联网连接的远程服务器或云，附加信息根据具体应用而定。例如，对于跟踪应用程序，它的附加信息为地理位置信息和时间戳。例 7.13 给出了从标签传递 ID 和被读取器读取的方法。

266

例 7.13

问题

RFID 标签如何通信并被读取器读取？

答案及解析

- 方法 1：通信遵循 UART 协议，每个字符长度为 10 位。读取用于处理的 RFID 标签过程如下：标签电路首先传送一个报头，对应归位操作的 ASCII 码，即 13。然后是长度为 10 字节的数据，其对应唯一标签 ID。结束字节用于标记传递数据的完成。该字节对应于换行操作的 ASCII 码，即 10。十二个字节的数据串行通信。
- 方法 2：根据 NFC 或其他协议进行通信，ID 读取器适用于此协议。

就 RFID 数据的简单处理而言，RFID 标签优于条形码或 QR 码。由于使用短程 RF 收发器，而不是可见光或激光，RFID 标签还具有一定的隐蔽性。标签将一小段数据传回给 RFID 读取器，读取器接收并处理射频信号，并与互联网或远程 Web 服务器及云服务器通信。与无源系统相比，有源系统可以在更长的范围内将数据传输到读取器。除了在无源系统中发送 ID 之外，有源系统可以接收命令并处理然后发送信息，而不执行任何操作。

2. RFID 物联网网络架构

例 2.2 概述了用于 RFID 互联网的四层 ITU-T 参考模型、各个层级的功能以及数据交换的过程。其中，第四层的功能为 IoT/M2M 服务和应用程序。RFID 技术有很多应用场景，具体见下面。

3. RFID 物联网应用

相关应用实例有：货物的跟踪和库存控制，供应链系统，支付、租赁、保险和质量管理等业务流程，公路准入与收费站或高度安全场所的身份验证，以及基于 RFID 的温度或其他设备参数的传感器。在品牌保护和防伪措施等方面，越来越多的 RFID 网络的新应用正在得到开发。

4. RFID 系统的组件

图 7.15 显示了物联网应用和服务系统所需的组件。

RFID 是一种微型芯片，可作为物体上的标签。该芯片有三种类型，分别为无源芯片、有源芯片和电池供电的无源芯片（当读取器在附近时触发电池开关）。

RFID 系统的组件是：

收发器：内置于芯片上。根据芯片的不同，收发器能在 10cm ～ 200m 的范围内通信。

267 该芯片使用 RF 链路与读卡器进行 UART 通信，或者在 20cm 范围内与读卡器进行 NFC

通信。当使用 UHF 和微波频率时，使用的标准频率范围可以在 120kHz ～ 150kHz 或 13.56MHz ～ 433MHz 之间。使用协调器推荐的 RF 频率的收发器使用 915MHz ～ 868MHz、315MHz 或 27MHz 的载波 RF 信号，数据传输速率为 115kbps。

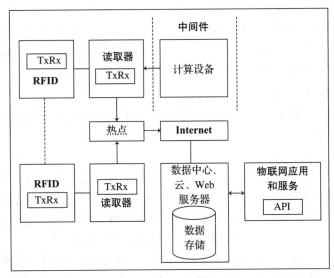

图 7.15　RFID 物联网应用和服务系统所需的组件

用于接收附近身份信息的 RFID 读取器中具有收发器。它接收标头，该标头由一个起始字节组成，然后是 10 个字节的身份信息，然后是 UART 协议规定的一个结束字节。具有无线收发器或 WiFi 收发器的热点网络、移动设备或计算机发送和接收来自 RFID 标签的信号。

数据处理子系统：读取器可以与由计算设备和中间件组成的数据处理子系统相关联，并直接或通过包括数据适配子层的网关连接到因特网。子系统是后端系统，读取器电路可以直接或通过计算机、移动设备或平板电脑向互联网发送数据。传输的计算（标记设备的内容信息）通常很少。读取器的示例是用于原型开发的 SparkFun SEN-08419。

中间件：中间件是用于读取器、读取管理器、交易数据存储和应用程序 API 的软件组件。

应用程序和服务以及其他相关应用程序软件使用云或 Web 服务器上的数据存储。

5. 相关问题

相关问题包括：

- **设计问题**：设计一个独特的 ID 系统需要一个标准的全局框架。
- **安全问题**：标签是只读的。因此，它可以与任何读取器交互，从而允许自动外部监控。可以在没有权限的情况下跟踪标签。如果标签和读取器在使用之前不需要进行身份验证，就会出现隐私问题。完全实现隐私和安全性需要在标签和读取器上使用访问加密和认证算法进行数据处理。另一个问题是 RFID 系统易受外部病毒攻击。
- **成本问题**：RFID 标签和读取器在数据处理和安全增强技术方面变得成本高昂。
- **保护问题**：恶劣天气的环境下需要对标签进行保护，否则标签可能会被损坏。
- **回收问题**：回收标签可能造成环境问题。
- **有源寿命问题**：由电池组成的有源 RFID 寿命有限，最长可达 2 至 4 年。

268

7.6.2　EPCglobal 体系结构框架

麻省理工学院自动识别实验室是由七所大学的研究实验室组成的团队。该小组为物联网设计了一个体系结构框架。该小组致力于网络化 RFID 和新兴传感技术领域的工作，并与 EPCglobal 研究小组合作。

该小组为电子产品代码（EPC）的标准、角色和体系结构提出了建设性意见。EPCglobal 体系结构框架的目标是赋予系统中实体以唯一标识。该框架有助于业务流程、应用程序和服务唯一地识别物理对象、负载、位置、资产和其他实体。

1. EPCIS 和 ONS 及设计问题

EPC 信息服务（EPCIS）是 EPC 全球标准的设计，可在企业内部和企业之间实现与 EPC 相关的数据共享。

EPC 全球体系结构定义了以下内容：

- EPCIS 捕获应用程序（ECA），用于捕获业务流程所需的 EPC 相关数据。
- EPCIS 访问应用程序（EAA），用于使用 ECA 捕获的数据支持的企业业务流程。
- 支持 EPCIS 的存储库，用于存储事件记录和使用 EAA 查询检索信息。
- 合作伙伴应用程序，如与支付系统相连的邮政跟踪系统。

对象名称服务（Object Name Service，ONS）版本 2.0.1 是 2013 年的推荐标准。ONS 执行基于 DNS 的查找功能。DNS 域名解析允许使用 Internet 连接到 Web 服务器。ONS 使用分布式服务器集来实现该功能。DNS 是由 IETF 管理的域名系统，其查找功能是指查看用于启用 Web 服务器连接的 DNS 名称。

ONS 有高度稳定性，对标签电路的功率和存储器的需求较少，并且数据通信需要较少的无线带宽。数据通信的功能使用后端网络，例如热点或 WiFi 设备。将数据通信任务传输到后端网络节省了无线带宽。

相关的设计问题包括 ONS 的治理模型和体系结构，主要有：

- 政治控制信息。
- 国力和战略能力的削减问题。
- 收集商机的安全问题。
- 商业问题。
- 创新控制问题。

ONS 模型国家的这种联合控制可以处理和减轻风险。

2. 技术挑战

RFID 技术面临的挑战如下：

- 干扰：当组织使用多个无线系统时，由于 RFID 热点也需要无线安装，因此频率可能会干扰系统。该系统需要有效缓解干扰。
- 数据处理子系统的有效实施，包括读取器和标签协议、中间件体系结构和 EPC 标准。
- 需要低成本标签和 RFID 技术。
- 设计稳健性。
- 数据安全性。

3. 安全挑战

与 RFID 安全相关的问题是：

- 发现外来攻击（入侵）并保持整体数据完整性。
- 未经授权禁用外部读取器标签，从而使标签无效。
- 外部读取器未经授权的标签操作，从而使标签无效。
- 由未经授权的实体克隆标签。
- 窃听，即设置一个额外的读取器，并将它伪装成为系统的一部分。
- 中间人攻击：系统外部对象伪装成为系统标签、读取器之间的标签或读取器。

相关解决方案包括加密、检测到入侵时的标签停用、标签和读取器之间的相互认证、标签所有者校验、读取数据分析器的应用，以及数据清理等方法。例 7.14 给出了解决安全问题的方法。

例 7.14

问题

RFID 标签如何安全地与读者进行通信以及被读取？如何保护 RFID 标签？

答案及解析

方法 1：RFID 标签可以具有处理器和存储器，可以计算标记上称为元 ID 的单向散列函数。当 RFID 读取器使用元 ID 时，只有标签通信解锁并且标签变得可读。读取器完成读取后，标签会被锁定，从而禁用未知实体对系统的读取。

方法 2：标签可以在受到攻击时自毁。

---

4. 用于 RFID 互联网中的 RFID 的 IP

来自 RFID 读取器的数据经过过滤、聚合和路由后存储在一个 IP 地址中。此数据采用 XML 格式，并使用 HTTP 和 SOAP 协议进行数据访问。

Internet 协议（IP）IPv6 使用 128 位 IP 地址，这是在互联网上实现路由所必需的。它需要与 96 位 EPC 映射，EPC 包括标题、制造商、产品和序列号位。

用于安全 IPv6 通信的方法是使用密码生成地址（Cryptographically Generated Address，CGA）。主机后缀 – 接口标识符生成加密单向散列函数，该函数以二进制公钥为输入。CGA 在统计意义上是全球唯一的。然而，对于 RFID 物联网系统，CGA 可能不是 IP 层的可行路由地址。

另一种方法是覆盖可路由的密码散列标识符（Overlay Routable Cryptographic Hash Identifier，ORCHID）。这是一个新提出的标识符类，其标识符基于 CGA。ORCHID 格式与类似 IPv6 的地址格式兼容。

ORCHID 标识符仅由 API 和应用程序使用。与 IPv6 地址不同，它不识别网络位置，而 IPv6 具有 64 位网络前缀的定位符。

7.6.3　RFID 物联网

Web of Things（WoT）意味着使各类对象成为万维网的一部分。WoT 软件、JSON、REST、JSON 等架构风格以及 Web 套接字等编程模式使这一切变得可行。对象的 WoT 数据存储类似于网页存储。Web（应用层）使用 Internet（IP 网络层）接收和发送数据。WoT 还可以为 RFID 提供物联网应用，因为 RFID 可以在网络上清晰地识别每个对象。

温故知新

- 标签是使用 RF 信号发送其 ID 的电子电路。ID 发送到与计算设备相关联并连接到因特网的读取器。
- RFID 使用连接到互联网进而连接到 IoT 服务器的计算系统构成物联网网络。
- 物联网应用和服务的 RFID 系统组件包括带收发器的 RFID 标签、具有计算和收发功能的读取器、用于互联网连接的热点或移动计算机、中间件，以及应用程序和服务。
- 中间件包括 RFID 身份管理器、设备管理器、数据路由器、分析器、存储和数据库服务器和服务。
- RFID 的物联网应用示例包括跟踪和库存控制、供应链系统中的识别、业务流程、基于 RFID 的温度或任何其他参数传感器、工厂设计、品牌保护、防伪和业务流程。
- 物联网 RFID 应用和服务中的问题涉及网络系统设计、安全、成本、保护、回收和系统有效寿命等方面。
- EPCglobal 体系结构框架为业务流程分配唯一标识。应用程序和服务使用框架唯一地标识物理对象、负载、位置、资产和其他实体。
- EPC 信息服务（EPCIS）是 EPCglobal 标准的设计，可在企业内部和企业之间实现与 EPC 相关的数据共享。
- ONS 根据 DNS 执行查找功能。DNS 域名使用 HTTP、REST、WebSocket 和 Internet 协议启用 Web 服务器 Internet 连接。
- RFID 存在的技术挑战包括无线干扰、优化部署数据处理子系统、降低系统组件成本，以及提高系统设计的稳定性和系统组件的安全性。
- 针对数据安全的解决方案包括加密、入侵时检测标签的停用、标签和读取器之间的相互认证、标签所有者的验证、读取器分析器及数据清理。
- RFID 物联网系统可以使用 CGA 生成 128 位 IPv6 地址。
- ORCHID 是新提出的标识符类，其格式与类似 IPv6 的地址格式兼容。
- Web of Things 意味着将对象数据和对象应用程序和服务作为万维网的一部分。

自测练习

- ★★1. 如何识别物联网应用的 RFID？
- ★★★2. 为什么 RFID 标签本身不能构成网络？为什么需要附近的读卡器来创建 RFID 网络？
- ★3. 使用图表概括包裹跟踪应用程序和服务的 RFID 物联网系统组件。
- ★★4. 列出 RFID 标签物联网应用和服务的示例。
- ★5. 阐述 RFID 物联网应用程序和服务所需的中间件功能。
- ★6. RFID 物联网系统设计中的技术问题有哪些？
- ★7. 列出使用 RFID 物联网时面临的安全问题。
- ★8. EPCglobal 体系结构框架的特点是什么？
- ★9. 为什么需要 EPCIS？
- ★★10. 对象数据如何使用 ONS 在 Web 服务器上进行通信和存储？

★★★ 11. 如何将 IPv6 用于基于 ORCHID 的 RFID 对象？

★★★ 12. 物联网是如何被部署的？

7.7　无线传感网技术

可以使用无线系统对一组传感器进行联网（见 1.5.3 节）。它们合作监测不同位置的物理和环境状态，如温度、声音、振动、压力、运动或有害气体泄漏和污染物。WSN 可以从多个远程位置获取数据。例如，在废弃物容器的互联网中，传感器在智能城市的废弃物管理系统中无线传送废弃物容器状态；路灯互联网中的传感器可以获取环境光线状态的数据；WSN 也可以实现监测、控制周边交通密度数据和监控交通信号。

WSN 的每个节点都有一个 RF 收发器。收发器既可以作为发送器，也可以作为接收器。

后续的小节分别定义 WSN、描述其发展背景和过程、体系结构和节点机制、如何连接节点、节点网络和保护通信等内容。这些小节还描述了 WSN 基础设施的建立、数据链路层 MAC 协议、路由协议、各种集成方法、面临的安全挑战、QoS 和配置以及 WSN 相关物联网应用。

7.7.1　WSN 概念

1. 定义

WSN 被定义为一个节点网络，其中每个传感器节点间无线连接，并具有计算能力。节点可用于数据压缩、聚合和分析，并具有通信和网络连接功能。WSN 由空间分布的自治设备（传感器）组成。

273

2. WSN 的历史

20 世纪 50 年代，基于声波的敌方潜艇监视和跟踪系统应运而生。与此同时，基于无线电的网络雷达也被广泛应用。而在 20 世纪 80 年代，使用网络通信的分布式传感器网络（DSN）的研究也方兴未艾，正是从那时起，DSN 技术得到了广泛使用。许多空间分布的传感节点在尽最大努力的基础上实现自主协作和网络化。自 1998 年以来，低功率无线集成微传感器（LWIM）在 DSN 中的研究和应用也陆续开始。

无线传感网拥有大量的物联网应用，例如智能家居和智慧城市。WSN 节点可以通过无线网络感知来自远程位置的数据，例如工业设备机器、森林、湖泊、天然气或石油管道等，这些数据可能不容易实地测量。

3. 基于上下文的节点操作

"上下文"一词的字典含义是"形成事件、陈述或想法的可理解的环境的情况。WSN 节点可以使用该节点处的传感器、相关电路、处理器、网络功能和上下文来适应、重新编程或执行另一任务。

当系统中节点可以根据环境的变化调整其操作时，则可以称该系统的感知、网络连接和计算是依赖于上下文的。应用程序层程序能够帮助节点区分已更改的上下文上待执行的任务。

WSN 系统中对数据、存储器、电源、路由路径管理、路由协议、用户、设备和应用程序接口的选择应服务于上下文的运行，并考虑联网和计算期间的情况。

上下文可以是有关物理、计算、用户、结构或时间上下文。以下对应重新编程的 WSN 节点动作的上下文的示例：

- 过去和现在的周边环境情况。
- 当前网络的操作或动作。
- 周围设备或系统。
- 网络连接状态的变化。
- 物理参数，如当前时间。
- 目前最近的可用连接。
- 设备用户以往的操作序列。
- 以往的应用程序序列。
- 以前缓存的数据记录。
- 目前剩余的内存和电池电量。

无线传感网重新编程的方式可以是无线编程（Over-The-Air，OTA），这意味着网关、应用或服务通过接入点无线修改闪存中的代码。

例 7.15 展示了节点、协调器和路由器如何根据上下文考虑和调整其任务。

274

例 7.15

问题

WSN 节点、网络协调器和路由器如何考虑上下文？

答案及解析

假设一组 WSN 节点感知环境状态，其中包括检测工业中的危险物品或气体。一旦传感器感测到危险物品，节点就会寻找到用于广播新感测信息的路径和协议，并彼此协调以将信息发送到目的地。

假设森林中的 WSN 设备与鸟类、野马等动物绑定在一起。传感器节点可以沿任何方向到达不同实例的任何位置。当节点在 WSN 中找到另一个节点时，就在网络上共享该信息。当 WSN 的任何节点感测并发现来自接入点的无线辐射时，它会卸载所收集的数据。接入点将数据发送到互联网，或由另一组节点组成的协作 WSN。此外，节点电池还可以借助接入点的辐射进行充电。

无线传感器节点在感测到内存或电力过低时，可以延长温度或其他数据传输的时间间隔。当节点完成数据的卸载，并在 WSN 集群的接入点或协调节点处进行再充电时，可以减少温度测量的间隔。

7.7.2　WSN 体系结构

1. WSN 节点体系结构

图 7.16 展示了节点的三层体系结构。这三层分别是应用层、网络层（具有数据链路 MAC 的串行链路），以及物理和数据链路层（MAC+ 物理层）。

应用层软件组件包括传感器管理和查询、数据传播、任务分配、数据广告和面向应用的协议。

275

传感器、CPU 和程序传感器节点构成应用程序和网络层。网络层可以包括协调或路由软件，并串行链接到数据链路层。串行链路将这些层互联到无线电路和天线，无线电电路处于物理和数据链路层。通信子系统使用 MAC 和物理协议。

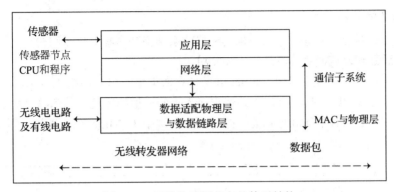

图 7.16 无线传感器节点的体系结构

2. 连接节点的体系结构

图 7.17 显示了两种用于连接 WSN 节点的体系结构：连接 WSN 节点、协调器、继电器、网关和路由器的固定基础设施网络，以及包括 WSN 节点、接入点、路由器、网关和多点中继的移动 Ad-hoc 网络。

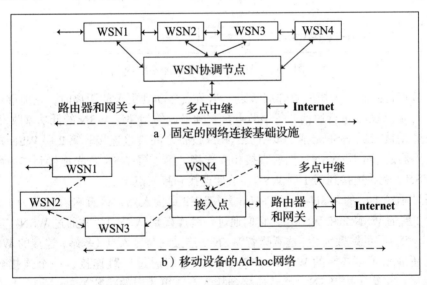

图 7.17 连接 WSN 节点的体系结构：（a）WSN 节点、协调器、继电器、网关和路由器的固定连接基础设施，以及（b）移动 WSN 的 Ad-hoc 网络

接入点是固定点收发器，可以提供对附近存在的节点或可到达无线范围的节点的访问。多点中继连接到其他网络，例如互联网或移动服务提供商网络。路由器的作用是在网络中当前可用的路径之间选择用于分组传输的路径。协调器提供两个网络之间的链接。

固定基础设施网络的一个实例为智能家庭网络，它包括安全监控点的无线传感网、冰箱、空调、微波炉、电视和带 Wi-Fi 接入点的计算机等。固定基础设施网络的另一个实例是工业厂区网络，包括部署在机器位置、仓库、办公室、货物收发处及其他位置的 WSN 节点、接入点、路由器、网关和多点中继器等。

Ad-hoc 网络的例子是与鸟类、野马或其他动物绑定在一起的移动无线传感网，可用于生物栖息地监测。

3. 节点网络的体系结构

用于节点联网的两种基本体系结构是分层体系结构和多集群体系结构。

无线多跳基础设施网络体系结构（MINA）

MINA 是一种分层体系结构。WSN 节点具有数据感测以及向接入点（基站）转发的能力。节点可以是移动的并且具有用于到远程接入点的通信的覆盖范围和移动性范围。

接入点拥有数据收集和处理功能，并与更大的网络（如 Internet）连接。图 7.18 显示了分层体系结构。

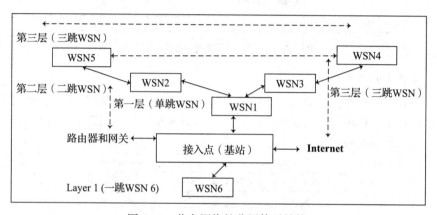

图 7.18   节点网络的分层体系结构

每个节点连接到一个短距离邻居节点。当节点移动到更远的距离时，它能够通过 2 至 3 跳与接入点（基站）进行通信。每个节点具有到最近的相邻层 WSN 的低功率收发器。

假设基站被三层 WSN 包围。第 1 层 WSN 设备之间直接连接。第 2 层 WSN 首先连接到作为协调器的第 1 层 WSN，然后直接相互连接。第 3 层 WSN 首先连接到作为协调器的第 2 层 WSN，然后连接到第 1 层 WSN，然后连接到接入点。

该图显示第 1 层的 WSN-1 和 WSN-6 直接连接到接入点，这意味着跳数为 1。该图还显示了第 2 层的 WSN-2 和 WSN-3，它们通过一跳连接到 WSN-1，并通过 WSN-1 实现下一跳的连接。第 2 层的跳数为 2，这意味着 WSN-2 连接到与接入点（基站）连接的 WSN-1。

该图还展示了第 3 层的 WSN-4 和 WSN-5，它们通过三跳连接，一个连接到第 2 层 WSN，然后连接第 1 层 WSN，然后连接到接入点。第 3 层的跳数为 3，即 WSN-5 连接到 WSN-2，然后连接到 WSN-1，然后连接到接入点（基站）。WSN-4 连接到 WSN-3，然后连接到 WSN-1，然后连接到接入点（基站）。接入点使用无线 LAN（802.11b）协议连接集群。接入点支持连接到 Internet。传感器数据已存档，可以实时查询，具有移动设备和远程客户端的用户可以访问数据。

多集群体系结构

每个集群都有一个网关节点。具有网关的一组集群中，每个都具有一个具有簇头网关的集群。多集群体系结构具有许多集群，这些集群关联簇头网关。

簇头（Cluster-head）支持多集群体系结构中的集群的树状拓扑。簇头的集群形成和选择在分布式 WSN 和 WSN 集群中是自治的。图 7.19 显示了一个多集群体系结构，包括两个集群和一个簇头网关。头网关连接到互联网或其他网络的蜂窝网络，并提供与多个集群中的 WSN 的连接。

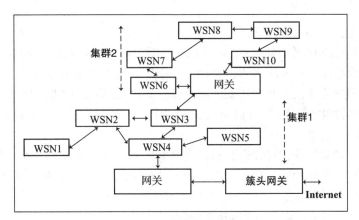

图 7.19　节点网络的多集群体系结构

与簇头网关关联的集群的初始化取决于网络中所需的覆盖范围。当存在簇头时，网关互联两个簇。每个节点连接到一个短距离邻居节点。当节点连接到另一个集群的 WSN 时，节点通过一个、两个或多个跃点连接到网关节点。当节点移动到更远的距离时，它通过网关与相邻集群通信。

集群 1 是移动 WSN（WSN-1 到 WSN-5）的 Ad-hoc 网络。集群中的 WSN 可以具有网状体系结构或分层体系结构。每个 WSN 连接到其无线范围内的另一个 WSN。集群 2 是移动 WSN（WSN6 到 WSN10）的 Ad-hoc 网络。

集群体系结构支持数据压缩或融合和聚合。网关将压缩或聚合的数据传递给另一个集群。在使用因特网与 Web 服务器或云通信之前，簇头进一步聚合、压缩或融合数据。

7.7.3　WSN 协议

网络协议具有以下设计目标：（i）限制计算需求；（ii）限制电池功率的使用并因此限制带宽，在自配置 Ad-hoc 设置模式下操作，以及（iii）限制协议的存储器要求。

物理层在收发器处进行自适应 RF 功率控制，若节点在附近则降低功率，若节点距离较远则增加功率，并使用 CMOS 低功率 ASIC 电路和节能代码。

1. 数据链路层介质访问控制（MAC）协议

可以在数据链路层部署 S-MAC（Sensor-MAC）协议。S-MAC 节点会长时间进入休眠状态，并且需要定期同步。

S-MAC 协议允许使用节能、无冲突的传输，并间歇地同步操作。无冲突传输由信道调度实现，可以为每个节点分配信道。信道重用技术使得无冲突传输发生且不使用重传。

2. 路由协议

网络层应用了多跳路由选择、节能路由、路由缓存和数据的定向扩散等技术。

路由协议要么是主动的，要么是被动的。主动协议保持路由缓存并提前确定路由，相关反应协议根据需要确定路由。当路由表引导可用路径时，路由协议是路由表驱动的。当信源需要路由并且它引导可用路径时，路由协议是需求驱动的。

278

固定无线传感网可以使用簇头网关交换路由（CGSR），它使用启发式路由方案来引导路径。

7.7.4　WSN 基础设施建立

当按步骤建立 WSN 基础结构时，需要考虑以下因素：

- 具有相关 CMOS 低功耗 ASIC 电路的传感器，其无线电范围和节能编码。
- 基础设施选择，有（ⅰ）节点、协调器、中继、网关和路由器的固定连接基础设施，或（ⅱ）具有有限或未指定移动区域的移动 WSN 的移动 Ad-hoc 网络。
- 根据应用和服务，无线多跳基础设施网络体系结构或多集群体系结构的网络拓扑和体系结构。
- 网络节点自我发现、自我配置和自我修复协议，以及本地化、移动范围、安全性、数据链路和路由协议，链路质量指示符（LQI）（分组接收比率），覆盖范围和所需的 QoS 应用程序和服务。
- 集群、集群网关、簇头和集群层次结构。
- 路由、数据聚合、压缩、融合和扩散。
- 间隔时间间隔的同步，时间用作节间距离估计的参考，考虑延迟、定位、测距和定位服务。

1. WSN 各种集成方法

WSN 需要集成方法来支持以下系统功能：

- 节点设计和资源配置。
- 节点本地化。
- 节点移动性。
- 传感器连接体系结构。
- 传感器网络体系结构。
- 数据传播协议。
- 安全协议。
- 数据链路层和路由协议。
- 与无线传感器数据以外的传感器数据集成，用于物联网应用和服务。

2. 服务质量

服务质量（QoS）是网络生命周期内的平均加权 QoS 度量。几个参考标准如下：（ⅰ）平均延迟：传感器生成数据及数据到达目的地所需的时间；（ⅱ）寿命：WSN 有效运行的时间或该模式下的能量续航时间；（ⅲ）吞吐量：每秒递送到目的地的字节数。低吞吐量意味着高延迟，网络带宽也对吞吐量有所影响；（ⅳ）链路质量指示符（LQI），它意味着节点传送和转发的分组数目。

通过 WSN 传感器网络进行通信的实时应用需要提供最大延迟、最小带宽或其他 QoS 参数的保证规范。

为达到高 QoS，面临的挑战包括（ⅰ）通过高吞吐量、较低延迟和使用低能量资源的路径的节点进行路由，（ⅱ）链路和（ⅱ）保持优先级和延迟的乘积，这意味着更高优先级的数据包采用较低延迟的路径，而优先级较低的数据包使用较高延迟的路径。

系统 QoS 可通过传感器网络的覆盖范围来度量，这取决于区域中节点的密度和位置、通信范围和节点的灵敏度。另一个指标是在监控系统如危险化学品或火灾探测系统中，网络覆盖事件发生的百分比。

3. 配置

针对节点资源限制进行静态、动态或自动配置所面临的挑战如下：（i）WSN 节点的位置和移动范围；（ii）集群；（iii）网关；（iv）簇头；（v）感测参数的采样率；（vi）数据的聚集、压缩和融合。

节点的电池电量、存储和计算能力，以及带宽和可扩展性方面的限制也是 WSN 技术中亟待解决的问题。

7.7.5　WSN 节点安全通信

传感器网络需要安全通信以实现数据隐私和完整性。身份验证仅验证来自感知节点的数据，维护数据完整性并禁用来自未经身份验证的来源的消息通信。隐私保护机制确保数据保密并防止窃听（未经许可进入）。

伯克利实验室推荐使用 SPINS，即传感器网络中的安全协议。SPINS 使用了对称加密协议，这是因为非对称加密方法在内存和计算数字签名，以及密钥生成和验证方面具有更高的开销。与对称加密方法相比，非对称加密还具有高内存要求并传达更多字节数。

SPINS 是一套用于传感器网络的安全协议，它包括：（i）安全网络加密协议（SNEP）；（ii）微特斯拉（μ-Tesla）。SPINS 使用分组密码加密功能。

SNEP 实现安全的点对点通信。它确保数据隐私和完整性。它在身份验证过程之后确保通信。它不需要重播消息，因此消息仍然是即时的。

接入点使用 SNEP 将会话密钥分配给两个节点 A 和 B，A 和 B 共享六个密钥：加密密钥 K_{AB} 和 K_{BA}、密码块链接消息认证码（MAC）密钥 K_{AB} 和 K_{BA}、以及计数器密钥为共享密钥 C_A、C_B。MAC 确保消息完整性和隐私。

- μ-TESLA 是 TESLA 的轻量版本。它支持认证广播。身份验证是微耗时和高效的。它支持数据流丢失可容忍的安全身份验证。

接入点使用 μ-TESLA 进行身份验证。首先，接入点收听数据包并将其视为父数据包，并稍后进行验证。这使得安全认证流丢失变得可容忍。

281

分布式传感器网络使用密钥管理方案，它可以是基于概率密钥共享或随机密钥预分配密钥共享。

1. 本地化加密和身份验证协议（LEAP）

使用 LEAP 时不同的数据包使用不同的键控机制，基于不同安全需求而定。节点使用四个密钥：个体密钥、组密钥、集群密钥，并与邻居节点共享一对密钥。

具有本地化协调的高度分布式体系结构面临的挑战是实现应用程序和服务系统的目标。

系统实现的需求包括自治操作、自组织、自配置和自适应，在物理层、MAC 层、链路层、网络层以及应用层的节能，可扩展节点密度的设计，网络的数量和类型等。

网络是以数据为中心的网络，路由节点没有可寻址性。以下列出三个关键技术问题，即安全性、QoS 和节点配置。

2. 安全

安全挑战包括：

- Hello flood 攻击，攻击者节点重复发送 hello 消息，从而消耗被攻击节点的能量。
- Sybil 攻击，会导致单个节点在不同时间表现为不同的实体。
- 选择性转发攻击，攻击者节点在接收到来自被攻击节点消息时拒绝转发。
- Sinkhole 攻击，指受攻击节点充当接入点并接收消息而不转发数据的情况。
- 蠕虫洞攻击，即攻击者节点提供目的地距离的虚假信息的攻击，从而迫使受攻击节点占用更长的路径。较长的路径具有高延迟并因此具有较高的分组传送延迟。

7.7.6　WSN 物联网应用

无线传感网越来越多地被用作基于物联网的应用和服务的子系统。WSN 可以作为数据源与其他系统一起运行，并通过网关和 Internet 接入点连接。

WSN 物联网应用的一个特定例子是智能家居控制和监控系统（见 1.5.3 节和 12.5.1 节）。联网的家庭在智能家居中可以部署以下应用：

1）智能手机、平板电脑、IP 电视、VoIP 电话、视频会议、视频点播、视频监控、WiFi 和互联网。

2）可以使用 ZigBee IP 构建的 WSN 节点和无线执行器节点（见 2.3.1 节），用于家庭安全访问控制和安全警报、照明控制、家庭医疗保健、火灾探测、泄漏检测、能效、太阳能电池板的节点监控和控制、温度监控和 HVAC 控制以及自动抄表等操作。

图 7.20 显示了 ZigBee WSN 和执行器节点的源端集群，协调器和路由器通过网关和一组 RPL 路由器连接，用于来自 IPv6 地址的数据包，并与来自 IPv6 地址的数据包的 IoT 和 M2M-IoT 应用和服务层进行通信。

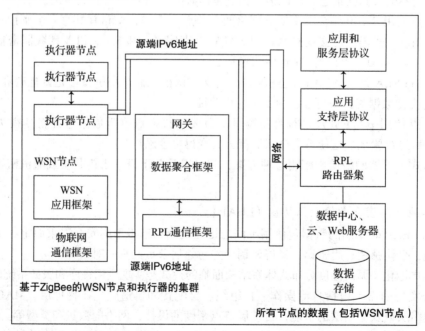

图 7.20　通过网关连接的 ZigBee WSN 和执行器节点，协调器和路由器的源端集群，以及来自 IPv6 地址的数据包并与 IoT 和 M2M-IoT 应用和服务层通信的 RPL 路由器集

家庭网络中的 ZigBee 设备可被视作 WPAN（无线个人区域网络）设备。WSN 节点、协调节点和路由节点也可以使用 ZigBee 协议进行物理层无线连接。ZigBee 是用于物理 / 数

据链路层（Phy/MAC）的 IEEE 802.15.4 标准协议。

ZigBee IP 可通过 RFD 增强 IPv6 的连接（见 2.3.1 节）。功能退化的设备（Reduced Function Device，RFD），是指电池能源即将耗尽的设备。这些设备常处于休眠状态，在收发数据时被唤醒，然后又回到休眠状态。6LowPan 是指低功率无线个域网的 IPv6 协议，它支持在传感器网络中传送 IPv6 数据包。 283

温故知新

- 可以使用无线网络连接一组传感器。它们协同监测物理或环境状态，如温度、声音、振动、压力、运动或有害气体泄漏和污染物，以及处于不同位置的废弃物容器、家用电器和监控系统。
- 20 世纪 50 年代出现了基于声波的敌方潜艇监视和跟踪系统。自 1998 年以来，关于低功率无线集成微传感器和 WSN 相关应用的研究也陆续开展。
- WSN 是使用网关连接到 Internet 的子系统。子系统具有许多物联网应用和服务，例如智能家居和智慧城市。
- WSN 节点与 CMOS 低功耗 ASIC 或微控制器电路相关联，适应性无线电范围的收发器和处理编码需要节能。
- WSN 基础设施可以固定连接节点、协调器、中继、网关和路由器的基础设施，或具有有限或未指定移动区域的移动 WSN 的 Ad-hoc 连接网络。
- WSN 的体系结构根据应用程序和服务而定。两种基本体系结构是无线多跳基础设施网络体系结构，以及使用集群、集群网关、簇头和集群层次结构的多集群体系结构。
- WSN 节点和网关进行路由，数据的聚合、压缩、融合和扩散操作。
- 网络以数据为中心，路由节点没有可寻址性。
- 网络节点使用自发现、自我配置和自我修复协议。
- WSN 面临的挑战包括 WSN 安全性、QoS 和节点优化配置。
- WSN 当前发展领域包括本地化、设备移动范围、系统安全性、数据链路和路由协议、链路质量指示符、覆盖范围以及提高应用和服务所需的 QoS。
- WSN 物联网应用包括智能家居控制和监控系统等（见 1.5.3 节和 12.5.1 节）。联网的家庭在智能家居中部署了诸多应用。

自测练习

★★1. 无线传感器电路与传感器的不同之处是什么？

★★2. 无线传感器节点电路与 RFID 有何不同？

★3. 列出可以将 WSN 节点配置为重新编程的上下文更改。

★4. 绘制无线传感器节点的三层体系结构。

★5. 固定的 WSN 节点基础设施具有哪些优势？

★6. Ad-hoc WSN 节点的基础体系结构的优点和特征是什么？ 284

★★★7. 物联网应用中固定的 WSN 体系结构如何用于废弃物容器管理系统？

★★★8. 物联网应用中如何使用 Ad-hoc WSN 体系结构进行鸟类栖息地监测？

★★9. 分层多跳 WSN 节点有哪些优点？

★10. 列出 WSN 中的安全攻击。

★★★11. 列出使用 SNEP 和 micro-TESLA 在 WSN 中通过安全协议（如 TLS）实现隐私和数据完整性的优势。

★★★12. 列出 WSN 安全性、QoS 和节点配置的设计挑战。

★13. 列出 WSN 中的安全攻击。

★14. 列出在部署 WSN 时建立基础体系结构的注意事项。

关键概念

- 加速度计
- 接入点
- Ad-hoc 网络
- 模拟传感器
- 模数转换器
- 汽车物联网
- 条形码
- CAN 协议
- 数字传感器
- EPC
- 固定基础设施
- 陀螺仪热点

- I2C 协议
- 工业物联网
- 微控制器端口
- 多集群体系结构
- 多跳体系结构
- NFC
- 开关状态
- 参与感应
- 压力传感器
- 二维码
- 服务质量
- RFID

- RFID 读取器
- 安全
- 传感器节点
- 串口接口
- 一组开关状态
- 智能家居
- 软件库
- 温度传感器
- 收发器
- UART
- 无线传感网

学习效果

7-1

- 许多物联网应用需要传感设备生成的数据。用于多种物理环境、参数和状态的传感器将物理能量转换成电能。
- 复杂传感器包括输出处理电路，具有计算和通信功能。传感需要微控制器用于存储、计算和通信，以及构成传感器电子电路。
- 传感器有两种类型，即模拟电路传感器和数字电路传感器。传感器可以感测温度、湿度、加速度、角加速度、物距、相对于固定方向的方向角、磁性物体接近度、用户的触摸和手势、运动、声音、振动、冲击、电流和等环境参数。
- 数字传感需要一个电路来产生 1、0 或 1 和 0 序列的二进制输出，用于存储、计算和通信。数字传感器应用广泛。例如，感知测量未售出的每种口味的巧克力的数量，并将该数字传送给商品填充服务。另一个例子是感知未占用的停车位。
- MEMS 是一种微机电传感器，可分别沿 x、y 和 z 三轴检测线性加速度 a_x、a_y 和 a_z。
- 通过条形码读取器或二维码识别事物，并且相关电路将对象标识和对象文档信息传送到因特网。

7-2

- 交互式传感意味着物理传感器的参与以及社交媒体等其他手段。参与式感知的应用很多，例如检索天气和环境信息。它也可用于检索有关污染、废弃物管理、道路故障、人体健康、交通拥堵或灾害管理（如洪水，火灾等）等的信息。

- 工业物联网（IIoT）是物联网技术在制造业和预测性维护中的应用。IIoT 将复杂的物理机械 M2M 通信与网络传感器相结合，并将软件分析、机器学习和知识发现应用其中。
- 汽车物联网可以在互联网上连接汽车和车辆数据通信，以进行维护、服务和其他应用。

7-3

- 执行器的示例包括光源、LED、压电振动器、发声器、扬声器、螺线管伺服电机、继电器开关、移动车辆制动器的应用、加热器或空调器，警铃响铃路灯的开启与关闭，以及热电厂蒸汽锅炉中的锅炉电流。

7-4

- 每个串行接口使用 UART、SPI 或 I2C 或 CAN 等串行通信协议。汽车传感器使用 LIN、CAN 和 MOST 串行协议传送串行数据
- 集成开发环境（IDE）软件中提供了一个软件串行库，用于微控制器系统，在使用串行接口协议进行通信期间，支持不同程序以及与计算机、平板电脑、移动设备和其他设备的串行同步通信。

7-5

- RFID 通过连接到互联网 IoT 服务器的计算系统，构成物联网网络。
- 用于物联网应用和服务的 RFID 系统组件是：（i）带收发器的 RFID 标签；（ii）具有相关计算设备和收发器的读取器；（iii）用于因特网连接的计算机的热点或移动；（iv）中间件；（v）应用程序和服务。
- RFID 的互联网应用示例包括跟踪和库存控制、供应链系统中的识别、业务流程、基于 RFID 的温度或任何其他参数传感器、工厂设计、品牌保护、防伪和业务流程。
- EPCglobal 体系结构框架为业务流程分配唯一标识。ONS 基于 DNS 执行查找功能。DNS 名称使用 HTTP、REST、WebSocket 和 Internet 协议启用 Web 服务器 Internet 连接。
- 数据安全解决方案包括加密机制、入侵发生时的标签停用、标签和读取器之间的相互认证、标签所有者的认证，以及读取数据分析器和数据清理。
- RFID 物联网系统可以使用 CGA 生成 128 位 IPv6 地址。

286

7-6

- 可以使用无线网络连接一组传感器。它们合作监测不同地点的物理或环境状态，如温度、声音、振动、压力、运动或有害气体泄漏和污染物，以及废弃物容器、家用电器和监视系统。
- WSN 是使用接入点和网关连接到 Internet 的子系统。子系统具有许多物联网应用和服务，例如智能家居和智慧城市。
- WSN 的体系结构根据应用程序和服务而定。两种基本体系结构是无线多跳基础结构网络体系结构或使用集群、集群网关、簇头和集群层次结构的多集群体系结构。
- 网络是以数据为中心的网络，路由节点没有可寻址性。WSN 面临的三个挑战包括安全性、QoS 和节点配置。

习题

客观题

在每个问题中从四个中选择一个正确的选项。

★★ 1. 传感器使用以下参数：（i）电阻；（ii）电容；（iii）反向二极管饱和电流；（iv）光电晶体管中集电极、发射极之间的饱和电流；（v）LED 中的电流；（vi）压电电流；（vii）用于感测物理环境或状态的磁场随时间的变化。

(a)(i) 和 (ii)。   (b)(i) 至 (vi)。

(c)(i) 至 (iv)。   (d) 除 (v) 以外所有选项。

★2. 相对湿度传感器的原理是感测：

(a) 由于空气中的水蒸气导致平行板之间的电容变化。

(b) 空气阻力随湿度变化。

(c) 空气中的压电效应。

(d) 磁通量变化。

★★3. 通过测量：(i) 回声的超声波脉冲；(ii) 反射的微波；(iii) 反射的红外线；(iv) 反射的光；(v) 来自前方汽车的图像的延迟来测量前方汽车的距离。

287

(a)(i) 至 (iii)。   (b)(iv)。

(c)(i)。   (d)(v)。

★★4. 加速计传感器使用：(i) MEMS；(ii) 超声波；(iii) IR，并且具有 (iv) 三个；(v) 五个；(vi) 六个终端，用于对应于三个加速分量的电压输出。

(a)(iii) 和 (iv)。   (b)(i) 和 (v)。

(c)(ii) 和 (vi)。   (d)(i) 至 (iii)，(vi)。

★5. 参与式感知是指：(i) 使用具有多个传感器和云服务的移动电话的个人、群体和社区；(ii) 协作传感器电路；(iii) 由个人和传感器组感知的多个参数的贡献、收集和分析感官信息，形成知识体系。

(a) 全部。   (b)(iii)。

(c)(ii)。   (d)(i)。

★★6. 工业物联网（IIoT）是物联网技术在哪些场景的应用？(i) 改进制造业务；(ii) 维护；(iii) 精炼业务模式中的应用。IIoT 涉及 (iv) 复杂物理机械的集成；(v) 与网络传感器的 M2M 通信；(vi) 软件；(vii) 分析；(viii) 机器学习；(ix) 知识发现。

(a) 除 (ii)、(iii) 和 (ix) 以外的所有选项。   (b) 除 (iii) 和 (ix) 以外的所有选项。

(c) 全部。   (d)(i) 和 (vi) 至 (ix)。

★★★7. 汽车物联网支持：(i) 网联车；(ii) 车辆到基础设施技术；(iii) 预测和预防性维护；(iv) 描述性和预测性分析；(v) 开发改进的组件的制造业；(vi) 使用自动驾驶汽车。

(a) 全部。   (b) 除 (ii) 和 (v) 以外的所有选项。

(c) 除 (vi) 外的所有选项。   (d) 除 (iii) 和 (vi) 以外的所有选项。

★8. 执行器是一种根据输入命令采取动作的装置，其输入应包括：(i) 1 和 0 序列；(ii) 脉冲或状态（1 或 0）或 1 和 0 序列的集合；(iii) 输入脉冲 1 和 0 序列的长度；(iv) 控制输入。

(a) 除 (iii) 和 (iv) 以外的所有选项。   (b) 除 (iii) 外的所有选项。

(c) 全部。   (d) 除 (iv) 外的所有选项。

★★★9. 在 (i) 用于微控制器系统的集成开发环境和 (ii) 用户的库程序中提供软件串行库。该库具有 (iii) 用于每个串行接口协议的特定程序；(iv) 用于串行接口协议集的程序；(v) 用于所有接口协议的程序；(vi) 用于将数据发送到 USB 端口的程序，使数据得以在互联网上传输。

288

(a)(i)、(iii) 及 (vi)。   (b)(i) 和 (v)。

(c) 除 (vi) 外的所有选项。   (d) 全部。

★★★10. 物联网（Web of Things，WoT）意味着让：(i) 对象；(ii) 包括 RFID 的对象；(iii) JSON 作为万维网的一部分；(iv) 物联网对象的数据存储与网页存储不同；(v) Web（应用层）使用因特网（IP 网络层）接收和发送数据；(vi) WoT 还可以为 RFID 提供物联网应用，因为 RFID 可以在网络上清晰地识别每个物体。

(a) 全部。   (b)(i)、(ii)、(v)、(vi)。

(c) 除 (vi) 外的所有选项。   (d) 除 (iii) 外的所有选项。

★11. 用于 WSN 安全的 SPINS SNEP 协议和 micro-TESLA 协议具有以下优点：(i) 使用非对称加密方

法；(ii) 在存储器和计算方面的高开销；(iii) 使用数字签名；(iv) 具有高内存要求；(v) 与对称密码方法相比，传递更多字节数。

(a)(i)。   (b)(ii)。

(c)(iii)。   (d) 所有选项都错误。

★★12. 具有本地化协调的高度分布式体系结构的挑战，以及使用 WSN 实现需求的应用和服务系统的目标包括：(i) 自主操作；(ii) 自组织；(iii) 自配置；(iv) 适配层；(v) 物理层、MAC 层、链路层、网络层及应用层的节能；(vi) 可扩展节点密度的设计、网络的数量和类型；(vii) 安全性；(viii) 服务质量。

(a)(iii) 至 (vii)。   (b) 所有选项。

(c) 除 (vi) 外所有选项。   (d)(ii) 至 (viii)。

简答题

★ 1. 传感器如何测量声强、应变、弯曲、压力、振动和运动？

★★ 2. 为什么从传感器电路输出中找到感测参数值时需要用到公式或表格？

★★ 3. 如何感测距离？

★★★ 4. 基于光电晶体管 – LED 对的数字传感器在汽车中的用途是什么？

★★ 5. 交互式传感如何用于物联网的城市交通密度管理？

★ 6. 如何定义工业物联网？

289

★★★ 7. 与其他车辆、周边基础设施和 Wi-Fi 局域网进行车辆通信的汽车物联网应用有哪些？

★ 8. 路灯互联网使用的执行器有哪些？

★★ 9. 为什么串行 CAN 总线可以被部署于汽车传感器电路？

★ 10. 在什么场景下会用到条形码和二维码？

★ 11. RFID 物联网系统的安全性如何？

★★★ 12. RFID IoT 和 WSN IoT 应用的节点和网络拓扑有何不同？

论述题

★ 1. 模拟传感器有哪些用途？数字传感器有哪些用途？

★★★ 2. 温度、压力和湿度传感器如何在互联网上运行和传送数据？

★★★ 3. 为什么许多传感器有三个或四个端子用于与微控制器通信？这些传感器是如何用于物联网应用和服务的？

★ 4. 数字罗盘和加速度计是如何工作的？

★★ 5. 参与式感知的优点和缺点是什么？

★★ 6. 工业物联网有哪些实际用途？

★ 7. 列出汽车物联网中模拟和数字传感器应用的表格。

★★★ 8. 在输入信息为恒定的 1 或 0，脉冲宽度调制及可变间隔 1 和 0 序列时，LED 有哪些用途？

★ 9. 如何将执行器用于基于物联网的控制和监控？

★★ 10. 串行总线 UART、I2C 和 CAN 协议中有哪些信号及其用途？

★★ 11. 使用传感器数据通信协议所需的软件库有哪些？

★★★ 12. 如何将 RFID 标签 ID、位置和时间信息传达给服务器以用于物联网应用？

★ 13. 如何为物联网建立 RFID 基础设施？

★ 14. 无线传感网中使用的数据链路、网络、安全和应用层协议分别是什么？

★★★ 15. 为什么在从 WSN 网关和簇头传输数据之前需要进行数据聚合、压缩和融合？

★★ 16. 物联网的基础设施（如 WSN 基础设施）是如何建立的？

实践题

★ 1. 使用电阻电桥、信号调节放大器、ADC、串行端口和微控制器编写使用电路的程序，以检测电阻

290   的变化，从而检测物理环境。

★ ★ 2. 如何使用电容桥来检测储罐中液位检测器的电容变化？

★ ★ 3. 使用图表说明如何使用 8 个光电晶体管阵列来检测线性移动机器部件的线性位置。

★ ★ ★ 4. 如何使用 8 个光电晶体管阵列来检测旋转轴的瞬时定向角（假设精度为 360° /256）？

★ ★ 5. 描述使用超声波传感方法检测铁路轨道故障以进行规定性维护的程序。

★ ★ 6. 编写汽车物联网程序，监控驾驶员在驾驶过程中的健康状况。

★ 7. 绘制图用于控制 IoT 应用中的伺服电机的。

★ 8. 写出当使用 UART 进行 RFID 十个字符 ID 的通信时的位序列和字节序列。

★ 9. 列出 RFID 互联网安全通信的步骤。

★ ★ 10. 如何在物流行业中使用 RFID 互联网？使用图表描述各阶段和它们之间的通信。

★ ★ ★ 11. 绘制一个图表，描述智能家居中连接互联网的无线传感网，其主要功能包括远程控制、监控和提
291   供其他服务。

★ ★ 12. 解释何时以及为何使用 WSN 中固定的网络基础设施和 Ad-hoc 网络基础设施。

★ ★ ★ 13. 说明使用多跳分层体系结构的应用和原因。

★ ★ ★ 14. 说明在无线传感网中使用 Ad-hoc 网络体系结构的应用和原因。

第 8 章 IoT/M2M 嵌入式设备原型设计

学习目标

8-1 解释嵌入式系统的基本概念。

8-2 对用于 IoT/M2M 系统原型设计的嵌入式设备平台、移动设备和平板电脑进行分类。

8-3 详细说明这些设备如何保持与因特网和云的连接。

知识回顾

　　1.1.1 节给出了物联网的定义：嵌入硬件、软件和传感器的物理对象或物体连接到因特网，这些物体与因特网上的应用程序和服务发生数据交换。物联网通过与制造商、运营商和连接设备交换数据实现更大的价值和服务。借助嵌入其中的计算系统，每个物体都有唯一的标识，并且每个系统都能够在现有的因特网基础设施中交互操作。

　　回顾前几章中 IoT 或 M2M 系统的应用实例，包括路灯物联网、智能家居、交通信号控制和监测、自动取款机、巧克力自动售货机、车辆预测分析和维护、停车和废弃物容器管理服务等应用和服务。

　　每个系统都需要电子电路完成计算和通信功能，电路采用嵌入计算硬件和软件的传感器与执行装置。嵌入式设备是指将软件嵌入计算平台并为特定系统执行计算和通信功能的设备。

8.1 概述

　　参考 1.3 节中 IoT 和 M2M 架构的概念。设备产生数据，具体来说是通过在物理层的嵌入式设备、传感器和系统产生的，然后在数据适应网关上进行数据处理，大量数据通过因特网交互实现了分析、可视化、知识发现、应用和服务等。

　　一个系统需要电子电路来实现计算和通信功能，电路采用嵌入计算硬件和软件的传感器与执行装置。原型系统设计需要嵌入

式设备平台产生数据，也需要通过计算、适配和网络连接到因特网。应用层和应用支持层通过设备上的执行器监测和控制嵌入式设备、系统和机器。

在为 IoT 和 M2M 应用程序进行原型设计时，需要了解以下关键术语：

嵌入式系统是指将软件嵌入计算平台的系统，以用于应用程序、应用程序的特定部分、产品或大型系统的组件。

嵌入式设备是指将软件嵌入计算平台中，并实现特定系统计算和通信功能的设备。

微控制器（Microcontroller Unit, MCU）是指单芯片超大规模集成电路单元（又称微机），包括存储器、闪存、增强的输入输出能力和许多片上功能单元，其计算能力比较有限。

定时器是指能够在定时器启动、时钟输入、超时或时钟输入数等于预设值时启动新动作的设备。

端口是指 MCU 与另一设备（如传感器、执行器、键盘或外部设备）进行输入输出（I/O）通信的设备。

USB 端口用于把设备硬件连接到计算机，从计算机下载代码到设备，或从设备发送代码到计算机。USB 端口还可以为所连接平台的电池提供充电电源，而不需要外部的充电器。

GPIO 引脚是指通用输入输出引脚。除了数字输入和输出之外，还可用于其他用途的引脚，如 Rx 和 Tx、SDA 和 SCK、PWM、模拟输入、模拟输出或定时器输出。其中，Rx 和 Tx 引脚用于 UART 协议的数据接收和发送，SDA 和 SCK 引脚用于 I2C 协议中的串行数据和时钟通信。

293

开发板是一种带有 MCU 或 SoC、电路和连接器的电子电路板，能够连接其他集成电路和电路元件，也可以将集成电路和电路元件通过表面安装技术连接或安装到开发板上。开发板可以有电池、电源、电压调节器或其他电源线。

平台是由计算和通信硬件、软件和操作系统（OS）组成的集合，允许使用不同的软件、API、IDE 和中间件。平台既可以在开发阶段开发代码，还可以为应用程序或应用程序的特定部分实现原型开发。

模块（硬件）是可以放在一块开发板上的小规模开发硬件，可以嵌入软件。像安装在电路板上的射频模块一样，可以使开发板使用更小规模的电路。

屏蔽（shield）是指带有连接销、插座和支持软件的支持电路，将开发板或计算平台连接到外部电路。该电路将可插入到开发板或平台上的元件连接起来。支持电路的使用提供了额外的功能，例如连接到无线设备（如 ZigBee、ZigBee IP）和蓝牙 LE、Wi-Fi、GSM 或 RF 模块，或者连接到有线设备（如以太网屏蔽）。以太网屏蔽允许平台与以太网控制器进行有线连接，通过外部标准 LAN 套接字可以连接到用于 Internet 的有线或 Wi-Fi 调制解调器。屏蔽是 Arduino（Arduino 平台，一种开源电子原型平台）硬件中用于支持电路的术语。

插头是指塑料涂层的条带或塑料封盖的插件，在没有电子焊接的情况下连接电线时放置在针孔的顶部。插头还提供跳线。6 针插头是指塑料的 6 针插件，用于连接 6 个针孔。插头是一个组件，不同于封装在数据栈中、包含用于根据协议在层间通信的字。

跳线是指两端各有一个实心尖端的导线，通常用于连接电子电路板上的元件。跳线用于将 I/O 或信号输入到引脚或者从引脚输出。

中断是指运行中的程序中断硬件信号（如计时器超时或软件中断指令的执行）的操作。例如，系统中用于发送数据或者接受新增设备的程序中断，或者是执行 INT 指令等。

集成开发环境（Integrated Development Environment, IDE）是指一组软件组件和模块，

它们为开发和原型设计提供了软件环境。

操作系统（OS）是一种系统软件，可以管理进程运行、内存分配、IO 调用、网络子系统的使用、设备管理、进程和线程优先级分配、多任务处理和线程数量等，它使用给定的 计算设备硬件实现诸多系统功能。 [294]

8.2 节描述了嵌入式计算基础，即嵌入式设备硬件和软件，8.3 节描述了流行的嵌入式设备平台（Arduino、Intel Galileo 和 Edison、Raspberry Pi（树莓派）、BeagleBone、mBed）、手机和平板电脑，以便于为 IoT 和 M2M 应用程序和服务进行原型设计，8.4 节描述了设备如何与互联网和云保持连接。

8.2 嵌入式计算基础

嵌入是指将功能软件嵌入到计算硬件中，以支持特定专用应用程序的系统功能。设备将软件嵌入到计算和通信硬件中，以及应用程序的设备功能中。

读者可以在本书[⊖]中详细学习嵌入式系统的体系结构、编程和设计。

8.2.1 嵌入式软件

软件由指令、命令和数据组成，计算和通信设备需要软件，软件进行引导并启动应用程序和服务，包括操作系统。设备中嵌入的软件包括设备 API 和中间件，使设备能够实现计算和通信等功能。

1. 引导装载程序

引导装载程序是在计算设备（如 MCU）开始运行的程序。当启动系统电源并完成自测试时，引导装载程序启动系统软件（OS）的加载。

引导装载程序还可以实现系统硬件和网络功能的使用。操作系统的引导装载程序加载可能来自外部。另外，当 IO 函数和 OS 基本系统函数的代码碰巧来自同一个外部源时，引导装载程序本身也可以作为系统软件运行。系统启动是在达到正常运行时环境时完成的。

2. 操作系统

操作系统（OS）实现了系统硬件和网络功能的使用。当把操作系统加载到 RAM 中以后，MCU 将启动正常的运行时环境。当设备执行多个任务或线程时，还需要一个操作系统。 [295] 操作系统控制多个进程和设备功能，进程、任务和线程是在操作系统控制下运行的指令集。操作系统支持对不同进程的内存分配，进程的优先级允许使用网络硬件和设备硬件功能，并执行软件组件和进程。操作系统位于设备的闪存中，可能需要在设备的 RAM 中加载功能。

操作系统可以是开源的，比如 Linux 或它的发行版。Linux 发行版是指为特定功能或特定硬件而打包在一起的一组软件组件和模块，用于更广泛的用途和应用程序。例如，Arduino Linux 发行版在 Arduino 开发板中运行，Linux 函数允许开发使用 Arduino 的应用程序。

3. 实时操作系统

实时操作系统（Real-Time Operating System，RTOS）是一种操作系统，支持在计算和通信硬件上实时执行进程。RTOS 使用优先级和优先级分配的概念来实现流程的实时执行。

⊖ Raj Kamal, Embedded Systems——Architecture, Programming and Design, 3rd edition, McGraw-Hill Education, New Delhi, 2014。

8.2.2 集成开发环境

应用软件代码通过一系列的运行和测试循环来完善。开发阶段的一个循环周期包括编辑 – 测试 – 调试。在不同的开发阶段，循环重复，直到系统对软件进行了全面测试和调试。系统的开发时间比硬件电路的设计时间更长。

集成开发环境（Integrated Development Environment，IDE）是一组软件组件和模块，它们为程序开发和原型设计提供了软件和硬件环境。IDE 支持计算机上的代码开发，随后支持在硬件平台上下载代码。IDE 支持与互联网网络服务器或云服务通信的软件。

IDE 包括设备 API、库、编译器、RTOS、模拟器、编辑器、汇编器、调试器、仿真器、逻辑分析器、用于应用程序代码的闪存烧写器、EPROM 和 EEPROM 以及用于集成开发系统的其他软件组件。IDE 可能是开源的，例如，Arduino 拥有 Arduino 网站的开源 IDE。

IDE 或原型工具支持原型设计。IDE 是嵌入式设备软件开发的工具，用于开发嵌入式硬件和软件平台、仿真和调试，使应用程序开发变得简单。例如，在 IDE 中为 MCU 系统提供软件串行库，该库由许多程序组成。这个库具有每个串行接口协议的程序，可以在设备中使用。该程序允许直接使用协议特定的程序，例如读取 RFID 标签的程序，向 USB 端口发送数据以便在互联网上继续传输的程序（见 7.5.1 节）。

1. 模拟器

模拟器是一种可以在没有任何硬件的情况下，在计算机上进行开发的软件，然后可以连接原型硬件用于嵌入软件和进一步测试。

2. API 和设备接口

回忆 1.4.1 节，物联网设备的主要组件是软件。软件包括设备应用程序编程接口（API）和用于网络通信的设备接口以及包括中间件的通信电路/端口，其中间件创建 IPv4、IPv6、6LowPAN、MQTT、COAP、LWM2M、REST 等通信协议栈。

3. 设备接口

连接接口由通信 API、设备接口和处理单元组成。软件命令对接收到的消息或信息执行操作，然后是硬件端口输出。

8.2.3 嵌入式硬件单元

硬件包括：
- 单 VLSI（超大规模集成单路）芯片。
- 应用程序专用指令集处理器（ASIP）中的一个核，称为 MCU。
- 应用专用集成电路（ASIC）核心中的一个核。
- 系统芯片（System-On-Chip，SoC）或带有 SD 卡的 SoC 芯片的核心，用于嵌入式软件和操作系统（OS）软件。

下面描述 MCU、SoC 和原型平台的选择原则。

1. MCU

MCU 是一种微控制器 VLSI 单元（也叫微机），虽然它的计算能力有限，但具有增强的输入 – 输出能力，并具有许多片上功能单元，如内部 RAM、闪存、IO 端口、GPIO、串行接口、定时器、串行端口和定时器。

特定于应用程序的 MCU 具有额外的片上功能单元，如 PWM 电路（1，2，3）、ADC（1，2，4 或更高）（Analog-to-Digital Converter，模拟 / 数字信号转换器）和其他功能单元。图 8.1 显示了 MCU 的片上功能单元。

297

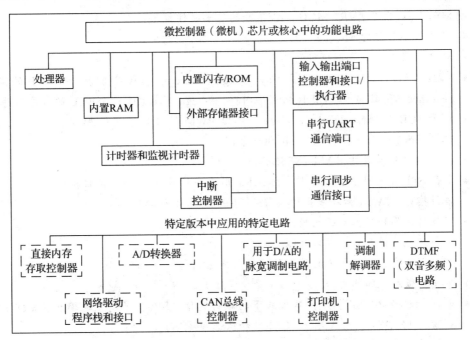

图 8.1　MCU、片上功能单元和应用专用单元

MCU 是一种集成电路芯片，可以从许多厂商获得，如 ATMEL、Nexperia、Microchip、Texas Instruments 或 Intel。厂商可以制造不同类型、系列和版本的 MCU，比如 ATMEL 生产的 AVR®8 和 AVR®32 系列 MCU，而且有不同的版本。以下是使用来自 MCU 厂商、系列或组的特定 MCU 版本时的注意事项。

- MCU 可以是 8 位、16 位或 32 位的系列。
- MCU 时钟频率可达 8MHz、16MHz、100MHz、200MHz 或更高。时钟频率取决于版本和系列。性能定义了每秒钟执行的指令数量，主要取决于时钟频率。性能指标有每秒百万条指令数（MIPS）和每秒百万条浮点运算数（MFLOPS）。
- MCU 包括 RAM，RAM 可以是 4KB、16KB、32KB 或更高。RAM 对字节的读写都需要一个指令周期。RAM 用于内存的临时变量、栈和运行时需求。

298

- MCU 包括 EEPROM 和闪存，可以是 512B、1KB、2KB、4KB、16KB、64KB、128KB、512KB 或更高。闪存在构建和测试阶段存储程序、数据、表和所需信息，然后将最终版本的应用程序存储在嵌入式设备中。
- MCU 包括定时器、I/O 端口、GPIO 插脚、串行同步、异步端口和中断控制器。
- MCU 包括几个特定版本的功能单元，如 ADC、多通道 ADC 或带有可编程正负参考电压引脚的 ADC、PWM、RTC、I2C、CAN 和 USB 端口、LCD 接口、ZigBee 接口、以太网、调制解调器或其他功能单元，具体取决于特定的厂商、系列、组和版本。

例 8.1 给出了 AVR®8 MCU 的基本硬件单元和很多应用程序所用到的功能单元。

例 8.1

问题

AVR®8 MCU 有哪些基本的硬件单元？AVR®32 的高级特性是什么？

答案及解析

ATMEL 公司生产 AVR® MCU。AVR®8 的基本硬件单元：

- AVR®8 是 8 位的 MCU。
- AVR®8 有单时钟周期执行的指令。
- AVR 的 MCU 有三组，分别是 tiny、mega 和 xmega。tiny 有 512B ~ 16KB 的程序内存，mega 有 4KB ~ 512KB 的程序内存，xmega 有 16KB ~ 384KB 的程序内存。
- 用于 LCD、CAN、USB、ZigBee 和高级 PWM 的特定应用附加控制器单元，融合可编程附加 FPGA（5000 ~ 40 000 个门）。
- AVR®8 具有单片的 RAM（SDRAM）。
- 串行 SPI 用于同步串行通信，USART 用于串行同步 – 异步接收机和发射机。双线串行接口（TWI）和在线串行编程（ICSP）通过串行接口。
- 模数转换器和模拟电压比较器。
- 三个定时计数器和监视计时器。
- 四个有可编程端口引脚的端口作为输入或输出。
- 每一个版本增加单元。
- 串行外设接口（SPI）是主从模式下的串行通信。SPI 信号有主从输出（MISO）、主从输入（MOSI）、主从时钟（CLK）和从选择（SS）。
- AVR®32 有 8 位算术逻辑单元（ALU）、32 位寄存器、数字信号处理（DSP）指令、单指令多数据（SIMD）指令。这些特性支持视频处理。

299

2. 芯片系统（SoC）

复杂的嵌入式设备，例如移动电话，由在单个硅芯片上设计的电路组成。该电路由多个处理器、硬件单元和软件组成。SoC 是 VLSI 芯片上的系统，具有多个处理器、软件以及片上所需的所有数字和模拟电路。SoC 嵌入具有存储器的处理电路以及模拟电路，可以用于特定领域的应用。

SoC 可以将手机中的外部 SD 卡关联起来。这种卡存储外部程序和操作系统，并使芯片的使用具有明确的用途。安全数字协会创建了 SDIO（Secure Data Input-Output，安全数据输入输出）卡。卡片采用标准、小型、微型或纳米等形式，由闪存和通信协议等组成。SoC 可以来自不同的厂商，例如树莓派和 BeagleBone。

3. 嵌入式平台的选择

不同可用平台的选择取决于许多因素，比如价格、开源可用性、应用程序开发的易用性和所需的功能、物联网设备所需的性能以及开发和使用原型设计的适用性。

4. 硬件

除了价格之外，嵌入式硬件的选择取决于以下几点：

- 所需的处理器速度取决于应用程序和服务。例如，图像和视频处理需要高速处理器。

- 根据操作系统和应用程序的不同，RAM 可能是 4KB 或更高。例如，使用 Linux 发行版的需求是 256KB，新一代手机有超过 1GB 的内存。
- 需要使用支持电路（屏蔽）连接 ZigBee、ZigBee IP、蓝牙 LE、Wi-Fi 或有线以太网进行联网。
- USB 主机。
- 传感器、执行器和控制器接口电路，如 ADC、UART、I2C、SPI，可以是单路或多路。
- 电源要求，0V ～ 3.3V 或 0V ～ 5V 或其他。

5. 软件平台及组件

在许多不同的可用软件中进行选择取决于硬件平台、软件组件的开源可用性、可用性成本或应用程序和服务所需的其他组件的开发。

除了价格之外，嵌入式软件的选择取决于以下方面：具有设备 API 的 IDE、库、OS 或 RTOS、模拟器、模拟器和其他环境组件、具有通信和网络协议的中间件以及用于应用程序开发、数据存储和服务的云和传感器 – 云平台。

例 8.2 解释了一些开源软件。

例 8.2

问题

举例说明实现工具、Web 服务、中间件和云服务的物联网开源框架。

答案及解析

物联网实现的开源框架

参考 1.4.3 节。Eclipse IoT（www.iot.eclipse.org）提供了许多标准的开源实现，包括 MQTT CoAP、LWM2M 以及支持开放物联网软件的服务和框架。Eclipse 工具与 Lua 一起工作，Lua 是一种物联网的编程语言。物联网可以用任何开源语言编写，比如 Python、Java 或 PHP，也可以使用这些工具。

Arduino 开发工具提供了一组软件，其中包括一个 IDE 和 Arduino 编程语言，用于交互式电子产品的硬件规范，可以感知和控制更多的物理世界（详细部分可见 9.3 节）。

中间件

OpenIoT 是一个开源中间件。它可以与传感器云进行通信，并支持基于云的传感服务。IoTSyS 是中间件，它支持为使用 IPv6 和许多其他标准协议的智能设备提供通信栈（见 1.4.4 节）。

Web 服务

Web 服务器或云服务器或客户端使用 SOAP、REST、JSON、HTTP、HTTPS、Web 套接字、Web API、URI。（见 3.4 节）它们提供了编写 Web 服务代码的构建块（软件组件）。

云应用开发平台

参考 6.4 节。基于云的开发平台也被广泛用于物联网，因为它具有世界范围内的可用性、存储和平台的特定特性。

Xively（Pachube/Cosm）是另一个用于传感器数据的云应用开发平台。Xively 是基础服务的开源软件（见 6.4.1 节）。它是互联网上用于数据捕获、数据可视化实时等功能的软件和服务器平台。它是 Arduino 开源电子原型平台与 Web 连接的开源平台。

Nimbits 在开源分布式云上实现物联网。Nimbits 云的 PaaS 在设备节点部署 Nimbits 服务器的实例（见 6.4.2 节）。

- 物联网设计需要硬件、传感器、执行器、嵌入式平台、接口、固件、通信协议、网络连接、数据存储、分析和机器学习工具。
- 物联网嵌入式系统的原型设计以及传感器和执行器的电路设计需要用于计算和通信的设备。设备由硬件组成，硬件由 MCU、ASIC 或 SoC 组成。设备软件嵌入其功能。
- MCU 具有处理器、内置 RAM、ROM 或闪存、定时器、串行接口、IO 端口和应用程序特定功能单元的数量。
- SoC 由多个处理器、软件和所有需要的数字电路以及模拟电路组成。
- 嵌入式设备平台需要用于原型设计的 IDE 和开发工具。
- 不同数量的可用软件的选择取决于硬件平台、软件组件的开源可用性、嵌入式平台和软件集成工具、可用性成本或应用和服务所需的其他组件的开发。
- 可以使用开源软件。例如 OpenIoT 和 Eclipse 的 IoT 栈。
- 基于云的应用开发平台，如 Xively 或 Nimbits、Device Hub、Cloud.com、Cisco IoT、IOx 和 Fog、IBM Bluemix、TCS CUP 等都可以使用。

301

自测练习

- ★ 1. 物联网设备的主要组件的作用是什么？
- ★ 2. 列出 AVR®8 中的 MCU 功能单元列表。
- ★★ 3. 使用 SoC 与外部 SD 微卡或纳米卡的优势是什么？
- ★★ 4. 列出 IDE 中的函数程序。为什么 IDE 是嵌入式设备开发的重要工具？
- ★ 5. 列出开放物联网和 Eclipse 物联网的特性。
- ★★★ 6. 举例说明用于使用嵌入式计算平台的物联网实现工具、Web 服务、中间件和云服务的开源框架。

8.3 用于原型设计的嵌入式平台

设计产品首先要进行原型开发。一个标准的开发板可以支持原型设计，对于许多 IoT 和 M2M 设备来说是一项简单的任务，这是因为有许多开源的 IDE、中间件和软件组件的源码可用。

常用的标准开发板、模块和支持电路（屏蔽）可以从许多厂商获得。下面介绍 Arduino、Intel® Galileo、Edison、树莓派、BeagleBone 和 mBed 开发板的功能和用法。开发板用 MCU 作为嵌入平台，用于创建物联网、M2M 和可穿戴设备。

302

8.3.1 Arduino

有许多基于 AVR® MCU 的 Arduino 开发板、模块和屏蔽产品。每个开发板对连接引脚、插槽和电路连接都进行清晰标记。因此，Arduino 开发板易于 DIY 工作，并简化了物联网嵌入式平台的原型。

由于 IDE 是开源的，因此 Arduino 开发板很容易编程。例如，Arduino Uno 开发板是一种强大且广泛使用的开发板，可用于初学电子设计和编程。目前，Uno 是 Arduino 系列中使用最多、文档最全的开发板。

该开发板的模拟输入引脚和 PWM 引脚可以连接传感器、执行器和模拟电路。开发板上的数字 I/O 引脚可以连接开关状态、开关状态集、传感器的数字输入、执行器的数字输出和其他数字电路。一块嵌有屏蔽的开发板可以与 ZigBee、低功耗蓝牙、Wi-Fi、GSM 或 RF 模块进行无线连接，也可以与以太网 LAN 进行有线连接。

物联网设备的开发板是 Arduino 以太网、Arduino Wi-Fi 和 Arduino GSM 屏蔽。可穿戴设备的开发板有 Arduino Gemma、LilyPad、LilyPad Simple/SimpleSnap 和 LilyPad USB。

开发板在 MCU 中预编程了引导装载程序，引导装载程序软件嵌入到 AVR® MCU 芯片中，也可以通过 USB 连接电脑或平板电脑下载，允许同时使用 AVR 平台和 Arduino IDE。引导装载程序启用开发板功能。默认情况下，主板在引导装载后不需要操作系统。当需要时可以嵌入操作系统，例如，当系统需要执行多个任务或需要运行多个线程或进程时。当程序员使用 IDE 开发代码时，使用 USB 接口在开发—测试—调试周期之后将代码推送到 MCU 中。

程序员使用 IDE 中的编辑器开发代码，然后将其下载到开发板上进行测试和调试，这构成一个循环。下载是通过 USB 端口将开发板与外部电脑、平板电脑或 IDE 互连。需要重复该循环，直到完成原型设计的代码。

图 8.2 展示了带以太网屏蔽的 Arduino Fio 开发板架构。

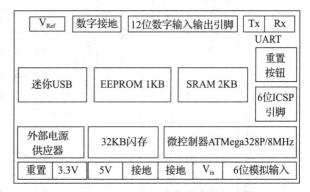

图 8.2　Arduino Fio 开发板的架构用于物联网设备的开发

1. 物联网应用程序

Arduino 应用程序可以将嵌入式设备数据连接到互联网并且将数据存储在云中。Arduino 应用物联网的例子是智能照明（见例 1.2）。Arduino 开发板适用于不需要密集计算和图形处理的应用程序。这些应用程序使用的东西包括照明设备、可穿戴设备、健康监测或健身设备、手表、传感器和执行器，它们通过互联网巧妙地连接在一起。开发工具是使用 Windows、Arduino Linux 发行版或 MAC 电脑的开源工具。

303

2. 特性

Arduino Uno

Arduino Uno 是 Arduino 平台的参考模型。Uno 是一个 MCU 开发板，包括一个 ICSP 6 引脚头，允许嵌入（烧写）程序。编写 EEPROM/ROM 的过程被称为"烧写"。ICSP 是一种在线串行编程，即通过与 ICSP 报头的连接来烧写代码。

Uno 开发板包括 USB 连接、电源插孔和复位按钮（启动开发板和运行引导装载程序）。USB 还用于在计算机上使用 IDE 开发后将程序发送到开发板上。

Arduino Uno、物联网 Arduino 开发板和可穿戴设备 Arduino 开发板

表 8.1 列举了 Uno、物联网和可穿戴设备开发板的功能。此外，还介绍了 Arduino ARM（Arduino ARM 处理器）平台的特点。

表 8.2 列出了基于 ARM（Advanced RISC Machine，一种 RISC 处理器）的 Arduino 用于物联网设备和可穿戴设备板的特点，该开发板用于快速计算和通信。

表 8.1 UNO 等物联网设备和可穿戴设备开发板的特点

开发板/屏蔽	应用	AVR®MCU/时钟	操作/输入电压	EEPROM/SRAM/闪存	模拟输入输出/数字输入输出/n位PWM	USB/UART	以太网/Wi-Fi/GSM
Due	快速计算,基于ARM的MCU	ATSAMSX8I	3.3V/7V～12V	0KB/96KB/512MB	12/2/54/12	2 微型/4	0/0/0
UNO	从电子和编码开始	ATMega328/16MHz	5V/7V～12V	1KB/2KB/32KB	6/0/14/6	标准/1	0/0/0
Yun	物联网	(i) ATMega32U4/16MHz (ii) AR9331 Linux/400MHz	5V	(i) 1KB/2.5MB/32MB (ii) 1KB/16MB/64MB	(i) 20/7/12/0	微型/1	0/0/0
Ethernet	物联网	ATMega328/16MHz	5V/7V～12V	1KB/2KB/32KB	6/0/14/4	标准/0	1/0/0
Fio	物联网	ATMega328P/8MHz	3.3V/3.7V～7V	1KB/2KB/32KB	8/0/14/6	Mini/1	0/0/0
Gemma	可穿戴设备	ATtiny85/8MHz	3.3V/4～16V	512B/512B/8KB	1/0/3/2	微型/0	0/0/0
LilyPad	可穿戴设备	ATMega168V/8MHz ATMega328P/8MHz	2.7～5.5V/2.7～5.5V	512B/1KB/16KB	6/0/14/6	0/0	0/0/0
LilyPad SimpleSnap	可穿戴设备	ATMega328P/8MHz	2.7～5.5V/2.5～5.5V	512B/512B/8KB	4/0/9/4	0/0	0/0/0
LilyPadUSB	可穿戴设备	ATMega32U4/8MHz	3.3V/3.8～5V	1KB/2.5KB/32KB	4/0/9/4	微型/0	0/0/0

表 8.2 基于 ARM 的 Arduino 用于物联网设备和可穿戴设备开发板的特点

开发板	应用	AVR®MCU/时钟	操作/输入电压	EEPROM/SRAM/闪存	模拟输入输出/数字输入输出/n位PWM	USB/UART	以太网/Wi-Fi/GSM
Due (基于 ARM 的 MCU)	快速计算	ATSAMSX8I/84MHz	3.3V/7V～12V	0KB/96KB/512MB	12/2/54/12	2 微型 USB/4	0/0/0

还有两种开发板 Arduino-R3 和 Arduino Yun。例 8.3 给出了它们的特点。

例 8.3

问题

列出 Arduino-R3 和 Arduino Yun 开发板的特点。

答案及解析

Arduino Uno-R3 是 Uno 的增强版。它用 ATMega16U2 来代替 8U2，不需要 Linux 或 Mac 的驱动程序。IDE 可以让 Uno 像键盘或鼠标一样出现。该开发板增加了 I2C 信号 SDA 和 SCL 引脚，也增加了 IOREF 引脚和未来使用引脚。IOREF 指定开发板输入电压作为屏蔽的参考。Uno R3 兼容于所有现有的屏蔽，并适用于使用新引脚的新屏蔽。

Arduino Yun 将基于 Arduino 的开发板与 Linux 相结合。这是因为这两个处理器是 ATmega32u4，支持 Arduino 和 Atheros AR9331 运行 Linux。物联网应用的启用程序包括 Wi-Fi、以太网支持、USB 端口、微型 SD 卡插槽、三个复位按钮等[○]。云可以通过任何连接互联网的 Web 浏览器在任何地方进行控制，而不需要为开发板分配 IP 地址。Web 套接字还可以通过 TCP 提供实时的全双工通信。

Arduino 开发板广泛使用的原因是：

1）原型简单。

2）灵活性，在开发板上易于组装模块。

3）开放可扩展源代码、原理图、软件、中间件和 IDE。AVR-C 代码扩展了 C++ 代码，可以向库中添加额外的程序，AVR-C 代码是指 C 命令和语句，用于使用 MCU 的 AVR 端口、串行接口和其他功能单元。

4）IDE 最新版本和相应的操作系统是开源[○]的，IDE 和软件可在多种环境如 Linux、Windows 和 Mac OS-X 上运行。

5）在编辑 – 测试 – 调试周期中可编程开发板可多次编程，以及允许多次使用相同的方法开发新原型。

6）硬件开源和可扩展使用模块、屏蔽和其他电路开放版本的 IDE，软件模块和代码来自其他设计师。

8.3.2　Intel Galileo

Intel Galileo Gen 2 开发板是 Arduino 认证的主开发板，用于应用开发和原型设计。Galileo 基于 Intel Pentium 架构，具有单线程、单核和 400MHz 恒速处理器等特点。一个实例是 Quark SoC X1000 应用处理器。开发板上没有单独的图形和视频处理器。Galileo 是一款硬件和软件引脚，兼容于 Arduino Uno R3 和 Arduino IDE 设计的屏蔽。

306

Galileo 还提供了 8MB SPI 闪存来存储固件（引导装载程序），并允许用户将 Linux 固件调用合并到他们的 Arduino 框架程序设计中。Intel Galileo Arduino SW（IDE 和驱动程序）在 Intel 社区网站上提供[○]。Galileo 允许在 SD 卡中启动和存储驱动程序。Galileo®支持

○　http://asynkronix.se/internet-of-things-with-arduino-yun-and-yaler/。

○　http://www.arduino.cc/en/Main/Software。

○　https://communities.intel.com/docs/DOC-22226。

四　http://www.dfrobot.com/index.php? route=product/product&product_id=725。

30 个传感器和配件，用法可以从使用手册和 Linux 映像中了解[⊖]。

1. 物联网应用

Galileo 开发板的一个应用实例是制作智能日常用品，例如健康监测或健身设备、手表、传感器和摄像机。该开发板具有在运行 Linux 系统的个人计算机（PC）上开发代码的功能，开发工具和 IDE 都在开发板所连接的上位计算机上。这些代码在 PC 或平板电脑上使用 Windows、Arduino Linux 发行版、Linux 或 MAC 运行。

2. 特性

图 8.3 显示了 Intel Galileo Gen 2 开发板的体系结构，该开发板具有用于开发物联网的网络连接的高级计算机功能。

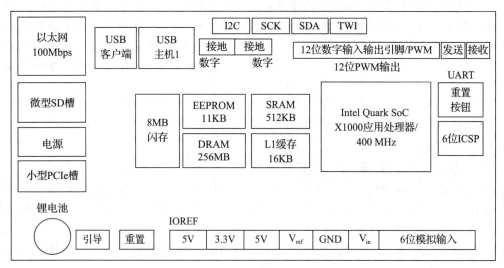

[307] 图 8.3　Intel Galileo Gen 2 开发板的体系结构，用于高级计算机功能和网络连接，用于开发物联网

表 8.3 列出了 Intel Galileo Gen 2 开发板的特性。

表 8.3　Intel Galileo Gen 2 开发板的特性

开发板 / 屏蔽	应用	SoC 处理器 / 时钟	操作 / 输入电压	L1 缓存 / EEPRO/ SARM/ 闪存 / DRAM	模拟输入输出 / 数字输入输出 /12 位 PWM/ 微型 SD/IOREF（用于屏蔽输入输出）	USB 主机 / USB/ 客户端 / UART 接收和发送 /I2C SDA-SCK/RS232	以太网接口 / Wi-Fi 适配器 / GSM
Intel Galileo Gen 2	高级计算功能和网络连接	Intel Quark SoC X1000 应用处理器 / 400MHz	5V/7V ~ 12V	16KB/11KB/ 512KB/8MB/ 256MB	6/0/14/6/1/1	标准主机 / 标准客户端 /1 对 /1 对 /1	100Mbps/ N-2200 Mini-PCle/0/

Galileo 开发板广泛使用的原因是：

1）简单的原型计算和网络支持。

2）Node.js 和 C 语言，Arduino 代码开放可扩展源代码、原理图、软件、中间件和 IDE。AVR-C 代码扩展了 C++ 代码，可以向库中添加其他程序，AVR-C 代码是指 C 命令

⊖　http://www.intel-software-academic-program.com/pages/courses。

和语句，用于使用 MCU 的 AVR 端口、串行接口和其他功能单元。

3）IDE 最新版本和合适的开源操作系统。

4）IDE 和软件可以在多种环境下运行，包括 Linux、Windows 和 Mac OS X。

5）通过 USB 端口下载代码的可多次编程，允许在编辑测试和调试周期中多次下载。

6）开发板上可装载 8MB NOR 闪存；IOREF 为 5V IOREF 屏蔽 3.3V IO；12 位脉冲宽度调制（PWM）；控制台 UART1 重定向 Arduino 兼容的插头；12V 有源以太网（PoE）功能，功率调节系统接受来自 7V ～ 15V 的电源；重置按钮，为周期开始间的操作设计的带有可选的 3V 纽扣电池集成实时时钟（RTC），重置开发板状态的复位按钮和任何附加屏蔽。

7）将扩展内存和硬件连接开发板连接到外部的一个全尺寸的 mini-PCI（Peripheral Connect Interconnect Express，PCIe）插槽（也可作为 Wi-Fi 适配器）、以太网端口插座、Micro-SD 插槽的灵活性和易用性。

8）扩展接口功能使用 SPI 以及几个 PC 行业标准的 I/O 端口和功能，以扩大本机使用和能力以外的 Arduino 屏蔽增加、6 引脚 ICSP、3.3V USB TTL UART 头、USB 主机端口、USB 客户端端口、和 I2C 端口。 |308|

Intel Galileo 在物联网设备中的应用需要进行密集的计算，例如智能家居中的摄像头和 ATM 物联网等。

8.3.3　Intel Edison

Intel Edison[⊖]是高性能计算和通信模块。它包括 SoC 中的处理器核心，双线程 Intel ATOM x86 CPU 以 500MHz 运行，而 Galileo 的核心是单线程、单核心的 Intel Quark X1000 400MHz。RAM 的大小是 1GB，是 Galileo 的四倍。Edison 包含 Wi-Fi 和蓝牙 LE 通信接口。这些接口支持无缝设备互联和设备到云的通信。因此，该界面使得快速原型开发能够生产物联网和可穿戴计算设备。

Edison 可以与 Arduino 开发板兼容，也可以独立使用。它支持原型设计的创建和原型项目的快速开发。

Edition 包括用于在云中收集、存储和处理数据的工具，当使用数据流的高级分析、OLTP 和 OLAP 时会触发警报。它有更高的性能[⊖]。

8.3.4　树莓派

RPi 3 B 型是最新的（2016 年 2 月发布）基于 SoC 的单板计算通信开发板。RPi 运行在桌面上的操作系统（Windows 10 IoT Core、RISC OS、FreeBSD、NetBSD、Plan9、Inferno、AROS 和 Linux 的其他发行版，比如 Raspbian Ubuntu）上。RPi 包括硬件和软件，提供高性能计算和图形。

树莓派（Raspberry Pi，RPi）用于家庭自动化和无人机，以及需要不同于传统 PC 的操作系统的设备，如 Ubuntu Core（也被称为 Snappy）。其核心是一个精简版的 Ubuntu，可以在自动机器、M2M 和物联网设备上安全运行。

RPi 开发板的 SoC 使用处理器（ARM Cortex quad core）和图形处理器（Broadcom VideoCore IV）来处理图形和视频，功率为 4W，板载内存为 1GB，还有多媒体卡模块中的

⊖　http://www.intel.com/content/dam/support/us/en/documents/edison/sb/edison_pb_331179002.pdf。

⊖　http://stackoverflow.com/questions/26978356/compare-intel-galileo-and-intel-edison。

内存，以及用于外部 SD 卡和 microSD 卡的 SD 卡（型号 B）或 MicroSDHC 卡（型号 B+）
插槽，RPi 用于非实时时钟（RTC），外部芯片适用于包括 RTC 的应用。

1. 物联网应用

RPi 应用程序是媒体服务器物联网设备。RPi 开发板的功能就像一台个人电脑，其应用在家庭自动化或 ATM 应用和服务中的网络安全摄像头系统中。例 8.4 给出了 RPi 在物联网中的应用。

例 8.4

问题

举例说明 RPi 在工业物联网中的应用。

答案及解析

工业物联网的 RPi 应用程序可以使用 RPi 的即时运行软件，称为"Echelon"。Echelon 物联网平台拥有物联网核心需求的软件，包括用于网络连接的 REST API、负载控制设备、自主控制、安全性、可靠性、有线或无线设备、物理传感器数据采集和发送到其他设备的 API。

2. 特性

RPi 时钟频率大约是 Arduino 的 40 倍，RAM 比 Arduino 更大。表 8.4 列出了 RPi 2 B +
开发板的特点。

表 8.4　RPi 2B + 开发板的特点

开发板 / 屏蔽	应用	SoC 处理器 / 时钟	操作 / 输入电压 V
RPi 2B + 开发板的特点	高级计算、图形和网络连接功能，像一台单板计算机	Quadcore ARM Cortex-A7/ 900MHz	5V/7V ～ 12V
L1 缓存 /L2 缓存 / RAM	数字输入输出 /PWM/ 微型 SD	USB 主机 /UART 接收和发送 /I2C SDA-SCK/SPI	以太网端口 /HDMI 输出 / 监视端口 /GSM
16B/128KB/1GB RAM	40/1/1	标准主机 2/1 对 /1 对 /1 个带有双芯片选择信号	1/1/1/0

除了性能成本比非常低外，RPi 开发板得到广泛应用的原因还有：

- 类似计算机的原型易于开发媒体服务器和家庭或 ATM 监控系统物联网应用和服务。
- 用 Python、C++ 和库编写代码。
- 软件运行在多个环境，包括 Python、Scratch、Squeek、IDLE、C、Linux 和 BSD 操作系统，Windows 10 和几个带有外部键盘和显示器的操作系统。
- 灵活且易于将硬件连接到外部系统，RPi 的连接通过两个 USB 主机集线器和以太网连接器。
- 通过微型 SD 插槽连接到扩展内存。
- 使用 SPI、UART、I2C、40 GPIO 引脚扩展接口功能，支持 Wi-Fi 模块、立体声音频、视频、树莓派摄像头模块和高清 HDMI 输出流。

RPi 和 Galileo 在处理和图形方面的性能比较表明，在二者都是单核处理器的情况下，Galileo 的性能相对较高。Galileo 是 400MHz 处理器，而 RPi 是 700MHz$^{\ominus}$。

$\ominus$　http://www.mouser.com/applications/open-source-hardware-galileo-pi/。

　　RPi 的最佳用法是用于物联网的媒体应用，如照片或视频。另一方面，Galileo 在需要传感器、高内存和处理能力以及 RTC 时是最好的。

8.3.5　BeagleBone

　　美国德州仪器公司的 BeagleBone-X15（BB-X15）是最新的（2015 年 11 月发布）用于计算和通信的单板计算机。BB 运行在操作系统 Linux、RISC OS、FreeBSD、OpenBSD 以及其他 Linux 发行版（如 Ubuntu）的开发板上。SoC 使用处理器（ARM Cortex A15 内核）和 DSP 处理器（TMS320C64x + 多媒体 4gb eMMC）用于图形和视频，功率是 2W。板载内存是 2GB，还有内存支持加上微型 SD 卡。

　　物联网应用

　　BB-X15 适用于高性能处理，包括媒体、2D 和 3D 图形以及视频服务器等应用，其性能大约是 RPi 2[一] 的两倍。表 8.5 列出了 BeagleBone-X15 开发板的特点。

表 8.5　BeagleBone X15 开发板的特点

开发板 / 屏蔽	应用	SoC 处理器 / 时钟	操作 / 输入电压 V
美国德州仪器公司的 Beagle Bone-X15	先进的计算功能和网络连接的单板计算机	双核 ARM A15/1.5GHz；双核图形 SGX 544 3D/512MHz；DSP 双 C66x/ 700MHz	5V/7V ～ 12V
SDRAM 存储 /MMC 存储	模拟输入输出 / 数字输入输出 /12 位 PWM/ 微型 SD	USB 3.0/UART Rx 和 Tx/I2C SDA-SCK/CAN/SPI	以太网端口 /PCIe 2-Ch/Audio 适配器
DDR L3 2GB/eMMC 4GB	1/0/157/1/1	3 个集线器 /1 对 /1 对 /1/1	1Gbps*2/1/1

　　BB 开发板在媒体和视频处理方面的特性如下：

- 单板计算机和通信开发板。
- 易于进行媒体、图形和视频服务器等物联网应用的原型设计。
- 用于 BB 的 IDE 的代码开发环境包括 Python、Scratch、Squeek、Cloud9/Linux、C、Linux 和 BSD 操作系统。
- 在开发的编辑 – 测试 – 调试周期中，可编程性体现在可以通过 USB 端口多次进行代码下载。
- 脉冲宽度调制（PWM），CAN/SPI/DVI-D，集成实时时钟（RTC）和复位按钮来复位框架和任何附加模块。
- 连接扩展内存和硬件连接开发板到外接插座的灵活性和便捷性，用于连接 2 通道 PCI 外设连接接口（也可作为 Wi-Fi 适配器）插槽、立体声音频、2 个以太网和 Micro-SD 插槽。
- 用 157 GPIO 引脚扩展接口能力。
- 通过三个 USB 3.0 和两个 USB 3.0 端口的 USB 集线器、立体声音频、视频和高清 HDMI 输出流连接硬件连接开发板到外部的灵活性和便捷性。

　　Intel Galileo 和 BeagleBone 的对比表明，BeagleBone 是高性能单板计算机，支持 2GB DDR L3 和 4GB eMMC、LCD、音频、视频、多媒体和 3D 图形。

311

　　㊀　http://makezine.com/2013/04/15/arduino-uno-vs-beaglebone-vs-raspberry-pi/。

8.3.6　mBed

ARM mBed 开发板是开源的，它可以由模块、屏蔽和其他电路进行扩展，支持使用开放版本的模块，以及 Apache 许可 2.0 下的外围组件、传感器、无线电、协议和服务器 API 软件库。

[312]

自 2014 年以来，一个基于 ARM 的平台是 ARM mBed 物联网设备平台。ARM 的软件框架提供了云开发环境、mBed 操作系统和 mBed 设备服务器。mBed 开发论坛开发论坛的网址为 https://developer.mbed.org/forum/。

开源的 mBed 的 C++ API 包括：（i）休息管理、安全、数据流、设备、多租户、身份验证、目录和订阅管理 API；（ii）订阅 / 通知 API；（iii）L2M2M API；（v）设备接口组件，包括 CoAP-SMS、CoAP-MQ、CoAP、HTTP、MQTT 以及（vi）用于跨通信通道的端到端 IP 安全的设备安全组件 DTLS 和 TLS。

1. 物联网应用

mBed 社区生态系统使开发安全和高效的物联网应用成为可能。一个平台包括一个基于 Web 浏览器的在线编程和物联网设备开发环境。

生态系统是指结合设备和基础设施组件开发应用程序的详细框架。开发人员关注使用框架的应用程序。社区生态系统意味着开发人员社区交换想法、代码、提出问题、提供答案并共享新的代码、硬件和应用程序。

ARM 为物联网提供了一套详细的工具来驱动物联网[⊖]。它为 Cortex-M 系列处理器提供了免费的操作系统，为连接和管理设备提供了服务器端软件，并为开发者社区提供了一个网站。

物联网设备平台是一个自包含的框架。由于设备和基础设施组件的组合，开发变得很容易。开发人员关注使用框架的应用程序。

mBed 应用程序使用 IBM 物联网基金会的互联网云数据存储和物联网应用程序。这些应用程序通过互联网巧妙地使用带有灯光、健康监控或健身设备、手表、传感器和执行器的"物体"。这些开发工具都是开源的，它们都在与 Windows、Arduino Linux 发行版或 MAC 连接的计算机上。

2. 特性

表 8.6 列出了 mBed 开发板和初学者工具包的特性。

物联网启动组件包括执行器、RGB LED、PWM 连接扬声器、PWM 连接传感器、温度传感器、3 轴 -1 1.5g 加速计、磁强计、用户界面控制：2 个按钮、2 个电位计、5 路操纵杆和 128x32 显卡。

以下是促进 mBed 开发板更广泛使用的特性：

[313]

- 原型兼容流行的 ARM Cortex MCU。
- 开放可扩展源代码、原理图、软件、中间件和在线 SD（IDE）。与 mBed C/C++ 软件平台工具，用于创建 MCU 固件核心库，MCU 周边驱动程序、网络、RTOS 运行时环境、构建工具和测试和调试脚本。

⊖　http://www.v3.co.uk/v3-uk/news/2373552/arm-unveils-complete-mbed-ecosystem-for-the-internet-of-things。

表 8.6　mBed 开发板和入门套件的特点

开发板 / 屏蔽	应用	SoC 处理器 / 时钟	操作 / 输入电压 / 渗透压 /USB 电源引脚	SRAM/ 闪存	模拟输入输出 / 数字输入输出 /PWM/IOREF	USB 主机 /UART Rx 和 Tx/I2C SDA-SCK/SPI/CAN	以太网端口 /Wi-Fi/GSM/Zigbee/RF/ 蓝牙
NXC LPC 1768 mBed	基于物联网和可穿戴 ARM MCU 的设备	Cortex-M3, 96MHz	3.3V/4.9V ~ 7V/5V	8KB/32KB	6/0/26/6/0	1/3 对 /2/2/1	100Mbps/0/0/0/0/0
EA LPC 4088		Cortex-M4/120MHz		96KB/512KB	6/0/26/6/0	1/3 对 /2/2/1	100Mbps/0/0/0/0/0/0
Wi-Fi Dip Cortex		Cortex-M3/72MHz		12KB/64B	6/0/26/6/0	1/3 对 /2/2/1	0/1/0/0/0/0
U Blox C027		Cortex-M3/96MHz8		32KB/512KB	6/0/26/6/0	1/3 对 /2/2/1	0/0/1/0/0/0
FRDMK64F mBed IoT kit IBM IoT Foundation	USB 启动套件 / 兼容以太网和 Arduino TM R3 的 I/O	MK64FN1M0VLL12 Cortex-M4 core/ 最高 120MHz	5V/7V ~ 12V	256kB/1MB	6/0/14/6/1	微型 USB 主机 – 客户端 / 1/3 对 /2/2/1	1/0/0/0/0/0
mBed RF module	RF 组件						0/0/0/0/1/0
mBed BL LE module	蓝牙组件						0/0/0/0/0/1
mBed shield	ZigBee 应用程序						0/0/0/1
mBed shield	Wi-Fi 应用程序						0/1/0/0（RN-XV）

- mBed 在线 IDE 支持在 mBed 平台上进行物联网 /M2M 应用程序开发。
- 开放源代码编辑器与基于 Web 的 C/C++ 编程环境。
- 使用云 ARMCC C/C++ 编译器开源 Web 浏览器。
- IDE 的最新版本和适当的操作系统是开源的 Eclipse 与 GCC ARM 嵌入式工具。
- 内置 USB 拖放闪存程序。

mBed 操作系统利用 ARM mBed 社区的库提供了一个 C++ 应用程序框架，可以创建设备、自动电源管理、组件体系结构、线程、引导、FOTA（空中固件）以及支持蓝牙®LE、Wi-Fi®、Zigbee IP、Zigbee NAN、6LoWPAN、Cellular、IPv4、IPv6 和以太网等连接协议栈。

ARM® mBed 物联网设备平台支持 IBM 物联网基础软件，使得物联网应用程序的开发和服务变得简单易用了。

8.3.7　计算系统（手机和平板电脑）

除了普通手机的特点，新一代手机也有以下特点：
- 传感器和设备如温度传感器、加速计、陀螺仪、磁强计、照相机、麦克风、GPS。
- 执行器，如音频输出扬声器、振动元件、视频、LED。
- 连接，如 NFC、蓝牙、USB、Wi-Fi、蜂窝。
- 文本通信，如 SMS。
- 多媒体通信，如彩信。

平板电脑提供计算和网络功能，就像电脑一样。因此，手机和平板电脑也可以用于物联网。例如，交互性感知。

不过，手机和平板电脑可以用来连接新电路以进行原型设计，因为输入是通过 USB 连接的，也可以用来给原型开发板供电。对于外部传感器、执行器和健康监测设备，它们没有简单直接的连接。

1. 安卓开发套件

基于 ARM 的 Arduino 开发板 Due 与安卓开发套件（ADK）兼容。Android 平台提供了访问开发板上 IO 引脚和互联网通信的软件。

315

> **温故知新**
>
> - Arduino 开发板很容易为 DIY（自己动手）和物联网嵌入式平台原型工作。
> - Arduino 开发的 IDE 是开源的。
> - 物联网设备的原型开发板是 Arduino 以太网、Arduino Wi-Fi 和 Arduino GSM 屏蔽。可穿戴设备的开发板有 Arduino Gemma、LilyPad、LilyPad Simple/SimpleSnap 和 LilyPad USB。
> - Arduino 的最佳应用程序可以是 Internet 云数据存储和物联网应用程序，比如不需要密集计算和图形的除了物联网。
> - Inter Galileo 开发板包括一个 SoC，控制和监控功能上的 SoC，存储驱动程序和供应额外的存储与 SD 卡。
> - Galileo 与 Arduino 开发板兼容。

- 与 Galileo 相比，Edison 具有更高的性能，因为它使用了双核双线程 700MHz 处理器、用于 Wi-Fi 和蓝牙 LE 的通信接口以及用于 OLTP、OLA、触发警报的高级数据流分析工具。
- SoC 的处理器采用 Intel Pentium 架构。该开发板提供大的 8M 大小的 SPI 闪存和支持一套（30 个）传感器和配件 Arduino。
- Galileo 的最佳应用可以是通过健康监控或健身设备、手表、传感器、摄像头，以及运行 Linux 的个人电脑板来制作智能日常用品。开发工具在与 Windows、Arduino Linux 发行版、Linux 或 MAC 连接的计算机上。
- Edison 提供了更高的性能，它拥有双核心、两线程 700MHz 的 CPU。
- Edison 包含用于在云中收集、存储和处理数据的工具，在使用数据流的高级分析和 OLTP 和 OLAP 时触发警报。
- RPi 开发板提供单板计算机功能与媒体服务器应用和密集的计算。这种开发板的运行速度大约是 Arduino 的 40 倍，并且有比 Arduino 更大的 RAM。
- RPi 物联网应用程序适用于网络安全摄像头系统或 ATM 等系统所需的媒体服务器。
- BeagleBone-X15 运行 SoC，使用快速处理器和 DSP 处理器。BB-X15 有 4GB 的多媒体 eMMC 用于图形和视频，并可运行于很多操作系统上，如 Linux、RISC OS、FreeBSD、OpenBSD 以及其他 Linux 发行版（如 Ubuntu）。
- BB-X15 应用程序是物联网应用程序中的媒体、2D 和 3D 图形和视频服务器。BB 最好的应用是它的高性能比（相较 RPi）。
- 基于 ARM 的 mBed 开发板在板上的运行速度比 Arduino 快，适用于使用互联网云数据存储和传感器、执行器和健康监控或健身设备、手表、传感器和执行器的物联网应用。在开发阶段，这块开发板连接到一台装有 Windows、Arduino Linux 发行版或 MAC 或云的电脑。
- 手机和平板电脑都有很多传感器，比如摄像头、温度传感器、加速计和陀螺仪，这些都可以用于物联网的应用和服务。

316

自测练习

- ★ 1. 列出 Arduino 开发板中常见的特性。
- ★★ 2. 列出 Due、Uno 和 LilyPad SimpleSnap 的常见和独特的功能和应用。
- ★★★ 3. 列出 Arduino、Galileo 和 Edison 开发板的常见和独特的功能和应用。
- ★ 4. Inter Galileo 系统的机载功能单元是什么？
- ★ 5. 列举 Galileo 和 RPi 的特点和应用的异同。
- ★★ 6. RPi2 有哪些功能可以让它成为一台单板电脑并执行视频处理？
- ★★ 7. 绘制 RPi 的架构。
- ★★★ 8. 什么特性使 BeagleBone-X15 非常适合于需要快速媒体、2D 和 3D 图形以及视频流多媒体的物联网应用？
- ★★ 9. mBed 和 Arduino 的区别是什么？
- ★★★ 10. 为 Arduino R-3、Intel Galileo、树莓派和 BeagleBone 编写物联网应用程序。

8.4 物体常连到因特网 / 云

8.4.1 物体连接

图 8.4 显示了连接到因特网和云或 Web 服务器的用于应用和服务开发的物品、设备和开发板。

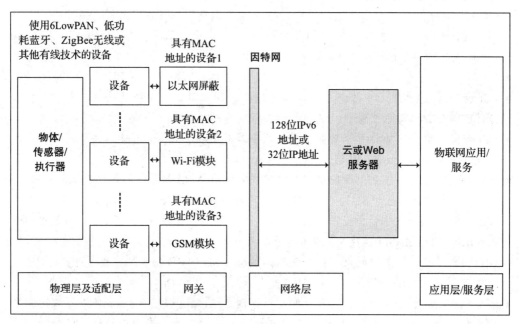

图 8.4　连接到因特网和云或 Web 服务器的用于应用和服务开发的物品、传感器、执行器、设备和开发板

图 8.4 显示了物体首先连接到嵌入式计算设备 1、2、3 等，数据在这一层进行适配通信。该设备可以是一个在 Arduino、Galileo、Edison、RPi、BB、mBed 或任何其他开发板上的电子电路或原型电路。

局域网中每个连接的设备在数据链路层上的 MAC 地址都是 48 位（见 4.5 节）。MAC可以在程序中分配，以防不可用，就像 Arduino 开发板一样。

该设备通信使用 6LowPAN、蓝牙（低功耗）、ZigBee 无线或其他有线技术。当设备在因特网上通信时，它使用 32 位 IPv4 地址或 128 位 IPv6 地址。ARP 将 IP 地址转换为 MAC地址，RARP 将 MAC 地址转换为 IP 地址。转换需要子网掩码。连接设备可能使用一个域名，该域名在 DNS 中转换为 IP 地址。Web 上的云或服务器端不使用 IPv6 或 IPv4 地址。网关和地址在程序中指定，用于与因特网通信。

317

8.4.2 因特网连接

服务器或客户端的 Web 连接使用连接设备网络协议、网关协议或 SOAP、REST、HTTPRESTful 和 WebSocket。应用程序和服务使用 HTTP、HTTPS、SOAP 或 Web 套接字等协议访问云或 Web 服务器（见 3.4 节）。

1. 连接 Arduino USB 到因特网

Arduino 开发板 IDE 支持 USB。USB 端口使用 IDE USB 的端口功能通过因特网连接到移动设备、电脑或平板电脑。然后计算机使用网络接口卡连接到因特网。

2. 连接 Arduino 到因特网

Arduino IDE 支持以太网协议库。库是指一组代码，这些代码允许将库的功能用于特定的目的。以太网 LAN 直接连接到网络路由器或通过无线调制解调器的 Wi-Fi 适配器连接到网络路由器。当屏蔽将设备数据发送到云端时，使用屏蔽的以太网客户端模式。当屏蔽向计算机发送设备数据时，使用以太网服务器模式。例 8.5 给出了与 IDE 一起预装的以太网库中的头文件。

318

例 8.5

问题

列出 Arduino 以太网库中的头文件，这些头文件作为预处理器语句包含在 C 代码中，并提供以太网 LAN 的功能。

答案及解析

```
#include <SPI.h> /*Serial IO functions between Arduino SPI port and Ethernet shield*/
#include <util.h> /*IO utility functions*/
#include <EthernetUdp.h> > /* UDP protocol for sending datagram to the web server.*/
 #include <EthernetClient.h> /* Ethernet client end computing device connection. The shield is then used as client to the remote cloud or web server. */
#include <EthernetServer.h> /* Ethernet server end computing device connection. Ethernet shield is then used as server to the connected computer with the board. */
#include <Ethernet.h> /* Ethernet LAN functions */
#include <Dns.h> /* DNS protocol requests a IP address from the domain name.*/
#include <Dhcp.h> /* DHCP protocol requests a dynamic IP address from the IP router*/
```

3. 连接 Arduino 到 Wi-Fi

Arduino IDE 支持 WiShield 库。WiShield 无须有线连接到网络路由器。然而，Wi-Fi 通信需要足够的电源支持。

例 8.6 给出了头文件 WiShield Library[○]。使用 WiShield 需要程序预定义：（i）网络类型、基础设施固定网络或自组网；（ii）安全类型 1（WEP）、2（WPA）或 3（WPA2）；（iii）WEP 密钥（有线等效安全密钥，或者 128 位，其安全类型是 1）；（iv）服务集标识符（Service Set identifier，SSID），32 个字符的一个唯一的 ID，用于命名的无线网络。服务集是指一组使用该集的 SSID 进行通信的互连设备。

319

例 8.6

问题

列出 Arduino WiShield 库中的头文件，这些文件在 C 语言中作为预处理语句包含，并提供 Wi-Fi 功能。

　○　http://github.com/asynlabs/WiSieldnpreinstalled。

答案及解析

```
#include <util.h> /*IO utility functions*/
#include <SPI.h> >
#include <WiServer.h> /* WiFi server end computing device connection. WiFi shield
is then used as server to the connected WiFi of another Service Set.*/
```

温故知新

- 物体、设备和电路板连接到互联网和云或网络服务器，用于应用和服务。MAC 地址分配给以太网屏蔽或计算机。子网掩码支持 IP 地址和 MAC 地址之间的解析。DNS 将域名转换为 IP 地址。IPv6 或 IPv4 地址用于在互联网上使用 TCP 或 UDP 从 Web 套接字、服务器或客户端进行通信。
- 当服务器或云使用连接设备网络协议、网关协议、SOAP、REST、HTTP RESTful 和 Web 套接字时，客户端的 Web 连接就结束了。
- Arduino 以太网屏蔽通过局域网中调制解调器或 Wi-Fi 调制解调器的有线适配器连接并提供互联网连接。将设备数据发送到云端时，采用以太网客户端屏蔽模式。将设备数据发送到计算机时，采用以太网服务器模式。
- Arduino 以太网和 WiShield 库具有预装 IDE 的功能，用于远程 IP 地址（即云或 Web 服务器）的网络访问。

自测练习

- ★ 1. 画图展示连接将 Arduino USB 连接到互联网的最简单的方式。
- ★ 2. Arduino 以太网屏蔽如何连接到互联网？
- ★★ 3. 列出 Arduino 以太网库所需的头文件。
- ★★★ 4. 以太网客户端和服务器什么时候使用？
- ★★ 5. 列出 WiHield 库头文件和需要预处理器定义的参数。

关键概念

- 模拟输入
- 模拟输出
- Arduino
- Arduino Linux 发行版
- ARM MCU
- ARM mBed 物联网设备平台
- AVR MCU
- BeagleBone-X15
- 引导装载程序
- Cortex

- 数字输入输出
- 嵌入式设备
- 以太网库
- 闪存
- I2C
- IBM 物联网基础
- IDE
- 电路编程
- Intel Galileo/Edison
- LilyPad
- 微型控制器

- 微型 SD
- 操作系统
- PWM
- RPi 2/3
- SD 卡
- 串行端口
- SoC
- SPI
- Uno
- 视频处理器
- WiShield 库

学习效果

8-1

- 物体、传感器和执行器需要用于计算和通信的设备。
- 一种由 MCU、ASIC 或 SoC 组成的设备。设备软件嵌入到内存中以启用设备功能。MCU 具有处理器、内部 RAM、ROM 或闪存、定时器、串行接口、IO 端口和许多应用程序特定功能单元。
- SoC 由多个处理器、软件和所有需要的数字和模拟功能单元组成。
- MCUAVR® 8 用于嵌入式设备平台。
- 每个平台都需要一个用于原型设计的 IDE 和开发工具。
- 不同可用软件的选择取决于硬件平台。
- 嵌入式设备平台也可以使用开源软件。

8-2

- 物联网、M2M 和可穿戴设备可以使用 Arduino 开发板进行原型化和开发。Arduino 开发板很容易为 DIY（自己动手）和原型设计工作，并具有开源 IDE。
- Arduino 的最佳应用程序可以是网络云数据存储和物联网应用程序，例如不需要密集计算和图形的物联网路灯。
- Intel Galileo 的开发板带有 SD 卡，用于控制和监视 SoC、存储驱动程序，并与其他内存和 Arduino 开发板兼容。
- Intel Edison 是一个 SoC 的高性能计算和通信模块，拥有 1GB RAM 和 Wi-Fi 和蓝牙通信接口。
- RPi 支持单板计算机功能与媒体服务器应用和密集的计算。
- RPi 在物联网应用媒体服务器的最佳适用场景，如网络安全摄像头系统或 ATM。
- BeagleBone-X15 运行 SoC，SoC 使用快速处理器和 DSP 处理器。
- BB-X15 应用程序是作为媒体、2D 和 3D 图形和物联网应用程序中的视频服务器。 | 321 |
- 基于 ARM 的 mBed 开发板在板上的运行速度比 Arduino 快，可用于使用互联网云数据存储的应用程序和通过开源的物联网应用程序。这块开发板连接着一台装有 Windows、Arduino Linux 发行版、MAC 或云的电脑。
- 手机和平板电脑都有许多传感器，如摄像头、温度传感器、加速计、陀螺仪等，可以用于物联网应用和服务。

8-3

- 物体、设备和开发板连接到互联网和云或网络服务器用于应用和服务。MAC 地址分配给以太网屏蔽或计算机。
- 子网掩码支持 IP 地址和 MAC 地址之间的解析。DNS 翻译域名到 IP 地址。IPv6 或 IPv4 地址用于在因特网上使用 TCP/UDP 从 WebSocket、服务器或客户端进行通信。
- Arduino USB、Arduino Ethernet shield 和 Arduino Wi-Fi 模块使用 USB、以太网和 WiShield 库功能，这些都是在 IDE 中预先安装的功能。
- 库函数允许使用 USB、以太网或 Wi-Fi 对远程 IP 地址云或 Web 服务器的设备进行网络访问编码。

习题

客观题

以下问题中，在四个选项中选出一个正确的选项。

★ 1. 物品、传感器和执行器需要一个网络连接设备，包括：（i）软件；（ii）具有缓存的微处理器、

SRAM、闪存、MCU；（iii）具有外部存储器的 MCU；（iv）SoC 与外部 SRAM；（v）SoC 与外部 SD 卡或微型 SD 卡；（vi）功能单元包括模拟输入、模拟输出和数字输入输出 PWM；（vii）RGB LED 灯。

(a)（i）、（ii）或（v）和（vi）正确。　　　　　　　(b) 除了（vii）以外均正确。

(c)（i）、（v）和（vi）正确。　　　　　　　　　　(d) 除了（v）以外均正确。

★★ 2. 连接设备平台需要：（i）一个 MCU 或链接外部 SD 卡的 SoC 或 ASIC；（ii）软件程序嵌入到设备；（iii）IDE 嵌入到设备；（iv）需要 IDE 的功能嵌入到设备；（v）代码开发、模拟和调试后嵌入代码；（vi）通过设备编程器或代码刻录机嵌入；（vii）引导装载程序和操作系统；（viii）引导装载程序强制和操作系统可选运行多个任务和额外的系统功能。

(a) 以上均正确。　　　　　　　　　　　　　　　(b) 除了（iii）和（vii）以外均正确。

(c) 除了（iii）和（viii）以外均正确。　　　　　　(d) 除了（iv）和（vi）以外均正确。

★★ 3. 引导装载程序：（i）是加载在芯片或计算平台上，让系统启动功能的系统软件；（ii）加载系统软件或操作系统；（iii）启用系统启动时的正常；运行时环境；（iv）最好是预先安装在一个 MCU 或 SoC 上；（v）必须在系统中；（vi）也可能促进系统硬件和网络功能的使用。

322

(a)（i）。　　　　　　　　　　　　　　　　　　(b)（i）至（iv）均正确。

(c) 以上均正确。　　　　　　　　　　　　　　　(d) 除了（ii）以外均正确。

★ 4. 性能计算：（i）在 MIPS 中取决于时钟频率；（ii）在 MIPS 中主要取决于时钟频率；（iii）在 MFLOPS 中取决于时钟频率以及存在一个单位的浮点操作；（iv）在 MIPS 中取决于内存容量：4KB、16KB、32KB、512KB 或 1GB；（v）在 MFLOPS 中取决于闪存容量。

(a) 除了（ii）和（v）以外均正确。　　　　　　　(b) 除了（iv）和（v）以外均正确。

(c)（i）（ii）和（iii）正确。　　　　　　　　　　(d)（ii）和（iii）正确。

★ 5. 在不同的可用平台之间进行选择取决于许多因素——（i）价格；（ii）开源可用性；（iii）应用程序开发的简易性；（iv）所需的功能、物联网设备所需的性能；（v）开发和使用原型和设计的适用性。

(a) 以上均正确。　　　　　　　　　　　　　　　(b) 除了（ii）和（v）以外均正确。

(c)（i）至（iv）均正确。　　　　　　　　　　　　(d)（i）至（iii）均正确。

★ 6. Arduino 的特点是：（i）原型容易、灵活性和易于在开发板上组装模块；（ii）基于 ARM 平台；（iii）开放可扩展源代码、原理图、软件、中间件和 IDE；（iv）库可以添加额外的程序；（v）IDE 和软件运行在多个环境，包括 Linux、Windows 和 Mac OS X；（vi）开放源代码和可扩展硬件，使用模块、屏蔽和其他电路，开放版本的模块和代码来自其他设计人员；（vii）适用于不需要密集计算和媒体处理的物联网应用。

(a) 除了（ii）均正确。　　　　　　　　　　　　　(b) 除了（vi）和（vii）均正确。

(c)（i）至（iv）均正确。　　　　　　　　　　　　(d)（i）、（iii）和（iv）正确。

★★ 7. Intel Galileo 适用于开发物联网应用：（i）如健康监测或健身设备、相机、媒体服务器或视频流；（ii）使用具有 Pentium 架构和单核处理器的单板个人计算机板连接进行计算和互联网连接；（iii）连接电路需要计算运行 Linux；（iv）硬件和软件兼容 Arduino Uno R3 屏蔽和开发阶段使用 Arduino IDE。

(a) 除了（i）和（iv）均正确。　　　　　　　　　(b) 除了（i）均正确。

323

(c) 除了（iii）均正确。　　　　　　　　　　　　(d) 除了（iv）均正确。

★★★ 8. RPi 2 适用于物联网应用的最佳场景包括：（i）高性能计算和图形的硬件与软件；（ii）媒体服务器物联网设备；（iii）联网安全摄像系统；（iv）ATM 应用程序和服务。树莓派 2 型 B+ 开发板由以下组成：（v）ARM Cortex 四核 SoC 处理器以及用于图形和视频的图形处理器；（vi）内存板载 512KB，外加多媒体卡模块内存支持；（vii）没有 SD 卡或微型 SDHC 卡。

(a) 以上均正确。　　　　　　　　　　　　　　　(b) 除了（iv）均正确。

(c)（i）至（v）均正确。　　　　　　　　　　　　(d) 除了（v）均正确。

★★ 9. BB-X15 适用于物联网应用的最佳场景包括：（i）快速媒体；（ii）2D 和 3D 图形；（iii）视频流多媒体；（iv）PWM、CAN/SPI//DVI-D、USB 2.0 端口和集成的 RTC；（v）多媒体 1GB eMMC，1GB

的板载内存 + 微型 SD 支持；(vi) 2 声道 PCIe；(vii) 立体声音频；(viii) 以太网 x4。

 (a)(i)、(iv) 至 (vi) 均正确。   (b)(i) 至 (vii) 均正确。

 (c) 以上均正确。   (d) 除了 (iv)、(v) 和 (viii) 均正确。

★★★10. mBed 设备平台的特点是：(i) mBed 在线 IDE 支持 IoT/ M2M 应用程序开发；(ii) 开源的代码编辑器和基于 Web 的 C/C++ 编程环境；(iii) 开源 Eclipse 使用 GCC ARM 嵌入式工具；(iv) PWM、CAN/ SPI//DVI-D、USB 2.0 端口和集成 RTC；(v) 开放的可扩展的源代码、电路图、软件、中间件和在线 IDE；(vi) 代码用于创建 MCU 固件核心库、MCU 外围司机、网络、操作系统运行时环境，构建工具在 mBed 平台上测试和调试脚本。

 (a)(i)、(iv) 至 (vi) 均正确。   (b)(i) 至 (vi) 中除了 (ii) 均正确。

 (c) 以上均正确。   (d) 除了 (iv) 均正确。

简答题

★ 1. 为什么需要 IDE 来原型化嵌入式设备平台？

★★ 2. 将传感器和执行器连接到互联网所需的软件组件是什么？

★ 3. 微处理器和 MCU 相比如何？

★ 4. 概述在嵌入式设备原型设计中使用 SoC 和 SD 卡的好处。

★★★ 5. 写出 Arduino 开发板与 Intel Galileo 开发板用法的异同。

★★ 6. 绘制 Intel Galileo 开发板的架构，并列出每个组件在 Intel Galileo 开发板上的使用。

★ 7. 绘制树莓派 2 型 B+ 开发板的架构使用的特点？

★ 8. BeagleBone-X15 开发板可能的物联网应用是什么？   324

★★★ 9. 与 Edison、树莓派或 BB 相比，Arduino 在物联网嵌入式图像设备开发中的使用存在哪些缺点？

★★ 10. 在物联网嵌入式设备开发中，使用树莓派与 Arduino-R3 相比有什么优点？

★★ 11. 使用 Eclipse 工具、服务和框架来实现开放的物联网有什么好处？

★★★ 12. 库如何帮助 Arduino 配置 Wi-Fi 连接到互联网？

论述题

1. 描述可以生成传感器数据传至网络的 AVR®8 功能。

★★ 2. 如何为 M2M 应用程序选择嵌入式设备平台硬件和软件？

★★ 3. 如何为物联网应用程序选择嵌入式设备硬件和软件？

★ 4. 物联网、M2M 和工业物联网应用和服务的 Arduino 开发板有什么优点？

★★ 5. 与 Arduino 相比，是什么特性使 Intel Edison 开发板适合于物联网、M2M 和工业物联网？

★★ 6. 比较 Intel Galileo、树莓派和 mBed 开发板在 IoT、M2M 和 IIoT 上的特性。

★ 7. 描述树莓派和 BeagleBone 开发板在物联网应用中的用途。

★★★ 8. 传感器和执行器如何安全地连接到互联网？

实践题

★ 1. 画出可以反映 MCU 的特性的 AVR®8 架构。

★★ 2. 列出所需的 IDE 特性，以帮助选择正确的嵌入式硬件和软件。

★★ 3. 列出 IoT 与可穿戴设备 Arduino 开发板的区别。

★★★ 4. 写出 Arduino、Intel Galileo、Edison 和 mBed 开发板在物联网设备上的区别。

★ 5. 用图解的方式展示 BeagleBone 的架构。

★★ 6. 在一个表中比较树莓派 3 和 BeagleBone-X15 的功能。

★★★ 7. 展示路灯互联网的架构，其中的传感器和执行器，采用 Wi-Fi 连接到网关的 Arduino 开发板。

★★★ 8. 如何修改上题所示的路灯互联网的架构，使其根据进出道路的交通密度来同步控制路灯的延时。路灯互联网使用的传感器和执行器，采用 Wi-Fi 连接到网关的 Arduino 开发板。 325

第9章 物联网应用软件原型与设计

学习目标

LO 9.1 IoT 与 M2M 嵌入式设备的 IDE 和开发平台，开发代码、设计和测试

LO 9.2 使用开源的 Eclipse IoT 堆栈来实现设备、网关、Internet 连接、Web 和云应用程序的编写

LO 9.3 阐述如何使用网上的 IoT 应用 API 组件来进行原型系统实现

知识回顾

1.4 节针对物联网系统支撑技术总结了以下五点：

1）设备平台由基于微控制器（或 SoC、定制芯片等）的硬件和软件，设备 API 及 Web 应用程序软件等组成。

2）连接和组网（连接协议和电路）使设备和物理对象可以互联；支持因特网连接到远程服务器。

3）通过服务器编程和 Web 编程可以实现很多 Web 应用程序和服务。

4）云平台支持存储、计算、原型设计和产品开发。

5）在线事务处理、在线分析处理、数据分析、预测分析和知识发现等技术支撑了大量的物联网系统应用。

前一章将"嵌入"定义为将软件嵌入计算硬件的过程，使系统能够运行特定的应用程序。设备平台将软件嵌入到计算硬件或通信硬件中，来适应特定的应用程序。本章涉及如何使用 Arduino、Galileo、Edison、Raspberry Pi、BeagleBone 和 mBed 等平台进行硬件和原型的开发，并讲述嵌入式设计的基础知识。具体包括以下内容：

- 嵌入式软件函数、设备 API 和中间件；中间件支持设备执行计算和通信的功能。
- 连接接口由处理单元、设备接口和通信 API 所组成，它们执行计算和通信功能。
- 集成开发环境（IDE）可支持在计算机上进行编程，计算机与嵌入式平台相连接，可以将程序代码由计算机下载到嵌入式平台，开发代码过程经历编辑 - 测试 - 运行和调试等多个环节。

9.1 概述

如图 1.3 至图 1.5 所示，物联网软件开发分为五个层次：(i) 收集 + 整合；(ii) 连接；(iii) 聚集 + 组装；(iv) 管理和分析；(v) 应用和服务。本章将详细介绍这五个层次及其所需的软件。

本章重点介绍软件开发的方法，分别在物联网设备、网关、互联网连接、Web 以及云应用中会使用到。

回顾一下关键术语的含义，例如 App、应用程序、框架、XML、API、脚本、Java 脚本、对象、客户端、服务器、URL、HTTP、HTML5、Web 服务、WebSocket 以及第 3 章和第 8 章中的引导加载程序、应用程序编程接口（API）、操作系统（OS）、实时操作系统（RTOS）、进程、任务、线程、IDE 和类库，其中一些关键术语被重新解释为新的术语。理解这些术语，读者能够快速学习包括 API 在内的软件开发过程：

组件是对核心框架、服务或软件功能的抽象，它可以重复使用。组件经过重新配置后，可用于提供解决方案。

软件框架是对提供可复用的软件环境和通用功能的软件的抽象。框架能帮助用户有选择地更改和添加新功能，创建新应用程序、服务、产品和解决方案时，重新使用这些通用功能。例如，假设有一个框架是为图形和绘制对象提供通用的功能函数，绘图应用程序开发人员选择并复用框架的函数，选择绘图和可视化函数，比如椭圆、圆，并添加所需的椭圆、圆的参数，如大小、位置、颜色、阴影和填充图案。应用程序调用绘图框架中提供的通用函数，根据参数来绘制对象。这个过程类似于蜡烛制造业中所用到的模具，将蜡烛芯放到合适的孔中再填充上熔化的蜡，就会形成一捆蜡烛。

应用程序框架是一种支持基本结构的框架，它提供了应用程序开发的架构，并提供具有通用功能的可复用开发环境。用户利用框架可以有选择地更改、添加新功能来构建应用程序。

Web 应用程序框架也是一种支持基本结构和架构的框架，可以开发 Web 应用程序，包括 Web API 和相应资源，它也提供了具有通用功能的可复用 Web 应用程序开发环境。用户利用该框架可以有选择地更改和添加新功能来构建 Web 应用程序、Web 服务和 API。

社区是指一种软件开发协议或模型，用户在社区上共同努力进行软件开发。社区通常由大学、组织或机构发起，用于开源项目。它是一个经过批准的开源独立分发组织，比如 OSGi 这样的社区。社区组织可拥有版权并承诺遵循 Apache 服务器的分发实例、贡献者协议和分发许可，比如 Apache 组织就是这样运转的。

OSGi（开放服务网关倡议）是 Java 的开发框架，用于部署模块化的软件程序、库和软件包。

OSGi 包是指一种紧密联系的文件集合，它包括 Java 的类、jar 和配置文件。软件包是可动态加载的，当使用时需要显式声明外部依赖项。

软件栈是一组框架和服务，能满足完整解决方案所需的最低要求。比如，用于 IoT 的 Eclipse IoT 栈，或是用于分析解决方案的伯克利数据分析栈（BDAS）。栈有可能是来自社区支持的，比如开放服务网关倡议组织（OSGi）支持了 Eclipse IoT 栈。栈提供了一组软件功能、框架、包、模块和子系统，在独立系统上进行安装和配置时，或是添加到模板中进行自动安装时，栈会创建一个完整的平台来支持应用程序和服务。

沙箱服务器[⊖]是一类服务器，它的数据来自源代码分发以及其他目录集，它上面的公有或私有的数据及代码集被保护了起来，以免受到有意或无意的更改。沙箱服务器分为工作目录、

⊖ https://en.wikipedia.org/wiki/Sandbox_(software_development)。

327

测试服务器和开发服务器，它还可用来测试所开发的应用程序。沙箱客户端可使用服务器提供的各种功能，使用相同的环境变量或是访问相同的数据库，来开发特定的功能和应用程序。

Linux 发行版是指 Linux 的一组软件功能和模块，它们用于特定功能或特定硬件，被分发到更广泛的用途和应用程序。

Bootloader 是系统软件，可加载或嵌入微控制器芯片和计算平台，引导系统启动其功能。

操作系统也是系统软件，它管理进程、内存、IO、网络子系统和设备。它利用给定的计算硬件设备来实现优先级、多任务、多线程的并发运行和众多其他系统功能。操作系统可以是开源的，例如 Linux 及其发行版。Debian、Squeeze、Arch Linux、Fedora 都是Linux 发行版操作系统，常被用在基于 ARM 处理器的树莓派或 BeagleBone 上。

多任务或多线程是指根据某些计划来同时执行多个任务或线程，例如根据序列或者所分配的时间片中一个接一个地运行活动或未被阻塞的任务；根据为每个任务分配的优先级规则来运行，或首先运行第一个被调用的任务。操作系统监督并管理任务和线程的运行。

实时操作系统（RTOS）也是一种系统软件，是一种能够在计算和通信硬件上运行实时进程的操作系统。

脚本是一段文本形式的代码，它使用解释器运行，解释器在运行时环境来解释这些代码。脚本语言包括 JavaScript、JSON、Perl 和 PHP 等。

C 是一种高级编程语言，用于嵌入式平台的编程。C 经过编译并生成该平台或计算机上的可执行代码，是一种面向过程的语言。

函数（方法）是一个命名实体，括号 ( ) 之间带有参数，函数中有 C 语言或其他编程语言的语句，函数的参数在括号或引号内指定，参数与函数关联，传递初始值并返回结果。例如，假设函数 chocolates_Sold() 的功能是通过销售表上的数据来计算在某个特定时间内的巧克力销售情况，其中前三个参数是生产日期、截止日期、年度销售表，它们在函数中传递，第四个参数是函数的返回值，它等于函数计算得出的该时间段内所销售的巧克力总数。

数据值从调用函数传递到被调用函数，在执行程序语句后得到的结果将被返回以便需要这些结果的其他函数使用。每种语言都有一些功能类似于 C 的函数，例如 Java 中的方法，也是一种函数。

异常是一个信号或对象，表示事件的发生、异常条件或另一组代码需要运行的条件，这组代码可以在 callback( ) 或 catch( ) 函数中，当在执行一个函数或一组语句时出现异常情况则抛出（发送到系统）。

Catch 是一种方法（函数），它只在事件发生时运行一次。抛出的异常由 catch( ) 或者callback( ) 捕获，事件对象在 catch( ) 的开头重置或删除（指向 null）。

C++ 是一种面向对象的高级编程语言，包括类、对象以及 C 代码。C++ 代码编译并生成可执行文件。在一些设备平台上所使用的是标准 C/C++ 经过修改的版本，包括一些软件类库，裁剪了某些功能，裁剪掉这些功能是由于内存受限平台需要注意系统内存的使用，或者没有必要将它们用于专用场景或专用硬件，例如，Arduino 平台 C++ 编译器使用 avr-gcc，它不提供异常处理和标准 C++ 中所使用的 try-catch 块。附加库是特定的程序，它起到一些明显的作用，例如将数据发送到 USB 端口转交到因特网，这个过程涉及协议、端口、串行端口、USB 端口、GPIO 引脚、定时器、设备平台上的以太网及硬件单元的使用。avr代表 Arduino 板上的 AVR 微控制器，gcc 代表 GNU C/C++ / Objective C 编译器，avr.gcc在 AVR 上实现了代码的运行。

　　编译器是用于调试和列出错误（如果存在）的软件，然后将代码转换为特定计算平台和环境上运行的可执行代码。语言（如 C、C++）需要编译器才能在计算平台和运行时环境中运行代码。

　　可编译的虚拟机语言是指 Java 或 C# 等语言，它们编译代码与平台和运行时环境无关。代码需要在虚拟机（VM）上或计算平台及运行时环境中的框架上运行。

　　应用程序编程接口（API）是一种可以访问应用程序和服务的软件。API 在本地或远程计算平台上运行，从客户端（用户）向服务器（应用程序）端发送消息，并接收服务器返回的消息。

　　消息是一个通用术语，指的是在通信过程中从客户端、服务器、脚本、函数、方法或 API 的一端传送数据到另一端。

　　图形用户界面（GUI）是指计算机屏幕显示工具，例如状态栏、任务栏、按钮、复选框、菜单和对话框，它们使用户和应用程序、服务软件之间的 API 交互变得轻松。

　　图形软件是指具有 GUI 的软件。

　　跨平台软件是指一个平台系统上所开发的软件，可以用于另一个计算平台，如 Arduino。 |330|

　　轻量级软件功能是指一种功能，仅需要一些受限资源，并且不依赖于操作系统功能或其他源的功能。

　　客户端是一段代码，用来提出请求。例如，CoAP 客户端向 CoAP 服务器发送请求或 HTTP 客户端向 HTTP 服务器发送请求。

　　服务器对客户端的请求进行响应，或发布消息到客户端，即服务器响应发送请求的客户端或者有订阅行为的客户端。

　　代理是一个中间服务器，它从一端接收发布的数据、消息、客户端请求或订阅，然后充当服务器的功能，向另一端发送消息 / 响应。例如，MQTT 代理利用 node.js 作为 MQTT 客户端，上面运行着应用程序，用它接收来自设备平台发布的数据 / 消息，然后使用计算系统上的订阅程序，向另一个利用 Java 的 MQTT 客户端的发送响应。

　　Java 是一种广泛使用的面向对象的高级编程语言，它拥有庞大的开源库、社区和发行版。Java 程序被编译成字节码，如果目标平台上有 JVM（Java 虚拟机），那么这些字节码就可以在该计算平台上的任何位置运行了。JVM 是一种将字节码转换为本地机器代码的软件，因此，Java 是一种可编译的虚拟机语言，这里的机器是指由硬件、操作系统和软件所组成的计算平台。

　　C# 也是一种面向对象的高级编程语言，是一种编译了 CIL（公共运行时语言）代码（称为托管代码）的虚拟机语言。托管代码与 CPU 无关，与平台无关，因此只要平台具有运行时环境和框架（如 .NET），C# 的代码就可以在计算平台上的任何位置运行。

　　Perl 是一种脚本语言，用途是处理和解析 XML，解析服务器的或者客户端的字符数据和消息字符串，也包括客户端接收的服务器消息（见 3.3 节）。Perl 也有大量的类库，这种语言可以方便地对脚本进行编码，即使对大型网站来说也同样适用。但是，这样的一组脚本代码的执行速度却远比 C++ 慢，在进行解析时，它需要更多的运行时内存。

　　Python 是一种在运行时解释代码的高级语言，与 Java 或 C++ 相比，它的代码行数精简，并且在各类计算平台具有很多的大型类库和开源代码⊖。Python 中的一个版本是 Cpython，它是一个社区组织，负责 Python 软件基础的管理。

　　树莓派、BeagleBone 或其他平台也可以运行 Python。Python 具有许多优点，例如，可以很

　　⊖　https://en.wikipedia.org/wiki/Python_(programming_language)。

容易地发送请求和接收来自 Internet 服务的响应，简洁的正则表达式编码便于处理和解析字符数据和字符串，例如天气数据（见例 1.1）、来自服务器或云的消息字符串、自我管理和轻松连接、查询数据库。它的代码执行速度要比 C++ 慢，同样也需要更多的内存支持。

331

Ruby 是一种编程语言，用于开发 Web 应用程序和服务。

事件模型支持在事件上运行函数、方法、脚本或 API。脚本可以在多个事件上以多任务模式运行。假设如果发生了四个事件，则每个事件上都可以运行一个脚本或函数，因此可以并行执行四个任务，而每个任务又可以执行多个脚本。

callback( ) 是在事件上运行的方法（函数）。例如，在接收消息、数据、请求，更改参数值后进行回调，回调通常发生在设置限制、发生某些操作或异常时。callback( ) 在事件上运行，而系统中运行的 eventListner( ) 函数（在后台显式或隐式）监听事件是否发生，并及时调用 callback( )。

Node.js 是一个框架，用于创建 JavaScript 代码，它支持跨平台环境（包括浏览器，如 Chrome）。该框架可以更快速地利用浏览器为分布式设备创建可扩展的网络应用程序。与直接从原始的 JavaScript 创建代码相比，其代码开发速度更快，扩展的手段也多种多样。

Node.js 编程是基于应用程序中所运行脚本的事件模型。callback( ) 函数的脚本可以在多个分布式设备的事件上运行。因此，在需要快速处理输入输出时，Node.js 框架支持利用浏览器进行实时 Web 应用程序和游戏的开发。

处理语言是开发环境的编程语言。处理是开源的，程序员可以从网站下载处理语言的环境⊖。处理语言也可以创建丰富的基于 GUI 的编程接口。

Wiring⊜是开源模块，由一组硬件和软件组成，类似于 Arduino，并具有类 Arduino 设备平台的编程环境。

Arduino 中的 sketch 是一个开源的代码单元（程序单元），上传并运行在目标设备平台 / 板上。例如，blink sketch 代码运行在电路板上，能看到闪烁的现象。再如，间断地模拟读取和串行打印（或在串行连接的计算机上显示），或者读取 RFID 标签 ID、读取 I2C 设备数据。

固件是指永久驻留于只读存储器（ROM）或闪存的电路中的软件。固件提供了该电路的特定功能，例如引导装载程序，上电启动程序和 ROM 的 BIOS（基本输入 – 输出系统）功能。

Lua 扩展语言 / 脚本语言，是一种适合诸多平台的动态类型语言。Lua 具有协程的功能（在分布式应用程序中运行的多个任务、模块的动态加载、第一类函数的使用（支持将函数作为参数传递给其他函数、将它们作为其他函数的值返回、将值分配给数据结构中的变量或值））⊜。

332

9.2 节介绍利用 IDE 为嵌入式设备平台开发软件的方法。9.3 节介绍利用 Eclipse IoT 栈开发网关软件来实现设备与服务器或云上的应用程序及服务之间的通信。9.4 节描述了开发线上 API、Web API 和 WebSocket API 的方法，用于嵌入式设备与应用程序和服务之间进行消息交换。

9.2　嵌入式设备软件原型设计

第 8 章描述了原型设计和开发板——Arduino、Intel Galileo、Edison、树莓派、BeagleBone 和

⊖　http://www.processing.org。

⊜　http://www.wiring.org.co。

⊜　https://en.wikipedia.org/wiki/First-class_function。

mBed。程序的原型开发需要引导装载程序、操作系统和 IDE，软件嵌入到设备平台中。

物联网架构概念的第一层是收集（来自设备/传感器的数据）+ 整合（丰富）。第二层是连接到 Internet。IDE 实现了在第一层和第二层功能软件的开发。IDE 还可以在嵌入式设备上启用操作系统或实时操作系统地方功能。

引导装载程序固件存储在硬件设备的微控制器闪存/ROM 上，并且能够与 IDE 所在的上位机通信。通常，IDE 包括 API、类库、编译器、RTOS、模拟器、编辑器、汇编器、调试器、仿真器、逻辑分析器、代码烧录器以及用于集成开发系统的其他软件。IDE 可能是开源的，例如 Arduino 就有开源的 IDE，可从 Arduino 官网下载。

IDE 实现了在计算机上开发程序，然后将程序代码下载（安装）到像 Arduino 或者微控制器开发板这样的嵌入式设备。代码烧录器能将代码放入闪存、EEROM 或 EPROM，特定的应用代码便被嵌入到了设备中。

9.2.1　嵌入式设备编程平台 Arduino

Arduino 开发板可用 avr-gcc 工具[⊖]进行编程，开发板中具有嵌入固件的预安装引导装载程序。 333

Arduino 程序员使用简单的图形化跨平台 IDE 来开发程序代码。Arduino 开发板的 IDE 也很简单，是基于处理语言的，它使编程变得简单。开发板连接到运行 IDE 的计算机，引导装载程序移交控制权并启动加载程序，引导装载程序将操作系统所需的功能和软件加载到系统硬件和网络中。

Arduino 引导装载程序使用任务的中断（类似于事件）处理函数来进行多任务处理。通过为任务分配数值 n（n> 0）来完成多任务处理。当一条中断指令，例如，INT n 执行时，调用与之对应的中断处理函数 n。每个任务或线程都有与之关联的数字 n，其中中断处理函数，有点类似于在事件 n 上执行 callback(n) 或异常 n 上执行 catch 函数。

IDE 由一组软件模块组成，这些软件模块为特定设备平台上的软件开发和原型设计提供了软硬件环境。首先，计算机根据操作系统的属性来下载适当的 IDE 版本。计算机上通常运行 Windows、Mac OS X、Linux 等常见的操作系统。

配有 Arduino IDE 的计算机通过 USB 线或串行端口与开发板连接，引导装载程序可将开发的代码送入开发板。Arduino 的引导装载程序无须初始化操作系统上载，这个过程类似于计算机中引导装载程序从辅助磁盘加载操作系统一样。

Arduino IDE 可以从 Arduino 的官网上获得[⊜]。程序员可以下载所需的 IDE 版本，IDE 在计算机上运行可以用来开发代码、模拟和上传（嵌入）代码到设备平台。

Arduino IDE 包含了一个 C/C++ 的类库，作为与网站上开源模块同名的项目，这个库被称为 Wiring。Wiring 库函数简化了 Arduino IO 操作的编程。

1. 代码开发

Arduino IDE 使用处理环境和库函数作为代码的文件编辑器。编辑器提供自动缩进、突出显示代码语法、匹配大括号。编辑后的文件编译、检查并罗列出错误，如果没有错误，则可以通过串口或 USB 端口将代码发送到开发板上。

⊖　http://www.nongnu.org/avr-libc
⊜　http://www.arduino.cc

Arduino 的简洁性很突出，因为只需要两个函数来定义电路板的可执行程序，即 setup( ) 和 loop( )。函数 setup( ) 在程序开始时运行，并用于初始化设置，函数 loop( ) 在无限循环中使用语句 'while（true）{statements;}' 运行，直到断电才停止。

IDE 上的串行监视器可将来自微控制器上嵌入式软件的消息发送到计算机屏幕上，在测试阶段和软件调试时需要用到这些消息。

[334]

2. GPIO 引脚

假设程序员精通 C/C++ 编程。例 9.1 给出了如何使用 Arduino IDE C/C++ 在 IDE（用于计算机屏幕显示）上对 GPIO 引脚和串行监视器进行编程。该示例用于接通南北路径的交通信号灯，下一个示例将顺序地对所有四个路径的交通灯进行完全控制，并且使用内部的 LED 灯来测试程序是否成功运行。

例 9.1

问题

Arduino 编程，控制路口的交通信号灯（TL）。假设 Arduino Uno 开板作为嵌入式设备平台（见 8.4.1 节）用于以下项目：需要在四条东、南、西和北顺时针路径上分别控制三个 TL——红色、黄色和绿色。

让 Uno 上的 12 个 GPIO 引脚连接 12 个外部的 LED 灯，即 R0、Y0、G0、R1、Y1、G1、R2、Y2、G2、R3、Y3 和 G3（四组每组三个 R、G、Y LED）。LED 灯模拟了原型开发和测试阶段的 TL。

端口 LED 如何进行开 - 关编程控制以开启南北方向的道路和交通，关闭东西方向的交通？

答案及解析

第一步是声明所使用的数据类型、常量、变量和函数。第二步和第三步是对 setup() 和 loop() 两个函数进行编程，最终嵌入到 Uno 开发板的程序代码示例如下：

```
/*Assume twelve digital IO ports assigned to external LEDs are port 2 to 12 and
port 14. The ports are programmed according to TLs switching ON or OFF./
/* Pin 13 connects the board LED, and be used for indicating successful running
of the developed codes during testing phases.*/
int internalLED = 13;
/* Variables are written using a lower case first character */
int ledR0, ledY0, ledG0, ledR1, ledY1, ledG1, ledR2, ledY2, ledG2, ledR3,
ledY3, ledG3;
Assign the pins to the respectively connected LEDs */
ledR0 = 2; ledY0 = 3; ledG4 = 4; ledR1 = 5; ledY1 = 6;ledG1 = 7; ledR2 = 8;
ledY2 = 9; ledG2 = 10; ledR3 = 11; ledY3 = 12; ledG3 = 14;
/* Declare Functions for sequences of traffic lights ON-OFF as follows: */
    void north_south_Green() {
digitalWrite (ledR0, LOW); digitalWrite (ledY0, LOW); digitalWrite (ledG0,
HIGH);
digitalWrite (ledR2, LOW); digitalWrite (ledY2, LOW); digitalWrite (ledG2,
HIGH);
    };
/* Function Switch RED ON for East and West pathways*/
    void east_west_Red() {
```

[335]

```
digitalWrite (ledR1, HIGH); digitalWrite (ledY1, LOW);digitalWrite (ledG1,
LOW);
digitalWrite (ledR3, HIGH); digitalWrite (ledY3, LOW); digitalWrite (ledG3,
LOW);
      };
/*************************************************************/
void setup ( ) {
/* GPIO pins 2 to 12 and 14 are thus assigned port numbers corresponding to 12
external LEDs, R0, Y0, G0, R1, Y1, G1, R2, Y2, G2, R3, Y3, and G3.*/
/* Assign mode of each pin as output */
pinmode (ledR0, OUTPUT); // Constants are written in Upper Cases
pinmode (ledY0, OUTPUT);
.
pinmode (ledY3, OUTPUT);
pinmode (ledG3, OUTPUT);
/* Let Pin 13 be used for indicating successful running of the developed codes
during testing phases. Initialise internal Port 13 Digital IO Pin LED for
test.*/
pinmode (internalLED, OUTPUT);
/* Initialise start of the Board and Sequences. */
digitalWrite (internalLED, HIGH);
/* Display the settings of Digital IO pins at serial display-monitor on the
computer where IDE is setup. */
/*Let UART mode baud rate = 9600*/
Serial.begin (9600);
Serial.println ("Arduino project.Program for controlling three traffic signals-
Red, Yellow and Green at four pathways");
Serial.println ("Arudino board LED glows when cycle starts for the sequences of
lights turning high and turns off for brief interval in order to indicate the
successful completion of the cycle");
Serial.println ("Twelve 12 external LEDs, R0, Y0, G0, R1, Y1, G1, R2, Y2, G2,
R3, Y3, and G3 corresponds to 12 traffic lights at north, east, south, west
four pathways")
}
/*****************************************************************/
Step: Loop function which endlessly runs
void loop () {
/* Assume no right turn from pathways or left turn from pathways permitted, just
for simplicity and for learning the basics. */
/*Switch Green ON for North and South pathways */
/*Switch RED ON for East and West pathways*/
// Run Functions
 north_south_Green();
 east_west_Red ();
}
```

336

例 9.2 是一个完整的程序，用于每隔 10s 打开和关闭南北路径以及东西路径。处于 ON 状态的 LED 灯保持 30s。delay( ) 函数负责延迟 30s 的周期，南北向通道的交通接通和东西向通道的交通接通之间有 10s 间隔。在连续的重复循环之间，测试用的 LED 灯会关闭 6s。

例 9.2

问题

Arduino 编程控制的交通信号灯（TL）在道路交叉口来控制间隔时间：假设与例 9.1 中的设置相同并且 LED 连接也相同。因此，例 9.1 的步骤 1 和 2 与在本例中的步骤也是相同的。

端口 LED 步骤 3：loop( ) 函数如何进行控制开关的编程代码。新代码用于四条道路的所有信号灯光控制，假设 LED 等所持续的状态和一条道路上交通客流的稳定状态之间的延迟时间分别为 10 s 和 30 s。

编写 test( ) 函数来做测试，它的功能与在电路板上软件所编程的功能相同。假设 test 函数在代码运行期间使用 GPIO 引脚 13 上的板载 LED 灯。

答案及解析

步骤 1 中嵌入到 Uno 中用于预处理声明的程序代码与例 9.1 中的相同。

```
/*  Assume twelve digital IO ports assigned to external LEDs are port 2 to 12
.

ledY2 = 9; ledG2 = 10; ledR3 = 11; ledY3 = 12; ledG3 = 14;
/* Declare Functions for sequences of traffic lights ON-OFF as follows: */
    void north_south_Green() {
digitalWrite (ledR0, LOW); digitalWrite (ledY0, LOW); digitalWrite (ledG0,
HIGH);
digitalWrite (ledR2, LOW); digitalWrite (ledY2, LOW); digitalWrite (ledG2,
HIGH);
    };
/* Function Switch RED ON for East and West pathways*/
    void east_west_Red() {
digitalWrite (ledR1, HIGH); digitalWrite (ledY1, LOW);digitalWrite (ledG1,
LOW);
digitalWrite (ledR3, HIGH); digitalWrite (ledY3, LOW); digitalWrite (ledG3,
LOW);
    };
/* Function Switch Yellow ON for North and South  pathways forbrief interval
before change of state */
    void north_south_Yellow (){
digitalWrite (ledR0, LOW); digitalWrite (ledY0 HIGH); digitalWrite (ledG0,
LOW);
digitalWrite (ledR2, LOW); digitalWrite (ledY2, HIGH); digitalWrite (ledG2,
LOW);
    };
 /* Function Switch Green ON for East and West pathways*/
    void east_west_Green (){
digitalWrite (ledR1, LOW); digitalWrite (ledY1, LOW);digitalWrite (ledG1, HIGH);
digitalWrite (ledR3, LOW); digitalWrite (ledY3, LOW);digitalWrite (ledG3, HIGH);
    };
/* Function Switch RED ON for North and South pathways*/
    void north_south_Red (){
digitalWrite (ledR0, HIGH); digitalWrite (ledY0, LOW); digitalWrite (ledG0,
LOW);
digitalWrite (ledR2, HIGH); digitalWrite (ledY2, LOW);digitalWrite (ledG2,
LOW);
    };
```

337

```
/* Function Switch Yellow ON for East and West pathways */
  void east_west_Yellow  () {
digitalWrite (ledR1, LOW); digitalWrite (ledY1, HIGH);digitalWrite (ledG1,
LOW);
digitalWrite (ledR3, LOW); digitalWrite (ledY3, HIGH); digitalWrite (ledG3,
LOW);
      };
```

/***/

步骤 2 中 setup( ) 程序代码与例 9.1 中的一样，设置没有改变。

```
void setup ( ) {
/* GPIO pins 2 to 12 and 14 are thus assigned port numbers corresponding  */
.
Serial.println (" Twelve 12 external LEDs, R0, Y0, G0, R1, Y1, G1, R2, Y2, G2,
R3, Y3, and G3 corresponds to 12 traffic lights at north, east, south, west
four pathways")
}
```

/***/

338

步骤 3 中 loop( ) 函数的改动如下：

```
void loop () {
/*Assume no right turn from pathways or left turn from pathways permitted, just
for simplicity and for learning the basics*/
/*Function Switch Green ON for North and South pathways */
north_south_Green();
/*Function Switch RED ON for East and West pathways*/
east_west_Red();
//Function delay (30000)
delay (30000); //Wait for 30 secomd
/*Function Switch Yellow ON for North and South  pathways forbrief interval
before change of state */
  north_south_Yellow ();
//Function delay (10000);
delay (10000); //Wait for 10 secomd
/*Function Switch Green ON for East and West pathways*/
    east_west_Green ();
/*Function Switch RED ON for North and South pathways*/
  north_south_Red ();
//Function delay  (30000);
delay (30000); //Wait for 30 secomd
/*Function Switch Yellow ON for East and West pathways */
east_west_Yellow  ();
//Function delay  (10000);
delay (10000); //Wait for 10 secomd
/*Testing to show completion of one cycle of traffic light
Let internal board LED flash OFF for 6s before the sequences of lights repeat */
//Statements for  test;
digitalWrite (internalLED, LOW); delay (6000); // Wair 6 s
```

```
Serial.println (" One Sequence completed" );
digitalWrite (internalLED, HIGH);
}
```

3. 软件的仿真和调试

仿真是指执行类似于真实实体的操作。仿真软件模拟嵌入式设备平台的运行，称为目标板。软件将嵌入式设备平台的功能在计算机上进行模拟，开发人员可以观察到计算机上的操作。

在线仿真（ICE）是指在将目标板连接到计算机后通过仿真进行硬件调试。在计算机上设置嵌入式软件中的断点，程序员能从每个断点的结果中找到错误（错误的代码或代码段）。计算机可以启动代码的单步执行，屏幕显示微处理器或微控制器中的寄存器的值，也能显示每个步骤结束时或指定的代码段末尾的变量值，另外还能显示出每个断点处存储器的地址内容。

当在开发板上使用嵌入式 Linux 时，开发人员可以使用名为 gdb（GNU 调试器）的应用程序，该应用程序在 GNU 网站上是开源的[⊖]。目标板通过计算机的串行或 USB 端口进行连接，其中以太网用于那些支持网络的设备平台。

JTAG（联合测试行动组）标准支持在 JTAG 软件嵌入硬件时，将目标板上的测试环节转到计算机上，JTAG 连接器将硬件开发平台连接到计算机。

9.2.2 读取传感器与设备输入

1. 使用 ADC 模拟输入

假设使用温度传感器测量 0 到 100 摄氏度之间的温度值。10 位 ADC 的模拟输入是传感器的模拟输出值（见 7.2.1 节）。ADC 的输出方式利用并行输入转串行输出（PISO）的转换器，换为串行输出。该串行输出连接到 Arduino Uno 开发板上的串行 SPI 输入引脚，类似地，相对湿度传感器也可以使用这样的方式，其中测量值以相对湿度代替摄氏度（见 7.2.2 节）。

传感器的 ADC 输出中十进制 1023（即二进制 1111111111）为 100 度，十进制 0（即二进制 0000000000）为 0 度。例 9.3 说明了 Arduino 的读取模拟值的用法。

例 9.3

问题

Arduino 用于 SPI 端口的模拟传感器设备编程：

温度传感器模拟输出通过 10 位 ADC 和 PISO 提供给 Arduino 的 SPI。如何每隔一小时将 SPI 输入数据读取到传感器的 Arduino 板上？

如何编程实现等待循环一小时，以及如何利用前面提到的闪烁程序进行测试，每 3s 进行一次开关来闪烁 LED 灯？

答案及解析

步骤 1 声明所使用的数据类型、常量、变量和函数。第二步和第三步是编写 setup() 和 loop()。嵌入到 Uno 的程序代码示例如下：

⊖ http://www.gnu.org/software/gdb。

```
#include <SPI.h> /*Include the Serial IO functions between Arduino SPI port and
serial input from ADC. */
#include <util.h> /*IO utility functions. Includes UART interface, which
connects to computer for display of messages on computer-screen. IDE software
provides the functions for display using serial interface output of board. */
/* Sensed parameter, say, temperature Sensor Input at A0 pin. Define initial
input  = 0. */
#define TempSensorADCinput 0
/*calibCoeff = output change in parameter per unit rise in temerature by 1
degree Celsius.  For example, calibCoeff  = temperature change per unit change
in converted digital value of Vinput from the Sensor.*/
/* Define calibCoeff = 0.097752. */
#define calibCoeff 0.097752 /*The calibCoeff is 100/1023 = 0.097752 when sensed
parameter analog value is between 0 degree Celsius to 100 degree Celsius and
observed digital value is from 0 to 1023 from 10-bit ADC*/
float observedV, parameter; /*observedV = Vinput from Sensor. The parameter =
sensed parameter value 0….1023*/
  /*Let internal LED at digital IO Pin 13 be used for indicating successful
measurement and  wait for next reading */.
int internalLED = 13; /* initialise internal Port 13 Digital IO Pin LED for
test Function. */
/* Name the unit, whether degree Celsius or RH% */
char [ ] unit;
unit = "degree Celsius"; /* Declare the unit of sensed parameter unit*/


/******************************************************************/
```

步骤 2 如下，用于设置开发板程序的 setup( ) 语句和用于测量感测电压的参数。

```
void setup() {
/* Declare the unit of sensed parameter initial value and initial observed V*/
parameter = 0.0; // Declare the initial value of the parameter
observedV= 0.0; // Declare the observedV = 0 at minimum
Serial.begin (9600); //Let UART mode baud rate = 9600.
Serial.println ("Arduino Program for input for ADC input at the board")；
Serial.println ("Check that Arduino pin A0 connects ADC input from the sensor
")；
Serial.println ("Check that Arduino 3.3 V pin connects ADC reference pin at the
sensor")；
 pinMode (internalLED, OUTPUT);
// Indicate start of the Board and Sequences
digitalWrite (internalLED, HIGH);
// Display the results at serial display monitor on computer where IDE is setup
Serial.println (" Arudino board LED glowing starts when hourly cycle starts
for the sequences of LED lights turning high and turns off for successive 3s
intervals in order to indicate that system is waiting for the next hourly
reading");
}
/******************************************************************/
```

步骤 3 如下，测量 ADC 输入的 loop( ) 程序语句和每个一个时间段测量感测电压的
参数。

```
void loop () {
// ADC uses analog reference voltage and it is internally set.
```

```
//A reference voltage is 3.3V at the Uno.
// The value is used to convert the acquired value into appropriate reading,
// for example, temperature value in degree Celsius units or into RH%
//10-bit ADC means analog voltage resolution is (Vref/ 1024)
observedV = analogRead (TempSensorADCinput);
//parameter is found from the calibration coefficient
 parameter = calibCoeff*obesrvedV *1023/3.3;
Serial.print ("Temperature ="); //Assume sensed parameter is temperature
Serial.println (parameter, unit);
test ( );
}
/*************************************************************/
```

步骤 4 包括 test( )。test 函数如下所示：

```
void test ( ){ //Start blinks every three second
/* One Hour wait for next reading. Run the loop 600 times. Each wait for 3+ 3
second. 6 s × 600 = 1 hour and LED blinks at 3s ON-OFF intervals*/
digitalWrite (internalLED, HIGH);}
for ( int i = 1, i<=600) , i++) {
delay (3000);
digitalWrite (internalLED, LOW);
delay (3000); // Wair 6 s
digitalWrite (internalLED, HIGH);
}
```

2. 类库

7.5 节描述了软件串行类库及如何使用串行总线协议 UART、I2C、USB 和 CAN 进行数据通信的用法。8.3.6 节描述了 mBed 设备平台类库。库函数可在编程期间直接调用。

3. 计时器

许多应用都需要计时器功能，有许多计时器的类库可供使用，计时器的功能库也可在线使用[⊖]。MsTimer 是一种具有两种状态的毫秒计时器，它有一个简单的用法（见例 9.4）。这个计时器有两个函数 set( ) 和 start( )，第一个是在预设时间间隔后中断的计时器，第二个是启动计时运行的计时器。

[342]

例 9.4

问题

Arduino 计时器库函数编程：

在预设为 3 秒的时间间隔之后，如何使用 Mstimer2 库来调用函数 action( )？

答案及解析

以下是使用 Mstimer2 每 3 秒调用 action( ) 的语句。

步骤 1：预处理器命令的声明、数据类型和函数的声明以及所需库文件的包含。

```
#include <MsTimer2.h>
void action ( ) {
/* Write statements for actions on preset time over, for example change of
```

⊖ http://www.arduino.cc/playground/Main/MsTimer2。

```
output at an IO pin*/
}
/*********************************************************************/
```

步骤 2：用于引脚配置和初始设置的语句，如例 9.1 至例 9.3 所示。为计时器 Mstimer2 的中断和调用中断处理函数的间隔来声明一个预设值。函数命名为 action( )。

```
void setup ( ) {
/* Write pins and initial setup statements. */
/* Set the millisecond timer to execute the function action ( ) after 3000 ms*/
MsTimer2: : set (3000, action);
/* Start the millisecond timer*/
MsTimer2: : start ();}
/*********************************************************************/
```

步骤 3：以下是用于 3s 间隔期间所要进行操作的代码，如果循环中未定义停止条件，则重复执行。

```
loop ( ){
}
```

4. 软件串行库

串行接口库具有按串行协议进行读写的功能。协议通信时首先发送首位，这些可能包括设备或寄存器的地址（控制、数据、状态或其他寄存器）。数据位在首位和控制位（如果有）之后发送，末位在最后阶段传输。每个串行协议在通讯期间都有特定的通信格式和排序方式。（串行通信中分为起始位、数据位、校验位、停止位、分别为 start bit、data bit、parity bit、stop bit。） 343

基于 UART 协议的通信用到两个信号，由 Tx 或 TxD（用于首位、数据位和其他位的串行传输）和 Rx 或 RxD（用于串行接收）来表示。假设波特率是 2400，一组新的 8 位数据在一秒内发送 240 次，每组 10 位用于传输数据、字符、命令或地址。字节表示字符串中的字符、感应数据以及设备接收命令或目的地址命令。

Arduino 板具有引脚 0（Rx）和 1（Tx），用于 UART 串行通信，计算机使用这些引脚连接到开发板。Arduino 开发板可利用软件串行库读写串行数据，数据输入输出是数字 IO 引脚的两个引脚，而不是引脚 0 和 1。引脚 2 和引脚 3 分别为 Rx 和 Tx。

软件串行库中的 UART 功能可将引脚模式设置为 Tx 和 Rx。当 RFID 引脚分别连接到数字 IO Tx 和 Rx 引脚时，通信就会在 RFID IC 上启动 RFID 的 Rx 和 Tx 引脚。当通信从 Arduino 发起时，IC TX 从高电平变为低电平，RFID IC 检测到并首先发送代表设备预设地址的首位。

Arduino 串行接口在接受标签 ID 数据之前读取首位。ID 为 10 个字符，IC 最后从 RFID 发送停止字符，停止字符的 ASCII 码为 13。

软件串行库使用简单的串行读写功能实现了数据通信。例 9.5 解释了 UART 借助库函数对 RFID 标签进行串行读取的过程。

例 9.5

问题

Arduino UART 端口读取 RFID ID 串行数据编程：

RFID 集成电路（IC）使用 RFID 标签引脚上的 UART 协议 Tx 和 Rx 输入，将串行数据发送到 Arduino 开发板。Arduino 开发板如何分别在引脚 2（Rx）和 3（Tx）处读取串行数据？

答案及解析

以下程序用于读取感测值串行数据和 IC 上存储的 16 位系数。

步骤 1：预处理器命令、数据类型声明、函数和常量。

```
/* UART communication has 1 start bit. The first serial bit becomes LOW from
HIGH for a period equal to baud interval. Then, 8 serial bits transmit in 8
successive baud intervals. A stop bit then transmits for 1 baud interval. Total
10-bits communicate for each serial write or read.*/

#include <UARTSerial.h> /*Serial IO functions for Arduino UART Serial Interface*/
#include <util.h> /*IO utility functions*/
/* Assume that IC uses address 0x08 for device header which includes address.
Let the IC send 12 bytes, one for the header (address), ten bytes for the sensed
data or RFID tag or ID and one byte for the end character. (Data sheet of the
device specifies the actual address and format of header bits and tag or ID
bits.)*/
#define UARTDEVICE_HEADER 0x08
int nID 10 /* number of characters in the string for the ID or number of bytes
of sensed data from the device*/
char [ ] ID_characters "" //A String Variable for ID_characters
 int header //Variable for the header received from the device
int end // Variable for end character received
/*Declare internalLED digital IO pin number which shows status of the running
of the Board*/
int internalLED = 13
/*Declare Arduino IO pin numbers which the IC uses to transmit or receive
serially from the board*/
int SerialRxPin 3
int SerialTxPin 4
class SerialRxRequest {
protected: bool loop ( );
private: bool serialRx_request;
 }
SerialRxRequest : : SerialRxRequest (bool serialRx_request) {
/* Set the serialRx_request. Assign true to the request to serial reception of
sensed data or RFID tag*/
this -> serialRx_request = true; }
/********************************************************************/
```

步骤 2：setup 函数，用来声明引脚和初始状态的模式。

```
void setup ( ) {
/* Read data from UART DEVICE. An IC used as RFID tag or IC based sensor may be
using UART communication. */
pinmode (SerialRxPin, INPUT);
pinmode (SerialTxPin, OUTPUT);
pinMode (internalLED, OUTPUT);
digitalWrite (internalLED, HIGH);
digitalWrite (SerialTxPin, LOW);//enable Serial reception
 }
/********************************************************************/
```

步骤 3：连续运行 loop 直到遇到停止状态。

```
bool SerialRxRequest : : loop () {
/*Serial Reception of characters as long as SerialTxPin = = LOW or SerialRx_
request = = true*/
if (SerialTxPin = = HIGH || serialRx_request = = false) (
SerialRx.stop ( ); serialTxPin = HIGH; }
If (SerialTxPin = = LOW || SerialRx_request = = true) {
SerialRx.begin (4800); /*Assume it communicates at baud rate = 4800. */
ID_characters [0] = SerialRx.read (); // Reader Header character
/*Check header character = 0x08, if match then read sensed data ten bytes and
end character*/
If (ID_characters [0] = = UARTDEVICE_HEADER) {
 for (int i= 1; i< nID +2); i++) {
 ID_characters [i] = SerialRx.read ();
SerialTxPin = HIGH}
// Statements for Serial Print of the result at Serial Monitor
 .
/* Statements for communicating ID Characters or sensed characters on to
Internet or Ethernet or USB*/

 // Call test () for functioning of the serial IOs
  test ( );
 SerialTxPin = HIGH; //stop further read, loop terminate
 return false;)
}
```

5. 使用 I2C 串行协议

I2C 协议是以同步模式通信的串行总线通信协议。以主设备或从设备的形式传输数据，主设备可以寻址并与多个从设备通信。主设备将时钟脉冲发送到从设备以进行同步，连接设备最多支持 127 个。

一种情况下，一个设备作为主设备，另一个作为从设备，其功能取决于设备上 I2C 功能的内部电路。

假设传感器具有内置的 ADC 和 I2C 接口，并通过 I2C SDA 和 SCL 引脚传送字节。例 9.6 解释了 Arduino 开发板的 I2C 总线上进行字节通信时软件串行库的用法。有关详细信息，可参阅作者关于嵌入式系统的书籍[○]。

例 9.6

问题

Arduino I2C 总线同步串行数据读取编程：

如何从 Arduino 串口的 IC 传感器读取数据和系数？使用 IDE 上的软件串行库函数读取 I2C 总线数据。

答案及解析

串行引脚 A4 用于 SDA 位，A5 用于 SCL 位。首先将传感器 IC 与 A4 和 A5 连接。软

○ Raj Kamal, Embedded Systems: Architecture, Programming and Design, 3rd edition, McGraw-Hill Education, New Delhi, pp. 169–170, 2014。

件串行库中的功能实现了串行数据读写操作。

假设 Arduino 作为主设备,传感器 IC 作为从设备。假设传感器 IC 具有控制和数据寄存器的地址,寄存器保存在 IC 的 EEPROM 存储器中。测量的 16 位值保存在两个存储器地址,从而节省了数据寄存器空间。控制寄存器可编程,从而可使 IC 能够以多种模式工作。IC 使用数据寄存器传输两个字节,一个用于较高字节,另一个用于较低字节。存储器还保存校准系数并将其作为 I2C 串行数据进行通信。假设设备校准系数在存储器中具有 22 个地址,用于 16 位校准系数的 11 个值,以下程序用于读取感测值的串行数据和在设备上存储的 16 位系数。

步骤 1:预处理声明、数据类型和函数的程序代码。

```
#include <Serial.h> /* Include functions between Arduino and Serial Monitor l*/
#include <Wire.h> /* include Wiring functions*/
#include <util.h> /*IO utility functions and include functions between Arduino
and input-output devices*/
/*I2C protocol envelopes the data with header bits. First seven bits are for the
address of destination device. Define the I2C serial device address for use for
the sensor IC communication.  Assume that sensor uses address 0x08 for device
address and Device Data 1 Address 0x16 and data 2 address 0x17 (Data sheet of
a device specifies the actual addresses).*/
#define I2CDEVICE_ADDRESS 0x08
/*Assume control command is at address 0x02*/
#define char I2DEVICE_CONTROLDATA 0x02
/*Assume Data 1 address is at 0x06 and 2 at 0x0A. */
#define I2DEVICE_DATA1_ADDRESS 0x06
#define I2DEVICE_DATA2_ADDRESS 0x0A
/*Declare two integers 16-bit variables, observedValue1 and observedValue2 */
int observedValue1, observedValue2
/*Declare two float (four bytes each) variables , value one for value1 after
using calibration coefficients and another for value2 after using calibration
coefficients */
float observedCValue1, observedCValue2
/*Declare unit of sensed parameter value, for example, degree Celsius*/
#define char [ ] unit "……….."
/*Declare internalLED digital IO pin number which shows status of the running
Arduino*/
int internalLED = 13;
/*Assume that IC based sensor uses addresses from 0x18 to 0x2C, two addresses
per 16-bit integer coefficient. (Data sheet of the device specifies the actual
address where calibration coefficients can store).*/
#define CALIBCOEFF_ADDRESS [ ] 0x18, 0x1A, 0x1C, 0x1E, 0x20, 0x22, 0x24, 0x26,
0x28, 0x2A, 0x2C
/*Declare array for integer values of calibration coefficients stored at the
IC memory*/
int calibCoeff [11]
 void I2CDeviceCalibration ( ){ //read calibration coefficients
 int j=0;
/* I2CSerialReadInt is a function to read two bytes, higher and lower bytes.
The function returns a 16-bit integer value*/
 for (int j= CALIBCOEFF_ADDRESS [0], j <= CALIBCOEFF_ADDRESS [10], j = j +2) {
calibCoeff [j] = I2CSerialReadInt (CALIBCOEFF_ADDRESS [j]);
```

```
    }
float DeviceSensedResult (observedValue ) {
//Write statements for using calibration coefficients
.
return observedCValue; .
}
test ( ) {
//Write statements for testing the result .
.
.
return observedCValue; .

/********************************************************************/
```

步骤 2：程序代码 setup( )。

```
void setup ( ) {
  int observedValue0, observedCValue0,
Serial.begin (9600); //Let UART mode baud rate = 9600 for serial monitor
Serial.println (" Arduino Program for input for sensor device using I2C protocol"
Serial.println (" Check that Arduino pin SDA bits at pin A4 and serial clock
SCL pin A5. ");
pinMode (internalLED, OUTPUT);
digitalWrite (internalLED, HIGH);
//Set I2C serial standard clock rate 100 kHz.
// Write data at I2DEVICE
 Wire.begin ();
 /* Get the eleven calibration Coefficients from the IC*/
I2CDeviceCalibration ( ); //Read integers for 11 calibration coefficients
 /* Declare initial offset, for example, Sensor value when temperature is 0
degree Celsius or pressure is atmospheric pressure or photo-current when dark.
*/
observedValue0 = 0; // Declare the initial value of the parameter
/* Calculate sensed Offset value result using calibCoeffs. */
observedCValue0 = DeviceSensedResult (observedValue0);
}
/********************************************************************/
```

348

步骤 3：loop( ) 函数用于传感器读数，并用校准系数从所读取到的值来获取最终的温度值。

```
 void loop () {
//Read Integer at data 1 address
//Read Integrate at data 2 address
observedValue1 = I2CSerialReadInt (I2DEVICE_DATA1_ADDRESS);
observedValue2 = I2CSerialReadInt (I2DEVICE_DATA2_ADDRESS);
//find the result for sensed data
observedCValue1 = DeviceSensedResult (observedValue1);
observedCValue2 = DeviceSensedResult (observedValue1);
/* Statements for Serial Print of the result at Serial Monitor. */
 .
 .
 .
/* Write Statements for delay as per intervals between successive data 1 and
data 2 readings*/
```

```
.
.
/* Test function Statements for the test of status of running the program */
 test ( );
 }
```

6. Xively 云类库

Paho，早先称为 Cosm，现在称为 Xively。Xively 云平台是应用程序开发平台。云平台具有库函数，可以对 Web 服务、应用程序和 API 进行编程。应用程序和 API 可以用 C/C++、Java、Python、.NET、JavaScript、Perl、PHP 或 Ruby 等语言进行编写。

7. 操作系统

OS 是用于管理进程、内存、IO、网络子系统和设备管理的系统软件。OS 具有优先级管理、多任务处理、运行多线程以及使用给定计算设备硬件等许多系统功能。

Linux 分发库是将 Linux 操作系统作为一个包或一组功能和众多模块捆绑在一起，用于特定功能或特定硬件，并分发到更广泛的应用场景和应用程序中，例如，Arduino、mBed、微控制器电路和嵌入式设备平台。

Arduino Yun 开发板已将 Arduino 的 Linux 发行版加载到其中，利用 Arduino IDE 下载 Arduino Linux 发行版以便在 Arduino 上运行，然后将其用作开发 Arduino 应用程序的操作系统，只需要大约 256 KB 的 RAM。

由于内存需求较小，开发人员可以使用 Arduino 版本中的 FreeRTOS 或 DuinOS。

多任务处理

多任务环境由多个进程、任务或线程所组成，进程、任务或线程由 OS 控制（监督）下运行的指令所组成。OS 具有多任务（多线程）功能和众多其他的系统功能。

8. 线程

考虑例 9.2 中给出的程序中的四个延迟指令。在延迟期间，系统只能等待预设的时间段过去。将每个延迟之前的一组指令视为一个线程，其他的指令集合也看作为线程。当 OS 是多任务时，则可在延迟时段依次运行其他线程，或者紧接着运行一个优先级高的线程。延迟功能由系统的 sleep( ) 或 OS_Delay( ) 函数实现其功能。系统调用 OS 的休眠函数以阻止该线程在预设的延迟时间内运行，休眠函数的参数指定了该时间段的长短。

当每个线程都是普通的优先级时，OS 可以按顺序运行这些线程。另外，OS 还可以在线程运行序列的每个循环中，针对某个指定的时间片运行这些线程。

9. 实时线程调度库

RTOS 由线程组成，每个线程都分配有特定的优先级，当优先级较高的线程激活时，系统会抢占优先级较低的线程先行执行。

实时调度（切换）内置函数实现了线程调度。系统软件中提供了实时线程调度库，例如，可在线下载的 Atomthreads 库$^\ominus$。

10. GNU C 库版本

GNU C 库版本可在嵌入式设备中的微控制器（μC）上启动 Linux OS 平台。例如 uClib，

$\ominus$　http://www.atomthreads.com。

可从大学网站下载。

例 9.7 展示了 OS 多线程函数的使用，每个线程都分配了普通的优先级。　350

例 9.7

问题

使用 OS 多线程功能对 Arduino 控制的交通信号灯进行编程：

重新考虑例 9.2。如何对 OS 多线程功能编程？

答案及解析

步骤 1：程序代码用于预处理包含的声明、数据类型和函数的声明。

```
/* include Posix Thread library functions in Linux distribution or include
functions of OS being used */
# include <pthread.h>
// declare thread delete request false to disable delete of the thread(s)
bool delete_request false
// Define class named LightsThread for Traffic Lights Project
/*-----------------------------------------------------------------------*/
```

步骤 2：为线程声明类和创建线程的程序代码。

```
class SeqThread : public PThread {
// Each SeqThread has an integer variable ID
public SeqThread (int threadID);
// Declare loop ( ) either returns a Boolean variable: true or false
protected bool loop ( );
// threadID is an integer variable specific to a specific SeqThread object
private int threadID;
  }
SeqThread : : SeqThread (int threadID) {
 this -> threadID = threadID; // Assign threadID number to this SeqThread
}
/*-----------------------------------------------------------------------*/
```

步骤 3：创建 main_thread_list 的 setup( ) 程序代码，该 main_thread_list 包括了顺序执行的线程和写入语句的 numseqthread。

```
void setup () {
/* Create specified number of seqthreads.  LightsThread class objects run at
loop () and return true or false */
//Define nine Created seqThread (1), seqThread (2), ……seqThread (9)
/* Each thread has ID from 1 to 9.*/
int numseqthread = 9; //declare number of sequential running threads
/*Write statements for the eight SeqThread objects of class SeqThread  for the
functions in Examples 9.1 and 9.2*/
/* SeqThread (1) waits of signal 1 and runs Function north_south_Green () and
Function east_west_Red () */
.
/*SeqThread (2) runs Function delay (30000) and sends signal to enable start
of next thread (3) */
```

351

---

 http://www.uclibc.com。

```
.
/*SeqThread (3) waits of signal 3 and runs Function north_south_Yellow () */
..
/*SeqThread (4) runs Function delay (10000) and send signals to enable start
of next thread (5) */
.
/* SeqThread (5) waits of signal 5, runs Function east_west_Green () and
Function north_south_Red () */
.
/*SeqThread (6) runs Function delay (30000) and sends signal to enable start
of next thread (7)*/
.
// SeqThread (7) waits for signal 7 and runs Function east_west_Yellow ()
.
/*SeqThread (8) waits for signal 8, runs Function sleep (10000) and at the end
sends signal to enable start of next thread (9) */
.
/*SeqThread (9) waits for  signal 9, runs, calls Function test ( ) next and at
the end send signal to enable start of thread (1) in next sequences cycle */
.
/*Use a Boolean variable delete_request false to create the threads and run
loop */
if (delete_request = = false ) {
  for (int i = 1; i <= numseqthread; i++) {
  main_thread_list -> add_thread (new SeqThread (i))};
 }
/*delete_request if returned true from the loop then delete the threads to free
the memory */
if (delete_request = = true) {
 for (int i = 1; i <= numseqthread; i++) {
 pthread_delete (SeqThread (threadID)); }
 }
 }
/*-----------------------------------------------------------------------*/
```

步骤 4：运行 main_thread_list 中的九个线程的 loop( ) 程序语句。

```
bool SeqThread :: loop () {
/* OS runs all nine threads at the main_thread_list as long as loop return
Boolean variable is true*/
// check for delete_request true
if (delete_request) return false;
/*loops keep running and show status until returns the loop ( ) returns false
 internalLED keep flashing Low from High after the end of a sequence cycle
due to the test Seqthread (9) */
}
/*-----------------------------------------------------------------------*/
```

9.2.3 嵌入式设备平台 Galileo、树莓派、BeagleBone 和 mBed 的编程

程序的开发要使用 IDE 完成，经过编辑 – 测试 – 调试这样的开发环节，直到模拟结果显示程序已成功运行。以下是常用设备平台的详细信息。

1. Intel Galileo IDE

适用于 Windows 的 Intel Galileo IDE，可从 Galileo 官网下载[⊖]。Intel Galileo 和 Arduino 的组合功能包括：

- IDE 与 Arduino 的相似性：Galileo 增加了 Arduino X86 主板支持，新的 IDE 还可以对主板进行固件升级。
- 兼容性：兼容 Arduino 的 shields 以及与 ICSP 类似的首位、串行端口、14 个数字 I / O 引脚和 6 个模拟输入。
- 以太网类库：与 Arduino 的以太网类库兼容，可以使用标准 Web 客户端示例进行 HTTP 连接。
- PCI Express Mini 卡：可以使用 Arduino 的 Wi-Fi 类库连接到 GSM、蓝牙、Wi-Fi。
- USB 主机端口：USB 是一个专用端口，可与 Arduino USB 主机和计算机的键盘或鼠标连接。
- TWI / I2C、SPI、串行连接和 MicroSD 的支持：与标准 Arduino 库兼容。
- 运行 Linux 发行版：只需 8 MB 闪存即可启用 node.js（适用于网络项目）、声音工具（ALSA）、视频工具（V4L2、Python、SSH、用于计算机视觉的 openCV）。

2. Raspberry Pi IDE

树莓派（Raspberry Pi，RPi）智能开发板是一个提供了带有多媒体协处理器的计算系统。开发人员可以使用标准键盘和显示器。树莓派支持包括 Python 在内的多种语言，其中现成的类库 PyPi 用于树莓派的 Python 编程。RPi 支持 Linux 的 OS Raspbian Ubuntu 发行版（也称为 Snappy），具有自主机器、M2M 和 IoT 设备所要求的安全运行功能。

许多 IDE 都可用于媒体计算设备的开发，以下是常用的几种：

AdafruitIDE 是一个基于 Web 的 IDE[⊜]。该 IDE 提供了基于 Web 的开发环境，RPi 连接到 LAN，可使用 Python、JavaScript 或 Ruby 语言编程。Adafruit 还提供了一个定制的操作系统来代替 Raspbian 中与 RPi 连接键盘和显示器的功能。应用层上加密网络协议的安全外壳协议（SSH）支持系统、键盘和监视器的远程登录与远程连接。

BlueJIDE 是基于 Java 的 IDE[⊜]。BlueJIDE 需要依赖 Java Development Kit 来运行，除此之外，还使用 PI4J 库运行 Java 程序，包括 RPi 上的 Java 8。

Ninja-IDE source®是一个 IDE，它很特殊，不仅仅是一个 IDE 这么简单。Ninja 支持文件操作函数以及在 Python 中构建应用程序。它可运行在跨平台环境，如 RPi、Linux、Windows 和 Mac OSX 中。它的功能包括：

- 能够创建插件，从而扩展了代码编辑器功能，协助项目开发并以小部件形式加载多个插件以实现多种用途。
- 支持多种语言、代码助手、代码导航、Web 导航和从任何位置导入、选项卡中的上下文菜单执行快速操作、代码跳转、断点和书签导航实现、配置文件管理器、代码错误查找器和静态错误文件检测、代码编辑。
- 代码定位器，用于快速直接访问类、函数或文件，并在文本字段中标出。

353

⊖　https://downloadcenter.intel.com/download/24355/Intel-Arduino-IDE-1-6-0。

⊜　https://learn.adafruit.com/webide/overview。

⊜　http://www.bluej.org/raspberrypi/index.html。

㉜　http://ninja-ide.org/。

- 添加了符号导出器、文件和文件使用查找器、Web 检查器以及 Python 的虚拟环境，可以在 Ninja IDE 的项目创建中指定，也可在现有项目的 Project Properties 中指定。
- 支持嵌入式 Python 的控制台功能。控制台自动管理 Python 项目。它支持用户在 IDE 中执行与文件管理相关的任务，并可保存项目文件的描述信息。

9.3 节将介绍使用 Eclipse Pi4J 的 Java 编程。例 9.10 将解释如何使用 Eclipse Pi4J 实现树莓派的编程。

3. BeagleBone IDE

8.3.5 节中介绍了 BB 开发板的开发细节。BB 的扩展功能使用了 capes，就像 Arduino 用 shields 扩展一样。BB 扩展功能提供了两个 46 针的双排扩展接头、电机控制、原型设计、电池供电、以太网、MicroHDMI、VGA、LCD、USB 主机和 USB 客户端，以及电源和通信等功能，支持标准键盘操作。

BB 内置的操作系统是 Linux 的 Ångström 发行版。BB 开发板预装了该操作系统，支持自主机器、M2M 和 IoT 设备。BB 可以运行基于云的 IDE，具有 Node.js Web BoneScript 库函数功能[⊖]。BB 支持 Ubuntu、Android 和 Debian。Node.js 是一个 JavaScript 的开发平台框架，丰富的库和网络以及实时功能等工具很好地支持了构建脚本。

[354] BeagleBone 开发所需要的支持是来自 linaro.org 的 gcc 交叉编译器和 Windows 中的 Eclipse IDE 所使用的 C/C++ 工具链。

4. mBed IDE

8.3.6 节中概述的 ARM 的 mBed 平台具有在线 IDE，这是一个开源的可扩展项目，囊括了原理图、软件、中间件和 C/C++ 软件平台工具。它在本地主机的 IDE 中使用 Web 浏览器，而 IDE 使用云端的 ARMCC C/C++ 编译器。这些工具支持 MCU 固件核心库、外设驱动程序、网络、RTOS 运行时环境、构建工具以及测试和调试脚本。IDE 使开发人员能够在 mBed 平台上为 IoT / M2M 开发物联网应用程序。它的最新版本和匹配操作系统是开源 Eclipse，包括了 GCC ARM 嵌入式工具。

mBed OS 为 ARM mBed 社区库提供了一个 C++ 应用程序框架，用于创建设备应用程序、组件架构和电源自动化管理。

9.2.4　联网的嵌入式设备平台编程

1. 以太网和 Wi-Fi 库

Arduino 以太网库和库中的头文件支持串行 IO 功能，覆盖 Arduino SPI 端口、IO 实用程序、以太网屏蔽、以太网客户端、以太网服务器、DNS、vDHCP 和 UDP 协议等。

2. IP 库

当要用一组内置代码和库函数，来为基于 TCP / IP 协议的通信创建栈程序代码时，会使用到 IP 库。IP 库函数例子有：（i）lwIP（轻量级因特网协议），能够以小存储代价实现 TCP / IP 通信（约 40KB 的闪存 / ROM 和几十 KB 的 RAM），该库可从库网站[⊖]下载；（ii）μIP（微型互联网协议）库函数实现了 TCP / IP 通信，内存要求极小（几 KB RAM），并

⊖　https://www.c9.io。

⊖　http://www.savannah.nongnu.org/projrcts/lwip/。

且可在不需要缓冲数据包时使用，因为当进行少量的数据通信时不需要缓冲，通信中的缓冲是针对传入的数据包和传出的未确认数据包的。 355

3. 加密库

对于嵌入式设备平台，数据安全性在 Web 应用程序和服务中非常重要。假设设备端具有用户的 ID，它用于在另一端进行身份验证的 A1，而云、Web 应用程序或服务端具有应用程序的 ID，它用于在用户端进行身份验证的 A2。

A1 需要存储在应用程序或服务端数据库中，A2 需要存储在用户端数据库中。A1 在另一端进行通信认证。应用程序将接收到的 A1 与存储在数据库的 A1 进行匹配。如果匹配成功，则用户端得到验证。

这里存在两个安全风险——一个是在与另一端的通信期间，某些系统之间，例如交换机或路由器或服务器 S1 读取从另一端接收的 A1 或 A2，并将其重新发送到认证端。另一个安全风险是某些系统修改了 A1。应用程序将代替用户端来验证 S1 的身份验证代码。同样，用户端可能会错误地验证应用程序或获取的是修改后的文本。

数据的认证和加密是基本要求。当需要一组内置代码和加密函数的代码（如 OAuth 1.0 协议函数）时，会使用加密库。OAuth 1.0 功能可以保护数据免受修改、避免其他软件重新发放。

可以在线下载名为 cryptosuite 的库[⊖]。加密密钥长度可以是 128、192 或 256。数据加密可以使用 AES256（高级加密标准 256 位加密密钥长度）或 DES（数据加密标准）。Arduino AES 256 库可下载并用于 Arduino 开发板。

4. 添加安全性和身份验证

认证码的安全通信（密钥）

当 A1 H（A1）的哈希值与应用端通信并且应用端将存储的 H（A1）与接收的 H（A1）匹配时，会在认证码 A1 中添加安全性。

安全性通过传送 A1 或密钥（文本字符串）的哈希值来添加，而不是传送纯文本字符串。称为哈希函数的函数会创建一个固定长度的字符串，称为输入字符串的哈希值，例如 A1，H（A1）使用原始字符串，称作 A1。用户使用 H（A1）通信而不是原始的 A1 来通信。

应用程序或服务端存储了用于识别字符串 A1 的 H（A1）。当存储的 H（A1）与该端接收的 H（A1）不匹配时，不能识别 A1。假设 H（A1）由于中间修改而变为 H'（A1）。收到的 H'（A1）与存储的 H（A1）不匹配。因此，将不识别用户 A1 的认证码。 356

哈希函数的用法是 SHA1 / SHA256 安全哈希算法或 MD5 消息摘要算法。例 9.8 列出了该方法所涉及的步骤。

例 9.8

问题

利用哈希算法实现认证代码的安全通信：

如何使用 SHA1 哈希函数为嵌入式设备平台安全通信创建认证代码？

SHA1 如何在应用程序中使用？

⊖ http://code.google.com/p/cryptosuite。

答案及解析

（i）使用哈希函数从嵌入式设备平台获取认证代码的语句如下：

步骤 1：预处理器命令、数据类型和函数的声明，并包括所需的库文件。

```
/*Cryptographic library functions */
/*Include <sha1.h>, <sha256.h> or <md5.h> header files*/
#include <sha1.h>
/*IO utility functions*/
#include <util.h>
/* The authentication codes declares as set of unsigned integer of 8-bit each
at a pointed address */
uint8_t *authcode
/* The hash authentication codes declares as set of unsigned integer of 8-bit
each at a pointed address*/
uint8_t *hashauthcode
// Assign Values to authcode
.
.
// Write other preprocessor statements
.
.
}
/*************************************************************************/
```

步骤 2：对于初始化 SHA1，创建哈希码和设置 GPIO 引脚模式的 setup( ) 语句，如下所示。

```
void setup ( ) {
sha1.init ( );// initializes SHA1
hashauthCode = sha1.result ( ); // creates hash of authentication code, authCode
pinMode (internalLED, OUTPUT);
digitalWrite (internalLED, HIGH);
//Write statement for display on Serial Monitor of authentication code
Serial.begin (9600);
.
.
/* Write Statements for display of hash of the authentication code a */
..
}
/*************************************************************************/
```

步骤 3：编写 loop( ) 语句，用于代码的通信和测试。

```
void loop () {
 /* Write Statements for communication of hash of the authentication code */
.
.
 test ( );
}
/*************************************************************************/
```

（ii）应用程序接收 hashauthCodeNew 代替 hashauthCode。然后，当身份验证失败时，布尔变量不匹配时将判定为 true。预处理器和 loop( ) 语句是：

```
/* First include the functions from Cryptographic library using pre-processor
statement */
#include <sha1.h>/* or #include <sha256.h> or <md5.h>*/
/*IO utility functions*/
#include <util.h>
/* The hash of authentication code used to check the match and new hash received
are sets of unsigned integer of 8-bit each at a pointed addresses*/
uint8_t *hashauthcode, *hashauthcodeNew
/*---------------------------------------------------------------------*/
loop ( ) {
/* Write statements for receiving the hashauthCodeNew */
.

/* Write statements for matching the hashauthCodeNew with stored hashauthcode*/
 .
/* Write statements for receiving the hashauthCode*/
If (match_request = true) {
if (hashauthCodeNew == hashauthCode) {
mismatch = false;
match_request = false; /* Matching is only once and thus cancel the match
request */
} else
{mismatch = true;}
. }
```

358

5. 数据加密和解密

数据需要保护以免被中间系统读取和使用。加密确保了数据保护的需求。使用标准算法（如 AES128、AES192、AES256 或 DES）可实现加密和解密。例 9.9 解释了 C/C++ 中使用 AES256 加密和解密算法的语句。

例 9.9

问题

设备端消息的加密和应用端的解密：

(i) 如何为嵌入式设备平台的安全通信创建加密的消息或感测数据？

(ii) 消息如何在应用程序端解密？

答案及解析

(i) 使用哈希函数从嵌入式设备平台获取认证代码的语句为：

步骤 1：预处理器命令、数据类型和函数的声明，并包括所需的库文件。

```
/* First include the functions from Cryptographic library using pre-processor
statement */
#include <aes256.h>
/*IO utility functions*/
#include <util.h>
/* Contextual parameters Data type declaration */
aes256_context context /* Number of contextual parameters required that enables
AES algorithm execute. These save at the pointed address context*/
 .
```

```
.
// Write other preprocessor declarations
.
.
}
```

359
```
/***********************************************************************/
```

步骤 2：对于 256 位密钥和消息字符串的 setup( ) 语句，如下所示。
```
void setup ( ) {
uint8_t key [ ] = {…, …., ….., ……, ……}/* Curly bracket has key of thirty two
8-bit unsigned integer numbers, each number separates by a comma. */
aes256.init (&context, key);// initializes AES256
char *message = "………"// Assign Message characters for communication
/*Write statement for display on Serial Monitor of authentication code */
aes256_encrypt_ecb (&context, (uint8_t) message);

Serial.begin (9600);
.
.
/* Write Statements for display of encrypted message */
..
}
/***********************************************************************/
void loop () {
 /* Write Statements for communication of encrypted message */
.
.
 test ( );
}
```

(ii) 假设应用程序接收加密消息解密语句可以是：
步骤 1：
```
#include <aes256.h> /* First include the functions from Cryptographic library
using pre-processor statement */
#include <util.h> /*IO utility functions*/
aes256_context context /* Number of contextual parameters required during
execution of AES algorithm. These save at the pointed address context*/
char *message = "………"// Assign Message characters for communication


.
// Write other preprocessor statements
.
.
}
/***********************************************************************/
```

步骤 2：对于 32 位密钥的 setup( ) 语句，如下所示。
360
```
void setup ( ) {
uint8_t key [ ] = {…, …., …..}/* Curly bracket has key of thirty two 8-bit
unsigned integer numbers, each number separated by comma. */
```

```
aes256.init (&context, key) ;// initializes AES256

Serial.begin (9600);
.
.
.
}

loop ( ) {
// Write statements for receiving the message for decryption
.
.
 aes256_decrypt_ecb (&context, (uint8_t) message);
aes256_done (&context); /* It ends the initialized AES256*/
.
/* Write Statements for display of decrypted message on serial monitor*/
..
// Write statements for test ( ).
}
```

温故知新

- IDE 实现了嵌入式设备软件的开发。Arduino IDE 简单易用,基于处理语言和 Wiring 库函数。
- Arduino 的简洁性很明显,因为只需要两个函数来定义设备的可执行程序函数,即 setup( ) 和 loop( )。在计算机的 IDE 中,串行监视器可以从设备平台的串行端口获得结果,而计算机上开发的软件也可通过端口下载到设备中。
- 交通信号灯监控程序显示如何 (i) 使用 Arduino IDE C/C++ 对 GPIO 引脚进行编程来设置 setup( ) 和 loop( ) 函数;(ii) 使用 delay() 函数控制每个通路上三个状态之间的时间间隔,以及 (iii) 使用串行监视器和程序测试功能进行测试。
- 大量的库函数使编程变得容易。计时器库和软件串行库的用法表明如何进行编程 (i) 计时器功能;(ii) 使用 UART 功能读取 RFID ID 标签,以及 (iii) 传感器之间的 I2C 通信 (使用 I2C 和 Arduino I2C 端口通信传输感测数据)。
- 当程序的多个线程在设备平台上执行时,OS 会为这些函数提供系统调用。重写 Arduino 控制的交通信号灯监控程序,说明如何使用 OS 多线程函数进行编程。
- Intel-Arduino IDE 函数可为 Intel Galileo 设备平台开发嵌入式设备软件。
- OS Raspbian Ubuntu Linux 发行版,Snappy 实现了使用 RPi 安全运行自主机器、M2M 和 IoT 设备的编程。
- 基于 Web 的 IDE Adafruit 支持为 RPi 和 BB 开发嵌入式设备软件。
- BlueJIDE 是基于 Java 的树莓派 IDE。
- Ninja-IDE 是树莓派的 IDE,可在 Windows、Mac OX 和 Linux 跨平台环境中开发嵌入式设备软件。Ninja 使用嵌入式 Python 控制台在 Python 中构建应用程序和文件功能。
- BB 的 IDE 和 OS 发行版实现了嵌入式软件开发。
- 物联网使用以太网、Wi-Fi 和 IP 功能进行通信。

361

- 使用加密库函数进行安全通信。
- 加密库函数可实现物联网数据安全通信的编程。通过（i）使用密钥及其安全通信；（ii）使用加密和解密函数（例如 AES128、AES192、AES256 或 DES）来处理两个安全风险。

自测练习

★1. 为什么使用 IDE 为目标设备平台进行嵌入式软件原型设计会容易？

★★2. 列出例 9.1 中的红绿灯程序，函数 loop( ) 中的步骤。

★★★3. 使用 Arduino IDE 和设备平台编写一个程序来读取三个数字输入，其中路灯工作状态为 1 位（是或否），环境周围灯状态为 1 位（不足或满足），第 3 位表示车流量密度级别。

★4. 如何在预设的 1s 周期之后使用库函数来调用函数 action1( )，从开始后的第 3s 调用另一个函数 action1( )？例 9.4 作为提示。

★5. 列出 Arduino 的软串行库函数并编写它们的用法。

★★6. 设备平台何时使用 UART、I2C 和 SPI 总线与传感器通信？

★★★7. 结合例 9.7，写出使用 OS 线程函数的优点。

★★8. 参考 Arduino 列出 Intel Galileo 设备平台的其他特点。

★★★9. 列出比较 Raspberry Pi IDE 的用法和特点的表格。

★10. 使用例 8.5 中以太网库函数，表示通过 Internet 在设备平台上软件进行通信数据存储的步骤。

★11. 列出通过 Internet 传递密钥时的安全风险。

362

★★★12. 列出并编写 Internet 进行数据安全通信的密码库函数的用法。

9.3　设备、网关、因特网和 Web/ 云服务软件开发

回顾第 3 章——IoT/M2M 连接设备中使用 CoAP 和 LWM2M 网络通信协议和消息传递协议，例如消息缓存、消息队列遥测传输（MQTT）和可扩展通讯和表示协议（XMPP）。MQTT 是发布 / 订阅（Pub/Sub）协议。设备通过 Web 连接、联网和通信。他们使用通信网关、SOAP、REST、RESTful HTTP 和 WebSocket。图 3.1 显示了 IoT/M2M 应用和服务中互联网的连接设备、协议和用途。

图 9.1 显示了物联网或 M2M 中应用程序和服务的五个层级的开发。软件需要适用于设备、本地网络、网关、云 /Web 连接和 Web/ 云 API。

诸如 Eclipse IoT 之类的工具可以为第一层、第二层和第三层开发软件。该软件使设备网关能够连接到 Internet 和云服务器。Eclipse IoT 支持物联网协议的开源实现，可实现的协议包

363

括 MQTT CoAP、OMA-DM 和 OMA LWM2M 以及 Internet 连接协议（见 3.2、3.4 和 4.2 节）。

9.3.1　将软件栈用于预期的完整解决方案

9.2 节讨论了第一层软件，现在考虑更高层级上的软件。每个层级都具有特征复杂性和片段性。回顾 3.3 至 3.5 节，连接设备使用各种协议，例如 LWM2M、CoAP、MQTT 以

及用于连接到 Web 的方法。Web 使用 Gateway、SOAP、REST、RESTful HTTP 和 Web-Socket 函数进行通信。

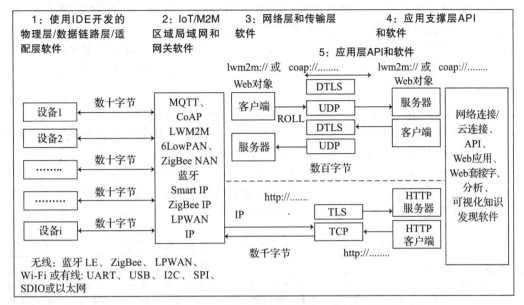

图 9.1　IoT 或 M2M 的应用程序和服务的五个层级的软件开发

栈是一个完整的集合，由框架、应用程序和服务组成，这些是对预期的完整解决方案的最低需求。以下部分描述了用于 IoT/M2M 端到端解决方案的 Eclipse IoT（www.iot.eclipse.org）栈。

9.3.2　Eclipse IoT 栈的 Java 端到端 IoT 解决方案

开放服务网关协议（OSGi）（现为 OSGi 联盟）提供并维护开放标准规范。OSGi 描述了模块化系统中 Java 包 / 类的管理规范，该规范支持实现完整的动态组件模型。组件是指可以重用一组核心框架和服务来提供解决方案的软件。组件和应用程序以捆绑的形式部署，可以远程安装、启动、停止、更新和卸载，无须重新启动系统[⊖]。

OSGi 还提供了 Java 语言服务平台的规范。组件或应用程序生命周期管理使用一组 API，当服务注册时，服务包检测到删除或添加新服务并进行调整。

OSGi 除了最初的重点外，现在的发展已经远远超出了网关的规范，例如事件、配置管理、时钟、加密（AES、Base64、SHA-1）、地理定位数据、云和应用服务器以及用于连接和管理的服务功能。

OSGi 因此寻找了一些应用场景来管理 Java 包和类。应用程序和服务的示例有车队管理、汽车、智能手机以及现在的 IoT/M2M 解决方案。

Eclipse IDE 是一个使用 OSGi 规范的应用程序。Eclipse Open IoT 栈是一组 Java 框架、协议、开发工具和 OSGi 服务。Eclipse IoT 栈的功能包括：

- 提供开源规范，这些规范都符合开放 OSGi 标准规范。
- 使用开源 Java 框架和服务实现了更简洁的开源开发、程序、服务和捆绑包。

⊖　https://en.wikipedia.org/wiki/OSGi。

- 包含了物联网解决方案的组件和框架。该栈解决了创建物联网解决方案的复杂性并实现解决方案的快速开发。
- 开源技术的规定，可以在设备平台上轻松使用 Java 编程，并在 JVM 或 Eclipse Concierge（OSGi 运行时的轻量级实现）中运行代码。
- 实现了轻量级 M2M（OMA M2M 标准）、MQTT（OASIS IoT 标准）、CoAP（IETF IoT 标准）和标准网络协议提供的协议功能。这些功能支撑了设备网关的连接性和互操作性。
- 为远程管理和应用程序管理提供物联网网关服务。
- 提出设备连接到 Internet 新解决方案的规定，以及使用服务器或云提供的远程管理和应用程序管理功能，还有 API 功能。
- 支持包括 Cisco 和 IBM 在内的大量机构。

Eclipse IoT 栈包括物理层 / 数据链路和适配层的设备平台。表 9.1 给出了（收集 + 整合）以及本地网络和网关软件（连接）级别的实现和框架。

表 9.1 Eclipse IoT 栈中包括的 Eclipse 实现与框架

Eclipse 实现 / 框架	描述
Eclipse Pi4J	基于 WiringPi 和 PiFace、Gertboard 和其他屏蔽的框架，支持 RPi 传感器、执行器和设备平台中的 I2C/SPI/GPIO 接口。类似的框架适用于 BB 平台和与 BB 一起使用的 cape
Eclipse Koneki	一组基于 Lua 语言的用于嵌入式设备应用程序开发的函数
Eclipse Mihini	嵌入式 Lua 运行时，提供硬件抽象和其他服务的规定
Eclipse Krikkit	在编写边缘设备时规定了一套规则系统。例如，在配置设备平台时

这里给出的设备平台上的每个 Eclipse IoT 组件，超出了本章的范围。以下部分描述了 Pi4J 组件的用法。

1. Eclipse.Pi4J

RPi 板有 8 个 GPIO，以下也可用作 GPIO：UART、I2C 总线、带两个片选的 SPI 总线、I2S 音频、+3.3V、+5V 和接地引脚。例 9.10 给出了 RPi 设备平台实现 GPIO/I2C/SPI 协议的 Eclipse Pi4J 编程。

例 9.10

问题

使用 eclipses Pi4J 编程实现 RPi 开发板功能：

假设 RPi 板（见 8.3.1 节）作为嵌入式设备平台，且 GEN0 到 GEN6 是给定电路板中的 GPIO 专用引脚。

如何使用 Pi4J 设置 GPIO 引脚？当 GPIO_01 引脚连接 LED 状态时，端口 GEN_1 LED 将如何编程？当 GPIO 引脚连接红色、黄色和绿色交通灯时，如何编程端口 GPIO_02、GPIO_03 和 GPIO_04？

答案及解析

RPi 的嵌入式程序代码示例如下：

第 1 步语句用来构造函数和方法。

```
import // Import Pi4J from www.eclipse.org
/* A gpio object specified. */
GpioController gpio = GpioFactory.getInstance ( );
/* gpio object method for RPi pin GPIO_01 named status LED setting in state
HIGH. */
GpioPinDigitalOutputPin pin01 = gpio.provisionDigitalOutputPin (RaspiPin,
GPIO_01, "statusLED", PinState.HIGH);
/* pin01 to be set LOW after 2000 ms) */
Thread.sleep (2000);
pin01.low ( ); ;
/* Return */
gpio.shutdown ( );
/**********************************************************************/
```

第 2 步语句是使用构造函数的 gpio 对象规范，以及睡眠、低和高的方法。

```
/* Four gpio pin objects, pin02, pin03 and pin04 specified. */
GpioController gpio = GpioFactory.getInstance ( );
/* gpio object initialization methods for RPi pin GPIO_02, named as REDLED
setting in state HIGH and Other two in LOW states at the start. */
GpioPinDigitalOutputPin pin02 = gpio.provisionDigitalOutputPin (RaspiPin,
GPIO_02, "REDLED", PinState.HIGH);
GpioPinDigitalOutputPin pin03 = gpio.provisionDigitalOutputPin (RaspiPin,
GPIO_03, "YELLOWLED", PinState.LOW);
GpioPinDigitalOutputPin pin04 = gpio.provisionDigitalOutputPin (RaspiPin,
GPIO_04, "REDLED", PinState.LOW);
 /* pin02 to be set LOW after 30000 ms and pin03 to be set HIGH) */
Thread.sleep (30000);
pin02.low ( );
pin03.high ( );
/* pin03 to be set LOW after 5000 ms and pin04 to be set HIGH) */
Thread.sleep (5000);
pin03.low ( );
pin04.high ( );
/* One Cycle completes on one pathway */
```

|366|

Eclipse IoT 栈涉及网关、网络、传输和应用程序支持层。表 9.2 给出了网关软件（连接）以及网络和传输层软件（连接 + 组合 + 管理）的实现和框架。

表 9.2　Eclipse IoT 栈中包含的 Eclipse 实现和框架，用于网关、网络、传输和应用程序支持层

Eclipse 实现框架	IoT/M2M 相关功能	描述
Eclipse Wakkamma	LWM2M 客户端和服务器	C 语言中实现 LWM2M 的一组库函数
Eclipse Californium	CoAP 客户端、安全的 DTLS 协议和 CoAP 服务器	CoAP 的 Java 实现，包括用于物联网安全的 DTLS。基于 Californium 的沙箱服务器可以注册 CoAP 客户端。服务器（CoAP://iot.eclipse.org:5683）也与 CoAP 客户端交互

（续）

Eclipse 实现框架	IoT/M2M 相关功能	描述
Eclipse Lehshan	LWM2M 客户端、安全的 DTLS 协议和 LWM2M 沙箱服务器	用于 Java 中设备管理的 LWM2M 的 Java 实现，包括用于物联网安全的 DTLS。基于 Lehshan 的沙箱服务器可以注册 LWM2M 客户端。服务器（coap://iot.eclipse.org:5684）与客户端 Web UI 和 REST API 交互。服务器与已注册的 LWM2M 客户端进行交互[⊖]
Eclipse Moquette	C 语言实现设备上的 MQTT 客户端、基于 TCP 协议的发布 / 订阅模式的应用程序以及沙箱服务器	使用 TCP 在发布 / 订阅协议 MQTT 中用 C 语言中实现。沙箱服务器（tcp://m2m.eclipse.org:1883）与运行在计算机 / 平板电脑 / 移动电话上的应用程序的 MQTT 客户端在云上或网络上进行交互
Eclipse Paho	设备上的 MQTT 客户端和使用 MQTT 代理的发布 / 订阅模式应用	MQTT 客户端和 Moquette 的 Java 实现，它使用 Java MQTT 代理（m2m.eclipse.org/paho）。Paho 还使用 Java-Script、Lua、Python、.NET、.NET compact、.NET micro、Windows Phone、Android
Eclipse OM2M	M2M TEST API 网络、网关和沙箱服务器交互	ETSI M2M 标准的实现。它提供了可以部署在 M2M 网络、网关或设备中的水平服务能力层（SCL）。M3DA 沙箱服务器（http://iot.eclipse.org:44900）与 REST API 交互（http://iot.eclipse.org/m3da）
Eclipse Ponte	M2M CoAP 和 MQTT 网关以及 MQTT-MQTT 代理和 MQTT-COAP 代理	基于 Java 和 OSGi 服务的框架，用于 IoT 和 M2M 网关。Ponte 网关包括 M2M/IoT 协议之间的桥接，例如，使用设备到 Web 的 MQTT 和 CoAP 协议之间的桥接 Ponte 代理函数将 MQTT 设备平台应用程序网络的一端与另一端的 CoAP 设备平台应用程序网络连接起来（见 3.3 节）
Eclipse Jetty	Web 套接字双向通信	WebSocket 对象创建和会话的一组 Java 方法和注释（见 3.4.5 节和 9.4 节）
Eclipse Kura	网关、服务、云连接、设备管理、网络配置和应用程序	一组基于 OSGi 的应用程序框架和服务，用于构建 IoT 和 M2M 网关。服务包括（i）设备抽象，用于汽车嵌入式设备的 CAN 总线，配置管理和集成设备云功能，以及（ii）为物联网应用提供应用程序可移植性、模块化和应用程序管理以及内置 OSGi 服务的规定

页边：367～368

此处涵盖 Eclipse IoT 的所有组件超出了本书的范围。以下部分描述了 Paho 的用法。

2. Eclipse.Paho

回顾 3.3.1 节，通信模式是请求 – 响应模式。HTTP 客户端向服务器发出请求，服务器回以响应。客户端在响应中获取所需的消息（数据）。当物理设备（例如路灯）在彼此之间交换数据时，或者当其他系统（例如中央服务器或控制器）控制它们时，数据交换仅为数十个字节，因此需要一个轻量级的方法来代替 HTTP。

通信模式是 Pub-Sub 模式。MQTT 协议提供三个对象：设备上的 MQTT 客户端、应用程序中的 MQTT 代理和 MQTT 客户端。假设诸如路灯的设备部署 MQTT 客户端以发送感测数据并通过代理（中间服务器）从应用程序端接收命令。与 HTTP 不同，MQTT 客户端

⊖　http://www.iot.eclipse.org/lwm2m。

不必提取设备控制所需的消息（命令）。如果客户端订阅了这些消息，MQTT 代理会将消息推送到客户端。代理程序的功能类似于仪表板，消息首先从源到达，然后从那里发送到订阅者（请求分派消息的人）。

每个 MQTT 客户端可能需要与代理使用始终保持 UDP（或 TCP）协议连接。MQTT 代理使用缓冲区来处理所有消息。当客户端在中断后重新连接时，这种方式有利于消息分派。在 ROLL 环境中可能始终存在中断。

回顾路灯的 Internet 示例（见例 1.2）和使用五层的设备连接（如图 9.1 所示）。考虑使用 MQTT Pub/Sub 协议来实现设备和应用层之间的连接。图 9.2 显示了连接的路灯，它们发布感测数据并订阅控制数据，并在与应用层通信期间使用 MQTT 客户机。该图显示MQTT 客户端通过 MQTT 代理与设备或应用程序和中央控制器上的其他客户端进行通信。该图还显示了消息交换的序列 1，2，3 和 4。

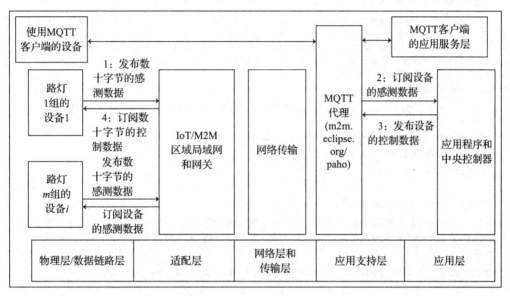

图 9.2 接入网络的路灯发布感测数据，订阅控制数据，使用 MQTT 客户端通过 MQTT 代理
与应用层 MQTT 客户端通信

例 9.11 给出了 MQTT 客户端代理体系结构的 Eclipse Paho Java 实现。

369

例 9.11

问题

使用 Eclipse Paho 实现 MQTT，将感测数据传送到用于控制路灯（见例 1.2）的应用程序和中央控制器上：

（i）为 MQTT 客户端、代理和应用程序以及发布者和订阅者类导入 Java 包以构建用于发布设备感测数据的对象，例如路灯。

（ii）为来自中央控制器的控制数据和来自设备的感测数据实现发布者类的代码。

（iii）实现订阅者类的代码，用于由应用 / 中央控制器来订阅感测数据。

（iv）实现订阅者类的代码，用于由设备客户端订阅控制数据。

（v）在主题感测数据和控制数据的消息通信断开 / 失败时，执行观察"遗嘱"（LWT）

消息的代码，并在 MQTT 代理重新连接时再次通信。

370

（vi）实现用于发布感测数据消息的线程代码。例如，对于灯联网中的交通和照明需求。

（vii）在灯联网示例中为设备和应用程序实现发布者和订阅者线程的代码。

答案及解析

假设"灯联网"使用 Java 包：

步骤 1：该程序在 Paho 中实现，导入以下包。

```
org.eclipse.pahoIoTStreetLights 包；
import org.eclipses.paho.client.mqttv3.MqttClient;
import org.eclipses.paho.client.mqttv3.MqttException;
import org.eclipses.paho.client.mqttv3.MqttMessage;
```

以下是所需的代码集：

（i）构建用于发布设备感测数据对象的发布者类，例如路灯。

```
/*Let first step is that within the class Publisher, declare URL of the MQTT
Broker and create instance of class MQTTClient. Use MAC Address as Client_ID
for publisher ID and the initialization of the MqttClient instance is as per
following code. Use -pubDevice as a suffix for the Client_Id. Following is
the Java code for that.*/
public class Publisher {
public static final String MQTT_BROKER_URL = "tcp://broker.mqttdashboard.
com:1883";
/* client is the instance of MqttClient */
private MqttClient client;
 public Publisher()
  {
String p1 = "-pubDevice";
/* Declare clientDevice_ID using method getMacAddress ( ). */
String clientDevice_Id = Utils.getMacAddress() + p1;
try {
mqttClient = new MqttClient(MQTT_BROKER_URL, clientDevice_Id);
}
catch (MqttException e) {
/* Write codes for callback method */
/* On execption, Assume that callback method is print the stack trace. */
e.printStackTrace();
System.exit(1);
    }
  }
}
```

371

```
/*****************************************************************/
```

（ii）用于在应用程序 / 中央控制器上发布控制数据的发布者类。

下一步使用 MAC 地址作为订阅者应用程序 ID，并且 MqttClient 实例的初始化几乎与上面的发布者代码相同，除了 use-pubApp 作为 Client_Id 的后缀。

（iii）应用程序 / 中央控制器订阅感测数据的订阅者类。

下一步是使用 MAC 地址作为订阅者应用程序 ID，并且根据发布者代码对 Application_ID、MqttClient 实例的初始化，除了 use-subApp 作为后缀。以下是 Java 代码。

```
public class Subscriber {
public static final String MQTT_BROKER_URL = "tcp://broker.mqttdashboard.
com:1883";
/* client is the instance of MqttClient */
private MqttClient client;
 public Subscriber ()
 {
String s1 = "-subApp";
/* Declare client at the Application_ID using method getMacAddress ( ). */
String Application_ID = Utils.getMacAddress() + s1";
try {
mqttClient = new MqttClient(MQTT_BROKER_URL, Application_Id);
}
catch (MqttException e) {
/* Write codes for callback method */
/* On exeception, Assume that callback method is print the stack trace. */
e.printStackTrace();
System.exit(1);
    }
  }
}
/***********************************************************************/
```

(iv) 用于通过设备客户端订阅控制数据的订阅者类。

让 MAC 地址用作订阅者的 Client_ID，对于 Client_Id，MqttClient 实例的初始化与上面的订阅者代码几乎相同，除了 use-subDevice 作为后缀。

(v) 在关于主题感测数据和控制数据消息的通信断开 / 失败时观察 "LWT" 消息。

断开是可能发生的，因此代理需要检测客户端是否断开连接。如果 clientDevice 已设置了对主题消息的订阅（例如，SensedData），则当设备重新连接时，代理会将 "LWT" 消息字符串发送到主题 "SensedData"。类似地，如果 clientApplication 已为某个主题设置了消息订阅（例如，ControlData），那么当应用程序重新连接时，代理会将 "LWT" 消息字符串发送到主题 "ControlData"。

372

以下代码实现了客户端获取 LWT 字符串，并根据要求向其他客户端通知断开连接或其他所需的消息。LWT 即 Last Will and Testament（遗嘱），说明在连接消失（失败）时需要什么。

```
MqttConnectOptions options = new MqttConnectOptions();
options.setCleanSession(false);
/* Set a will (sought message on a connection death (failure) consisting
of two bytes on the reconnection after the disconnection. Here SensedData
denotes the topic and LWT is sent as the message on that topic. */
/* SensedData observes the SensedData/LWT message to detect disconnection of
SensedData client.*/
 options.setWill(clientDevice.getTopic("SensedData/LWT"),
" SensedData Lost".getBytes(), 2, true);
clientDevice.connect(options);
/* ControlData observes the ControlData/LWT message to detect disconnection
of ControlData client message.*/
options.setWill(clientApp.getTopic("ControlData/LWT"),
" ControlData Lost".getBytes(), 2, true);
```

```
clientApp.connect(options);
/***********************************************************************/
```

（vi）声明用于发布关于主题感测数据消息的线程。

客户端发布感测数据。步骤是声明客户端路灯设备平台发布的每个 TOPIC 主题和消息的线程。每组路灯中每个路灯的主题 / 消息字符串都会显示其灯光需求、工作状态和交通状况值（见例 1.2 和图 9.2）。假设灯光需求值需要每隔 16m 进行一次通信，内容是每天工作的状态和每分钟的交通状况。以下是声明 TOPIC 字符串、消息和线程的代码。

```
/* Set topics and message strings */
public static final String TOPIC_LIGHTNEED = "SensedData/deviceID, groupID,
lightneed";
 /* Assume that LightNeed = true is the message which need to communicate
every 16 minutes whenever the ambient light condition demands that streetlight
should be switched ON.*/
/* Create a thread for publishing lightneed every 16 m */
 public class LightNeed extends Thread {
    publishLightNeed();
    for ( int i=1, i=9600, i++){sleep (1000); } /* Wait 16 m*/
    }
 public static final String TOPIC_WORKINGSTATUS = "SensedData/deviceID,
groupID, workingstatus";
/* Create a thread for publishing working status every day */
 public class WorkingStatus extends Thread {
    publishWorkingStatus ();
       for ( int i=1, i=24800, i++){sleep (30000); } /* Wait 1 day*/
           }
 public static final String TOPIC_TRAFFICPRESENCE = "SensedData/deviceid,
groupid, trafficpresence ";
 /* Create a thread for publishing TrafficPresence every 1m */
 public class TrafficPresence extends Thread {
    publishTrafficPresence ();
    sleep(30000); sleep(30000); /* Wait 1 m*/ .
    }
/***********************************************************************/
```

373

（vii）（a）由客户端发布每个路灯上的主题感测数据。

```
/*Next step is publishing of messages by the clients at each streetlight
device platform. Message string publishes for lightneed, workingstatus and
traffic-presence from each streetlight in each group of streetlights.*/
    private void publishLightNeed() throws MqttException {
    /* Declare two numbers for creating a random number*/
    final int n1= 100; final int n2=110;
    final MqttTopic lightneedTopic = client.getTopic(TOPIC_LIGHTNEED);
    final int lightneedNumber = Utils.createRandomNumberBetween(100, 110);
    final String lightneed = lightneedNumber + "Requesting ON";
    lightneedTopic.publish(new MqttMessage(lightneed.getBytes()));
    }
 private void publishWorkingStatus() throws MqttException {

 /* Write code as above for workingstatus */
```

```
}
private void publishTrafficPresence() throws MqttException {

/* Write similar code for trafficpresence */
}
```

/**/

（b）由应用程序 / 中央控制器发布关于"控制数据"主题的消息。

```
/*Next step is publishing of messages by the Application for each
streetlight device platform. Message string publishes for control message
for each streetlight in each group of streetlights.*/

private void publishControlMessage() throws MqttException {
  /* Specify codes for sending controlmessage */
 final MqttTopiccontrolmessageTopic = client.getTopic(TOPIC_CONTROLDATA);
        controlmessageTopic.publish(new    MqttMessage(controlmessage.
getBytes()));
    }
```

|374|

/**/

（c）客户端应用程序订阅关于主题感测数据的消息。

其中一个编程步骤是客户端订阅的代码，其读取关于主题 SensedData 的值。每个客户端设备向代理发布三条主题 SensedData 消息：

"SensedData /lightneed"
"SensedData /workingstatus"
"SensedData/trafficpresence"

MqttCallback 接口有三种抽象方法：

1）当 Broker 将新消息发送到一组设备中的特定客户端设备时运行 messageArrived()。

2）当 Broker 的 QoS=1 或 2 表示发布者成功把消息发送给订阅者时运行 deliveryComplete()。

3）当连接从 MQTT 代理意外关闭时运行 connectionLost()。

（d）使用通配符"#"而不是订阅 3 个不同的主题，即 TOPIC_LIGHTNEED、TOPIC_ WORKINGSTATUS、TOPIC_TRAFFICPRESENCE,

```
mqttClient.setCallback(new SubscribeCallback());
mqttClient.connect();
mqttClient.subscribe("SensedData/#");
mqttClient.subscribe("ControlData/#");
```

公共类 SubscribeCallback 实现 MqttCallback
{
 @Override
[@Override 如下：编译将导致对重写方法的注释检查。重写方法是指具有相同名称、相同类型和相同数量参数的方法，但具有使用新参数的语句并重写该方法的以前的程序语句。注释时，如果在其中一个父类或已实现的接口中找不到该方法，则将导致编译错误。]
```
public void connectionLost(Throwable cause) {}
  @Override
  public void messageArrived(MqttTopic SensedData, MqttMessage deviceID,
groupID, lightneed) {
```

```
/* Write Codes for actions on receiving the lightneed*/
.
;}
public void messageArrived(MqttTopic SensedData, MqttMessage deviceID,
groupID, workingstatus) {
/* Write Codes for actions on receiving the workingstatus */
.
;}
public void messageArrived(MqttTopic SensedData, MqttMessage deviceID,
groupID, trafficpresence) {
/* Write Codes for actions on receiving the workingstatus */
.
;}
@Override
  public void deliveryComplete(MqttDeliveryToken token) {
 /* Write Codes for actions on delivery completion */
.
; }

ClientApplication subscription of the messages on the topic ControlData
     mqttClient.setCallback(new SubscribeCallback());
mqttClient.connect();
mqttClient.subscribe("ControlData/controlmessage");
public void messageArrived(MqttTopic ControlData, MqttMessage deviceID,
groupID, controlmessage);
{
/* Write Codes for actions on receiving the wcontrolmessage */
.
;}
 @Override
  public void deliveryComplete(MqttDeliveryToken token) {
 /* Write Codes for actions on delivery completion */
.
; }
```

图 9.3 展示了连接的传感器和执行器，它们使用 MQTT Android 客户端通过 MQTT 代理与应用层 MQTT 客户端进行通信，来发布感测数据和订阅控制数据。

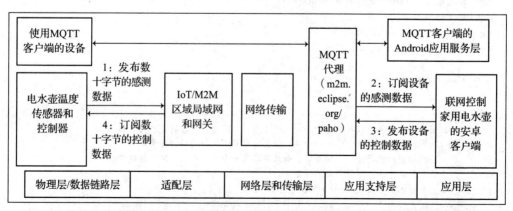

图 9.3　连接的传感器和执行器，它们发布感测数据，并使用 MQTT Android 客户端通过
MQTT 代理与应用层 MQTT 客户端进行通信来订阅数据控制

例 9.12 使用 Paho 在 Android MQTT 客户端设备平台上提供应用程序。

例 9.12

问题

Paho 和 ADT 与 Android 手机通信的程序实现:

连接的传感器和执行器,它们发布感测数据,并使用 MQTT Android 客户端订阅控制
消息。 376

实现订阅者类的代码,用于 Android 手机订阅感测数据(例如,电热水壶温度传感
器)。使用 Eclipse Moquette Paho 实现基于 TCP 的 MQTT?

答案及解析

假设在 Paho 中使用 Java JDK 版本 6 或更高版本的包进行实现。此外,还安装了
Android 软件开发工具包(SDK),并将 Android 开发工具包(ADT)作为插件添加到
Eclipse 中。

```
org.eclipse.pahoAndroidApplicationExample包;
import org.eclipses.paho.client.mqttv3.MqttClient;
import org.eclipses.paho.client.mqttv3.MqttException;
import org.eclipses.paho.client.mqttv3.MqttMessage;
```

编程类似于例 9.11。以下代码做出了类比。

通过 Android 手机实现 Subscriber 类以订阅感测数据(例如,电热水壶温度传感器),
如下所示:

```
/*Let first step is that within the class Subscriber, declare URL of the MQTT
Broker and create instance of class MQTTClient. Use MAC Address as Client_ID
for publisher ID and the initialization of the MqttClient instance is as per
following code. Use -subAndroid as a suffix for the Client_Id. */
public class Subscriber {
public static final String MQTT_BROKER_URL = "tcp://broker.mqttdashboard.
com:1883";
/* client is the instance of MqttClient */
private MqttClient client;
 public Subscriber()
 {
String a1 = "-subAndroid";
/* Declare clientDevice_ID using method getPhoneNumber( ). */
String clientDevice_Id = Utils.getPhoneNumber () + a1;
try {
mqttClient = new MqttClient(MQTT_BROKER_URL, clientDevice_Id);
}
catch (MqttException e) {
/* Write codes for callback method */
/* On execption, Assume that callback method is print the stack trace. */
e.printStackTrace();
System.exit(1);
    }
  }
}
```
377

3. 用于项目的 Eclipse IoT 栈应用程序

Eclipse IoT 栈包括用于 OM2M、智能家居和 SCADA 工程的应用层软件（应用程序和服务）。

表 9.3　Eclipse IoT 栈中包含的 Eclipse 实现和框架，用于应用层软件

Eclipse 实现 / 框架	描述
Eclipse SmartHome	使用无线和有线协议和网络协议的智能家居项目的一组实现
Eclipse SCADA	一组 SCADA（监控和数据采集）函数，用于工厂自动化、工业过程建筑和卫生系统等用途
Eclipse OM2M	SmartM2M 和 oneM2M 标准的开源实现，支持在水平的 M2M 服务平台上开发服务，实现独立于底层网络，便于部署垂直应用程序和异构设备

[378]

温故知新

- 开发软件五个层级的需求：(i) 收集 + 整合；(ii) 连接；(iii) 聚集 + 组装；(iv) 管理和分析，以及 (v) 物联网 /M2M 应用和服务。
- Eclipse open IoT 栈是一组 Java 框架、协议、开发工具和实现，包括 OSGi 服务的使用，例如时钟、加密（AES、base64、SHA-1）、地理位置定位、数据和云服务、用于连接和管理的物联网解决方案。
- Eclipse IoT 栈用于设备平台的开源技术，并在 JVM 或 Eclipse Concierge（OSGi 运行时的轻量级实现）中运行代码。
- 栈支持协议功能的使用，以实现设备网关的连接和互操作性。
- 栈支持轻量级 M2M（OMA M2M 标准）、MQTT（OASIS IoT 标准）、CoAP（IETF IoT 标准）和用于远程管理及应用程序管理的物联网网关服务的标准网络协议。
- Eclipse Pi4J、Eclipse Koneki、Eclipse Mihini、Eclipse Krikkit 提供物理层和数据链路层与适配层软件。
- Eclipse Moquette、Eclipse Paho、Eclipse Wakkamma、Eclipse Californium、Eclipse Lehshan、Eclipse OM2M、Eclipse Ponte 和 Eclipse Kura 提供网关、网络、传输、应用支持等各层软件。
- 示例显示了 Paho 用于灯联网的情况，其中路灯设备使用 Paho Java MQTT 客户端发布感测数据。应用程序发布控制数据并订阅感测数据。Eclipse Paho MQTT 代理在设备和应用程序之间提供网关。
- 示例显示了 Paho 用于 Android MQTT 客户端控制电热水壶的用法。
- 智能家居和 SCADA 项目以及 M2M 的应用层实施可以使用 Eclipse SmartHome、Eclipse SCADA 和 Eclipse OM2M 进行软件开发。

自测练习

- ★ 1. 列出软件开发的五个层级。
- ★★ 2. 写出 Eclipse IoT 栈的功能。

★3. 在客户端 – 服务器通信模式下使用 LWM2M 和 CoAP 客户端以及 LWM2M 和 CoAP 服务器实现的 Eclipse 栈是哪些？

★★4. 使用 Eclipse Pi4J、Eclipse Koneki、Eclipse Mihini 和 Eclipse Krikkit 实现的功能软件是什么？

★★5. 列出设备的 Eclipse 栈实现以及通过代理与应用程序客户端的交互。

★★6. LWM2M 或 CoAP 客户端 – 服务器何时处于通信模式？

★★7. 列出 Eclipse Kura 的功能。

★★8. Eclipse IoT 栈实现中使用的 OSGi 服务函数是什么？

★★★9. 使用 Pub/Sub 通信模式为 IoT/M2M 应用程序编写订阅者和发布者类。使用 MQTT 设备客户端 – 代理 – 应用程序客户端模式。

379

9.4　在线 API 和 Web API 的原型设计

应用程序编程接口（API）是一种从一端（用户端或程序）获取输入并将请求、消息或数据发送到另一端（应用程序）的方式。API 启动消息交换，在接收输入时启动操作，它在输入事件上调用应用程序代码（代码集），并启动 callback() 函数。API 使用计算系统并启用所需的操作，还可以在接口发生输入事件时访问本地或远程的服务。API 也可以在用户或客户端与应用程序或服务功能之间启动会话。

Web 应用程序使用 UI 和 Web API。Web API 使用 Internet 和 Web 协议访问 Web 上的服务。Web API 的 UI 从用户或客户端获得输入并访问服务，例如 MSN 气象服务使用 MSN 天气服务器。图 9.4 显示了手机天气应用 UI、API 和 Web API 交互以及十个消息交换序列。

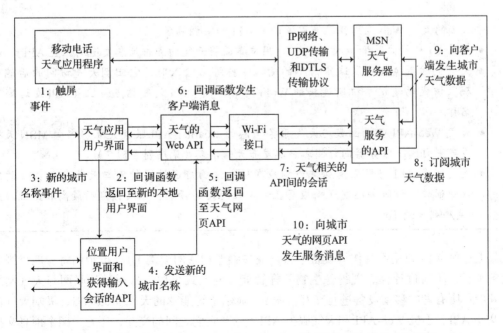

图 9.4　手机天气应用 UI、API 和 Web API 交互以及十个消息交换序列

9.4.1　在应用程序或服务开发中使用大量混合 API

可以对许多 API 进行混合以获得所需的结果。图 9.4 显示了天气应用程序中许多混合
的 API。例 9.13 阐明了 API、Web API 和混合 API 概念。

例 9.13

问题

API、Web API 和混合 API 的概念：天气应用程序如何访问手机中的天气服务？

答案及解析

手机中的天气应用程序使用 UI（屏幕 API）显示在屏幕上以获取用户输入。手机屏幕
显示带有"天气"标签的点击选项。以下是连续操作：

- 当用户点击"天气"时，点击消息将传输到下一个屏幕上显示的另一个 UI（用户界
  面）（见图 9.4 中的序列 1 和 2）。
- 位置 API 的用户界面会显示一条消息"欢迎！请选择您的默认位置"。屏幕还
  会显示一个文本框，其中包含"搜索城市"条目。光标指向文本框的开头。用
  户使用触摸键盘将城市名称输入文本框，触摸键盘也显示在底部（见图中的序
  列 3 和 4）。
- 当位置 API 获取城市名称并且用户点击文本框时，UI 显示消失，手机与 MSN 天气
  站点通信。气象服务获取消息并发送到"天气"（见序列 5 到 10）。
- "天气"是用于显示和每小时刷新的 UI。API 显示"星期一，晴天，30°，18°；
  星期二，小部分地区晴朗，其余阴天，30°，19°，……"，城市名称显示在底
  部。如果点击了天气界面，则回调函数会启动另一个 API。被调用的 API 界面
  将全屏显示所选城市天气的完整详细信息。当用户点击 UI 屏幕时，则刷新天气
  消息。

手机上的天气 Web 应用程序使用了许多 API 和回调函数。

- 屏幕 UI 从用户获得输入（点击）。用户界面将天气的点击消息发送到位置 API。
- 天气的位置 API 获取城市名称的输入。当给出输入时，它回调天气访问的后端代
  码。该代码使用手机所连接的 Wi-Fi 网络访问 MSN 天气站点，位置 API 发送城市
  名称。
- 天气 Web-API 回调函数与天气服务消息的 weather-API 服务交互。它向 MSN 天气
  服务器订阅，服务器向订阅客户端发布天气消息（见序列 5 到 7）。
- 天气服务 API 将服务消息作为响应发送，该响应通过因特网与天气 Web API 的客
  户端通信。该服务还发送响应存在和未来两天的预测，以及预期的最高和最低温度
  （见序列 8 到 10）。

上述例 9.13 使用手机作为设备平台。现在参考物联网的例 1.1，该示例将智能伞视为
设备平台，伞通过计算表现得像生物一样智能。嵌入式小型设备通过互联网与天气网络
服务以及所有者的移动设备进行交互。图 9.5 显示了智能伞的天气 Web-API、极端天气消
息 Web-API、手机 Web-API 和天气服务 API，以及它们之间的交互，还有十四个消息交换
序列。

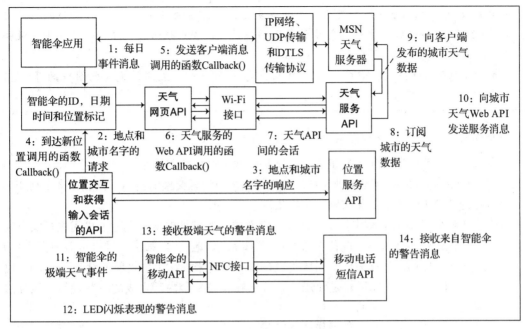

图 9.5 智能伞的天气 Web API、位置 API、极端天气警告消息、雨伞移动 API、手机短信 API、气象服务 API 及其十四个消息交换序列

例 9.14 阐明了智能伞的 API 和 Web API 的概念。

例 9.14

问题

智能伞互联网的 API 和 Web-API 概念：如何在雨伞上使用"天气"API 访问气象服务，并将预期的极端天气事件（如下雨或高温）通过短信传达给手机 API？

答案及解析

假设伞由一个用于物联网天气应用的嵌入式设备组成。设备应用程序使用如下的混合 API：

- 当一天开始时，比如说早上 8 点，时钟滴答（见图 9.5 中的序列 1），执行 callback() 函数并发送一个客户端请求给位置服务器（见序列 2），并请求提取位置数据（见序列 3）。序列 2 和 3 找到位置并在位置变化时生成事件消息。
- 位置 API 在设备位置更改时发送新位置的消息（见序列 4）。
- 消息以 JSON 对象格式进行传递（见 3.2.3 节）。伞的 ID、日期、时间和位置标记在 day-start 事件上与 weather API 通信。对于手机网络 API，序列 5 到 10 类似于例 9.13 中的序列。
- 如果发生极端天气警告，事件则执行回调函数。警报可以通过伞上的 LED 闪烁或移动设备上的文本消息进行告知。

伞上的天气 Web 应用程序使用了许多 API 和回调函数。如下所示：

- 位置 API 从位置服务器获取城市的名称。（见序列 2 和 3）。
- 天气 Web-API 回调函数与提供天气服务消息的 API 交互。API 订阅 MSN 或其他天气服务器。服务器向订阅客户端发布天气消息（见序列 5 到 8）。

382

- 天气服务 API 将服务的消息作为响应发送出去，该响应通过 Internet 与 Web API 的 weather-client 进行通信。气象服务还响应了当前和未来两天的预测以及预期的最高和最低温度（见序列 9 和 10）。
- 伞的 Web API 使用 NFC 协议在移动设备上向所有者发送消息（见图中的序列 11 和 13）。

在应用程序或服务中实现 API

应用程序或服务由混合 API 组成。以下是实现 API 的步骤：

1）为 API 操作序列创建实现表格。API 两端之间消息交换的会话可以包括多个动作。

- 每行的第 1 列中的操作按顺序依次出现。
- 第 2 列可以是每个操作指定的用于与其他端（服务器或应用程序）之间进行安全通信的认证代码或方法（设备平台 ID，例如 MAC 地址）。第 2 列具有可能涉及用户 / 密码通信使用的认证方法。对于物联网设备平台来说，用户表现为设备平台 ID，例如 MAC 地址。密码可以是使用某种算法在设备平台内部生成的一些代码，该算法使用密钥作为输入（见例 9.8）。
- 第 3 列指定用于启动事件操作的 API 输入。
- 第 4 列指定输入的 API 输出。输出与另一端通信，并执行函数、回调函数、生成请求或发送响应。

2）使用安全通信协议，例如 DTLS/TLS。

3）使用标准格式进行对象或消息交换：JSON、TLV、XML、REST 样式的 URI 或 URL 用于消息格式（见 3.2 节）。

4）用于远程访问方法的标准协议，例如 SOAP（用于 XML-RPC）或 JSON-RPC。RPC 代表远程过程调用。过程也指 C/C++ 中的函数或 Java 中的方法（见 3.3 和 3.4 节）。

5）使用标准客户端 – 服务器协议，例如使用发布 / 订阅时的 MQTT 或诸如消息或对象交换的 XMPP 模型（见 3.2 节）。

6）使用标准的客户端和服务器协议进行客户端 – 服务器 HTTP 连接，或使用消息对象交换的客户端响应模型进行 CoAP 或 ws 协议连接（ws:// 代替 http:// 用于双向消息交换）（见 3.4 节）。

7）使用标准方法进行 Web 对象或消息交换。例如，REST 请求 – 响应模型方法，包括 HTTP GET/POST 方法或用于双向消息交换的 WebSocket 方法（见 3.4 节）。

8）使用脚本（例如，JavaScript 或 Node.js 框架）在事件模型中创建代码集，或者在分布式计算系统（设备平台或 Web/ 云服务）上运行代码。事件模型在输入上调用 callback() [onEventAction()] 函数。该函数可以发起发送客户端数据或发送服务器响应。该函数在每个输入事件上运行一次。

9）使用语言或脚本语言框架，为类库、社区和测试工具提供更广泛的支持。

例 9.15 解释了易于实现 API 的表。

例 9.15

问题

为天气 Web API 绘制实现表格。

表格如何使编写天气 Web API 代码变得容易？使用图 9.4 中显示的序列。

答案及解析

表 9.4 给出了天气 API 的操作，输入和输出。

表 9.4　天气 Web API 的实现表格

序号和动作	身份验证	输入	输出
1: 与天气服务 API 的新连接	MAC 地址或设备 ID/ 应用 ID/API_ID	位置（城市名称）	向天气 Web 客户端发送消息来启用客户端连接以发送天气消息请求
2: 对天气服务的新连接	MAC 地址或天气服务 API 的 ID	消息（城市名称、客户端 ID、时间戳）	若有新的城市名称（从位置服务器发送消息），订阅天气服务
3: 对天气服务的新连接	MAC 地址和天气服务 API 的 ID	来自天气 Web 服务 API 的新城市名称的消息	有关新城市天气服务和消息的订阅消息（客户端 ID，天气信息附加来自消息数据的时间戳）
4: 天气服务的新响应	MAC 地址或天气服务 ID	天气信息和相应的警告，以及该城市未来两天的预测	响应消息

384

9.4.2　REST 方法实现 API

在客户端或服务器中实现 REST API 或使用 REST 方法时，首先创建一个表格使编码变得容易。

- 每行的第 1 列是用于实现操作的通信 URL。
- 第 2 列可以指定操作（REST 方法），例如用 PUT/GET/POST/DELETE 实现。
- 第 3 列可以是每个操作指定的用于与其他端（服务器或应用程序）之间的安全通信验证代码或方法（设备平台 ID，例如 MAC 地址）。第 3 列中有用于服务器 / 目标端的身份验证方法，可能涉及用户 / 密码的会话。物联网设备平台的用户是设备平台 ID，例如 MAC 地址。密码可以是使用某种算法在设备平台内部生成的一些代码，该算法将密钥作为输入（见例 9.8）。
- 第 4 列指定用于启动操作的 API 输入 / 参数。
- 第 5 列指定输入的 API 输出。输出与另一端通信并执行方法、回调函数、生成 Cookie 或响应。

9.4.3　WebSocket 实现 API

WebSocket 支持两端之间相同实例的双向通信。与 HTTP 报头大小相比，WebSocket 需要的报头大小较小（如图 3.9 所示）。HTTP 客户端首先读取一端到另一端的数据，然后读取其他终端的数据（见 3.4.5 节）。

Eclipse Jetty 是使用 Java 实现的 WebSocket，是来自网页链接为 https://www.eclipse.org/WebSocket 的开源服务。该实现使用 Jetty WebSocket（String）。最大传输段大小声明为 WebSocket（maxTextMessageSize）。WebSocket 客户端和服务器都使用 onOpen、onMessage、OnClose、onError 上的回调监听器。Java 实现导入如下：

```
import org.eclipse.jetty.websocket.client.WebSocketClient;
import org.eclipse.jetty.websocket.api.Session;
```

```
import org.eclipse.jetty.websocket.api.StatusCode;
import org.eclipse.jetty.websocket.api.annotations.OnWebSocketOpen;
import org.eclipse.jetty.websocket.api.annotations.OnWebSocketConnect;
import org.eclipse.jetty.websocket.api.annotations.OnWebSocketMessage;
import org.eclipse.jetty.websocket.api.annotations.OnWebSocketClose;
import org.eclipse.jetty.websocket.api.annotations.OnWebSocketOnError;
```

包、类、方法、变量和参数可以使用 Java 注释。Java 中的注释是一种可以添加到 Java 源代码中的语法元数据。语法元数据是指用于存储值、类或方法的格式指令。

以下是回调 WebSocket 方法：

- onWebSocketConnect( )
- onWebSocketMessage( )
- onWebSocketClose( )

Eclipse Paho 的开源 Paho Go Client 由添加了 WebSocket（ws）的客户端组成，用于连接 MQTT 的代理。开源 Eclipse Ponte 由在 JavaScript 中添加的 MQTT-over-ws 客户端组成。

Arduino 设备平台上实现开源客户端 – 服务器 WebSocket 的方法可以从 https://github.com/krohling/ArduinoWebsocket 和 https://github.com/djsb/Arduino-websocket 下载使用。Krohling Arduino ws 客户端和 ws 服务器（双向）的实现如下所示：

- 声明 MAC 地址如下：字节 mac48BitAddress（用逗号分隔的六个字节）。
- 声明 WebSocket 服务器 URL 如下：char server [ ] =" echo.WebSocket .org"，用于初始化。
- 声明 serverSocket（8080）备用 Web 服务器来使用 HTTP 初始化创建带有 echo 的 WebSocket。Echo 表示在 WebSocket 成功创建时发送消息并接收相同的消息。http Web 服务器端口为 80。当承载辅助或使用备用 Web 服务器时，使用端口号 8080。8080 常用于代理和缓存。
- 声明 WebSocketClient 类的对象 wsClient。
- 为到达数据的 Web 对象声明 dataArrivedWebSocketClient 类的 wsClientDA 对象。
- 在 WebSocket 的结束接收字符串上声明回调方法 dataArrived（WebSocketClient ws-ClientDA、String message）。

HTTP 客户端将请求或消息发送到 HTTP 服务器并等待响应。服务器反馈响应或消息。WebSocket 客户端启动与其对等方连接的客户端。发布 WebSocket 服务器并等待来自对方的连接。

图 9.6 显示了使用 WebSocket 对象时消息交换的会话序列。

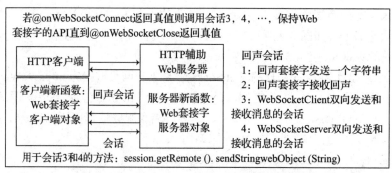

图 9.6　使用 WebSocket 时消息交换的会话序列

以下是方法 wsclient.available()、wsclient.connect(Server)、wsClient、Connection()、wsClient. connected()、wsClient.send()、wsClient.setDataArrived() 和 wsClient.setDataArrivedDelegate (String dataArrived)，用于在创建双向消息交换的 WebSocket 客户端之后进行通信。

在实现 WebSocket API 或 ws 客户端、ws 服务器时，首先创建表使编码变得容易。以下是目录： [386]

1）每行的第 1 列具有消息目标端的 URI 或 URL，用于实现动作的通信。

2）使用 Eclipse Jetty WebSocket 实现时，第 2 列可以指定诸如以下回调 WebSocket 方法之类的操作：onWebSocketOpen、OnWebSocketSession、onWebSocketConnect、onWebSocket-Message String Message、Session session、onWebSocketClose 或 WebSocket（maxText-MessageSize）。

3）第 3 列可以是每个动作指定的用于从源端到目的端的安全通信的认证码或方法（设备平台 ID，例如 MAC 地址）。第 3 列具有在目的端（服务器或应用程序 / 服务）使用的可能涉及用户 / 密码通信的认证方法。物联网设备平台的用户是设备平台 ID，例如 MAC 地址。密码可以是使用某种算法在设备平台内部生成的一些代码，该算法使用密钥作为输入（见例 9.8）。

4）第 4 列指定用于启动操作的 API 输入 / 参数。

5）第 5 列指定输入的 API 输出。输出与另一端通信并执行方法、回调函数、生成 cookie 或响应。

例 9.16 解释了 WebSocket API 实现表方法。

例 9.16

问题

使用 Eclipse WebSocketClient 库的气象服务 API 的实现表格。

如何绘制实现表格以便于编写天气和气象服务 API 的代码？使用 Eclipse 网站[⊖]上的库。 [387]

答案及解析

表 9.5 给出了天气和气象服务 API 的操作、输入和输出。

表 9.5　为便于编写天气和气象服务 API 代码而绘制的实现表格

序号和 URL	方法	身份验证	输入	输出
1：天气服务 API 的 URL	onWebSocketConnect()	MAC 地址或设备 ID/ 应用 ID/API_ID	—	创建 Web 套接字
2：天气服务的 URL	onWebSocketMessage()	MAC 地址或天气服务 API 的 ID	callback()，消息（城市名称、客户端 ID、时间戳）	天气服务的请求
3：天气服务 API 的 URL	onWebSocketMessage()	MAC 地址或天气服务 ID	callback()，天气 Web 服务的消息	消息（城市名称，客户端 ID、时间戳）的服务响应
4：天气 Web API 的 URL	onWebSocketMessage()	MAC 地址或天气服务 API 的 ID		天气信息和相应的警告，以及该城市未来两天的预测

⊖　http://jetty.websocket.client.WebSocketClient.eclipse.org。

温故知新

- API 是一种从一端获取输入并将请求/消息/数据发送到另一端（另一组代码）的方法。API 允许启动事件、获取输入、在输入事件上执行应用程序代码（代码集）以及在输入事件上运行函数（回调函数）。Web API 是一种将 Web 协议用于 Web 应用程序开发的 API。
- 手机中的天气应用以及智能伞示例显示了 API 和 Web API 的用途。
- 智能伞的示例显示了 API 和 Web API 的用途。
- 使用标准消息或对象格式、协议和模型的 API 实现。
- 使用标准消息格式、协议、语言或脚本框架以及更广泛的库、社区和测试工具实现 API。
- 为会话和交互的每个操作创建实现表格，因为指定了身份验证方法、输入和输出，API 的实现很容易。
- API、WebAPI、WebService API、WebClient 和 WebServer 之间使用 REST API 和 WebSocket 进行消息交换。
- Eclipse Jetty、Paho 和 Ponte 的实现为 WebSocket 和 WebSocket API 提供库函数。

388

自测练习

★1. 定义 API 的函数。

★★2. 为什么 API 可用于在服务器端和客户端与应用程序/服务进行通信？

★3. 绘制一个图表，显示位置 API 和位置服务 API 之间的会话。

★★★4. 在智能伞的示例中绘制一个用于实现 API 操作和会话的实现表格。

关键概念

- 应用
- 应用程序编程接口
- 认证
- 回调功能
- 客户端
- CoAP
- 加密功能
- 开发框架
- 分发
- Eclipse IoT 栈
- 嵌入式设备

- 加密
- 事件模型
- 网关方法
- 哈希算法
- 集成开发环境
- 物联网栈
- Kura
- 库功能
- LWM2M
- MAC 地址
- Ponte

- MQTT 代理
- MQTT 客户端
- OM2M
- OSGi 服务
- Paho
- REST 方法
- 服务器
- 软件串行库
- 服务
- 测试功能
- WebSocket

学习效果

9-1

- 众多 IDE 设备平台，如 Arduino、Intel Galileo、RPi、BB 和 mBed，它们提供了开发工具、库和框

架，可用于嵌入式软件的开发。 [389]

- 许多编程示例说明了开发代码和测试代码的过程。
- Arduino IDE 更简单，嵌入式软件只需要构建两个函数：setup( ) 和 loop( )。引导装载程序通过中断处理程序的使用实现了简单的多任务处理。
- IDE 上的串行监视器使计算机可以从目标设备平台的串行端口获取结果，并在监视器上显示。
- 大量的库函数提供了编程的简易性。例如，使用计时器和软件串行库。
- 示例说明了以下用途：（i）计时器功能；（ii）使用 UART 读取 RFID 标签；（iii）使用 I2C 与向设备 I2C 端口传送感测数据的传感器进行通信。
- 示例显示了程序的多线程如何在设备平台上执行。
- 物联网使用以太网、Wi-Fi 和 IP 功能进行通信。
- 物联网使用密码库功能安全地传输数据，例如 AES128、AES192、AES256 或 DES。

9-2

- Eclipse IoT 栈的实现支持了软件组件、开发设备、网关、Internet 和 Web/ 云应用程序服务。
- 软件组件的开发分为五个层级：（i）收集 + 整合；（ii）使用 Eclipse open IoT 栈连接；（iii）聚集 + 组装；（iv）管理和分析，以及（v）IoT/M2M 中的应用和服务。
- 设备平台的 Eclipse IoT 栈是开源技术，用于协议函数，设备网关的连接和互操作性、轻量级 M2M （OMA M2M 标准）、MQTT（OASIS 物联网标准）、CoAP（IETF 物联网标准）、物联网网关服务、远程管理和应用程序管理。
- Eclipse IoT 堆栈的实现可以使用 Eclipse Pi4J、Eclipse Koneki、Eclipse Mihini、Eclipse Krikkit、Eclipse Moquette、Eclipse Paho、Eclipse Wakkamma、Eclipse Californium、Eclipse Lehshan、Eclipse OM2M、Eclipse Ponte 和 Eclipse Kura 提供的网关、网络、传输、应用程序 – 支持层的软件组件。
- 许多 Java 编程示例说明了使用 Paho 的 MQTT 客户端发布消息和通过 MQTT Broker 订阅消息的过程。Eclipse Paho 的 MQTT 代理在设备和应用程序之间提供了一个网关。
- Paho 允许使用 Android MQTT 客户端通过 Android 手机客户端控制设备。
- 应用层实现的 Eclipse IoT 栈和 M2M 解决方案框架支持了智能家居、SCADA 和 OM2M 项目的应用软件组件开发。

9-3

- API 和 Web API 支持嵌入式设备与服务器 / 云上的应用程序 / 服务之间进行消息交换。
- API 从一端获取输入，并将请求、消息或数据发送到另一端（其他代码集）。API 支持启动、获取输入、在输入事件上执行应用程序代码（代码集）以及在输入事件上运行函数（回调函数）。Web API 是一种使用 Web 协议的 API。
- 一些示例解释了使用标准消息或对象格式、协议和模型的实现。 [390]
- 通过 REST API 和 WebSocket 的使用用法解释 API、WebAPI、WebService API、Web 客户端和 Web 服务器之间的消息交换方式。
- Eclipse Jetty、Paho 和 Ponte 的实现为 WebSocket 和 WebSocket API 提供了库函数。

习题

客观题

从四个中选择一个正确的选项。

★ 1. 开发软件的级别包括：（i）收集 + 整合；（ii）连接；（iii）压缩；（iv）管理和分析；（v）通过物联网中的应用程序和服务查询设备数据数据库 /M2M 应用程序和服务。

(a)（i）至（v）除（iii）正确。 (b)（i）至（v）正确。

(c)（i）至（iv）正确。 (d)除（iii）和（v）外均正确。

★★ 2. Arduino IDE 包括：（i）C/C++ 库；（ii）Java 库；（iii）JavaScript；（iv）Wiring 库；（v）处理语言；（vi）setup() 和 loop() 函数；（vii）Arduino 设备平台嵌入了引导装载程序，操作系统不是必需的，可能会添加操作系统 Linux 发行版。

(a) 除了（ii）和（iii）均正确。 (b)（i）至（vii）正确。

(c)（i）至（vi）正确。 (d)（i）至（v）中除（iii）外均正确。

★★★ 3. 以下陈述正确的有：（i）引脚、Tx 或 TxD（用于标头、数据和其他位的串行传输）和 Rx 或 RxD（用于串行接收数据）用于 I2C 总线通信；（ii）引脚 SDA 和 SCL 用于 UART 总线通信；（iii）RFID 标签使用 UART 与读卡器通信；（iv）UART 波特率始终为 9600；（v）I2C 总线为异步总线；（vi）两个 Arduino 板可以使用 I2C 相互通信。

(a) 除了（ii）和（iii）。 (b)（i）至（vi）。

(c)（iii）和（vi）。 (d)（i）至（v），（iii）除外。

★ 4.（i）AdafruitIDE 是针对树莓派的，可以更新 BeagleBone；（ii）RPi 在编程时连接到 LAN；（iii）编程可以使用 Python，JavaScript 或 Ruby 语言；（iv）Adafruit 也支持键盘和显示监视器的功能；（v）包括用于应用层的加密网络协议的安全应用（SSH）；（vi）启用远程登录；（vii）系统、键盘和监视器的远程连接。

391

(a) 除了（ii）和（iii）均正确。 (b)（i）至（vii）正确。

(c) 除了（v）均正确。 (d)（i）至（vi）正确。

★ 5. 物联网安全风险为：（i）中间交换机、路由器或服务器 S 在两端之间读取消息，并在通信端重发相同的消息来进行两端之间的通信；（ii）S 修改一端的数据，另一端可能错误地认证应用程序或获取到修改后的文本；（iii）IoT 数据安全通信的两个要求是数据的认证和加密。AES128、AES192、AES256 或 DES 功能用于（iv）加密；（v）认证。

(a)（ii）至（iv）正确。 (b)（i）至（iii）正确。

(c)（i）至（iv）正确。 (d) 除了（v）均正确。

★★★ 6. 物联网解决方案的 Eclipse IoT 栈组件和框架的特点是：（i）提供开源和规范；（ii）根据 OSGi 的规范；（iii）使用开源 Java 框架和服务的更简单的开源实现和程序开发；（iv）Paho 和 Californium 的 C 实现；（v）Python 和 Java Script 实现。该栈支持使用；（vi）LWM2M 和 MQTT；（vii）CoAP；（viii）TCP；（ix）UDP；（x）DTLS；（xi）IoT 网关服务，用于远程管理和应用程序管理。

(a)（ii）至（xi）正确。 (b)（i）至（viii）正确。

(c) 除了（iv）和（v）均正确。 (d) 除了（xi）均正确。

★ 7. 应用程序编程接口：（i）从一端获得并将请求、消息或数据发送到另一端 API 或；（ii）应用程序或服务端或；（iii）数据库服务器端；（iv）代理端；（v）Web 服务器端；（vi）API 允许在获取输入时启动，为在输入事件上执行应用程序代码（代码集），并在输入事件上运行函数（回调函数）进行调用。

(a) 均正确。 (b) 除了（ii）至（iv）均正确。

(c) 除了（ii）和（iv）均正确。 (d) 除了（iv）均正确。

★ 8. API：（i）启动；（ii）启用使用计算系统所需的操作；（iii）也可以访问本地服务，或者；（iv）在输入界面时访问远程服务。API 可以具有：（v）在用户或客户端之间发起会话的功能；（vi）应用程序功能；（vii）服务功能。

(a)（ii）至（vi）正确。 (b)（i）至（viii）正确。

(c) 除了（iv）均正确。 (d)（i）至（v）正确。

★★★ 9. 以下哪项陈述是正确的？（i）HTTP 支持客户端到服务器端或服务器端到客户端的单向通信；（ii）HTTPS 支持安全通信；（iii）WebSocket 连接可以首先使用 HTTP 会话创建；（iv）WebSocket 用于聊天室

392

API；（v）WebSocket 的传送需要比 HTTP 更大的报头；（vi）WebSocket 只是实时通信，不能用于读取请求的响应。

(a)（i）至（vi）正确。　　　　　　　　　(b)（i）至（iv）正确。

(c) 除了（iv）和（v）均正确。　　　　　　(d) 除了（iii）均正确。

★ 10. 以下哪项陈述是正确的？（i）REST 方法使用 REST 风格通信体系结构在 API 中实现 PUT/GET/POST/DELETE；（ii）REST API 使用 URL 访问资源；（iii）Callback()；（iv）对象方法 ()；（v）C 函数 WebSocket 方法是 onWebSocketConnect()、onWebSocketMessage() 和 onWebSocketClose()。

(a)（i）至（iv）正确。　　　　　　　　　(b)（i）、（ii）、（iv）及（v）正确。

(c)（i）至（iii）正确。　　　　　　　　　(d) 除了（iv）及（v）均正确。

简答题

★ 1. 物联网应用和服务的软件开发的五个层级分别是什么？

★★ 2. 为什么有要编写测试功能？为什么使用调试器和模拟器？

★★★ 3. 列出用于检测例 9.3 中汽车嵌入式设备中给出的 ADC 读数的库函数。

★ 4. 传送 RFID ID 所需的 UART 端口库函数是什么？

★★ 5. 何时使用 UART 和 I2C 通信？

★ 6. 树莓派的 IDE 是什么？

★★★ 7. 以下情况需要注意哪些安全风险：（i）使用密钥及其安全通信；（ii）使用加密和解密功能，例如 AES128、AES192、AES256 或 DES？

★★ 8. 列出物联网系统的以太网和 Wi-Fi 功能。

★ 9. 何时使用 CoAP、MQTT 和 HTTP 客户端？

★★ 10. 为什么向应用程序或服务发送数据需要 device_ID、deviceGroupID 和 Application_ID 以及时间戳？

★★★ 11. 你何时使用 MQTT 客户端和 MQTT 代理以及 CoAP 客户端和服务器来传输设备数据？

★ 12. 使用 Eclipse 沙箱服务器获得了哪些好处？

★★★ 13. Eclipse Paho 和 Ponte 在设备客户端与应用程序或服务之间的 IoT 网关消息交换中，两者的用法有何不同？

★ 14. 为什么 MAC 地址可用于在应用程序 / 服务 API 的设备平台验证？

★★ 15. 列出使用 API 进行消息交换的步骤。

★★★ 16. 解释 HTTP 客户端、HTTP 服务器、HTTP 辅助服务器、HTTPS 客户端服务器、WebSocket 客户端和 WebSocket 服务器的用法。

论述题

★ 1. Arduino IDE 的哪些特性使 Arduino 平台的编程更简单？

★ 2. 如何在 Arduino 平台上为数字 IO 和 UART 串行 IO 进行引脚编程？

★ 3. 除了与 Arduino 兼容之外，Intel Galileo 设备的 IDE 有哪些功能？

★★ 4. 描述树莓派和 BeagleBone 的 IDE？

★★ 5. 开发嵌入式设备软件的 Eclipse IoT 栈有哪些不同的软件组件？

★★★ 6. 开发连接软件的 Eclipse IoT 栈有哪些不同的软件组件？用图表解释 LWM2M、CoAP 和 MQTT 协议的用途和功能。

★★ 7. 物联网网关服务对远程应用程序管理的意义是什么？Eclipse Kura 有哪些功能？

★★ 8. 开发物联网解决方案的 Eclipse IoT 栈有哪些不同的软件框架？

★★★ 9. 为什么使用 API？描述为设备平台客户端实现 API 的方法以及用于应用程序 / 服务端的服务器。

★★★ 10. 何时使用 REST API？何时使用设备平台和 Web API 之间的 WebSocket？描述 REST 和 WebSocket 的 API 功能差异。

实践题

★ 1. 嵌入式设备平台是 Arduino Uno。编写一个程序来驱动 24 个 LED 移动显示，这些 LED 排列成花环的形状。端口引脚上的四个输出如何进行多路复用和编程？

★★ 2. 传感器数据的读数是 ADC 的输入。ADC 将传感器的模拟输入转换为 10 位输出。输出使用并行到串行的转换器，将其转换为串行输入。串行输入由 Uno 串行端口读取，该端口以 0.8333ms 的间隔接收数据输入。编写一个程序，在 Arduino Uno 中的串行输入来读取传感器数据。

★ 3. 列出计时器库中所需的功能。显示如何在每次连续 2 秒的间隔后使用库来调用回调函数。

★★★ 4. Arduino 开发板在引脚 A4 处具有 SDA 位，在引脚 A5 处具有 SCL 位。软件串行库如何在 I2C 总线上启用 8 个温度传感器电路的串行读数？每个传感器的地址从 0x10 到 0x17。

★ 5. 当使用 UART 接口传送由 10 个字符组成 RFID 的 ID 时，写入位和字节的序列。

★★ 6. 列出 RFID 标签 ID 的安全通信步骤。

★★ 7. 编写一个程序，以 16.666ms 的连续间隔运行四个线程。使用 OS 的多线程功能。

★★★ 8. 绘制一个图表，显示互联的路灯如何发送感测数据。路灯设备平台上的客户端在与 CoAP 服务器通信时使用 CoAP 协议。服务器将数据发送到中央控制器的应用程序。Californium 是 CoAP 的 Java 实现，包括 DTLS。Eclipse Californium 如何使用 DTLS 保证物联网安全？
[394]

★ 9. 绘制一个图表，展示汽车中设备数据的顺序和功能。数据使用因特网与中央汽车服务进行通信（见例 5.2）。使用 Eclipse IoT 栈实现。

★★ 10. 使用物联网传感器数据和 Control_Application 的 API 绘制路灯的功能图。显示两组 API 之间的交互，并显示消息交换的序列。

★ 11. 如何通过数据库服务器上的 API 发送和响应查询操作？

★★★ 12. 如何将一组传感器的数据聚合在网关上并使用 HTTP 客户端和 HTTP 服务器进行通信？数据将添加时间戳、groupID 和 sensorID。
[395]

第 10 章　物联网隐私、安全和漏洞解决方案

学习目标

10-1　解释隐私和安全性的要求、来自威胁的漏洞以及物联网中威胁分析的需求。

10-2　熟悉使用用例和误用案例的建模。

10-3　概述大型网络和分层攻击者模型的安全性层析成像。

10-4　检查物联网应用和服务中的功能，包括源身份管理、身份建立、设备消息访问控制、消息完整性、消息不可否认性和可用性。

10-5　描述物联网的安全模型、安全配置文件和安全协议。

知识回顾

第 1 章介绍了 IEEE P2413 标准，该标准规定了基于参考模型的参考架构。参考架构涵盖了基本架构构建模块的定义及其与多层系统的集成功能。该框架包括质量"四重"信任的规定，包括保护、安保、隐私和安全。

第 1 章还介绍了物联网的通信模块，包括用于安全互联网通信的加密协议 TLS 或 DTLS，以及用于 M2M 平台的 DeviceHive 及其集成，其中包括基于 Web 的管理软件，该软件可创建基于安全规则的网络并监控设备。

第 2 章介绍了数据隐私和安全步骤。例如，为了网络上的安全性，可以在物理（设备）层加密设备数据。设备可以选择链路级和服务级安全性，只需服务级别或不安全级别。服务级别的示例是使用 TLSv1.2 公钥（RSA 和 ECC）和 PSK 密码套件来提供传输级安全的端到端安全协议。端到端指应用层到物理层。本章还介绍了无线保护访问（WPA）和有线等效保密（WEP）安全子层的使用，因为无线通信需要安全性、完整性和可靠性。

第 3 章描述了 DTLS 的特性。DTLS 提供三种类型的安全服务，即完整性、身份认证和机密性。因特网设备网关

LWM2M OMA 规范规定了安全性，根密钥数据存储以及设备和数据身份认证的 M2M 身份认证服务器（MAS）。XMPP 协议包括安全性的层简单身份认证和安全层（SASL）。

第 4 章介绍了 IP 层的 IPv6，其中包括管理设备移动性、安全性和配置方面的报头。IPv6 使用 AES-128 安全性 = 21 B 报头。

第 5 章介绍了使用高级工具进行数据安全和保护的数据中心规定，完整的数据备份以及数据恢复和冗余数据通信连接，服务器和数据中心高安全标准、高度安全性、完整性以及对组织中数据、文件和数据库的有效保护。

第 6 章介绍了多租户环境中云服务器的数据安全性。数据需要高度信任和低风险，以及失去用户控制的安全性。遵从开发者要求的安全规定是云服务提供商的责任。设备的 Nimbits 云服务器提供安全令牌使用方法并提供数据完整性。

第 7 章介绍了传感器级安全性和参与式传感对安全、隐私和声誉的挑战。7.6 节描述了 RFID 使用中的安全挑战。RFID ID 需要配置，通过访问加密和身份认证算法在标签和阅读器上完全实现隐私和安全需求以及数据处理。RFID 网络中的安全问题是外部病毒攻击漏洞。7.6.2 节描述了确保无线传感器网络通信的方法，包括伯克利实验室建议使用的 SPINS 对称密码协议［安全网络加密协议（SNEP）和 microTesla（μ-Tesla）］。

第 8 章主要介绍了以下内容：(i) Arduino 使用预装了 IDE 的 WiShield 库⊖进行 Wi-Fi 接口安全；(ii) RPi IDE 安全接口；(iii) mBed 设备平台；(iv) 用于管理、安全性、数据流、设备、多租户、身份认证、目录和订阅管理的 REST API。

第 9 章介绍了嵌入式设备平台的数据安全性。本章描述了身份认证过程、哈希算法函数或消息摘要操作结果的使用，本章给出了密码套件⊜中加密库函数的示例。

第 9 章还描述了 AES 和 DES 算法进行加密的过程。密钥长度可以是 128、192 或 256 位。数据加密可以使用 AES256（高级加密标准 256 位加密密钥长度）或 DES（数据加密标准）。Arduino AES 256 库可以下载并用于 Arduino 开发板。可以使用 SHA1 / SHA256 安全哈希算法或 MD5 消息摘要算法进行身份认证。Eclipse Californium 具有 DTLS 安全实现。

前面的章节描述了设备到应用程序和服务级别的安全协议和标准实现。从设备级到网络和应用程序 / 服务级别的端到端解决方案必须具有安全性、隐私、身份认证、加密和保护。

10.1 概述

国际组织正在努力确保物联网设计必须确保信任、数据安全和隐私。

信任十分重要。例如，考虑从 ATM 到服务器的操作消息和视频片段。用户信任银行不会泄露可能伤害用户的敏感信息。当事物以类似的方式进行通信时，就存在对安全使用数据的信任。例如，在 Twitter 上发布一条推文时，必须相信不会因为这条推文而受到伤害。推文暴露了人们的行为，想一想政府官员和工作人员的行为、不作为和政策。信任在物联网环境中意味着多源数据的可靠性、准确性和质量，以用于预期的应用和服务。

开放信任联盟组织⊜成立了物联网可信赖集团（ITWG），用于从产品开发开始就认知到优先级（必须在安全和隐私设计中），并从整体上解决。

⊖ http://github.com/asynlabs/WiSield。

⊜ http://code.google.com/p/cryptosuite。

⊜ https://www.otalliance.org。

"我是骑兵"[⊖]这个组织已经开始为连接医疗设备提供类似希波克拉底誓言（Hippocratic Oath）的誓言，这是由医生提供符合病人最大利益的医疗证明。医疗设备应该承诺保护患者安全，并且信任自己提供护理的过程。

安全十分重要。例如，考虑 ATM 消息，它们应该安全地在互联网上进行通信。安全性失真可能导致严重后果。

智慧城市的安全也很重要。该市部署智慧健康、智慧公共安全、智慧交通，并部署物联网和智能家居应用和服务。一个组织[⊖]已经积极主动地解决智慧城市中的网络安全问题。

隐私十分重要。视频片段在智能家居安全应用中通过因特网进行传递。如果这个片段到达了不相关的实体，就有可能会严重破坏家庭安全。 398

工业互联网联盟[⊜]（IIC）由英特尔、IBM、Cisco、GE 和 AT&T（2014）组成，旨在协调连接和集成对象的努力和倡议。另一家由 Linux 基金会建立的 AllSeen 联盟组织®是跨行业联盟的合作项目，致力于实现数十亿物联网设备和应用 / 服务的互操作性。

以下是一些术语，在学习本章所涉及的主题之前必须理解其含义。

消息是字符串，表示在发送方和接收方对象之间进行通信的数据或客户端请求和服务器响应。

哈希指的是一个集合或包，它在对数据进行多次操作后产生不可逆的结果，而操作只是一种方式。例如，当小麦成熟并收割时，哈希过程将用于消费的谷物分离出来并丢弃所产生的废弃物。当用户 ID 和密码等数据需要秘密通信以进行身份认证时，则在对算法进行一组标准操作之后进行通信，这称为安全哈希算法。该算法使用密钥生成固定大小，例如 128 位值或 256 位值。只有哈希值进行通信。接收端检索哈希值，并将其与存储的哈希值进行比较。如果两者相等，则发送者消息被身份认证。

摘要是一个过程，它给出了涉及许多操作的不可逆转的结果。称为 MD5（消息摘要 5）的标准算法也用于摘要，类似于哈希值。接收端存储预期在 MD5 操作之后获得的摘要值，并将其与接收值进行比较。如果两者相等，则发送者消息被身份认证。

加密是使用仅为接收器所知的密钥生成新数据的过程。在发送加密数据之前，发送方和接收方都相互识别并知道它们将使用的密钥。加密使用 128、192 或 256 位密钥加密数据。

解密是从加密数据中检索数据的过程。

用例是指定义两端之间交互的事件步骤或操作列表，其中一个正在扮演角色而另一个正在扮演系统。这些步骤完成了任务或目标或任务。一端在统一建模语言（UML）中称为角色，而另一端是系统。用例是一个软件工程术语。例如，API 正在扮演获取输入（事件）和生成输出的角色，这些输出与系统交互，例如 Web 服务器、Web API 或服务、Web 应用程序，使用 callback( ) 函数作为输出（见 9.2 节和 9.4 节）。用例定义了正在开发的软件所需的行为，描述了软件使用的细节及其正常行为。

误用案例可以理解为反向用例。误用案例定义了正在开发的软件不需要的行为以及不应发生的行为。这反过来又指定了威胁。误用案例提供信息并帮助确定新用例的要求以防止攻击，并找出不应发生的事情。 399

⊖ https:www.iamthecavalry.org。
⊖ http://securingsmartcities.org。
⊜ https://www.iiconsortium.org。
® https://www.allseenalliance.org。

层是指在一组操作期间根据特定协议或方法采取操作的阶段，然后结果传递到下一层，直到操作集完成（如图 2.1 到 2.3 所示）。使用层模型的设计能够表示一系列系统动作，这些动作按顺序执行来完成任务。

子层是由模型中的各种子项所组成的层，它提供了在层中顺序发生的一组动作。

防火墙是一种软件接口，它将具有不同信任的网络互连，并且不受渗透影响，能提供外围防御。它作为阻塞点起到控制和监控的作用。它执行审计并提供受控访问，仅允许授权流量通过，并对网络服务施加限制，可以针对异常行为发出警报。

以下各节描述了在设备、网络、传输、应用程序和服务级别上，来确保安全性和隐私所采取的过程和操作。10.2 节描述了物联网漏洞、安全要求以及分析隐私与安全威胁的方法。10.3 节描述了用例和误用案例方法。10.4 节描述了安全层析成像在大型网络中的运用，例如 RFID 网络和 WSN，该节还介绍了攻击的层模型。10.5 节描述了在互联网上的一系列消息交换之后，在信息被使用之前，它们（嵌入式设备、传感器或执行器）如何确定自己的身份。该节在实践方面还介绍了访问控制、消息完整性、不可否认性和可用性。10.6 节描述了 IoT 的安全模型。

10.2　漏洞、安全要求和威胁分析

10.2.1　隐私

消息隐私意味着消息不应外泄到无关实体的手中。当物品（设备平台）的消息或数据进行通信时，它们应该仅用于应用程序或服务，并且只能用于其特定目标。

隐私也意味着不受其他人的干涉或扰乱。思考消息示例（见例 5.2），汽车嵌入式设备的消息利用因特网传到汽车服务中心。隐私意味着消息仅可到达该中心，并且只能为该中心的服务所用。而其他汽车公司如果掌握该数据，可能会面临严重的商业后果。

物联网必然需要隐私策略。隐私策略需要确定"有多少物联网设备数据，哪些数据需要绝对隐私，哪些需要部分隐私"。公司权力机构需要支持数据访问，这些数据可能对个人来讲是私有的。公司权力机构还需要尊重个人客户的隐私需求，并意识到隐私是合法的人类需要。隐私策略供应商应认真对待隐私。他们必须足够尊重客户，深刻理解隐私是人类合法的需要。

美国国家标准与技术研究院（NIST）正在制定隐私标准。系统可能是安全的，但可能无意中破坏了个人的隐私。追踪服务可以追踪车辆，但不希望个人移动轨迹被追踪。

虽然公司的安全部门和机构需要获得数据方面的支持，但这些数据对个人来说可能是私有的，所以公司权力机构还需要尊重个人的需要。

物联网数据隐私标准正在制订中。社区组织叫作"我是骑兵"[⊖]。"骑兵"是指在公元最初的几个世纪中，使用马匹的一群士兵，或者作为装甲部队的一部分。骑兵专注于计算机安全问题，这些问题与公共安全相互作用，例如医疗设备、汽车、公共基础设施和家用电子产品。该组织努力确保这些技术值得信赖。

10.2.2　物联网的漏洞

漏洞是指没有受到完全保护的缺陷，缺乏自我保护或者很容易受到周围有害事物的影

　⊖　https://www.iamthecavalry.org。

响。一篇物联网安全方面的文章中提到，由于应用程序和服务中大量的层、硬件子层和软件的参与，进而存在许多漏洞[⊖]。物联网的性质也各不相同。例如，传感器、机器、汽车、可穿戴设备等。每一个都面临着不同类型的漏洞，并且具有复杂的安全性和隐私问题。

物联网易受到窃听攻击。窃听者会制造安全问题。窃听者，比如说 E，在通信过程中监听网络上的消息和命令，并获取机密消息。E 的服务器可以发送假命令，而对于设备数据服务器 S 会假定这些命令是来自设备或应用程序的。S 响应来自 E 的请求发出设备操作的响应，E 会监听这些响应。E 的伪装设备能发送设备数据，比如传感器数据、请求和命令，来扰乱控制系统。利用密钥加密可以保护进出设备、服务器、应用程序或服务的消息。

密钥是设备软件生成的字符串，可以通过尝试大量的组合来破解。设备唯一 ID 和身份认证的问题存在于不重要的用户交互场景中。

安全特性需要纳入物联网的推荐标准格式中。例如，电子产品架构的标准来自开发组织 EPCglobal。该小组负责隐私策略产品的创建和维护。

开放式 Web 应用安全项目[⊖]（OWASP）承担了物联网的相关安全问题，以帮助开发人员、制造商和消费者。OWASP 是开源的，可以免费使用许可政策。该项目是基于社区模型的软件开发计划。社区模式是指由大学、组织和机构在开源项目中做出集体努力和倡议。OWASP 已经承担了一些与安全性相关的子项目，例如定义"顶级漏洞""攻击表面区域"和"测试指南"的子项目。

OWASP 已经确定了物联网应用 / 服务中的十大漏洞，如下所示：

- 不安全的 Web 接口。
- 身份认证或授权不足。
- 不安全的网络服务。
- 缺乏传输加密 / 完整性验证。
- 隐私问题。
- 不安全的云接口。
- 不安全的移动接口。
- 安全可配置性不足。
- 不安全的软件或固件。
- 物理安全性差。

读者可以参考 OWASP 项目中对物联网攻击面的定义。攻击面区域是指易受攻击的软件或硬件区域（见例 10.1）。

例 10.1

问题

OWASP 中定义的设备 Web 接口（DWI）和云 Web 接口（CWI）中的攻击面区域是什么？

答案及解析

DWI 的攻击面区域：SQL 注入、跨站点脚本、跨站点请求伪造、账户锁定、用户名枚举、弱密码和已知的默认凭据。

⊖　http://www.networkcomputing.com/internet-things/iot-security-privacy-reducing-vulnerabilities/807681850。

⊜　https://www.owasp.org/index.php/OWASP_Internet_of_Things_Project。

　　CWI 的攻击面区域：SQL 注入、跨站点脚本、跨站点请求伪造、账户锁定、用户名枚举、弱密码和已知的默认凭证，与 DWI 加上传输加密、加密的个人身份信息（PII）发送、未加密的 PII 发送、设备信息泄露和位置泄露以及云用户数据泄露、用户/设备位置泄露和差异隐私等攻击面区域相同。

402

　　卡内基梅隆大学（CMU）的 CERT 协调中心（CERT/CC）已采取主动协调物联网设备的漏洞⊖。CERT 代表 CMU 软件工程研究所的计算机应急响应小组。该团队研究影响软件和因特网安全的软件错误。

　　参阅 2016 年 1 月举办的 Danj K. Klinedinst 网站的工作⊖。该团队在 2015 年完成了对普通家庭 Wi-Fi 路由器漏洞的调查，并报告了许多漏洞数据库。

10.2.3　安全要求

　　物联网参考架构是指一个或多个具体架构师的指南。物联网参考架构包括三个体系结构视图——功能视图、信息视图、部署和操作视图。功能视图来自 F. Carrez 及其同事⊜。安全性是功能视图的功能组（FG）之一。安全性 FG 由应用程序和设备之间的安全功能组成。

　　安全 FG 包含五组确保安全和隐私所需的功能。大量设备、应用程序和服务在物联网中进行通信。在物联网参考架构中定义了五个安全功能组件（FC）。

　　以下是五个功能组件（FC）：

　　1）身份管理（IdM）

　　2）身份认证

　　3）授权

　　4）密钥交换和管理

　　5）信任和声誉

　　图 10.1 列出了物联网参考架构中功能视图中安全功能组的功能。

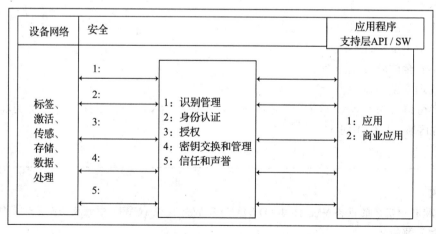

图 10.1　物联网参考架构功能视图中的安全功能组组件

⊖ https://insights.sei.cmu.edu/cert/2016/01/coordinating-vulnerabilities-in-iot-devices.html。

⊖ http://www.kb.cert.org/vuls/。

⊜ F. Carrez and co-workers, 2013, as referred in book A Jan Holler and co-workers, "M2M to Internet of Things—Introduction to a New Age of Intelligence", Chapter 8 Academic Press/Elsevier, 2014.

10.2.4　威胁分析

威胁分析工具首先生成威胁并分析威胁系统。威胁分析意味着在指定步幅类别、数据流程图、步幅期间发生的交互之间的元素以及激活用于分析的过程之后揭示安全设计缺陷。"步幅"是指在跨越一大步的过程中有规律的或稳定的前进、步伐或跨越手段（当考虑软件组件受到威胁时的一组陈述）。步幅的用意是迈出精湛的小步从而迈出一大步。例 10.2 显示了用于在步幅期间进行分析的威胁分析工具的情况。

403

例 10.2

问题

如何使用 Microsoft Threat Modelling Tool 2014（Microsoft 威胁建模工具 2014）对系统进行威胁分析？

答案及解析

模型设计用于威胁分析，包括步幅和元素的定义。交互元素是进程、数据存储、流、边界，或者可以是系统中的外部指定元素。该工具包含三个组件：入门指南、创建模型和打开模型。在"入门指南"之后使用"创建模型"。工具组件"打开模型"先于每一步的威胁分析。

该工具还规定了使用步幅类别定义新威胁。首先创建一个步幅类别，它生成一个活动的威胁列表，并基于元素之间的交互。该列表是根据开放用于分析的模型中的定义列出的。

图 10.2 显示了在应用程序和 Web 之间的 Web 服务交互期间，用于威胁分析的工具使用示例。

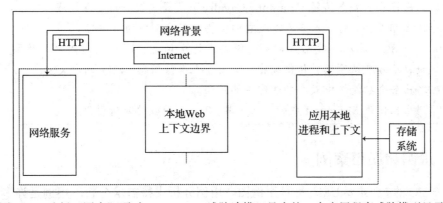

图 10.2　选择"图表"项时，Microsoft 威胁建模工具中的一个应用程序威胁模型显示

元素类型的示例是进程、数据存储、流、边界和外部指定元素。工具预定义了许多威胁类别，还可以创建新类别。该工具提供关于威胁的定义并自动生成缓解方案。

工具消息（分析视图）显示漏洞和数据流图。例如，设备与应用程序或服务之间的数据流。

分析视图显示处于活动状态和处于非活动状态的威胁。威胁的一个例子是"数据存储不可访问"。该视图还显示了其处于活动状态和非活动状态的类别。步幅类别示例是"欺骗"，威胁是"欺骗 Web 上下文进程"。另一个威胁的例子是"拒绝服务类别"。

404

当搜索元素为"进程"时，视图将显示操作系统进程、线程、内核线程、本机应用程序或托管应用程序、胖客户端、浏览器客户端、浏览器、Active-X 插件、网络服务器、网络应用程序和 Win32 的服务器之间的活动和不活动的进程。

温故知新

- 消息隐私功能可确保消息不会到达不相关实体的手中，并且只能从事物到达应用程序或服务。
- 由于层数、硬件子层、FC、应用程序和服务的参与，物联网存在大量漏洞。
- 安全功能必须包含在物联网推荐的标准格式中。
- OWASP 对漏洞进行了详细的识别，列出了物联网应用 / 服务的十大漏洞。它们还为漏洞定义了攻击面区域。
- CMU 的 CERT 定义了普通家庭 Wi-Fi 路由器中的漏洞并报告了许多漏洞并将其列在数据库中。
- 物联网参考架构具有三个：功能、信息、部署和操作。
- 应用 / 服务和设备之间的安全功能组中的五个功能组件（FC）是身份管理、身份认证、授权、密钥交换与管理、信任与声誉。
  威胁分析工具在指定步幅类别、数据流图、步幅期间发生交互的元素以及为分析而激活的进程之后，将揭示安全设计缺陷。

405

自测练习

★ 1. 如何定义消息隐私？

★ 2. 如何理解信任？

★ 3. 列出十大攻击漏洞。

★★ 4. 列出计算机安全问题 "I am the Cavalry"（我是骑兵）的重点领域。

★★ 5. 列出 OWASP 的重点领域以及它们在物联网安全中的重要性。

★★★ 6. 写下 SQL 注入、跨站点脚本、跨站点请求伪造、账户锁定用户名枚举、弱密码、已知默认凭据、传输加密、加密个人身份信息（PII）的含义。

★★ 7. 写出安全功能组中五个功能组件的用法。

★★★ 8. 列出在使用 Microsoft 威胁分析工具 2014 时的威胁分析步骤。

10.3 用例和误用案例

安全 FG 的 FC 需要 UML 符号用例图。用例分析支持需求分析。用例是许多流程开发模型和框架的关键特性。Oracle Unified Method（OUM）和 IBM 的 Rational Unified Process（RUP）是软件开发过程模型和需求分析框架的示例。

图 10.3 显示了用于生成和传递密钥的简单用例图。

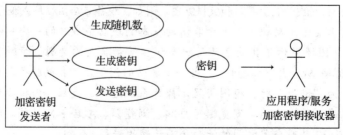

图 10.3　生成和传递密钥的简单用例图

例 10.3 给出了物联网应用和服务中安全性和隐私的用例。

例 10.3

问题

在物联网中需要用例的安全问题有哪些例子?

答案及解析

用例描述了如下要求:

- 引导进程保护:引导进程运行初始程序,如果它损坏则系统失败。
- 安全软件和固件更新:软件和固件更新时,也需要安全更新。
- 存储数据加密和完整性保护:数据存储需要防御黑客。
- 平台完整性验证:设备平台完整性需要验证,否则虚假设备平台可以进行通信,发送欺骗命令作为物联网设备平台命令。
- 密钥生成、管理和交换需要安全性,因为这些是身份认证、授权和消息加密的先决条件。
- 发送方和接收方的身份认证必须用于安全的消息通信。
- 网络安全通信:物联网设备与应用程序或服务之间的安全消息交换所必需的。
- 生命周期管理:所有消息、密钥和数据都具有特定的生命周期,需要从系统中删除它们。

首先,确定参与者和协作参与者。然后,针对每一种情况开发误用案例。这样做的目的是创建规范,以便与设备平台、应用程序或服务沟通潜在风险和与安全相关的决策的基本原理。例 10.4 阐明了物联网应用 / 服务中安全和隐私的误用案例。

例 10.4

问题

在物联网中需要误用案例以便能够分析新用例需求的安全问题的例子是什么?

解

误用案例描述了如下要求:

- 身份滥用案件。
- 不可否认性。
- 加密卸载:需要保护加密密钥和消息的传输免受窃听者或黑客攻击。
- 窃听。
- 虚假服务器。
- 虚假设备平台。
- TCP/SYN 泛洪。
- 未经授权访问数据存储。
- 审计和问责制:每个事务都需要安全地存储,以便将来审计和确定职责。

407

温故知新

- 安全 FG 的 FC 需要 UML 表示法用例图。
- 用例分析可以进行需求分析。用例是流程开发的许多模型和框架的关键特征。

- 用例需要的例子是启动过程保护、安全软件、固件更新、存储数据加密和完整性保护。数据存储需要防范黑客。
- 误用案例定义了不应发生的正在开发的组件所需的行为。这凸显了设计用于预防攻击的新用例并找出不应发生的事件的威胁。

  误用案例要求的例子是身份滥用案件和不可否认案件。

自测练习

 ★ 1. 用例的目的是什么？

 ★★ 2. 解释用例中参与者和协作参与者的含义。

 ★ 3. 误用案件的目的是什么？

 ★★ 4. 写下以下每个术语的定义：沟通潜在风险、安全相关决策的基本原理、密钥管理的误用案例。

 ★★★ 5. 绘制用于使用 SHA1 算法创建身份认证码的用例图。

 ★★★ 6. 写下误用案例的含义，包括身份、不可否认、加密卸载、窃听、虚假服务器和虚假设备平台。

10.4 物联网安全层析成像和分层攻击者模型

10.4.1 安全层析成像

计算机层析成像是一种计算方法，通过观察和记录撞击物体内部结构的能量波通过时所产生的不同影响，从而生成物体内部结构的三维图像。

复杂网络集的计算安全利用网络层析成像程序识别网络漏洞，这样可以设计出有效的攻击策略。

一组复杂的网络可以是分布式的或协作的。网络层析成像是指研究复杂系统（如无线传感网、RFID 或物联网）中的网络监控的漏洞和安全方面，以及如何分配资源，确保网络的可靠性和安全性。

对单个节点的监视不会很快起作用，而且也不切实际。网络层析成像有助于观察每个网络段（例如，两个访问点之间的 WSN 节点网络）和分段。安全层析成像是指在一组复杂的子系统中，使用有限数量的对象或威胁，从观察中找到攻击的脆弱部分 / 子部分。

10.4.2 分层攻击者模型

图 10.4 显示了分层攻击者模型以及对层的可能攻击。

以下是减少对这些层的攻击的建议解决方案（OSI 修改了 6 层物联网架构）。

第 1 层攻击解决方案

解决方案取决于所使用的设备。例如，安全性的链路级配置使用 BT LE 链路级 AES-CCM128 身份认证加密算法进行机密性和身份认证，而 ZigBee 使用 AES-CCM-128 实现链路级安全性。

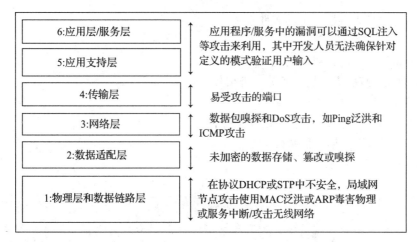

图 10.4 使用 IETF 六层修改模型进行物联网 /M2M 的分层攻击者模型和可能的攻击

第 2 层攻击解决方案

对网络交换机进行编程，以防止在使用 DHCP 或生成树协议（STP）期间发生内部节点攻击。其他控制可能包括 ARP 检查，禁用未使用的端口以及在 VLAN（虚拟 LAN）上强制执行有效安全性以防止 VLAN 跳跃。VLAN 指的是一组具有公共需求集的终端站，与物理位置无关[○]。VLAN 具有与物理 LAN 相同的属性，但允许对终端站进行分组，即使它们不在物理上同一 LAN 网段上。

用于因特网的设备网关的 LWM2M OMA 规范规定了 MAS 用于安全性、根密钥数据存储以及设备和数据身份认证。

第 3 层攻击解决方案

使用防篡改路由器，使用数据包过滤以及通过防火墙控制第 3 层和第 4 层之间的路由消息和数据包数据可降低风险。

第 4 层攻击解决方案

端口扫描方法是识别易受攻击端口的解决方案。解决方案是打开网络端口并有效配置防火墙，并仅将端口锁定到所需的端口。解决方案是第 5 层和第 4 层之间的 DTLS。DTLS 提供三种类型的安全服务，即诚信、身份认证和保密。解决方案包括 SASL（简单身份认证和安全层），以确保在使用 XMPP 协议时的安全性。

第 5 层和第 6 层攻击解决方案

在第四层之上，我们主要关注应用程序级攻击，造成这些攻击的原因是代码质量差。假设攻击者注入 SQL 输入来从数据库中提取数据（例如，来自 USERS 的 SELECT *）。当应用程序未能验证注入时，查询将提取数据。

Web 应用程序 / 服务可以使用 HTTPS 通信链接。S-HTTP（安全 HTTP）的功能如下：

- 应用程序级安全性（特定于 HTTP）。
- 内容隐私域报头。
- 允许使用数字签名和加密，有各种加密选项。
- 服务器 – 客户端谈判。

[○] http://www.cisco.com/c/en/us/td/docs/switches/lan/catalyst6500/ios/12 and http://www.cisco.com/c/en/us/td/docs/2SX/configuration/guide/book/vlans.html。

- 加密方案是为链接分配的属性。
- 特定算法是指定的值。

410

- 方向说明，单向或双向安全。

Cisco 为以下解决方案提出了分层框架规定：

- 第 1-6 层基于角色的安全性。
- 第 1-4 层基于防篡改和检测的安全性。
- 第 1-6 层基于数据保护和机密性。
- 第 1-6 层基于 IP 保护。

温故知新

- 监视单个节点不会很快见效，也是不切实际的。网络层析成像有助于观察每个网络部分（例如，两个接入点之间的 WSN 节点网络）和子部分。
- 安全层析技术能够通过在一组复杂的子系统中使用有限数量的对象或威胁来观察行为，从而发现攻击的脆弱部分 / 子部分。
- 事物和应用程序 / 服务之间的数据通过六层及其子层进行通信。分层攻击者模型显示每个层的漏洞，因此可以为每个层攻击提供必要的解决方案。例如，使用防篡改路由器，通过防火墙对第 3 层和第 4 层之间的路由消息和数据包数据进行数据包过滤和控制，可以降低风险。
- S-HTTP（安全 HTTP）支持客户端和服务器套接字之间的安全通信。

自测练习

- ★1. 为什么安全层析成像能够在复杂的子系统或网络集合中实现快速检测？
- ★2. 列出分层攻击模型中的物理层和数据链路层攻击。
- ★3. 什么是分层攻击模型中的传输层攻击？
- ★★★4. 端口扫描和 DTLS 功能如何在第 4 层缓解攻击。
- ★★5. 列出并解释 HTTPS 的功能。

411

- ★★★6. ARP 检查和禁用未使用端口的含义是什么？它们如何用于第 2 层缓解攻击？

10.5 身份管理、建立、访问控制和安全消息通信

消息源需要在发送消息时指定标识（ID）。如此，接收器可以知道从哪里接收到消息。指定标识（ID）的方法有很多。消息可以来自多个传感器、执行器和平台，也可以来自多个应用程序和服务。因此，物联网的身份管理和建立是基本要求。

MAC 地址可以指定计算设备平台的标识，然而，该平台可以连接多个传感器和执行器。应用层包含许多应用程序和服务，可以在因特网上使用 URI（统一资源标识符）。但是，许多设备不使用 URI。物联网中的对象标识符（OID）可以具有以下标识符：

- 物品类型（例如，路灯、车辆、ATM、WSN、RFID）。
- 类标识符，因为它指的是事物的类（或类型或类别）。例如，品牌和型号。
- 实例标识。例如，车辆的 VIN（车辆识别号）。

10.5.1 节描述了身份管理和身份建立机制。10.5.2 节描述了访问控制机制。消息完整性、不可否认性和可用性是安全性和隐私性的重要要求。10.5.3 至 10.5.5 节描述了这些。

10.5.1　身份管理和建立

设备、应用程序和服务的身份管理（IDM）是安全 FG 的 FC。IdM 意味着管理不同的身份、伪名称、组 ID 的层次结构以及消息发送者和接收者的 ID。FC 匿名管理 ID。例 10.5 给出了 IDM 功能使用的四个例子。

例 10.5

问题

举例说明使用身份管理来建立设备和应用程序 / 服务的身份。

答案及解析

IETF 传输层执行设备 IDM 和身份注册表功能。

Oracle 的物联网架构（如图 1.5 所示）规定了流和获取层之间的管理子层的设备 IDM 功能。

OMA-DM 模型建议使用 DM 服务器。DM 服务器的功能之一是分配设备 ID 或地址、激活、配置（管理设备参数和设置）、订阅设备服务、选择退出设备服务以及配置设备模式（见 2.4.2 节）。

读取 RFID 时，Reader 使用 RFID 身份管理器。EPCglobal 架构框架用于为业务流程、应用程序和服务分配唯一标识，并唯一标识物理对象、负载、位置、资产和其他实体。ONS 基于 DNS 执行查找功能。DNS 名称支持使用 HTTP、REST、WebSocket 和 Internet 协议启用 Web 服务器因特网连接（见 7.6.2 节）。

NIST 为网络物理系统和资产识别规范以及用于命名、名称匹配、字典和适用性语言的公共平台枚举规范提出了规范。

ITU-T X.660 提出了对象标识符登记机构的操作程序：一般规程和国际对象标识树的顶弧。ITU-T X.672 提出 OID（对象标识符）解析系统。ITU-T OID Flyer 提出对象标识符及其注册机构：身份识别解决方案。

设备和应用程序 / 服务之间的通信是在双方使用身份认证、授权和其他功能安全地建立另一方的身份之后进行的。

10.5.2　访问控制

安全 FG 中用于确保安全性和隐私的三个 FC 包括：

- 身份认证
- 授权
- 密钥交换和管理

1. 身份认证

ID 建立和身份认证是访问控制的基本要素。哈希函数或 MD5 在对其进行多次操作之后会得到不可逆的结果，而这些操作只是一种方法。该算法使用身份认证数据和密钥生成

412

一个固定大小的值，比如128或256位的哈希或摘要值。只有哈希或摘要值进行通信。接收端接收该值，并将其与存储值进行比较。如果两者相等，则发送方得到验证。

哈希函数的特征是预像电阻，哈希函数在通信前后不应改变，应与前一图像一致（原始信息），第二图像电阻：哈希函数不应被实体间的内插（称为窃听器）改变，应与前一图像（原始信息）的抗碰撞性相同，并且对于任何形式的消息更改，结果都不应相同。

2. 授权

访问控制仅允许授权设备或应用程序 / 服务访问资源，例如 Web API 输入、IoT 设备、传感器或执行器数据或 URL。授权模型是安全访问控制的基本要素。标准授权模型如下：

- 访问控制列表（ACL），用于粗粒度访问控制。
- 基于角色的访问控制（RBAC），用于细粒度访问控制。
- 基于属性的访问控制（ABAC）或其他基于功能的细粒度访问控制。

访问控制服务器和数据通信网关可以集中用于控制应用程序 / 服务和物联网设备之间的访问。服务器中央控制可以在云服务器上。每个设备都可以访问服务器并将数据传送到另一台服务器。

另外，分布式架构可以：

- 请求访问服务器的每个设备和服务器授予应用程序 / 服务访问令牌。
- 请求访问服务器和服务器的每个应用程序 / 服务都为设备授予设备访问令牌。

3. 密钥交换与管理

接收方需要知道发送方消息的密钥以访问接收的数据。发送方需要知道消息响应者的密钥才能访问响应。因此，在通信身份认证码、授权命令和加密消息之前，需要交换密钥。由于每个应用程序 / 服务组件和设备数据应用程序或服务可能需要唯一且不同的密钥，因此 FC 规定了密钥管理和交换的功能。例 10.6 给出了密钥交换、加密和解密的步骤。

例 10.6

问题

显示并列出密钥生成和交换以进行身份认证和授权的步骤，然后将应用程序 / 服务消息安全地传送到设备 / 网关。

答案及解析

图 10.5 显示了使用 FC 的步骤。这些步骤用于密钥交换和管理、身份认证和授权。这些步骤遵循应用程序或服务消息到网关和设备的安全通信。

设计用于密钥交换和加密以及解密消息的用例的步骤是：

1）1 和 2：设备 / 网关 D 生成密钥 K。

2）3 和 4：应用程序 / 服务 A 生成密钥 K。

3）5 和 6：D 交换密钥 K 和 K'。

4）7 和 8：D 和 A 的身份认证和授权。

5）9：给加密算法的消息。

6）10：使用 K' 加密消息到 D。

7）11：解密算法使用 K' 对 D 解密消息。

8）12：在 D 处获取消息 M。

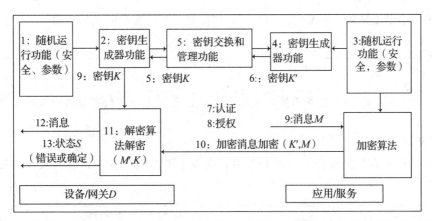

图 10.5 经过密钥交换和管理、身份认证和授权之间的步骤，然后是应用程序 / 服务消息到设备 / 网关的安全通信

9）13：状态代码发送"错误"或"确定"。根据数据交换的状态进行身份认证、授权和消息通信。

类似地，消息使用 K 在 D 处加密，使用 K 在 A 处解密。

10.5.3 消息完整性

系统设计的一个重要方面是消息完整性（数据完整性），这意味着消息保持不变。在通信过程中不应更改消息。解密后的加密数据应与加密前的加密数据相同。

消息完整性检查包括以下步骤：

- 哈希函数或摘要算法将消息 M_0 和 K 作为输入，计算 128、192 或 256 哈希值 h_0。
- 将 h_0 附加到消息末尾。
- 传输或存储 h_0。

完整性检查

完整性检查步骤如下：

1）以后随时检索 M。假设检索到的消息是 M_1。

2）将消息 M_1 和 K 作为输入，计算 128 或 192 或 256 哈希值 h_1。

3）比较 h_1 和 h_0。

4）如果 $h_1 = h_0$，则消息不变，并且完整性检查通过否则失败。

消息或数据完整性意味着在整个生命周期内保持并确保准确性和一致性。

415

10.5.4 消息不可否认性

不可否认性是指确保消息源一旦将数据传递给发送方，之后就不能否认消息是从源发送的，而且不能否认与先前发送的数据相同。这意味着数据已签名，并且无法否认在源处放置的签名。数字签名是一种确保不可否认性的方法。

该服务提供了消息来源及其完整性的证据。数字证书使用公钥基础结构来声明来源。数字签名由可信数字证书服务［可信第三方（TTP）服务］身份认证。TTP 保护私有（秘密）密钥，并发出证书，证明在私钥丢失并被其他消息源使用的情况下，消息是使用这个特定的源私钥发送的。只有 TTP 被允许作为公钥证书的存储库。

例 10.7 给出了签名，向签名消息发布数字证书和验证签名消息的步骤。

例 10.7

问题

显示并列出使用 TTP 服务的使用和签名、向签名消息颁发数字证书以及验证签名消息的步骤。

答案及解析

图 10.6 显示了 TTP 服务的使用和签名、向签名消息发布数字证书以及验证签名消息的步骤。

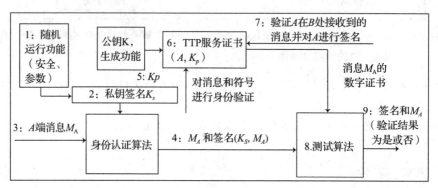

图 10.6　使用 TTP 服务和签名、向签名消息发布数字证书以及验证签名消息的步骤

设计用例的步骤是：

- 1 和 2：端 TTP 和 A 生成密钥 K_p 和 K_s。
- 3 和 4：签名生成函数 sign (Ks, M_A) 执行消息 M_A 并发送到 B 端。
- 5 和 6：K_p 发送到 TTP 服务并生成证书 (A, K_p)。
- 7 和 8：验证在 B 端接收的数字证书和消息证书，并将结果发送给测试算法。
- 9：签名和 M_A 验证是否与 B 处收到的相同。

同样，可以验证在 B 端收到的消息。

10.5.5 消息可用性

当发生拒绝服务（DoS）攻击时，消息的可用性会受到影响。这是因为源端消息（来自设备或网络或应用程序 / 服务资源的）在 DoS 上的预期目标端不可用。DoS 攻击的示例包括：

- ICMP 泛洪，它反复向目标发送控制消息，从而拒绝源端路径。
- SYN 泛洪是指攻击者使用伪造的地址发送大量 TCP/SYN 消息（数据包），并且目标重复回复 TCP/SYN 数据包（假设数据包来自实际源）。源消息的服务变得不可用，并且原始消息在目的地变得不可用。
- 对等攻击。
- 应用层消息泛洪。

可以使用针对特定类型攻击的特定方法来防止攻击。防火墙是一种防止来自不可信网络的消息攻击的方法。

温故知新

- MAC、URI 或 OID 可以用作事物、应用程序或服务的 ID。OID 包括事物的类型、类标识符和实例标识符。
- "ID 管理"是安全 FG 的 FC。
- 身份认证、授权和密钥交换和管理也是安全 FG 的 FC。
- ID 建立和身份认证是访问控制的基本要素。哈希函数或 MD5 在对该操作进行多次操作后给出不可逆的结果，而这些操作只是一种方法。哈希算法使用密钥计算哈希值 h_0 作为身份认证码的哈希值。h_0 值与另一端通信。如果数据存储的哈希值 h_1 与通信的哈希值 h_0 匹配，则发送方通过身份认证。
- 访问控制服务器和数据通信网关可以集中用于控制应用程序 / 服务和物联网设备之间的访问。授权功能授权从另一端访问一端的消息。授权模型指定粗粒度访问控制和细粒度访问控制。
- 接收方需要知道消息发送方的密钥来访问接收到的数据。发送方需要知道消息应答者的密钥才能访问响应。因此，需要在身份认证码、授权命令和加密消息通信之前交换密钥。
- 一个需求就是消息完整性，将哈希与消息一起发送可启用消息完整性检查。
- 不可否认性确保消息源一旦将数据传送给发送者，则不能否认消息是从源发送的，而且不能否认与之前发送的数据相同。数字签名功能启用签名消息。TTP 服务为消息发出数字证书，并将其保存在其存储库中。在任何时候，接收方都可以从该消息的数字证书中验证签名的消息。
- 消息可用性可确保防止 DoS 攻击，DoS 攻击可由多种原因引起，例如 TCP/SYN 泛洪。

417

自测练习

★ 1. 指定应用程序 / 服务或设备应用程序的 ID 的方法有哪些？

★★ 2. 密钥管理是什么意思？

★ 3. 列出验证两个端点传递消息的步骤。

★★★ 4. 粗粒度和细粒度授权是什么意思？

★★★ 5. 为什么身份认证不充分，需要授权才能进行消息通信？

★★ 6. 列出消息完整性检查的步骤。

★ 7. 两端为什么交换密钥？

★ 8. 不可否认性的需求是什么？

★★ 9. 写出影响消息可用性的 DoS 源。

★ 10. 列出防火墙在确保消息可用性方面的功能。

10.6　物联网安全模型、配置文件和协议

IETF 建议的草案建议使用以下五种安全配置文件的安全模型。表 10.1 给出了详细信息。

表 10.1　不同安全配置文件的安全模型

安全配置文件	用法	描述	安全模型
SecProf_0	6LowPAN/CoAP	没有安全感	没有防篡改（没有防止篡改的规定）
SecProf_1	家庭用法	没有中央设备的事物之间的操作	1）没有防篡改 2）在图层之间共享密钥
SecProf_2	管理家庭用法	事物之间的操作和本地设备 – 中心设备交互成为可能	1）没有防篡改 2）在图层之间共享密钥
SecProf_3	工业用途	事物之间的操作启用并依赖于本地或后端设备以确保安全	1）防篡改 2）密钥和进程分离
SecProf_4	高级工业用途	启用事物之间的 Ad-hoc 操作，依赖于中央设备或一组控制设备以确保安全。分布式和集中式（本地和后端）安全体系结构	1）（否）防篡改 2）在层 / 密钥和进程分离沙箱⊖之间共享密钥

418

　　有些应用程序以功能强大的设备为目标，这些设备针对的是更公开的应用程序，并且需要诸如密钥材料之类的安全参数，并且证书必须受到保护。例如，通过使用防篡改硬件。

　　共享密钥具有以下功能：

- 需要跨网络栈的设备。
- 在每个网络层提供真实性和保密性，最大限度地减少密钥建立 / 协议握手的次数，以较少的开销来处理受限制的事物，例如，具有资源限制的应用程序（例如，温度和湿度传感器）。

不同网络层的密钥分离：

- 高级应用程序所需。
- 也可能使用进程分离和沙箱将一个应用程序与另一个应用程序隔离。

Cisco 物联网安全环境框架有四个 FC：

1）身份认证

2）授权

3）网络强制策略

4）安全分析：可见性和控制

安全协议

　　开放信任协议（OTrP）是一种在可信执行环境（TEE）中管理安全配置的协议，用于安装、更新和删除应用程序和服务。

419

　　遵循 DTLS 和 X.509 安全协议的详细信息可以参考 3.2.1 节。

- DTLS（数据报传输层安全性）协议用于在使用 CoAP 或 L2M2M 客户端和服务器时进行通信的数据报期间维护隐私。它可以防止窃听、篡改或消息伪造。DTLS 协议的基础是使用传输层进行数据段通信的传输层安全性（TLS）协议。
- X.509 协议是指基于 TTP 授权的证书颁发机构颁发具有信任的数字证书。它部署了公钥基础结构（PKI）。PKI 管理数字证书和公钥加密。它是用于保证与 Web 通信的TLS 协议的子单元。

⊖　https://en.wikipedia.org/wiki/Sandbox_(software_development) [for usages of sandbox for software development].

温故知新

- IETF 草案为每个配置文件推荐了五个安全配置文件和安全模型。
- 配置文件 0，1 和 2 用于 6LowPAN/CoAP 使用、家庭使用和管理家庭使用。
- 配置文件 0，1 和 2 安全配置文件不使用防篡改功能，并且可以共享基于密钥的消息通信。
- 配置文件 3 和 4 适用于工业用途和先进的工业用途，它们使用防篡改、密钥和进程分离或沙箱。
- CISCO 建议基于身份认证、授权、网络强制策略和安全分析（可见性和控制）的安全框架。

自测练习

- ★1. 为什么 6LowPAN/CoAP 通信不需要防篡改？
- ★2. 为什么没有中央设备或中央设备通信的家庭使用需要在层之间共享密钥而没有防篡改的规定？
- ★★★3. 为什么支持并依赖于本地或后端设备的工业使用操作需要在层之间共享密钥以及密钥和流程分离？
- ★★★4. Ad-hoc 设备使用分布式和集中式（本地或后端）安全架构，来支持中央设备或控制设备在先进工业应用中的安全性。为什么 Ad-hoc 设备间的操作不需要提供防篡改，且能够在层之间共享密钥/键和分离沙箱处理？
- ★★5. 密钥共享的功能有哪些？
- ★6. Cisco 物联网安全环境框架中的四个 FC 是什么？

420

关键概念

● 攻击面	● 密钥交换	● 安全
● 身份认证	● 密钥生成器	● 安全模型
● 授权	● 分层攻击模型	● 安全层析成像
● 解密	● 分层攻击解决方案	● 签名消息
● 摘要	● 链路级安全性	● 威胁分析
● 数字证书	● 不可否认性	● 信任
● 加密	● 隐私	● 可信方证书
● 哈希	● 安全哈希算法	● 漏洞

学习效果

10-1

- OWASP 给出漏洞定义并强调了十大 IoT 漏洞。
- 物联网需要信任、安全和隐私。
- 消息隐私需求应确保消息不会到达不相关的实体，并且只能从事物到达所需的应用程序/服务。

- 安全功能包含许多物联网标准。
- OWASP 指定漏洞的攻击面区域。
- 物联网参考架构指定功能视图。功能视图具有安全功能组（FG）。在 FG 中，应用程序 / 服务和设备之间的五个功能组件是身份管理（IDM）、身份认证、授权、密钥交换和管理、信任和声誉。
- 威胁分析工具可以发现任何安全设计中的缺陷。

10-2

- 安全 FG 的 FC 需要 UML 符号用例图。
- 用例分析可以进行需求分析。用例是开发流程的许多模型和框架的关键特性。
- 用例需求示例包括启动过程保护、安全软件和固件更新、存储数据加密和完整性保护。数据存储需要防范黑客。
- 误用案例定义了不应发生的正在开发的组件所需的行为。这突出了设计新用例以防止攻击并找出不应发生的事件威胁。

10-3

- 安全层析成像技术可以快速检测复杂网络（如无线传感网）中易受攻击的部分 / 子部分。
- 安全层析成像意味着通过观察在一组复杂子系统中使用有限数量的对象或威胁的行为来查找易受攻击的部分 / 子部分。
- 事物和应用程序 / 服务之间的数据通过六层及其子层进行通信。
- 421 分层攻击者模型指定每个层的漏洞。

10-4

- 消息使用设备平台 / 应用程序 / 服务的 ID 进行通信。
- FC，安全 FG 的"ID 管理" FC 管理 ID。
- 身份认证、授权、密钥交换和管理也是安全 FG 的 FC。
- ID 建立和身份认证是访问控制的基本要素。哈希函数或 MD5 启用身份认证。
- 可以集中使用访问控制服务器和数据通信网关来控制应用程序 / 服务和物联网设备之间的访问。授权功能授权从另一端访问一端的消息。授权模型指定粗粒度访问控制和细粒度访问控制。
- 消息使用密钥进行通信。在身份认证码、授权命令和加密消息通信之前，需要交换密钥。
- 哈希算法支持消息完整性检查。
- 不可否认性确保使用签名消息时的安全性，并且发布 TTP 的数字证书用于数字证书。
- 消息可用性可确保防止 DoS 攻击，DoS 攻击可由多种原因引起。

10-5

- IETF 草案为每个配置文件推荐五个安全配置文件和一个安全模型。
- 配置文件 0，1 和 2 适用于 6LowPAN/CoAP 使用、家庭使用和管理家庭使用，配置文件 3 和 4 适用于工业用途和高级工业用途，这些使用防篡改、密钥和进程分离 / 沙箱。
- CISCO 还提出基于身份认证、授权、网络强制策略和安全分析（可见性和控制）的安全框架。

习题

客观题

在每个问题的四个选项中选择一个正确的选项。

★ 1. 加密是：（i）一个产生新数据的进程；（ii）或使用只有接收者知道的密钥生成新身份认证码；（iii）发送者和接收者不需要相互识别并知道他们将使用的密钥；（iv）使用 32 位、64 位、128 位、192 位或 256 位密钥或 MAC 地址进行加密。

    (a)（i）。
    (b)（ii）及（iv）。
    (c) 全部。
    (d)（i）、（ii）、（iii）

★★ 2. OWASP 已确定物联网应用 / 服务中的十大漏洞，包括：（i）安全网络接口；（ii）身份认证或授权不足；（iii）安全网络服务；（iv）缺乏传输加密 / 完整性验证；（v）隐私问题；（vi）不安全的云接口；（vii）不安全的移动接口；（viii）安全可配置性不足；（ix）不安全的软件或固件；（x）较弱的物理安全性。

    (a) 除（i）外的所有。
    (b) 除（i）和（iii）以外的所有。
    (c) 除（ii）和（iv）以外的所有。
    (d)（ii）至（ix）。

422

★ 3. 安全功能组件（FC）在物联网参考架构中定义，它们是：（i）身份管理；（ii）身份认证；（iii）授权；（iv）密钥交换和管理；（v）信任和声誉；（vi）物理设备安全性；（vii）安全性可配置性。

    (a)（ii）至（v）。
    (b)（ii）和（iii）。
    (c)（i）至（v）。
    (d)（ii）至（vii）。

★★ 4. 云 Web 界面攻击面区域的 OWASP 定义包含以下攻击：（i）SQL 注入；（ii）跨站点脚本；（iii）跨站点请求伪造；（iv）账户锁定；（v）用户名枚举；（v）弱密码；（vi）已知的默认凭证；（vii）传输加密；（viii）加密的个人身份信息；（PII）发送未加密的 PII；（ix）发送的设备信息泄露；（x）位置泄露；（xi）云用户数据泄露。

    (a) 全部。
    (b) 除（vii）至（xi）外的所有。
    (c)（v）至（xi）。
    (d)（i）至（v）。

★★★ 5. Microsoft 威胁分析工具 2014 分析视图显示：（i）活动状态的威胁；（ii）不活动状态的威胁；（iii）"数据存储可访问"是一种威胁。该视图还显示了：（iv）进程类别；（v）步幅类别；（vi）"spoofing"是步幅类别；（vii）"拒绝服务"类别威胁。

    (a) 除（iii）和（vi）以外的所有。
    (b) 除（iii）和（iv）以外的所有。
    (c)（ii）至（vii）。
    (d)（i）至（vi）。

★★ 6.（i）用例使用 UML 表示法；（ii）用例分析可以进行需求分析；（iii）用例是许多用于：（iv）进程；（v）API 开发的模型和框架的关键特征；（v）Oracle Unified Method（OUM）和 IBM Rational Unified Process（RUM）是使用用例的软件组件和模块开发的示例。

    (a) 除（iii）外的所有。
    (b) 除（ii）和（v）以外的所有。
    (c) 全部。
    (d) 除（iii）和（v）之外的所有情况均为真。

★ 7. 物联网中的对象标识符（OID）可以具有以下标识符：（i）URI；（ii）MAC 地址；（iii）IP 地址；（iv）事物类型；（v）类标识符；（vi）实例标识符。

    (a) 除（iv）外的所有。
    (b) 除（ii）和（iii）以外的所有。
    (c) 除（i）外的所有。
    (d)（iv）至（vi）。

423

★★ 8. 受信任的第三方（TTP）服务：（i）证明数字签名；（ii）保护私人（秘密）密钥；（iii）发出使用此特定私人（秘密）密钥发送消息的证书；（iv）与所有共享密钥；（v）只允许一个公钥证书和密钥的存储库。

    (a) 除（ii）和（iv）以外的所有。
    (b) 除（ii）和（v）以外的所有。
    (c) 除（iv）和（v）以外的所有。
    (d)（i）和（v）。

★★★ 9. 访问控制仅允许授权：（i）设备；（ii）应用程序 / 服务访问资源，例如（iii）Web API 输入；（iv）物联网设备；（v）传感器；（vi）执行器数据；（vii）URL；（viii）授权模型是安全访问控制的基本要素；（ix）粗粒授权意味着 Web 应用程序访问授权。

(a) 除 (i) 外的所有。   (b)（i）至（viii）。

(c) 除 (viii) 和 (ix) 以外的所有。   (d) 除 (vii) 外的所有。

★★ 10. 第 2 层攻击解决方案是：(i) 网络交换机被编程为在使用［(ii) 至 (iv)］期间防止内部节点攻击；(ii) DHCP；(iii) STP（生成树协议）；(iv) IP。(v) 其他控制措施可能包括 ARP 检查；(vi) 禁用未使用的端口；(vii) 当使用 LWM2M 客户端设备网关到互联网时，为了安全起见，需要为 MAS（M2M Authentication Server（M2M 身份认证服务器））做准备；(viii) 根密钥数据存储和；(ix) 设备和数据身份认证。

(a) 除 (iv) 外的所有。   (b) 除 (iv) 和 (viii) 以外的所有。

(c) 除 (v) 外的所有。   (d) 除 (ii) 和 (v) 以外的所有情况均属。

简答题

★ 1. OWASP 的重点是什么？

★★ 2. 比较信任、隐私和安全的要求。

★★★ 3. 物联网参考架构中的功能视图、功能组和功能组件的含义和种类是什么？

★ 4. 设备管理和设备数据完整性是指什么？

★★ 5. 何时以及为何进行威胁分析？

★★ 6. 密钥管理为什么很重要？

★★★ 7. 安全层析成像何时有用？

★ 8. 什么时候 SQL 注入是一个潜在的威胁？

★★ 9. 无线设备的第 1 层攻击解决方案是什么？

★★★ 10. 如何在 Web 服务中控制 Web API 的访问？

★ 11. 何时使用身份认证和授权？

★ 12. 层攻击模型与 IETF 建议的安全模板要求安全模型有何不同？

★★★ 13. 何时以及为何需要将 OTrP 用于物联网应用和服务？

★★ 14. 为什么需要物联网中的 TEE？

424 ★ 15. 什么时候使用 DTLS 和什么时候使用 X.509？

论述题

★ 1. OWASP 中定义的 DWI 和 CWI 中的攻击面区域是什么？

★★★ 2. 使用 Microsoft 威胁建模工具 2014 时，系统威胁分析期间的显示视图如何？

★★ 3. 设备与应用程序 / 服务之间的消息交换期间有哪些安全要求？

★★ 4. 为什么误用案例对安全威胁很重要？

★ 5. 误用案例如何帮助安全设计？

★ 6. 绘制一个图表，显示每层可能的攻击。以 OSI 修改的六层物联网模型为参考。

★★★ 7. 描述验证消息和不可否认的数字签名的步骤。

★★ 8. 显示消息完整性检查的步骤。

★★ 9. 描述访问授权方法。

★★★ 10. IETF 草案中规定的物联网安全模型配置文件和协议是什么？

实践题

★ 1. 在 OWASP 子项目中搜索 https://www.owasp.org/index.php/OWASP_Internet_of_Things_Project 并列出它们。

★★★ 2. 在卡内基·梅隆大学倡议中，搜索 CERT 协调中心（CERT/CC）中有关物联网设备中漏洞处理的报告结果。

★ 3. 显示路灯传感器的用例图，用于将环境光、交通密度和路灯工作状态传送到网关。

★ 4. 列出在每层的 IoT 应用程序 / 服务的攻击。

★★ 5. 为每个图层制作图层攻击解决方案。

★★ 6. 绘制并显示验证后发送加密数据的步骤。

★★★ 7. 通过图表展示身份管理的步骤。

★★ 8. 重绘图 10.5 并显示密钥交换和管理、身份认证和授权以及将消息从设备 / 网关安全地传送到应用程序 / 服务的步骤。

★ 9. 物联网工业用途的安全模型是什么？ 425

第11章 物联网业务模式和应用流程

学习目标

11-1 概述业务模式所需的构建模块，并理解业务模式中创新的重要性。

11-2 使用物联网总结价值主张和价值创造。

11-3 解释基于物联网的业务模式方案。

知识回顾

前面的章节描述了物联网/M2M在工业和商业中的应用实例。1.1.3节、1.5.2和7.6节描述了用于物流、跟踪、库存控制、销售、安全、供应链管理和许多应用的联网RFID。

1.5.3和7.7.6节讨论了联网的复杂广泛互联的无线传感网的应用。1.6.1节讨论了在广泛互联和互联网连接的M2M应用与服务中的M2M通信，例如工具、机器人、无人机、优化操作、机器控制的协调运行。

例2.3和5.8讨论了物联网架构和ATM互联网在交易费用、机器位置广告费用以及银行产品和银行服务在显示屏上的空闲状态广告中产生收入方面的应用。在例5.1、5.5、5.9和6.6中，介绍了联网的自动巧克力售货机（ACVM）及其相关的商业活动，如在不使用时显示巧克力广告、新闻、天气报告和城市活动，以及ACVM供应链维护服务和利用预测分析进行的新的商业活动。

例5.2和5.7讨论了网联车在汽车服务中心的维护和及时维修或更换零部件的问题，并使用预测性分析工具最少地访问服务中心。

5.4节讨论了具有广泛应用的商业智能、业务流程和分布式业务流程，例如汽车维护应用/服务。

7.3节讨论了IIoT（工业物联网）在制造、维护和工业中的应用。IIoT可以集成复杂的物理机械、工业和商业。

例7.8解释了IIoT技术在优化自行车制造过程中的应用。

例7.9解释了IIoT在铁路服务中心的应用，该应用使用铁轨上的联网传感器以及预测分析。

11.1　概述

物联网在不同领域有许多应用，例如物流中的 RFID 应用 / 服务、无线传感网、铁路和石油管道的预测维护、物流中的运输单元监控，工业中的机器故障检测以及基于物联网的应用和服务的部署。工业 4.0 是一种新的范例，它将实现智能互联制造，并将专注于互联的物联网和 IIoT 的使用。

商业是推动工业和技术发展的动力。本章重点介绍了业务模式的设计、模式的创新需求、模式的价值主张以及借鉴物联网和 IIoT 模式的价值创造。

以下关键术语需要了解。

应用程序或 App 是指用于应用程序的软件，例如用于创建和发送 SMS、测量和发送测量数据或接收指定发送方的消息的软件。应用程序指应用软件。App 是应用程序在设备中最常用的缩写，指在用户交互之后只执行一个特定任务。

服务意味着一种机制，可以提供对一个或多个功能的访问。服务接口提供对功能的访问。对每个功能的访问与服务描述指定的约束和策略一致。

商业智能（BI）是一个使业务服务能够提取新事实和知识，然后做出更好决策的过程。新的事实和知识来自于早期的数据处理、汇总和分析结果。

业务流程（BP）是一系列活动或一系列相互关联的结构化活动、任务或流程。BP 服务于特定目标、特定结果、服务或产品。BP 是具有交叉决策点的一系列活动的表示或过程矩阵或流程图（见 5.1 节）。

分布式 BP（DBP）是逻辑上相互关联的业务流程的集合。DBP 降低了复杂性和通信成本，并在中央 BP 系统中实现了更快的响应和更小的处理负载。DBP 类似于网关本身每组灯的控制过程分布，降低了复杂性、通信成本、响应速度和照明控制中央系统的处理负载（见例 1.2）。

DBP 管理是企业网络中 DBP 的管理。

BP 集成是 BP 的集成，可降低复杂性和通信成本，并在中央 BP 系统（例如企业系统）中实现更快的响应和更小的处理负载。

工业 4.0 可以通过以下几种方式定义：

- 工业 4.0 指的是包含许多当代自动化、数据交换和制造技术的集合术语[⊖]。
- 工业 4.0 是未来制造业部署智能工厂、机器、原材料和产品的愿景，其中互联网起着至关重要的作用[⊜]。
- 工业 4.0 是 "第四次工业革命"，利用虚拟与现实世界相结合的网络物理生产系统（CPPS）[⊜]。
- 工业 4.0 是互联制造的智能解决方案[⊛]。

接下来的部分描述了使用物联网时的业务模式和流程。11.2 节描述了业务模式和业务模式创新，11.3 节描述了价值创造，11.4 节描述了物联网的业务模式场景。

11.2　业务模式和业务模式创新

业务模式是业务中的一个概念。以下小节描述了业务流程中业务模式和业务模式创新

⊖　https://en.wikipedia.org/wiki/Industry_4.0。

⊜　https://www.youtube.com/watch?v=HPRURtORnis。

⊜　www.deloitte.com/.../ch-en-manufacturing-industry-4-0-24102014.pdf。

⊛　https://www.bosch-si.com/solutions/manufacturing/industry-4-0/industry-4-0.html）。

428 的概念。

11.2.1 业务模式

自古以来，业务模式不断发展和创新。古代模式是一种以物易物的资源交换。后来的模式是购买、增值和销售还有货币使用，"计划、采购原材料、大规模生产、分销、销售、盈利"，并且创新仍在继续。如今的业务模式考虑了许多因素，例如竞争优势、经验曲线、价值链、产品和服务组合理论、企业组织的核心竞争力和通用战略。投资组合是指两种或更多种产品或服务的混合。例如，生产简单设计到精致设计的手表和珠宝镶嵌手表。另一个例子是为汽车服务中心和石油管道提供预测分析。

文献中存在"业务模式"的几种定义和描述。业务模式可以定义为支持业务可行性的概念结构，包括其目的、目标和实现这些目标的持续计划。[一]

业务模式可以被定义为组织的抽象表示，并且该表示可以是概念的、文本或图形的，它是所有核心相互关联的架构、合作和财务安排。架构包括组织基础架构和技术架构。该表示包括现在和将来的许多活动，以及组织提供或将要提供的核心产品或服务。

"业务模式"一词是指"使用一系列非正式和正式的描述来表示业务、业务流程、战略、实践和运营流程以及包括文化在内的政策的核心方面"。

业务模式不仅可以关注财务目标，还可以关注业务可持续性或在为客户提供价值时建立企业文化。

1. 建立业务模式

业务模式的文档有许多好处，例如保持对企业目标的关注和审查操作实践。生成或处理业务模式的流行方法是使用画布，画布是用于开发新业务模式或记录现有业务模式的可视化模板。画布由 Alexander Osterwalder[二]及其同事设计和开发，是单个参考模式，其基础

429 是概念化各种业务模式的相似性概念化。

"业务模式画布"是一个包含元素的视觉图表。这些要素描述了公司或组织产品的价值主张、基础设施、客户和财务。图 11.1 显示了这个画布的九个构建模块。

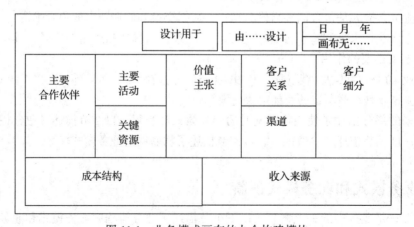

图 11.1 业务模式画布的九个构建模块

⊖ http://www.whatis.techtarget.com%20business%20model/。

⊜ A. Osterwalder, Y. Pigneur, A. Smith et al., "Business Model Generation", Wiley, 2010。

Osterwalder Business Model Canvas 有九个业务模式构建模块。三个构建模块用于业务基础架构，包括：

1）**主要合作伙伴**：竞争对手或非竞争对手之间的战略联盟，以优化运营并降低业务模式的风险。

2）**主要活动**：执行公司价值主张的关键活动。

3）**关键资源**：维持和支持业务的关键资源，以及为客户创造价值所必需的资源。资源的例子包括金融、物理、人力和智力、客户群、平台、市场和创新产品的多样化。

四个构建模块用于业务产品，包括：

1）**价值主张**：提供的产品和服务，其性能、效率、可访问性、价格、成本、便利性、可用性和设计等特性，以及它们与竞争对手的不同之处属于此类别。

2）**客户关系**：确定要与客户和目标细分市场创建的公司关系类型。

3）**客户细分**：根据提供的价值主张确定客户、细分市场、客户群和不同群体。 [430]

4）**渠道**：有效、快速、高效和具有成本效益的渠道，为目标客户提供价值主张。

两个构建模块用于业务财务，包括：

1）**成本结构**：在提供价值主张和服务时要考虑的成本组成部分，如投入的原材料、制造、维修、包装、物流、机械更换，以及运营中经济范围的考虑因素。

2）**收入来源**：确定的收入来源类型，如产品和实物销售收入、服务使用费、订购费、销售收入、公司与其客户的关系以及目标细分市场。

2. 画布格式

两种画布格式是：

1）大表面印刷的纸张，可以对业务模式元素进行草图绘制、创造、分析、理解或讨论。

2）利用基于 Web 的画布接口，可以生成元素目录、给出便于理解的创意、并进行业务模式相关的分析和讨论。

例 11.1

问题

服务的业务模式画布：建议银行使用 ATM 互联网提供银行服务的业务模式画布。

答案及解析

图 11.2 显示了画布的九个构建模块。

笔记：

1）银行公司是 ATM 制造商、安装、维护和服务公司的相互依赖的合作伙伴。原因在于，银行为客户提供的服务在很大程度上取决于他们的产品和服务，而公司的业务模式则取决于银行和银行客户。

2）当银行与其他银行建立战略合作伙伴关系以服务其他银行的客户时，可以修改模式。

3. 订阅业务模式

一种业务模式是订阅业务模式。客户定期支付访问服务或产品的费用。例如，互联网数据服务、云平台服务、数据中心服务等。客户还可以成为向提供服务的组织支付会员费的会员。例 11.2 阐明了订阅业务模式。 [431]

设计用于ABC银行	由XYZ商业 顾问设计	日dd月mm年yy
		画布无xxxxxxx.

主要合作伙伴	主要活动	价值主张	客户关系	客户细分
（a）银行和（b） ATM制造商、 安装、维护 和服务公司	向客户和银行提供 现金分散服务，如余 额查询、支票簿请求	远程现金分散 和银行服务，如 住宅区、市场、 商场、办公室、 机场、火车站和 经常访问的地方	银行声誉、运营 效率、服务人员等	居民雇员、 企业、学生、 旅行者
关键资源 （a）银行应用程序/服务软件； （b）24×7互联网、服务器和操作人员； （c）数据中心； （d）现金和物理机械（ATM、CCTV、 灯具、电源）的24×7维护和安全服务和 保安			渠道 向银行客户发放 ATM卡、银行服务 广告等	

成本结构	收入来源
软件、机器、闭路电视、电源、 电力、安装、维护和安全、互联网、 服务器、数据中心、操作人员服务	（a）ATM服务年费； （b）安装地点和机器桌面的广告费

图 11.2   使用 ATM 互联网提供银行服务的业务模式画布

例 11.2

问题

为路灯的互联网和运营服务的控制提供一个业务模式画布。

答案及解析

图 11.3 显示了用于路灯互联网的画布的九个构建模块以及最少用电的操作控制。

设计用于路灯 互联网服务	由工业物联网 产品设计 公司设计	日dd月mm年yy
		画布无xxxxxxx.

主要 合作伙伴	主要活动	价值主张	客户关系	客户细分
路灯服务	以最少的用电量控制路 灯的运行	针对路灯、安 装、网关服务器 和中央服务器的 节能控制和高效 24×7服务	公司高效可靠 服务的声誉	智慧城市服务 公司或市政公司
关键资源 （a）周围光线强度、交通状况和密 度、路灯功能状态的传感器数据； （b）路灯服务和控制软件的互联网； （c）24×7互联网、网关、服务器； （d）云或数据中心维护服务			渠道 无	

成本结构	收入来源
路灯、安装、网关服务器和中央服务 器的交钥匙安装、操作和维护	市政公司的年度订购，交通信号和控制服务的订购， 以及街灯安装的广告商订购

图 11.3   订阅业务模式画布，用于提供路灯互联网服务，并以最少的用电量控制运营

4. 定制业务模式

一种业务模式是定制业务模式。每个客户都支付产品 / 服务的定制费用，也可以在产品使用培训和进一步改进之后一次性或分期付款。例 11.3 显示了一个定制业务模式。

432

例 11.3

问题

为基于互联网的铁路预测分析和维护计划提供定制的业务模式画布。

答案及解析

图 11.4 显示了画布的九个构建模块，用于定制基于因特网的铁路预测分析和维护计划。

设计用于 基于互联网的铁路预测分析和维护计划		由工业物联网 产品设计 公司设计	日dd月mm年yy	
			画布无xxxxxxx.	
主要合作伙伴 铁路维护服务	**主要活动** 利用超声波传感器网络进行铁路故障检测、预测分析、维护调度	**价值主张** 定制可靠性，用于24×7传感系统，并维护传感器网络、网关服务器、中央服务器和操作	**客户关系** 高效可靠的服务	**客户细分** 铁路维护服务
关键资源 　超声波传感器网络、互联网、描述性规范和预测分析软件			**渠道** 无	
成本结构 　传感器安装、网关服务器、中央服务器、软件开发和维护的交钥匙安装、操作和维护			**收入来源** 　软件和硬件维护的定制费和年费	

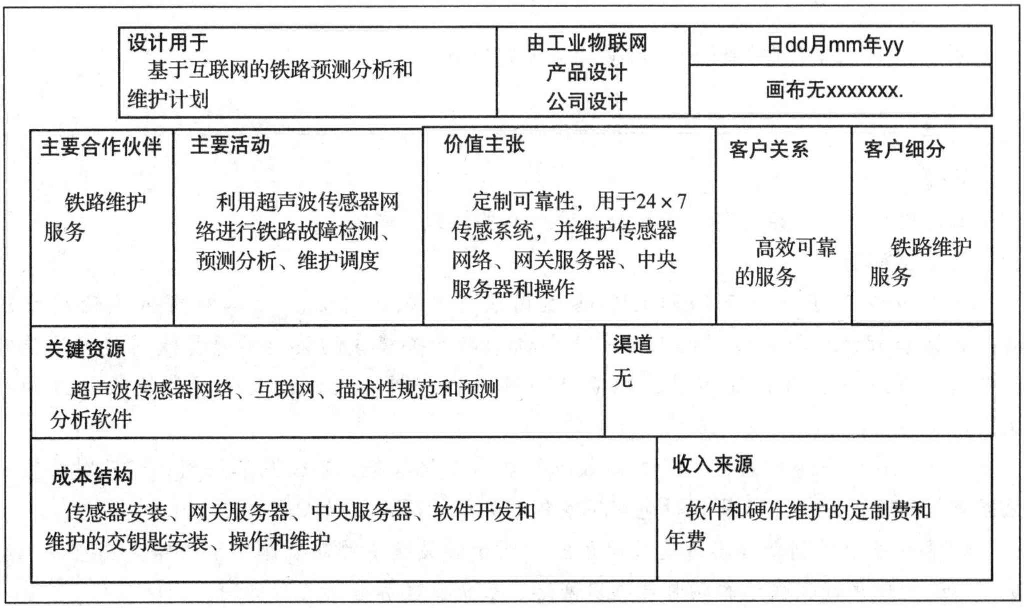

图 11.4　定制业务模式的画布提供基于因特网的铁路预测分析和维护计划

11.2.2　业务模式创新

业务模式创新是指发展新的独特概念，支持一个组织的财务可行性，包括其使命以及实现这些概念的过程。业务模式创新的主要目标是通过提高产品价值来实现新的收入来源以及如何将产品交付给客户[⊖]。

433

业务模式需要创新，因为：

- 新的业务访问途径和与客户的直接互动已经形成。访问变得快速而简单。由于互联网的使用，新的通信渠道变得更快，功能更强大，电脑、移动通信和云计算的成本更低。
- 以更低的成本进行直接互动需要修改早期部署的营销渠道以吸引客户。客户还可以获得更快速的多渠道信息访问和更好的搜索选项。
- 商业交易变得更容易，而且部分实现了自动化。客户信息已成为宝贵的资产。

⊖　http://searchcio.techtarget.com/definition/business-innovation。

- 在新的竞争环境下，随着 ICT 的广泛应用，需要制定新的价格模型。
- 以客户为中心的分散式模式正在建立，因此，业务模式必须以客户为中心。该模式应具有灵活的价值链，可根据不同的客户要求快速做出反应。
- 更快地推出新产品和新的产品组合策略，为客户提供更好的搜索选项。

434

早期业务模式将创新视为互动维度。现在已转移到创作维度。

业务模式创新正在成为成功企业的决定性因素。五个创新驱动因素（Capgemini 咨询公司）是：

1）从客户参与的一开始，就为客户提供就近生产单位的快速配送和本地销售。
2）收入来自新销售而不是维护。
3）分散的生产和服务。
4）客户贡献、开源设计和采购。
5）大幅削减资本开支。

例 11.4 显示了物联网的使用带来业务模式创新。

例 11.4

问题

如何使用物联网为铁路分析和维护带来业务模式创新？

答案及解析

图 11.4 显示了基于互联网的铁路预测分析和维护计划。此示例显示了使用物联网、数据分析和可视化技术的业务模式创新。新业务模式的关键资源是使用超声波传感器网络、互联网、进行描述性、规范性和预测性分析的软件以及使用切块和切片的可视化。

在此之前，业务模式包括传感器数据的非自动化收集、不使用互联网，以及对收集的数据进行描述性分析，以及分析先前观察到的故障间隔以设计维护计划。

新的业务模式创新标志着通过使用图中所示的关键资源向创造维度的转变。新技术和通信渠道的使用提供快速的实时传感器网络、数据收集和分析。

温故知新

- 业务模式是可以以多种方式定义的概念。Web 源将业务模式定义为组织的抽象表示。该表示可以是概念性的、文本的或图形的，适用于所有核心相互关联的架构、合作和财务安排。架构包括组织基础架构和技术架构。该表示包括现在和将来的许多活动，以及组织提供或将要提供的核心产品或服务。
- 亚历山大·奥斯特瓦尔德（Alexander Osterwalder）和他的同事的业务模式画布是一种流行的生成或处理业务模型的方法。它可以用作开发新的或记录现有的业务模式的可视化模板。画布是由九个构建模块组成的可视化图表——关键合作伙伴、关键活动、关键资源、价值主张和客户关系：客户细分、向目标客户交付价值主张的渠道、成本结构和收入流。
- 业务模式画布示例：路灯互联网、基于互联网的铁路传感和基于预测分析的维护计划。

- 业务模式创新是指发展新的独特概念，支持一个组织的财务可行性，包括其使命以及实现这些概念的过程。
- 业务模式创新必须在新时代从互动维度转向创造维度。

|435|

自测练习

★1. 业务模式的含义是什么？

★★2. 业务模式有哪些好处？

★★3. 奥斯特瓦尔德建议的业务模型画布的构建模块是什么？

★4. 例 11.2 中的路灯互联网的关键资源有哪些？

★5. 参考例 11.2 中与交通信号和控制服务相关联的业务模式创新，路灯互联服务的收入流是什么？

★★6. 在铁路维护实例 11.3 中，传感器网络的定制业务模型的收入流是什么？

★7. 业务模式创新指什么？

★★★8. 列出并解释 Capgemini 咨询公司推荐的五个创新驱动因素。

11.3　物联网中的价值创造

价值主张意味着生产产品，或者提供平台和服务。例如，在货物跟踪服务中使用 RFID 就是一种价值主张。价值创造意味着根据互联网上的 RFID 通信的感知 ID、数据分析、数据可视化以及移动通信，创建"智能跟踪和物流服务"，用于向接收方提供 SMS 和向发送方发送确认[⊖]。

价值创造是一种由颠覆性媒体（互联网）带来的关系扩展以及由此产生的新行为。

价值创造是所有商业模式的核心，它涉及开展提高公司产品或服务（产品）价值的活动，并鼓励客户的支付意愿。

使用物联网创造价值的特征包括：

- 物联网可以使用预测分析解决紧急需求和实时需求。

|436|

- 信息融合为当前产品创造了新的体验。信息可以提供创新服务。
- 物联网可以提供可以使用互联网（例如 Wi-Fi）更新的产品和服务，并为产品创造协同价值。
- 物联网可实现价值捕获，从而实现经常性收入。
- 添加个性化和上下文，并使用联网的产品和服务。
- 更快的生态系统功能，多个公司之间建立松散的关系，或者与大公司建立关系。

价值链意味着价值创造的一系列行动。物联网价值链的基础是使用 API 为传感器/传感器网络/M2M 数据或从多个信息源收集的数据。该链包括使用 Web API、开放数据、来自移动服务网络和公司数据库的数据的操作。

图 11.5（a）展示了生产/制造驱动的价值链中的价值主张。图 11.5（b）显示了在生产/制造/服务中使用信息驱动的物联网价值链部署价值链的价值创造。数字反映了两者之间的类比。

⊖　https://hbr.org/2014/07/how-the-internet-of-things-changes-business-models。

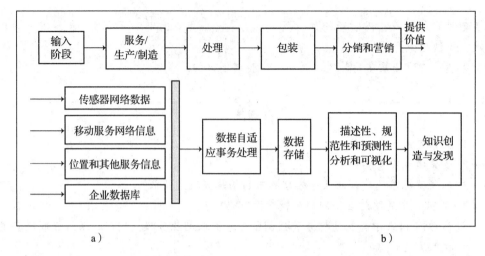

图 11.5   a) 生产 / 制造驱动的价值链中的价值主张；b) 在生产 / 制造驱动的价值链中使
用信息驱动的物联网价值链创造价值

例 11.5

问题

假设在例 11.2 中的图 11.3 中，画布表示业务模型，那么路灯网络如何创建价值、扩
展关系并帮助创建新行为？

答案及解析

该网络创造的价值是实时节能的街道照明和控制系统。该模型的关键资源是智能路
灯，传感器网络关于周围光强度、交通状态和密度、路灯功能状态的数据。通过分析交通
数据，可以在附近没有车辆的情况下关闭路灯。

传感器网络数据扩展了与城市中的交通信号和控制服务的关系。这种关系创造了一种
新的行为。交通信号和数据网络链接，交通信号和控制服务，控制城市路径交叉点的信号
系统。该服务还可以生成 GPS 导航和城市驾驶的交通密度报告。

来自链接服务的订阅为路灯服务公司带来额外收入。

温故知新

- 价值创造是由颠覆性媒体（互联网）带来的关系扩展以及由此产生的新行为。
- 创造价值涉及开展提高公司产品或服务（产品）价值的活动，并鼓励客户的支付意愿。

自测练习

★1. 写出价值主张和价值创造的定义。
★2. 列出使用物联网创造价值的功能？
★★3. 信息如何实现创新服务？
★★★4. 解释使用信息驱动的物联网价值链创造价值与使用图 11.5a 和 b 中的生产、制
造驱动价值链之间的类比。

11.4　物联网业务模型场景

传感器、M2M、传感器网络数据和使用 Web API 的数据用于多个信息源数据，开放数据、移动服务网络信息数据、公司数据库和知识数据库用于输入阶段。来自多个源和服务的数据是物联网业务模型方案中的关键资源。

实时监控应用程序用于维护时序、预测性维护及故障或异常检测。实时 M2M、物联网传感器和传感器网络数据可用于生成事件和监控系统。在服务、生产以及维护期间，可以进行实时的异常和故障检测。事件分析可以深入了解业务流程和分布式流程，从而对流程实现简化和优化。

图 11.6 展示了使用物联网进行维护时序、预测性维护及故障或异常检测的实时监控方案。

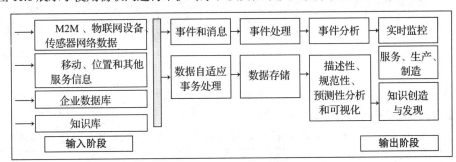

图 11.6　使用物联网实时维护时序、预测性维护或故障或异常检测中的实时监控场景

IIoT 部署了与生产过程所有部分的连接：机器、产品、系统以及使用云和大数据技术的人员。机器和产品进行通信，从而管理自己和彼此。因此，基于软件的系统和服务平台、数据分析以及可视化，会在未来的制造过程中发挥重要作用⊖。

例 11.6

问题

IIoT 如何部署与生产过程的所有部分－机器、产品、系统的连接？机器和产品如何进行通信，从而在汽车模型组合的制造中使用数据分析和可视化来进行自己管理？

答案及解析

图 11.7 展示了汽车的协调制造和生产流程，包括分析和可视化、销售服务、客户反馈和维护中心信息。

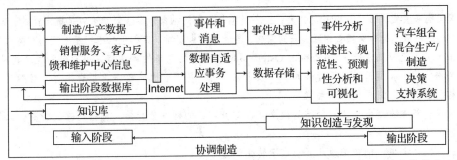

图 11.7　汽车的协调制造和生产流程，包括分析和可视化、销售服务、客户反馈和维护中心信息

当客户选择或销售数据改变特定的汽车模型时，制造单位会改变投资组合。

⊖　https://www.bosch-si.com/solutions/manufacturing/data-analytics/manufacturing-analytics.html。

工业 4.0 是第二次工业革命，其中 IIoT 是重要组成部分。工业 4.0 将广泛部署 IIoT 并将改变制造业[一]。

温故知新

- 基于物联网的业务模型场景在输入阶段使用传感器、M2M、传感器网络数据以及 Web API 的数据，并用于多个信息源数据、开源数据、移动服务网络信息数据、企业数据库和知识数据库。
- 来自多个来源和服务的数据是物联网驱动价值链业务模型场景中的关键资源之一。
- 使用 M2M 数据以及销售、客户和维护服务数据，并使用分析和可视化、销售服务、客户反馈和维护中心信息，可以协调汽车组合的制造和生产过程。

440

自测练习

★1. 基于物联网的业务模型方案与早期方案有何不同？

★★2. IIoT 如何促进协调制造？

★★★3. 互联网上的 IoT 和多种数据通信源有何利用价值？分析和可视化有何作用？

关键概念

- 业务模式
- 业务模式画布
- 业务模式创新
- 协调制造
- 成本结构
- 客户关系
- 客户细分
- 工业 4.0

- RFID 互联网
- 路灯互联网
- 主要活动
- 主要合作伙伴
- 关键资源
- 知识创造
- 投资组合
- 预测分析

- 实时监控
- 收入流
- 传感器网络
- 订阅业务模式
- 价值链
- 价值创造
- 价值主张
- 可视化

学习效果

11-1

- 业务模式有多种定义方式。Web 定义声明业务模型是组织的抽象表示。表示可以是概念性的、文本的，或是图形的。表示是所有核心相互关联的架构、合作和财务安排。架构包括组织基础架构和技术架构。
- 亚历山大·奥斯特瓦尔德（Alexander Osterwalder）和他的同事的商业模式画布包括九个构建模块：关键合作伙伴、关键活动、关键资源、价值主张、客户关系、客户细分、渠道，为其目标客户的成本结构，以及收入流提供价值主张。
- 业务模式创新意味着发展新颖独特的概念，以支持组织的财务可行性，包括明确其任务，以及实现这些概念的过程。
- 在新时代，业务模式创新必须从互动维度转向创造维度。

11-2

441 - 价值创造是由颠覆性媒体（互联网）带来的关系扩展以及由此产生的新行为。

[一] www.zdnet.com/article/industry-4-0-its-all-about-information-technology/)。

- 创造价值涉及开展提高公司产品或服务（产品）价值的活动，并鼓励客户的支付意愿。
- 物联网驱动的价值链使用传感器网络数据、Web 服务数据、多源数据和分析以及知识发现工具来增加链中的价值。

11-3

- 基于物联网的业务模型场景使用传感器、M2M、传感器网络数据和使用 Web API 的数据用于多个信息源数据。开放数据、移动服务网络信息数据、公司数据库和知识数据库用于输入阶段。
- 来自多个来源和服务的数据是物联网驱动价值链业务模型方案中关键资源的一部分。

习题

客观题

在每个问题的四个选项中选择一个正确的选项。

★ 1. 业务模式是：（i）一种抽象表示；（ii）组织的财务代表。

表示可以是：（iii）概念；（iv）文本；（v）基于元数据或（vi）图形。

表示的设计是针对：（vii）选定的核心相互关联的架构、合作和财务安排。

表示包括：（viii）核心产品；（ix）未来产品或服务。

（a）（i）和（vi）正确。　　　　　　　（b）除（i）、（ii）和（vii）以外的选项均正确。

（c）除（ii）和（vii）以外的选项均正确。　（d）（iii）至（viii）正确。

★ 2. 业务模型画布是由以下构建模块组成的可视图表：（i）关键合作伙伴；（ii）关键活动；（iii）关键资源；（iv）价值主张；（v）客户关系；（vi）客户细分；（vii）向其目标客户提供其价值主张的渠道；（viii）成本结构；（ix）预期利润；（x）收入流。

（a）（i）至（ix）正确。　　　　　　　　（b）除（i）外的所有选项均正确。

（c）除（ii）和（vii）以外的选项均正确。　（d）（i）至（viii）及（x）正确。

★★ 3. 使用物联网创造价值的特征是：

（i）物联网可以使用预测分析解决紧急需求和实时需求。

（ii）信息融合为当前产品创造了新的体验。信息提供创新服务。

（iii）物联网可以提供可以使用互联网（例如通过 Wi-Fi）更新的产品和服务，并为产品创造协同价值。　442

（iv）物联网可实现价值捕获，从而实现经常性收入。

（v）可以为物联网系统添加个性化和上下文，并使用网络产品/服务。

（vi）更快的生态系统功能，多个公司之间建立松散的关系或与大公司建立关系。

（a）（i）、（iii）、（iv）错误。　　　　　　（b）所有选项均正确。

（c）只有（v）和（vi）正确。　　　　　　（d）除（ii）外均正确。

★★ 4. Capgemini Consulting 的创新驱动因素包括：（i）快速交付和本地销售的客户邻居生产单位；（ii）客户反馈；（iii）新销售收入而非维护收入；（iv）分散生产和服务；（vi）客户贡献、开源设计和采购；（vii）显著减少资本支出。

（a）除（ii）外的选项均正确。　　　　　（b）除（iii）外的选项均正确。

（c）除（iv）外的选项均正确。　　　　　（d）所有选项均正确。

★★★ 5. 使用信息驱动的物联网价值链创造价值包括以下一系列行动：（i）输入位置和其他服务数据；（ii）传感器输入数据、M2M 和传感器网络数据；（iii）事件和消息；（iv）数据适应、组合和事务处理；（v）事件处理；（vi）数据存储；（vii）描述性、规范性和预测性分析；（viii）使用切片和切块的；（ix）数据可视化；（x）知识发现。

（a）（i）至（viii）正确。　　　　　　　（b）除（i）、（iv）和（v）以外的选项均正确。

(c) 除（x）外的选项均正确。　　　　　　（d）全部选项均正确。

★★6. IIoT 中可以部署：（i）连接到生产过程的所有部分；（ii）机器；（iii）产品；（iv）系统；（v）人。IIoT 业务场景（vi）使用云和大数据技术。机器和产品进行通信，从而（vii）通过远程控制进行管理。IIoT 业务场景使用（viii）基于软件的系统和；（ix）服务平台。说法正确的选项有哪些？

（a）除（ix）以外的所有选项均正确。　　　（b）除（vii）外的所有选项均正确。

（c）除（vi）外的所有选项均正确。　　　　（d）除（v）外的所有选项均正确。

简答题

★1. 业务模式概念代表什么？

★★2. ATM 互联网的收入来源是什么？

★★★3. 为什么业务模式中的创新是必要的？

★4. 业务模式画布中的商业金融构建模块有哪些？

★5. 订阅业务模式在什么情况下有用，什么情况下用途受限？

443　★6. 价值主张、价值创造和价值链的含义分别是什么？

★★7. 列出使用物联网创建价值的功能。

★8. 制造业务模式所驱动的价值链和 IoT/M2M 设备数据和来自多个来源的信息所驱动的价值链的阶段是什么？

★★9. IIoT 的使用出现了哪些新的业务场景？

★★★10. 工业 4.0 时代将如何广泛使用 IIoT，进而协调产品制造和知识共享？

论述题

★1. 通过图表展示出商业模型画布的九个构建模块。

★★2. 例 11.1 中用于使用 ATM 上网提供银行服务的商业模式画布的构建模块有哪些？

★★★3. 解释订阅商业模式的画布，使用路灯的互联网提供路灯服务的互联网，并以最少的用电量控制运营。

★★4. 为什么商业模式需要创新？

★5. 价值链的意义是什么？通过绘制物联网数据驱动、事件和消息驱动，以及信息驱动价值链的一系列操作来解释。

★★★6. IoT 如何在业务场景中实现服务、生产、制造及实时监控和维护计划？

实践题

★★1. 在例 5.2 和例 5.7 中，使用预测分析为汽车服务中心的服务绘制用于互联网汽车的商业模型画布，以进行维护。

★★★2. 在例 5.1 中使用预测分析的自动巧克力自动售货机（ACVM）和供应链维护服务以及业务活动的互联网链中，成本结构和收入流分别指什么？

★★3. 使用物联网设备数据、M2M 数据和预测分析可以实现哪些新的业务创新？

★4. 绘制一个图表，展示路灯的因特网中的输入阶段、价值链和输出阶段（如例 11.2 所示）。

★★★5. 假设一个连接至网络的巧克力自动售货机（ACVM）链遍布整个城市（见例 5.1）。每个 ACVM 都提供消费者选择的巧克力，即五种口味中的一种。消费者根据价格投入适当数量的硬币，并选择巧克力。显示单元用于展示用户界面，并在消费者选择巧克力时进行用户交互。ACVM 还会在闲时展示新闻、天气预报及广告等信息。每个 ACVM 都连接到因特网以进行管理和服务。概述

444　ACVM 的互联网如何创造价值，扩展关系并帮助在商业模式中创造新的行为。

★★★6. 解释图 11.7。制造和生产过程如何协调分析和可视化、销售服务、客户反馈和维护中心信息的使用？

第 12 章 物联网案例

学习目标

12-1 检查设计复杂度级别并使用互联的平台即服务（Platform-as-a-Service，PaaS）云加速 M2M、IoT 和 IIoT 应用和服务的设计、开发和部署。

12-2 熟悉用于 IoT/IIoT 核心业务领域（建筑监控、供应链监控和客户监控）的符合全球趋势的设计方法。

12-3 结合特斯拉的例子介绍一个新概念——网联车。

12-4 用示例总结智能家居、智慧城市、智能环境监测和智慧农业的物联网应用设计方法。

12-5 以"智慧城市路灯控制与监控"为例，提出物联网项目设计新的挑战。

知识回顾

IoT/M2M/IIoT 应用示例：

第 1 章到第 11 章描述了一些物联网的应用——智能伞网，联网路灯，联网 RFID，无线传感网，可穿戴手表、智能家居和智慧城市等联网项目，联网 ATM，联网全自动巧克力售货机（Automatic Chocolate Vending Machine，ACVM），网联车服务中心，优化自行车制造工艺的工业物联网技术，在铁轨上使用联网传感器并部署工业物联网预测分析的铁路维修和服务中心，利用销售服务、客户反馈和维护中心提供的信息，通过互联网协调制造和生产流程。

IoT/M2M 通信协议：

第 3 章介绍了设备、网络域和层的连接框架，以及连接设备如何使用 CoAP、LWM2M、XML、消息队列、MQTT、XMPP、SOAP、RESTful HTTP、WebSocket 和其他协议将 Web 连接到服务、应用程序和进程。

第 4 章介绍了互联网通信协议和应用层端口协议。

应用和服务中的 IoT/M2M 数据处理和分析：

445

第 5 章介绍了数据获取、验证、组织、处理、分析、可视化、业务流程、智能化处理、知识发现和知识管理等术语。

在物联网项目开发和部署中使用云 PaaS 进行设计：

第 6 章介绍了基于云的服务模型，并以 PaaS 作为开发平台。

设计具有传感器、执行器、总线通信协议、RFID 和 WSN 的嵌入式设备：

第 7 章介绍了传感器技术、模拟和数字传感器、执行器的使用，在总线、端口和接口（UART、I2C、LIN、CAN、USB 和 MOST）上使用数据通信协议，以及 RFID 和 WSN 的技术。

使用 Arduino、Raspberry、Intel Galileo、Edison、mBed 等开发板和 IDE 设计嵌入式设备：

第 8 章描述了嵌入式设备的硬件和软件，流行的嵌入式设备平台（Arduino、Intel Galileo、Edison、树莓派、BeagleBone 和 mBed），用于 IoT 和 M2M 原型设计的移动设备和平板电脑。

使用 IDE、IoT 栈、在线组件和 API 开发物联网软件：

第 9 章介绍了使用 IDE 开发软件组件的方法。9.3 节描述了用于数据获取、验证、通信和网关软件组件开发的 Eclipse IoT 栈。9.4 节描述了进行消息交换的在线组件 API、Web API 和 WebSocket API，这些组件在嵌入式设备和服务器/云上的应用程序/服务之间使用。

物联网安全和隐私配置软件要求：

第 10 章描述了物联网漏洞、安全要求、隐私和安全威胁的分析方法、使用和误用案例方法，以及访问控制、消息完整性、不可否认性和可用性的实际问题。10.6 节描述了物联网的安全模型。

446

12.1　概述

物联网项目设计涉及原型设计。由于数据通过若干层进行通信、处理和分析，因此在项目设计中使用了多种技术（如图 1.2 至图 1.5 所示）。在对原型系统进行测试、模拟和调试，并达到令人满意的效果之后，再规划物联网系统的生产。

以下是研究物联网系统项目案例时需要理解的关键术语。

服务（service）是指一个相关软件功能/组件的集合，该集合可被重用于一个或多个目的，允许提供对一个或多个功能的访问。服务的接口提供对功能的访问，对每个功能的访问都与服务描述所指定的约束和策略相一致。服务功能的示例包括提供安全性、银行交易、设备 ID 管理以及设备和车辆跟踪。

Web 服务（Web service）是指使用 Web 协议、Web 对象和 WebSocket 的服务。例如，位置、天气报告、交通密度报告和路灯监控服务。

云计算（cloud computing）是通过互联网提供计算存储、软件和基础设施功能的服务集合，例如提供连接系统的服务，以及支持分布式、网格和效用计算。

PaaS 是一种服务模型，在该模型中，平台可按需提供给开发人员应用程序、服务和流程。PaaS 开发的应用程序、服务和流程在计算平台执行，数据存储和分布计算节点可通过互联网按需提供。根据开发人员的需求，平台、网络、资源、维护、更新和安全性由云服务提供者负责。

服务的示例，比如通信管理功能，部署服务器用于从设备代理、各种源和设备数据存储、大数据存储、服务器数据、DBMS 管理功能、事件处理、消息缓存和路由、OLTP、OLAP、IoT/M2M 和其他应用程序 / 服务 / 业务流程的数据分析、智能化和知识发现处发送和接收消息

云互联设备平台（cloud-connected device platform）是指用于设备连接、控制、监测、应用、服务等功能的云服务平台。

云互联通用平台（cloud-connected Universe Platform，CUP）是指一个云服务平台，用于多源数据、系统数据和设备连接，具有控制、监测、应用、服务等功能。CUP 提供了多种功能、访问连接的设备和数据源，例如客户、移动应用程序和社交网络。 447

设备代理（device agent）是指向部署服务器（企业、应用程序和云服务器）提供报告和实时信息的软件。代理还指用于控制安装在设备 / 移动设备上的软件。代理与控制部署服务器通信，并执行从服务器接收的指令。

多租户平台（multi-tenant platform）是指可供多个开发人员、公司和服务部署使用的平台。该平台根据使用 / 提供的服务收取费用。

域无关平台（domain agnostic platform）是指几乎可以在任何业务域上运行和提供服务的平台。

预测分析（predictive analytics）是一种先进的分析技术，用于回答问题——将会发生什么？答案是基于对高级描述分析、数据可视化和其他方法的输出和结果的解释。例如，Caterpillar 公司在全球范围内运行着 300 多万台设备。通过互联网对机器数据进行预测分析，并向 Caterpillar 服务和维护中心报告故障⊖。其他示例包括（i）从沿着石油管道放置的传感器积累的数据中预计故障；（ii）网联车中嵌入式传感器数据的预测组件故障；（iii）根据客户行为变化和喜好提前规划生产和物流。

数据可视化（data visualisation）是指在仪表板、信息图表和其他应用程序上检查和查看分析、智能或知识的过程的结果。可视化可用于数据片段（见 5.5.1 节和例 5.10）。

信息图（infographic）是指信息、数据和知识的图形化表示，可以轻松查看和使用，并清晰地表示出视图、趋势和模式⊜。

自动化仪表板和信息图（automated dashboard or infographic）是指通过软件创建仪表板和信息图，例如分析和业务流程。

网联车（connected car）是指配备有互联网接入功能的汽车，通常还配有 WLAN。车内和外部的设备共享互联网接入，还配备了可以接入互联网和 WLAN 的特殊技术，为驾驶员提供额外的功能。McKinsey 对网联车的另一个定义是"一种利用车载传感器和互联网连接，优化自身的运营和维护以及乘客的便捷性和舒适性的汽车⊜"。 448

R 是一种统计计算、图形语言和环境，包括统计线性和非线性建模、时间序列分析、统计测试、分类和聚类。

⊖　http://www.caterpillar.com/en/news/caterpillarNews/。

⊜　https://en.wikipedia.org/wiki/Infographic。

⊜　mhttp://www.mckinsey.com/industries/automotive-and-assembly/our-insights/whats-driving-the-connected-car and http:// www.autoconnectedcar.com/2014/04/152-million-connected-cars-in-2020-with-14-5-billion-in-revs-very-big-data/。

并发版本系统（Concurrent Versions System，CVS）客户端是一个软件客户端，用于开发软件的版本控制。客户端跟踪一组文件中的所有工作和所有更改，这些文件允许开发人员之间相互协作，在空间和时间上是分开的。

Git 客户端（Git client）是一个内置的开源 GUI 工具，用于浏览和向服务器发送响应请求。Git-client 用户可获得特定平台的体验，例如 Windows 体验。

PyDev 是指在 Python、Jthyon 和 IronPython 中开发 Eclipse 代码的 Python IDE。

无线编程（Over-The-Air Programming，OTP）是指当嵌入式软件电路的功能需要修改时，通过无线收发器对程序内存进行重新编程。例如，用于扩展功能以及安装程序的新版本和路径。

低功率广域网（Low Power Wide Area Network，LPWAN）是一种无线通信网络，它允许在无线传感网和电池驱动传感器等连接对象之间以较低的比特率进行远程通信。LPWAN 中包含许多标准。例如，用于连接实物的 LTE 增强版机器类型通信标准（LTE Advanced for Machine Type Communications，LTE-MTC），以及 2015 年发布的 LoRaWAN（低功率和范围 WAN）规范。WAN 代表广域网。

IFTTT 是指来自 IFTTT[○]公司的免费 Web 服务。它的名称来源于服务，该服务使服务用户能够创建一组称为 applets 的连续条件语句（If This Then That）来触发其他 Web 服务的改变（如 Facebook，Twitter，Gmail）。Web API 控制这些操作。触发器对应于 "this"，操作对应于 "that"。触发器可以为操作提供要素（基本数据，如图片和电子邮件发件人地址、主题、正文、附件、接收日期）。操作任务可以是社交网络上交流的内容。目前，IFTTT 操作系统版本是 Android 4.1 和 iOS7 以上版本，可以使用移动电话和平板电脑实现智能家居控制和自动化等服务。

12.2 节描述了使用联网的平台即服务（Platform-as-a-Service，PaaS）云加速 M2M、IoT、IIoT 应用程序和服务设计，开发和部署的设计复杂度级别和设计方法。12.3 节描述了 IoT/IIoT 开发平台在全球趋势中的应用，包括建筑、供应链、客户和产品监测领域。12.4 节以特斯拉为例，描述了一个新概念"联网汽车"。12.5 节使用说明性示例描述了智能家居、智慧城市、智能环境监测、智慧农业和智能生产的物联网应用方法。12.6 节描述了智能城市项目中智能路灯的案例研究。

12.2　设计层、设计复杂度和使用云 PaaS 进行设计

物联网原型开发人员分阶段设计项目。设计具有不同层次的复杂度。设计方法使用连接设备 PaaS 或连接的全局 PaaS。

以下小节描述了开源工具和联网的 PaaS 的原型设计阶段、复杂度和用途。

12.2.1　开发和部署期间的设计层和阶段

公式 1.1 概念性地描述了一个简单的物联网系统，例如，智能伞网。该系统包括物理对象、传感器、执行器、控制器以及连接到 Web 服务和移动服务提供商的互联网。

系统需要设计以下几层：

第 1 层：物理对象、传感器和执行器。

第 2 层：内联网、互联网和移动服务提供商。

第 3 层：控制器 / 监测器。

○ https://en.wikipedia.org/wiki/IFTTT。

公式 1.2（如图 1.5 所示）概念化了 Oracle 体系结构模型。物联网系统或产品需要在传感器或其他数据源的数据采集与数据组织和分析之间的以下层进行设计。

第 1 层：收集。

第 2 层：增强 + 流。

第 3 层：管理。

第 4 层：在服务器、云和组织中获取。

第 5 层：分析 + 智能化。

公式 1.3（如图 1.3 所示）概念化了 IBM 框架。物联网系统或产品需要在传感器或其他数据源、分析和智能之间的以下层进行设计。

第 1 层：收集。

第 2 层：合并。

第 3 层：连接 + 聚集。

第 4 层：组装。

第 5 层：管理，分析。

第 6 层：企业集成、复杂应用集成和 SOA。 |450|

图 7.9 显示了四个数据源参与复杂的物联网系统和产品的过程。物联网系统和产品需要从下几个阶段进行设计：

阶段 1：通过传感器和数据源（如 CRM、ERP 和社交媒体源）之间的协调过程，从单一组和集体组收集数据。

阶段 2：数据捕获、合并、连接 + 收集。

阶段 3：数据合并。

阶段 4：连接、数据处理和验证。

阶段 5：分析和数据可视化。

阶段 6：应用、服务。

阶段 7：应用集成和 SOA。

图 7.10 描述了参与复杂工业物联网系统和产品的传感器和数据源组（如 CRM、ERP 和社交媒体源）。物联网系统和产品需要设计的阶段如下：

阶段 1-9：工业物联网工业流程以及使用传感器和数据源组（如 CRM、ERP 和社交媒体源）进行数据采集、聚集、整合。

阶段 10：连接、收集和数据处理。

阶段 11：分析和数据可视化。

阶段 12：应用和服务。

图 11.5 描述了一个复杂的物联网系统，其中数据来自多个源和服务，是关键资源的一部分。图 11.6 描述了一个用于协调生产的高度复杂的物联网系统，该系统使用预测分析和智能化来解决紧急和实时的需求，并且信息融合为当前产品创造了新的体验。信息使创新服务成为可能。

12.2.2 物联网原型、产品开发和部署中的设计复杂度级别

随着物联网原型和产品设计复杂度的增加，可以指定一个复杂度级别。在所有的设计中，安全和隐私都是通信过程中共同关心的问题。六个复杂度可划分为：

复杂度等级 1：智能伞网（见例 1.1）在设计上的复杂度最低，因为它由单个物理对象组成，并且依赖于单个天气 Web 服务。公式 1.1 可用于表示物联网系统。智能家居中其他家居用品的互联网，例如冰箱和家庭照明网络，在设计上也具有最低的复杂度。

451

应用程序、服务程序和系统不使用云和服务器平台。

复杂度等级 2：路灯互联网（见例 1.2 和 2.1）具有 2 级复杂度。图 1.1 描述了使用内联网连接到组控制器的一组路灯。组控制器协调并连接到互联网以及中央协调服务器的应用程序和服务。物联网系统可以通过公式 1.2 和 1.3 来概念化，几乎不需要分析。"渠道滴灌联网"的设计也具有 2 级复杂度。

复杂度等级为 2 级的系统使用云和服务器数据库平台进行获取和组织，使用控制和监测等应用程序和服务程序。

复杂度等级 3：RFID 互联网（见例 2.2）具有 3 级设计复杂度。平台提供了多项应用和服务，例如跟踪、安全、库存控制和供应链管理等。物联网系统可以通过公式 1.2 和 1.3 来概念化，此外，还需要一个额外的复杂度分析和可视化阶段。ATM 互联网（见例 2.3）的设计也具有 3 级复杂度。

3 级复杂度系统使用云和服务器平台。该平台在数据库中获取和组织增强的数据点、事件触发器和警报，使用分析方法分析数据并可视化被分析的数据。

复杂度等级 4："WSN 互联网"具有 4 级设计复杂度。智能家居和城市系统（见 1.7.2 节）可以通过图 1.5、1.11 和 7.9 的参考模型来概念化。该系统需要服务器平台来获取、组织、分析和可视化多源数据，并连接到多个网络。用于轨道故障预测和检测的"铁路轨道传感器互联网"，"石油管道传感器互联网"和"天气、环境信息、污染、废物管理、道路故障、个人和群体健康、交通拥堵信息互联网"（见 7.3 节）也具有 4 级设计复杂度。

4 级复杂度系统使用网络设备、协调器和集中式服务器云平台。该平台在数据库中获取和组织增强的数据点、事件触发器和警报，使用分析方法分析数据，可视化被分析的数据，进行智能化处理以及规定了一些应用和服务。

复杂度等级 5：ACVM 互联网（见例 5.1）收集多个 ACVM 数据，具有 5 级复杂度。"汽车零部件互联网和预测性汽车维修应用与服务（ACPAMS）"也具有这种复杂度级别。

5 级复杂度系统使用多输入数据源和云平台。系统云服务器平台获取、组织、执行数据、事件、触发器、流处理和 OLAP，可视化多个源分析的数据，并为应用程序和服务提供支持。该系统具有智能提取、部署机器学习、知识发现和知识管理等功能。

复杂度等级 6：工业物联网系统和产品涉及复杂的物理机械 M2M 和物联网通信的集成。它们的设计复杂度达到了 6 级。

452

图 7.10 显示了自行车制造过程中的工业物联网阶段。工业物联网（Industrial Internet of Things，IIoT）是物联网技术在制造业中的应用。这些系统和产品分析来自网络传感器和多个数据源的数据点、触发器、事件和警报。

工业物联网的功能示例是改进制造和操作，以及改进行业的业务模式。

复杂度 6 级系统的另一个例子是在生产 / 制造驱动的价值链中使用信息驱动物联网价值链的价值创造系统（如图 11.5 所示）。另一个例子是在维护调度、预测性维护、实时故障和异常检测中实时监控场景（如图 11.6 所示）。

复杂度 6 级系统采用多输入数据源和多服务器云平台。系统云服务器平台获取、组织、执行 OLTP、事件、流处理、OLAP、可视化多个源数据并连接到多个服务器。该系统提取智能，部署机器学习，为众多应用程序和服务执行知识发现、管理和供应。

复杂度 1 级的物联网原型和产品设计需要嵌入式开发平台和 IDE（见 8.2 和 8.3 节）。嵌入式平台支持系统硬件，IDE 支持软件开发。利用 IDE 和开发平台完成 IoT 和 M2M 嵌入式设备的代码编写、系统设计和测试（见 9.2 节）。端到端连接的软件开发可以部署 Eclipse 实现和包含在 Eclipse IOT 栈中的框架（见 9.3.2 节）。

复杂度级别 2 到 4 的物联网原型和产品设计需要联网设备和设备网络平台即服务（Platform-as-a-Service，PaaS）云。

复杂性级别 5 和 6 的物联网原型和产品设计需要联网的平台即服务（Platform-as-a-Service，PaaS）云，例如 TCS 通用连接平台（Connected Universe Platform，CUP）。

12.2.3　工具、项目和平台

Profitbricks 描述了物联网项目设计和开发的 49 个工具[⊖]，也介绍了许多开源工具、项目和平台[⊖]。以下是四个用于物联网原型设计、开发和部署的开源工具、项目和平台的示例。

Eclipse IoT IDE 是最受欢迎的 Java IDE，具有出色的用户界面（User Interfaces，UIs）、Windows Builder、与 XML 编辑器的集成、Git 客户端、CVS 客户端、PyDev 和其他带有可扩展插件系统的工作区（见 9.3 节）。插件支持使用 C、C++、JavaScript、Perl、PHP、Prolog、Python、R、Ruby（包括 Ruby on Rails 框架）和其他编程语言开发应用程序。它在同一窗口中提供多项目环境、插件数量和调试查看功能。

453

Oracle IoT 开发平台提供 Oracle Java SE 嵌入式、Oracle Java ME 嵌入式、Oracle Java 嵌入式套件和 Oracle 事件处理解决方案，这些方案可以促进物联网体系结构中所有元素之间的无缝通信（如图 1.5 所示）。Oracle PaaS 是一个大型的大数据平台，可以提供、集成、安全、检索和分析来自数百万个设备端点的综合数据。Oracle 解决方案支持实时响应和数据捕获。该解决方案与 IT 系统集成。Oracle M2M 平台提供了中间件功能和设备之间的通信。

KaaIoT 是指物联网开发平台，它是一个多用途中间件平台，包含内置的端到端数据加密解决方案以及使用通信协议监控、管理和配置连接设备的软件。它提供了灵活的服务器体系结构，可以在云上部署，这是一个快速增长的生态系统，包括兼容的硬件、分析和数据处理系统、分布式物联网系统，还包括智能家居、网联车、车队管理、跨多种设备和企业应用程序运行的服务。

微软物联网研究实验室（Microsoft Research Lab of Things，MSRLT）是创新解决方案、应用程序和源代码示例的平台，它具有支持设备互连的关键功能，提供 HomeOS 客户端组件 / 源代码平台、代码、传感器和可部署在基于 Windows 的 PC（HomeHub）上的设备。该平台能够实施、部署、监控领域研究和实验数据的分析，如医疗保健、能源管理和家庭自动化。

12.2.4　平台即服务连接云

以下是设备连接 PaaS 和通用连接 PaaS。

1. Xively 设备连接平台

6.4 节描述了使用 Xively、Nimbits 等平台开发和部署物联网。Xively（见 6.4.1 节）是

　⊖　https://blog.profitbricks.com/top-49-tools-internet-of-things/。

　⊖　http://www.postscapes.com/internet-of-things-award/open-source/#。

PaaS 模型云平台，免费供开发人员使用。Xively 支持多种语言和平台。Xively 云具有弹性和可扩展性，可实时管理和路由消息，具有生命周期管理功能，可进行时间序列存档、生成条件触发器并分配细粒度权限，支持多设备的配置、激活和管理。该平台提供了开发人员工作台和设备管理控制台。

Xively 是一个 PaaS 模型云平台，它支持 RESTful API、多种数据格式，包括 JSON、XML 和 CSV。Xively 支持使用可搜索的设备库、业务 CRM 和 ERP 对象，用于 iOS、Android、JavaScript 的客户端以及用于 Ruby、Python、Java 等程序开发的服务器。

454

2. Nimbits 设备连接服务器和平台

Nimbits（见 6.4.2 节）是云平台上的 PaaS（如图 6.3 所示）。Nimbits 提供了一个可下载的服务器，其功能相当于分布式服务器节点、Nimbits Server-L 和 XMPP Server-L。开发人员从 Nimbits 云平台将 servers-L 下载到芯片、树莓派和 Web 服务器上。

Nimbits 为开发人员提供了硬件和软件解决方案，其优势在于，只有应用程序所需的数据、消息、警报、触发器和通知需要在 servers-L 节点、Nimbits cloud server-S 和 XMPP Server-S 之间的互联网上进行通信，如图 6.3 所示。

应用程序和服务与 servers-S 通信。该平台支持数据的地理和时间戳的连接、记录和处理，并支持平台与应用程序通信。该节点支持检索应用程序的大量数据（来自设备）、事件警报和触发器。该平台还支持复杂的分析。

Nimbits PaaS 是面向物联网应用和服务的开源代码，并提供分布式云（见 6.4.2 节）。Nimbits 使用 Linux、Amazon EC2、Google App Engine，在 chips、树莓派、Web 服务器上提供可下载的服务器平台，兼容大多数 J2EE 服务器（如 Jetty Server、Apache Tomcat）和云。

3. IBM 物联网基础设备连接平台

IBM 物联网基础（IBM Internet of Things Foundation，IITF）是一种完全托管的云托管服务，用于设备注册、连接、控制、快速可视化以及存储来自物联网的数据。应用程序可以使用 HTTP API 进行连接。IITF Node-RED 是一个用于连接物联网应用程序的可视化编辑器。

IBM Bluemix 是一个云平台。IITF 和 Bluemix 一起提供了设备数据的应用程序访问、快速组成分析和可视化仪表板。在 IBM 概念框架（如图 1.3 所示）的不同阶段，IITF 的功能包括：

- 连接：在使用 MQTT 协议的发布/订阅模式下提供注册和端到端连接功能，设备的 HTTP API 使用 MQTT 客户端或 HTTP API 远程监控设备连接，提供设备到开发板、云的安全连接，并使用来自 Eclipse Paho 的开源设备代码进行连接。
- 收集：收集和管理设备数据的时间序列视图、近实时物联网数据可视化和 OLTP，通过近实时决策优化业务结果。
- 组合：在 Bluemix 的帮助下，事件组合成逻辑流。

455
- 管理：管理连接和订阅。
- 分析：IBM Watson Analytics 解决方案支持分析、OLAP、预测分析和数据可视化。

4. CISCO IoT（CIOT）系统

该系统允许开发人员在熟悉的 Linux 应用程序环境中工作。开发人员可以使用多种语言以及多种编程模型和开源开发工具开发应用程序。

CIOT 提供网络连接、网络和物理安全以及数据分析。

应用程序开发平台 Cisco IOx 将物联网应用程序的执行与 Cisco Fog 应用程序相结合。IOx 技术提供高度安全的连接以及与传感器、云、近实时、自动化和大量数据等集成的快速可靠的应用程序。

Cisco Fog 提供了一个能够转换传感器数据并在分布式网络节点中执行控制功能的生态系统。这使得开发如站点资产管理、能源监控、智能泊车基础设施和互联城市等应用程序成为可能。

5. AWS 物联网平台

AWS 物联网是一种 PaaS，用于传感器、执行器、嵌入式系统、电路板和 AWS 云服务之间的安全和双向通信软件[○]。该平台支持从多个设备收集、存储和分析数据，支持开发应用程序来控制平板电脑和手机等设备。

AWS 物联网可为 AWS 和其他设备提供设备连接，其 PaaS 支持安全的数据和交互、设备数据的处理，也支持应用程序和设备的离线和在线交互。

图 12.1 展示了 AWS 物联网设备软件开发工具包、AWS 物联网和 AWS 服务的组件，以及开发人员的数据流图和体系结构，其中开发人员使用 AWS 物联网和 AWS 服务 PaaS 开发大量的物联网应用程序和服务。

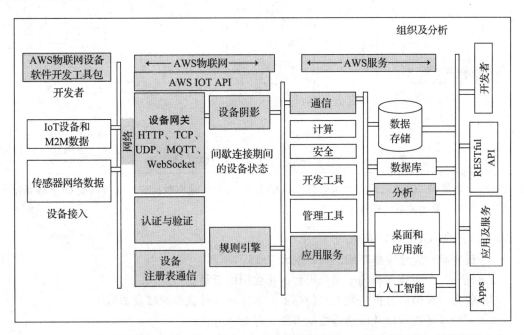

图 12.1 AWS 物联网设备软件开发工具包、AWS 物联网和 AWS 服务的组件，以及开发人员的数据流图和体系结构，其中开发人员使用 AWS IoT 和 AWS 服务 PaaS 开发大量的物联网应用程序和服务

6. TCS 互联通用平台

互联通用平台（Connected Universe Platform，CUP）为 IoT/M2M 设备、客户、移动应用和其他数据的连接提供 PaaS。CUP 还提供与应用程序和服务的连接。CUP 提供数据处

○ https://aws.amazon.com/iot-platform/how-it-works/AWS IoT Features。

理功能以及数据分析在业务流程、智能化和知识发现中的应用。

TCS 提供一个通用连接平台，这是一个高度可扩展的平台，用于传感器集成、传感器数据存储、分析（实时和大数据处理），拥有丰富的查询功能和可视化⊖。图 12.2 显示了将 TCUP 云服务器用于 PaaS 时的 CUP 体系结构和数据流图。

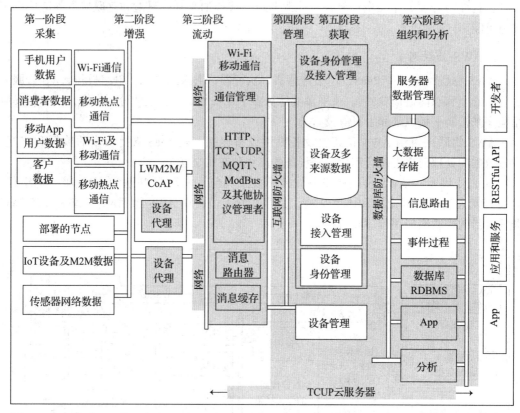

图 12.2　当使用 TCUP 云服务器为开发人员提供 PaaS 和大量物联网应用服务时的 CUP 体系结构、数据流程图和体系结构

基于云的 TCUP 的特点是：

1）提供具有安全体系结构的可扩展云 PaaS。

2）提供一个与域无关的多租户平台，优化网络流量。

3）收集、存储和分析从嵌入式传感器、事件和多种数据源捕获的数据。

4）支持设备管理以及传感器数据采集、存储和分析。

5）提供传感器 Web 支持（Sensor Web Enablement，SWE）服务，该服务涵盖传感器描述、发现、集成、传感器观察和测量捕获、存储和查询。

6）跨异构和可互操作的设备、传感器和应用程序部署解决方案。

7）确保在设备和用户数量增长的同时，满足未来的性能需求。

8）为应用程序开发人员提供设备软件模块和一组 Web 服务，以创建高度可扩展、智能和预测分析驱动的物联网应用程序。

9）允许为几乎任何设备 / 传感器和几乎任何业务领域构建物联网应用程序。

⊖　http://www.tcs.com/about/research/Pages/TCS-Connected-Universe-Platform.aspx。

10）将物联网数据与企业系统轻松集成。

11）使开发、部署和管理物联网、M2M/IIoT 软件应用程序变得容易。

12）提供单一平台，用于创造创新产品、智能基础设施、提高运营效率、创造新的客户体验、帮助公司为客户提供独特的服务。

13）提供远程操作和监控。

14）提供支持大数据的体系结构和分布式计算。

15）提供安全的通信和隐私。 458

温故知新

- 物联网原型开发和部署中设计复杂度有六个级别。
- 许多开源工具和互联设备平台可用于物联网原型开发和部署。
- Oracle 物联网平台为数据收集、增强、流、管理、获取、组织、分析、企业和应用集成的设备和功能提供 Java 嵌入式解决方案。
- 微软物联网研究实验室（Microsoft Research Lab of Things）应用、部署、监测多个领域的现场研究并分析实验数据。
- IBM 物联网基础（IITF）和 IBM Bluemix 云平台连接、收集、组装和管理。IBM Watson analytics 提供预测分析和数据可视化。
- Cisco 物联网系统应用程序开发和部署平台提供网络连接、数据分析以及网络和物理安全性。Cisco IOx 技术提供高度安全的连接以及与传感器、云、近实时、自动化和大量数据集成的快速可靠的应用程序。Cisco Fog 提供转换传感器数据和在分布式网络节点内执行控制功能的能力。
- AWS IoT device SDK（软件开发工具包）、AWS IoT 和 AWS 服务支持安全数据和交互、设备数据处理，支持应用程序与设备和 AWS 服务的交互，例如开发人员、应用程序服务、人工智能、分析和管理工具、数据库、存储、处理、桌面和应用程序流。
- TCS 通用连接平台是一个可扩展且具有安全架构的云 PaaS。TCUP 收集、存储和分析嵌入式传感器、事件和多种源捕获的数据。
- 基于 TCUP 的解决方案可以跨异构和可互操作的设备、传感器和应用程序进行部署。
- TCUP 为应用程序开发人员提供设备代理、设备软件模块和一组 Web 服务，以创建高度可扩展、智能化和预测分析驱动的物联网应用程序。
- 提供单一平台，用于创造创新产品、智能基础设施、提高运营效率、创造新的客户体验、帮助公司为客户提供独特的服务。

自测练习

★1. 列出设计复杂度增加时在每个复杂度级别添加的新功能。

★2. Oracle IoT/M2M 平台的功能和特性是什么？

★★3. 为什么大家更喜欢物联网开发的开源工具？物联网开发的开源工具有哪些局限性？

★★★4. 设备联网 PaaS 和互联通用平台如何帮助加速项目设计？ 459

★★5. 列出 Xively 实时性中消息的弹性、可伸缩性、可管理性和可路由性的优点。

★★6. Nimbits 提供可下载平台作为分布式服务器节点的优势是什么？

★★★7. Nimbits 分布式服务器节点如何用于多位置智能泊车应用？

★★8. IBM 物联网基础中连接阶段的功能是什么？

★★★9. Cisco IoT、IOx 和 Fog 如何在分布式网络节点中实现控制功能？

★★★10. Cisco Fog 平台如何使用智能泊车基础设施应用程序？

★11. AWS 物联网、AWS 服务和应用程序之间的数据流用等式（1.3）如何表示？

★12. TCUP 中的数据流用等式（1.2）如何表示？

★★13. TCUP 的组件是如何按照 Oracle 物联网体系结构参考模型运行的（如图 1.5 所示）？

★★14. 使用 TCUP 创建"高度可扩展、智能化和预测分析驱动的物联网应用程序"意味着什么？

★★★15. 绘制一个表格，以比较 Nimbits 云体系结构和 TCUP 体系结构。

★★★16. 列出 TCUP 云服务器子单元及其用法。

12.3　建筑、供应链和客户监测中的 IoT/IIoT 应用

塔塔咨询服务（Tata Consultancy Services，TCS）是一家享誉全球的 IT 服务、咨询和业务解决方案机构，其年收入约为 160 亿～ 200 亿美元。TCS 对全球趋势进行了一项名为"物联网：完全重塑的力量"的研究，并于 2015 年 7 月在网上发布了这份研究报告[⊖]。TCS 将 IoT/IIoT 业务应用划分为四个高层次的核心业务类别，以追踪全球趋势：

- **建筑监测**：例如，银行、ATM、机场、购物中心等地的联网摄像机、传感器和其他设备。例 2.3 描述了银行应用中 ATM 的互联网体系结构。
- **供应链监测**：例如，生产、分销和服务中联网的 RFID、传感器、摄像机和其他设备，以及供应链订单验证、自动重新订购和运输（SCOVARS）。
- **客户监测**：例如，联网的数字设备、移动应用程序、腕表等可穿戴设备，用于跟踪客户的行为、喜好、位置、系统和健康情况，并据此进行商业规划、分析、健康和其他服务。
- **产品监测**：例如联网的嵌入式硬件、软件、设备网络和工业物联网技术，这些技术有助于在制造过程中优化产品，例如自行车制造过程（见例 7.8）。例 11.6 描述了用于组装汽车的协调制造和生产过程中的物联网应用。

以下小节介绍了几个案例研究：建筑监测系统项目，联网 ATM 安全系统，供应链监测，RFID 集成到供应链订单验证，自动重新订购和运输（SCOVARS），客户监测系统，追踪客户携带的联网数字设备（TCCICDD）。

12.3.1　案例研究：联网的 ATM 机房监测项目

银行、银行 ATM 机、办公室、商场、公司商业场所、住宅、酒店等都需要使用传感器、摄像头和其他联网设备来远程监控其办公场所。一个 ATM 系统部署了许多子系统。考虑为每个 ATM 设计监控子系统的项目。设计过程分为如下几个步骤。

⊖　http://www.tcs.com/SiteCollectionDocuments/White%20Papers/Internet-of-Things-The-Complete-Reimaginative-Force. pdf）。

1. 抽象

开发人员首先将可疑活动的检测抽象为可能危及机器和现金安全的系统事件。这些事件发生时，触发器、消息和数据使用互联网作为通信信道，实时地与银行系统通信。开发人员将摄像机记录的视频片段抽象为系统中的数据文件，这些文件与一组银行 ATM 监测系统服务器上的数据进行通信。软件开发人员将硬件抽象为事件和数据文件的源，将软件抽象为触发器、消息、数据和数据文件的通信过程。

2. 监测系统的参考模型

监测系统物联网体系结构参考模型中的两个域及其高层次服务的功能包括：

1) 设备和网关域在 ATM 机房设备和媒体服务器网关上部署数码摄像机、空间排列振动传感器，用于监测功能。域的高级功能包括：

- 将传感器和摄像机数据通过数据增强方法融合到事件、数据文件中，处理生成的事件、数据过滤器、时间戳和加密。
- 媒体服务器网关与部署 TCP/IP 的增强数据进行通信。

2) 应用程序和网络域部署应用程序和服务，并具有以下高级功能——使用访问数据的监测管理功能。这些功能包括启动检测 ATM 上安全漏洞的操作，视频文件的数据存储和组织功能。

图 12.3 为 ATM 机房监测、监测系统管理功能和服务的数据流图和域体系结构参考模型。

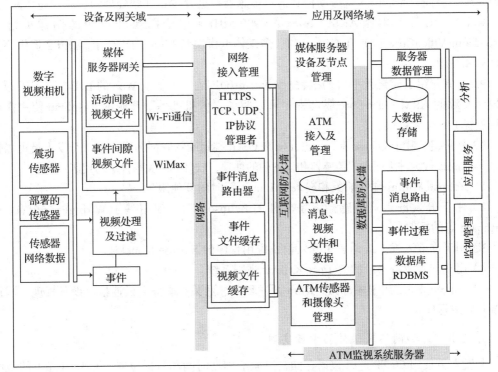

图 12.3 用于 ATM 监测、监测系统管理功能和服务的数据流图和域体系结构参考模型

3. 设备和网关域的识别要求

要求如下：设备硬件设计组件为 24×7 的有源数码摄像机；ATM 建筑分布若干嵌入式

振动传感器；用于检测可疑活动的传感器的数据处理；视频处理和过滤硬件；用于事件的通信网络连接，并对事件、实时视频和通信网络连通性进行海量数据的视频剪辑，处理用户的交易活动。

设备域中的软件设计模块要求是嵌入式设备的软件组件，例如处理其数据的分布式振动传感器；事件的过滤和提取；实时通信事件和事件视频；嵌入式摄像设备滤除非活跃数据的视频片段，提取出有用的视频文件；用于实时向银行服务器传送事件和事件视频文件的媒体服务器网关。在 ATM 不活动期间，视频剪辑的大量数据与数据存储器进行通信。

4. 确定网络子域的需求

网络硬件和软件设计的组件是 Wi-Fi/WiMax 接入网、核心 IP 网和监测系统服务器。软件设计组件具有网络管理功能，用于确保设备与网关域、应用程序 / 服务之间安全通信。

5. 确定应用子域的需求

软件设计组件是数据存储的组织功能；监测管理功能针对实时事件处理和"事件"视频文件，激活警报（短信提醒银行和城市警察局）。

6. 设备和网关域硬件和软件的设计实现

ATM 机房电路和嵌入式传感器设备软件的实现，需要视频和多媒体处理的高计算能力。回顾 8.3.4 节。树莓派 2 model B+（RPi 2）可用于 247 有源数码摄像机的嵌入式原型实时系统；空间分布的嵌入式振动传感器；传感器数据处理；视频处理和过滤；通信网络。

RPi 2 CPU 具有四核 ARM Cortex-A7/900 MHz、用于图像和视频的图像处理器（Broadcom VideoCore IV）、1 GB RAM、多媒体卡模块和 MicroSDHC 卡。RPi 2 提供高性能计算和图像。

9.2.3 节介绍了树莓派平台的编程。AdafruitIDE 是一个基于 Web 的 IDE，可用于原型开发。开源的 ARM videoCore 驱动程序可以驱动摄像机硬件。开源的 Raspbian 使用操作系统配置 Linux 发行版。

9.3 节介绍了基于 Eclipse IoT 栈的 Java 和 OSGi 端到端物联网解决方案。开发人员可以使用以下 Eclipse 栈组件为嵌入式传感器和设备中的抽象、软件和网关软件编写代码：

1）Eclipse Mihini 硬件抽象和嵌入式 Lua 运行时的其他服务。

2）用于开发嵌入式传感器设备软件的 Eclipse.Pi4J，使用基于 WiringPi、PiFace 和 Gertboard 等的框架。

3）用于在嵌入式 Lua 语言中开发设备应用程序的 Eclipse Koneki。

4）用于配置设备平台的 Eclipse Krikkit 规则系统。

5）Eclipse Kura 用于树莓派、Kura 开发环境、网关、服务、云连接、设备管理、网络配置和应用程序。

7. 应用程序和网络域软件的设计实现

开发人员使用 OLTP 进行数据存储，以激活周期时间和目标位置（见 5.4.1 节）的视频文件。软件开发人员使用事件分析（见 5.5.2 节）来开发监测管理功能。

8. 测试和验证

两个域的硬件 / 软件需要在实验室环境中使用传感器和摄像头进行全面测试。

12.3.2　案例研究：联网的 RFID 供应链监测项目

供应链监测过程对公司、分销商和制造商都非常重要。物联网应用和服务包括供应链订单验证、自动重新订购和运输（Supply-Chain Order Verification，Automated Reordering and Shipping，SCOVARS）操作。涉及的操作包括计划和安排生产、交付、运输、客户交付确认，客户自动重新订购、订单验证、确认操作，这些操作在每个周期中重复进行。

SCOVARS 的应用实例是销售玩具（例如在商场中销售乐高）以及计划和安排玩具的生产。每种玩具的库存控制都使用 RFID 标签，在玩具、包装和集装箱上进行运输。每当玩具在沃尔玛等超市出售时，库存会自动调整。一周内销售的玩具可以使用应用程序在客户端进行自动重新订购。当重新订购事件发生时，该事件将在服务器处理，事件消息将路由到乐高企业的 ERP 应用程序。

1.1.3 节介绍了 RFID 在物联网应用中的功能、角色和用途。1.5.2 和 7.6.1 节解释了客户端和企业端连接的 RFID 设备和 RFID 读写器。开发人员将设计过程分为以下几个步骤。

1. SCOVARS 的抽象

生产端（Production End，PE）为数据树的根节点（级别 0）分配标识。供应端（Supply End，SE）为每个货件分配子数据节点（级别 1）标识。发货节点（Shipping Node，SN）在集装箱数据节点（级别 2）上分配标识。发货端（Shipping End，SHE）由集装箱数据节点组的标识（级别 3）组成。接收玩具集装箱组的销售组织端（Sales Organisation End，SOE）由数据节点（级别 4）上的集装箱标识组成。销售点端（Point of Sale End，POSE）在叶节点处分配标识。开发人员将 PE 抽象为 POSE 端到端通信，作为数据树的通信。每个数据树具有通用资源标识符（Universal Resource Identifiers，URI）、消息、警报和触发器的数据节点。（数据节点是 PE-POSE 供应链网络中的分布式节点。）464

代码设计器将 POSE 抽象为 PE 端到端通信，作为事件、警报、触发器、消息和数据文件的通信。每个文件都有重新订购信息。

2. SCOVARS 的体系结构参考模型

设计者将 ITU-T 四层（如图 2.2 所示）体系结构作为参考。这些层具有通用管理、特定管理以及安全功能。SCOVARS 的 RFID 互联网的四层如下。

第 1 层：RFID 物理设备兼 RFID 读取器中存在设备层功能和网关功能，它在每个节点处使用 URI。

第 2 层：传输和网络功能使用协议处理程序以及互联网连接。

第 3 层：服务器节点上的服务和应用程序支撑层功能包括 RFID 设备 URI 注册表、访问管理、URI 管理和 URI 时间序列、服务器节点数据库、事件处理和数据分析。

第 4 层：服务和应用程序功能执行跟踪、计划和安排生产、交付、发货、订单验证和确认操作。

3. 层硬件 / 软件的设计实现

PE 和 POSE 端之间的设备实现和原型设计需要类似 Arduino 这样的计算能力。原型开发可以使用 Arduino Yun 完成，它将 Arduino 开发板与 Linux 相结合。这是因为有两个处理器，分别支持 Arduino 的 ATmega32u4 和运行 Linux 的 Atheros AR9331。物联网应用程序支持包括 Wi-Fi、以太网、USB 端口、micro-SD 卡插槽、Yun3 个重置按钮等。Yun

可以通过任何连接互联网的 Web 浏览器从任何地方控制，而无需为主板分配 IP 地址。WebSocket 还可用于通过 TCP 提供实时全双工通信[○]。

参见 8.2 节——Arduino 板可以使用可下载的工具进行编程。Arduino IDE 是嵌入式设备软件开发的工具，可简化应用程序的开发。例如，在 IDE 中为微控制器系统提供了一个软件串行库。这个库由许多程序组成，每个串行接口协议都对应了不同的程序这些程序支持用户直接使用针对这些协议而编写的特定程序，例如调用程序读取 RFID 标签以及调用程序将数据发送到 USB 端口以便在互联网上继续传输。在集成开发环境（Integrated Development Environment，IDE）中为微控制器系统提供了一个软件串行库，这个库由许多程序组成。

9.3 节介绍了基于 Eclipse IOT 栈的端到端物联网解决方案，这一方案使用了 Java 和 OSGi。软件开发人员可以使用 Eclipse Kura 开发环境、网关、服务、云连接、设备管理、网络配置和应用程序。

4. SCOVARS 中应用程序的设计实现

开发人员可以使用互联设备和互联通用平台。软件需求包括开发所需的事件处理和事务处理、数据库功能和事件分析（见 5.5.2 节）。

5. 测试和验证

POSE 和 PE 之间每个端点的硬件 / 软件需要在实验室环境中对其进行全面测试。Arduino IDE 是开源的，提供嵌入式硬件和软件平台，用于模拟和调试。

12.3.3 案例研究：物联网应用 / 服务项目中的客户监测

客户追踪和客户数据库得到的数据提供行为、喜好、位置、使用模式和产品健康状况等信息。业务规划、分析、健康、服务和制造等应用程序会用到这些数据。以"追踪携带互联网数字设备的客户"（Tracking of Customers Carrying Internet-Connected Digital Device，TCCICDD）项目为例，进行物联网应用和服务的案例研究。

客户利用互联网连接移动应用程序和可穿戴数字设备、客户数据库、客户端嵌入式设备和传感器可以进行跟踪。客户反馈、销售服务和维护中心的信息也可以进行跟踪。跟踪客户及其信息可以创建创新产品、建设智能基础设施、提高运营效率、提升客户体验、帮助公司为客户提供精准的服务。

例如，可以使用客户行为、喜好、位置分析、销售服务可视化、客户反馈和喜好来创建信息从而控制供应链和促进销售。

TCCICDD 的设计过程可分为以下几个步骤。

1. TCCICDD 抽象

设计人员将传感器和设备数据抽象为设备消息，将 TCCICDD 的客户数据抽象为设备消息、事件、警报和触发器。传感器被安装在客户访问的地方，例如商场和公司销售中心。消息包括客户 ID、位置和时间戳。设计人员将内容抽象为设备数据库，数据库部署了客户反馈、销售服务和维护中心的时间序列信息。

在服务器上存储时间序列和位置数据，这些数据来自客户、数据库和网络访问、消息和事件。通信网关和互联网被抽象为网络。网络包括客户数据、客户数据库、设备消息、通用

○ http://asynkronix.se/internet-of-things-with-arduino-yun-and-yaler/。

连接和其他 PaaS 之间的通信。

2. TCCICDD 的体系结构参考模型

让 TCCICDD 项目设计人员为服务和业务流程中的物联网应用部署 Oracle 参考模型体系结构（如图 1.5 所示）。项目参考模型的五个层次如下。

第 1 层（收集）：公司的移动应用程序、可穿戴设备和其他连接设备上的应用程序将客户数据发送到网关，以了解位置、产品健康状况、喜好、产品使用情况和反馈。客户数据库内容包括 ID、账号、选项、年龄、姓名等信息。该层收集客户数据、客户数据库、传感器和设备数据，并将其发送到第 2 层网关。嵌入式设备上的软件、商场和其他公共场所的传感器也会收集数据并将数据发送到网关。

第 2 层（增强和流）：网关通过生成时间序列和位置数据来增强数据，并且使用 IPv4 协议在网络上进行通信，在该层会用到网络收集和增强到服务器的数据流。

第 3 层（管理）：通信管理功能包括访问管理、ID 管理、数据和消息路由、缓存。

第 4 层（数据在服务器和云上的获取和组织）：存储设备和各种源的数据并获取数据路由。数据被组织为大数据存储和数据库 RDBMS 的形式。

第 5 层（分析 + 智能）：应用程序执行分析和数据可视化，并支撑智能化。

第 6 层（企业集成、复杂应用程序集成和 SOA）。

图 12.4 展示了信息、客户数据、IoT/M2M 设备、使用联网 PaaS 的传感器、TCCICDD 应用程序和服务的数据流图和体系结构。

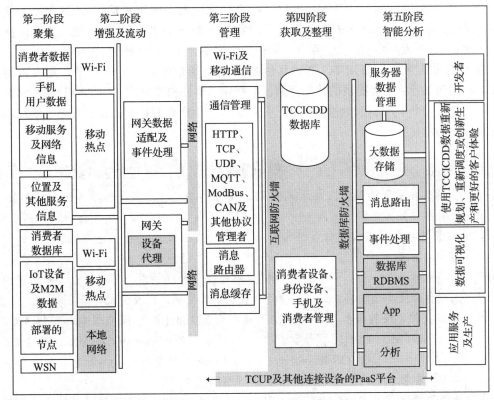

图 12.4 信息、客户数据、IoT/M2M 设备、使用联网 PaaS 的传感器、TCCICDD 应用程序和服务的数据流图和体系结构

3. 确定 TCCICDD 六层的要求

TCCICDD 的六层要求如下。

第 1 层（收集）：安装在移动和可穿戴设备上的应用程序和服务中，嵌入了用于收集客户数据的硬件和软件。嵌入式设备收集客户数据以便在服务器数据库中可以查询获取。嵌入式传感器、设备硬件和软件收集数据并将其传送到网关。

第 2 层（增强和流）：网关软件和处理器访问第 1 层的数据，通过生成时间序列和位置数据来增强数据，并使数据适应网络感知。使用网络协议将网卡和 shield 流发送到服务器。

第 3 层（管理）：通信管理功能包括访问、ID 管理、客户数据、消息路由和缓存。

第 4 层（获取和组织）：服务器数据存储获取客户、事件、设备数据和各种数据源。

第 5 层（分析和智能）：数据被组织为大数据存储和数据库 RDBMS 的形式。使用事件处理、消息路由和分析器来分析数据。

第 6 层（企业集成、复杂应用程序集成和 SOA）：使用 TCCICDD 数据，应用程序执行分析和数据可视化，将服务、生产和制造、重新规划、重新安排、支持创新生产智能化，并提供更好的客户体验。

4. 硬件、软件、应用和服务的设计实现

设计使用移动应用程序、嵌入式传感器和设备软件实现第 1 层。传感器 / 设备的设计需要 Arduino 和树莓派，具体如何选择取决于传感器的计算能力。例 9.12 解释了使用 Web 应用程序的 API 提供天气和位置服务的联网智能手机的实现。类似地，移动应用程序可追踪客户的位置数据。

程序将数据发送到 USB/MMC 端口，以便在互联网上继续传输。9.3 节介绍了使用 Java 和 OSGi 的基于 Eclipse IOT 栈的端到端物联网解决方案。软件开发人员可以使用 Eclipse Kura 的开发环境、网关、服务、云连接、设备管理、网络配置和应用程序。

项目开发人员可以使用 TCUP 和其他 PaaS 进行通信管理。应用程序开发人员使用 TCUP 和其他服务器平台提供的数据存储、数据库、事件和流处理、OLTP 和 OLAP 软件、数据库、事件分析、分析和数据可视化，并将服务、生产和制造进行重新规划、组织以促进创新生产智能化。

温故知新

- 建筑监测部署了监测系统，该系统在 ATM 和银行服务器之间传递事件源、触发器、消息、数据和数据文件。
- ATM 监测系统的参考模型体系结构可以看作是 ETSI 双域模型 – 设备和网关域，以及网络和应用域。
- 设计过程包含多个步骤，即：对参考模型中的硬件和软件进行抽象设计，确定域的嵌入式硬件和软件模块需求，域的硬件和软件设计实现，以及测试和验证。
- 用于建筑监控系统的原型开发板可以用树莓派 2 Model B+。该主板包括四核 ARM Cortex-A7/900 MHz CPU、图形和视频的处理器（Broadcom VideoCore IV）、1 GB RAM、多媒体卡模块。OS Raspbian Ubuntu Linux 发行版（Snappy）能够为自动机器、传感器和摄像机的安全运行提供编程。
- 开发人员实现了部署 Eclipse Stack、事件、流处理、OLTP 和事件分析的域硬件和软件的设计。

- 供应链监测系统是 SCOVARS。体系结构参考模型可采用 RFID 供应链应用的 IETF/ITU-T 参考模型，用于计划和调度生产、调度交付、运输、订单验证、确认操作和客户应用程序，以便从客户处进行交付确认和自动重新订购。
- SCOVARS 使用 RFID 设备、读写器、网关、网络、服务器和应用程序。
- SCOVARS 设计过程和原型开发具有多个步骤——在参考模型中进行硬件和软件的抽象设计，确定第 1 层嵌入式硬件和软件模块以及第 2 层到 4 层软件的需求，设计实现域的硬件和软件，以及测试和验证。
- Arduino 开发板适用于开发客户级或公司级的 RFID 原型系统。Arduino IDE 和工具支持用户直接调用这些针对特定协议而封装的程序进行编程，例如调用程序读取 RFID 标签或调用程序将数据发送到 USB 端口以便在互联网上继续传输。
- 开发人员可以使用 IDE 和 Eclipse Kura 模块在工具栈中实现硬件和软件的设计。
- 开发人员使用事件处理和 OLTP 软件、数据库功能和事件分析来开发公司端应用程序。
- Arduino IDE 支持嵌入式软硬件平台、模拟和调试。
- 采用基于 Oracle 参考模型的体系结构进行 TCCICDD 设计。
- 客户监测系统用到 TCCICDD。它使用移动应用程序、嵌入式传感器 / 设备、网关、网络、服务器和应用程序。
- 应用程序使用 TCCICDD 的数据执行数据可视化和服务、生产或制造再规划、重新组织，以促进创新生产，并提供更好的客户体验。
- TCCICDD 设计过程和原型开发有许多步骤——在参考模型中进行硬件和软件的抽象设计，确定第 1 层嵌入式软硬件模块和第 2、3 层网关软件和处理器的需求，利用服务器平台进行设计实现，并进行测试和验证。
- 项目使用 TCUP 和其他服务器平台进行通信管理、数据存储和数据库。
- 开发人员可以使用 TCUP 和其他服务器平台提供的事件处理、OLTP 软件、数据库功能和事件分析来为公司开发面向 TCCICDD 数据的应用程序。

469

自测练习

　★ 1. 为 ATM 互联网监测系统制作硬件 / 软件单元的抽象表。

　★ 2. ATM 互联网监测系统 ETSI 体系结构设备和网关的硬件和软件功能有哪些？

★★ 3. ATM 互联网监测系统 ETSI 体系结构网络的硬件和软件以及检测系统的应用领域是什么？

★★ 4. 列出 Eclipse IOT 栈中可用于监测系统的功能。

★★ 5. 为什么树莓派 2 Model B+ 适合 ATM 设备、传感器和摄像头的原型开发？

★★★ 6. 列出 ATM 监测系统服务器中各个组件和模块的功能。

470

　★ 7. 制作供应链监控系统 SCOVARS 中硬件 / 软件单元的抽象表。

　★ 8. 对于公司和客户端的 SCOVARS，IETF 体系结构第 1、2 层的硬件和软件需求是什么？

★★ 9. SCOVARS 的应用程序支持层和应用层的第 3、4 层有哪些功能？

★★★ 10. 列出 SCOVARS 中第 1 层所需的 IDE 功能。

★★ 11. 为什么 Arduino Yun 适合 SCOVARS 的 RFID 第 1 层的原型开发？

***　12. 列出 SCOVARS 服务器第 3 层的功能。

　★　13. 制作 TCCICDD 中硬件 / 软件单元的抽象表。

　★　14. 对于客户端，TCCICDD 的 Oracle 体系结构中第 1、2 层的硬件和软件要求是什么？

★★　15. TCCICDD 第 2、3 和 4 层的功能是什么？

★★★　16. 应用程序如何为 TCCICDD 使用第 1 层收集的数据？

★★★　17. 为什么移动应用程序和嵌入式设备 / 传感器适合第 1 层的 TCCICDD 原型开发？

★★　18. 列出 TCCICDD 服务器第 5、6 层的功能。

12.4　网联车及其应用和服务

以下小节介绍了网联车，车载组件之间通过互联网相互连接，网联车连接到服务中心、制造单元、交通监控系统和其他服务。

12.4.1　网联车

回顾例 5.2 和 5.7。网联车使汽车服务中心的服务和使用预测分析的维护保养成为可能。

12.1 节介绍了网联车的概念。图 12.5 展示了网联车的车载子单元。

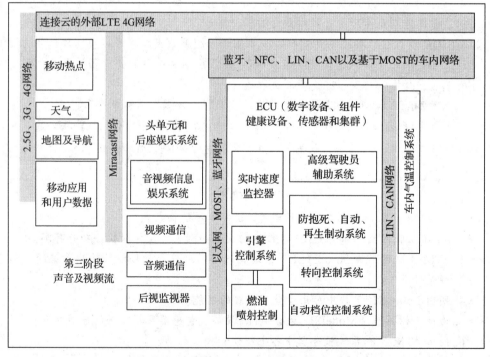

图 12.5　网联车概述

1. 车载 ECU 集群网络

网联车使用车载电子控制单元（Electronic Control Unit，ECU）集群生成数据，该集群由数字嵌入式设备 / 产品健康监测设备 / 传感器组成。该集群使用蓝牙和 NFC 进行设备间的无线通信，使用控制器区域网络（Controller Area Network，CAN）和本地互联网络

（Local Interconnect Network，LIN）进行有线通信。多媒体设备使用面向媒体的系统传输（Media Oriented System Transport，MOST）。 471

2. 集群

该集群包括以下系统。

- 发动机控制。
- 速度控制、制动系统、防抱死制动、自动制动和再生制动。
- 安全系统。
- 座椅和踏板控制。
- 汽车环境控制：汽车气候和灯光控制器控制空调、加热器、通风、窗户、光线和温度（Air-Conditioning，Heater，Ventilation，Windows，Light and Temperature，ACHVWLT）。
- 汽车状态监测：汽车状态监测、轮胎压力、实时行车里程、数据记录仪、驾驶辅助设备管理、转向灯、挡风玻璃红外摄像机、挡风玻璃平视显示器、夜视辅助等。
- 系统接口用于命令、语音激活、高级驾驶辅助系统（Advanced Driver Assistance System，ADAS）和接口（系统接口是汽车上的软件可编程按钮、语音控制和无线个域连接）。

3. 路线和交通监测器 472

路线规划人员通过基于移动 API 的汽车定位和周边区域地图、实时交通监控的缓存交通报告、引导式路线规划，来进行路线和交通控制和监控。

4. 信息娱乐系统

信息娱乐系统如下所示——显示文本—语音转换器。蓝牙连接音乐播放器、VCD/DVD、车载手机、音频 CD 播放器、液晶显示屏、触摸屏和用于流媒体互联网广播的 Miracast 设备。该系统自动管理信息娱乐功能。

5. 以太网连接

下一代车载网络采用以太网总线和以太网音频—视频桥接器。桥接器位于连接的子系统和单元之间，应用实例包括与车内其他网络的连接、头部单元、后座娱乐、驾驶员信息中心、高级辅助驾驶系统以及 ECU 周围的视图监测和网关。

6. 网络互联

网联车使用 2.5G/3G/HSPA+/4G 和 Wi-Fi 网络连接到天气、地图、导航、移动应用程序和用户的数据。导航将近乎实时的交通状况数据发送到汽车。Maps API 可以使用 Google 地图。Location API 使用定位服务的实时 GPS 进行定位。互联网连接不仅可以通过服务提供商的移动数据服务来实现，还可以通过安装在智慧城市节点上的 Wi-Fi 节点实现。在智慧城市节点上，部署在云平台上的网络可以通过附近的网联车进行传输。最新一代的网联车使用 4G LTE 传输音频视频（互联网广播和移动电视），并使用空中下载技术更新多媒体车载信息娱乐系统。

网联车使"车载"系统与互联网、驾驶员辅助 / 警报、基础设施、开源信息娱乐音频—视频和公司计算平台之间实现无缝连接。网联车具有诊断、预测、汽车维护、公司服务等功能，十分舒适和便利。

12.4.2　基于汽车零部件预测的汽车维修服务和重新规划制造流程

网联车的两个应用如下。

1）基于汽车零部件预测的汽车维修服务（Automotive Components Predictive Automotive Maintenance Service，ACPAMS）：通过将服务相关数据直接传输到汽车维修服务中心和驾驶员 / 汽车用户服务器，实现最佳的准备、更有效的维修和自动检测服务需求。服务自动提醒缩短了服务访问时间。

2）重新规划制造流程（Re-Planning Manufacturing Process，RPMP）：数据是客户 ID、位置和时间戳数据，如下所示：

- 车载网络数据来自 ECU 集群的数字嵌入式设备 / 汽车健康设备 / 传感器。
- 车载气候控制系统。
- 音视频流。
- 地图、导航、天气、移动应用程序和用户数据。

1. ACPAMS 和 RPMP 的应用和服务

ACPAMS 是一种汽车维修服务。开发人员可以设计多个服务中心应用程序，例如远程诊断、路边援助、汽车故障、基于汽车定位的紧急服务，以及为服务中心支持、远程护理、车队管理、燃料和环保措施提供报告。网联车高级分析包括汽车健康监测、汽车健康趋势分析、基于状态的触发器维修、检测汽车健康问题之间的依赖关系、折旧分析、驾驶行为分析、检测车辆健康问题之间的依赖关系模式、基于位置的地理空间分析。

RPMP 支持重新规划、重新组织、汽车零部件与汽车的生产和制造创新实践。RPMP 还支持使用组织和分析的数据设计更好的客户体验。

图 12.6 显示了使用 TCUP 用于系统设计、开发人员、制造单元、维护服务单元以及物联网应用 / 服务的网联车的数据流图和体系结构。

2. 在 ACPAMS 和 RPMP 的六个层面确定需求

ACPAMS 和 RPMP 应用和服务的六层要求如下：

第 1 层（收集）：安装在移动和可穿戴设备的应用程序嵌入了硬件和软件，用于收集汽车位置、天气、交通、导航和汽车健康等数据。ECU 集群使用总线收集数据。嵌入式传感器和设备的硬件和软件使用总线收集数据并进行通信。

第 2 层（增强和流）：汽车中央计算机上的软件访问第 1 层的数据。数据收集使用 CAN、MOST、以太网、Miracast Wi-Fi 设备和显示板。软件通过生成时间序列和位置数据来丰富数据，并调整数据以将其发送到网络。中央计算机为 ECU 集群提供了智能网关，并为汽车集群安全提供了加密认证、完整性和保密功能。

汽车可以使用由 Wi-Fi 联盟认证的软件实现和 Wi-Fi 显示技术规范的 Miracast 设备。Wi-Fi 联盟定义了 Miracast 使用协议，提供"HDMI over Wi-Fi"，取代从电脑到显示器和车载信息娱乐系统的电缆。适配器插入 HDMI 和 USB 端口，使非 Miracast 设备也能够使用 Miracast 进行连接。

车载计算机使用移动服务、2.5G/3G/HSPA+/4G 和 Wi-Fi 网络协议将数据流传输到网络。

第 3 层（管理）：TCUP 和云服务器 PaaS 由访问的通信管理功能、ECU 集群、信息娱乐等系统管理、数据、消息路由和缓存组成。

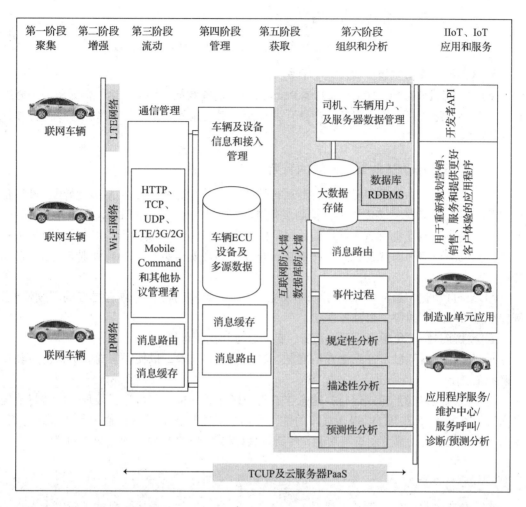

图 12.6 使用 TCUP 用于系统设计、开发人员、制造单位和维护服务单元的网联车的数据流程图和体系结构

第 4 层（获取和组织）：平台获取 ACPAMS 和 RPMP 数据、设备事件和数据以及各种数据源。 |475|

第 5 层（分析和智能化）：平台将数据组织为大数据存储和数据库 RDBMS 的形式。数据分析使用事件处理、消息路由、分析学和人工智能来完成。

第 6 层（企业集成、复杂应用程序集成和 SOA）：使用 ACPAMS、RPMP 和服务数据，在处理器上运行服务和应用程序，用于服务、生产、制造、数据可视化、重新规划、重新组织、创新生产和更好的客户体验。

3. 第 1、2 层硬件 / 软件的设计实现

第 1 层设计使用移动应用程序、嵌入式传感器和设备软件实现。ECU/ 嵌入式设备 / 传感器 / 汽车部件健康设备的设计需要带有传感器的 Arduino AVR 或基于 ARM 的电路板。信息娱乐系统原型可以使用树莓派 2 Model B+ 和 BB 板。这些开发板能够提供高计算能力，满足图形、视频和音频处理的需求。程序将数据发送到 USB/MMC 端口以便在互联网上继续传输。

使用 Java 和 OSGi 的 Eclipse IoT 基于栈的端到端物联网解决方案：软件开发人员可以使用 Eclipse Kura 的开发环境、网关、服务、云连接、设备管理、网络配置和应用程序。

4. 第 3、4、5、6 层的设计实现

该项目使用 TCUP 及其他服务器平台用于通信管理、数据存储和数据库。

5. TCUP 和其他云服务器 PaaS 平台

IoT/IIoT 数据存储在 TCUP 和其他 PaaS 云上。这些数据有多种用途，例如服务中心维修、重新规划营销、销售、服务、产品开发功能、制造流程、个性化、深化客户体验和开发其他增值服务。

12.4.3　配备半自动辅助驾驶系统的特斯拉汽车

特斯拉汽车是一款采用轻型锂电池运行的电动汽车，行驶里程超过 200 公里，具有自动驾驶模式。自动驾驶仪是指半自动高级驾驶辅助系统（Advanced Driver Assist System，ADAS）。特斯拉汽车拥有 ADAS，前后保险杠上有 12 个超声波传感器，8 个雷达摄像头安装在挡风玻璃顶部和前视雷达上。特斯拉汽车硬件满足安全级别（SAE 级别 5）上的自动驾驶功能。

ADAS 自动化、适应和增强了汽车安全系统（SAE 级别 5）并具有更好的驾驶性能，例如结合 GPS、交通警告和警告盲点。

476 安全性能是指避免碰撞、事故预防、自动刹车和控制车辆。

车载系统提醒驾驶员注意潜在的问题、其他车辆和危险，以便提醒驾驶员保持行驶在正确的车道上。

特斯拉系统以隐形模式运行，这意味着无须采取任何措施即可进行处理，但需将数据发送回特斯拉生产部门，以提高汽车的能力和功能。之后该软件可以通过无线方式升级。此前，该车没有自动紧急刹车等功能。特斯拉预计将在 2017 年底实现完全自动驾驶。

温故知新

- 物联网应用和服务使汽车维修服务、服务中心应用成为可能、例如远程诊断、路边援助、汽车故障、基于汽车定位的紧急服务，以及为服务中心支持、远程护理、车队管理、燃料和环保措施提供报告。
- 网联车具有 ECU 的车载网络。该体系结构可以基于 ACPAMS、RPMP 等服务的 Oracle 参考模型。
- 网联车使用由数字嵌入式设备 / 组件健康设备 / 传感器组成的汽车 ECU 集群生成数据
- LIN、NFC、CAN、MOST、蓝牙、以太网和 Miracast 协议可实现车载连接。
- 互联汽车使用移动应用程序处理地图、导航、位置数据、可穿戴设备和嵌入式健康设备处理数据。网联车使用 4G LTE/3G/2.5G 移动数据或 IP 网络 Wi-Fi 与互联网进行通信。
- 车载中央计算机可以增强生成的数据。车载信息娱乐系统使用 Miracast 设备实现车载网络。
- TCUP 和其他 PaaS 云使开发人员能够开发新的应用程序。
- 平台运行的应用程序为：服务中心维修、重新规划营销、销售、服务、产品开发功能、制造流程、个性化、深化客户体验和开发其他增值服务。
- 特斯拉是一款具有自动驾驶模式的电动汽车。它将具备完全的自动驾驶能力，并具有安全性。

自测练习

★ 1. 制作 ACPAMS 和 RPMP 中硬件 / 软件单元的抽象表。

★ 2. 在 Oracle 架构的 1 到 6 层中，ACPAMS 和 RPMP 的硬件和软件需求是什么？

★★ 3. 为什么 Arduino、树莓派 Model B+ 和 mBed 板适合开发用于第 1 层 ACPAMS 和 RPMP 原型开发的嵌入式设备 / 传感器？

★★★ 4. 列出第 5 层和第 6 层 ACPAMS 和 RPMP PaaS 的功能（图 12.6）。

★★ 5. 列出开发人员用于汽车维修服务中心和司机 / 汽车用户服务器数据库的应用程序。

★★★ 6. 汽车 ECU、设备和各种来源的数据怎样启用 RPMP ?

477

12.5　物联网应用于智能家居、智慧城市、智能环境监测和智慧农业

物联网应用和服务的示例有智能家居、智慧城市、智能环境监测和智慧农业。以下小节描述了在这些领域设计这些项目的方法。

12.5.1　智能家居

1.7.2 节介绍了智能家居的概念并且列出了一些智能家居服务，如家居照明控制、家电监控、安全、入侵检测、视频监控、门禁控制和安全警报、Wi-Fi、互联网、远程云的访问、控制和监视。

1. 使用开源软件进行智能家居设备的开发和部署

所有智能家居设备都可以使用 openHAB 进行通信[⊖]。HAB，即家庭自动化总线。开发人员部署 Java 和 OSGi 服务（见 9.3.2 节）并使用开源的开发环境和部署平台。其附带的云平台[⊜]my.openHAB 提供与云之间的通信。my.openHAB 云连接器还提供 REST（见 3.4.4 节）和基于云的服务，例如 IFTTT（见 12.1 节）。IFTTT 要求操作系统版本为 Android 4.1/iOS7 及以上，可通过手机或平板电脑实现智能家居控制和自动化等服务。openHAB 的计算环境是 Java，它设计了 GUI 客户端，可以从 git[⊜] 下载使用。openHAB 也提供了 IDE，指南，代码开发绑定[㉕]。图 12.7 显示了 openHAB 开发环境中的架构层。

图中的服务是指服务功能，可以在需要时调用。该图显示了以下内容：

1）核心 openHAB 对象——REST 服务和仓库，基础库。

2）openHAB 附加对象——项目提供者、协议绑定、自动化逻辑、用户界面和库。

3）OSGi 框架服务——配置管理、事件管理服务、声明性服务、日志记录、运行时间和 HTTP 服务。

478

4）openHAB 使用 Pub/Sub 模式部署 OSGi 的事件管理服务。

5）有状态仓库用于查询和使用自动化逻辑。某些功能是无状态的，不依赖于以前的操作。剩余的操作是有状态的，并且依赖于先前的操作。仓库中的项目状态与操作相同。

⊖　http://www.openhab.org/。

⊜　https://my.openHAB.org。

⊜　https://git-scm.com/downloads。

㉕　http://docs.openhab.org/developers/developers/development/ide.html, /development/guidelines.html, /development/ bindings.html。

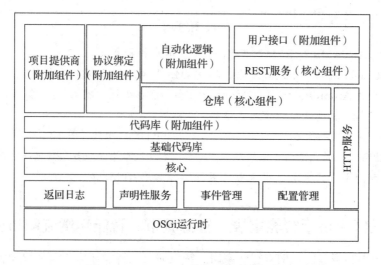

图 12.7　openHAB 开发环境中的架构层

物联网架构参考模型中家庭自动化系统的两个域及其高级服务功能包括：

1）设备和网关域：假设系统部署 j 个照明设备，每个设备都有一个距离传感器。自动化逻辑规定，如果有人在场而在附近未发现任何变化，则设备将关闭。假设系统还部署了 k 个人侵传感器和 l 个家电。自动化逻辑根据 OSGi 框架配置管理服务中的配置来设置，在发生入侵时将触发器与本地或远程 Web 服务通信。

2）应用程序和网络域：应用程序和网络域部署应用程序和服务，并具有高级功能。

2. 域架构参考模型

图 12.8 显示了家庭自动化照明、家电和入侵监控服务的数据流图和域架构参考模型。

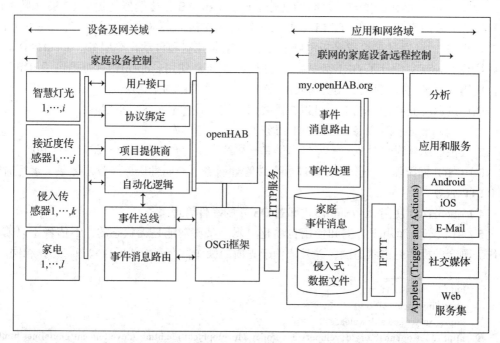

图 12.8　用于家庭自动化照明，家电和入侵监控服务的数据流图和域架构参考模型

该图显示 openHAB 具有事件总线。总线是异步的,事件总线指的是绑定所有协议的通信总线,并绑定链接到硬件。事件总线是 openHAB 的基本服务。例如,事件是触发某个项目或设备执行操作或状态更改的命令。再比如,事件状态更新,用来通知关于某个项目或设备的状态改变,例如,对命令的响应。

openHAB 服务是这些设备之间的集成中心,用于联网家庭设备、OSGi 和 HTTP 服务不同协议之间的绑定。通常只有一个 openHAB 实例在家中的中央协调器(计算机)上运行。OSGi 服务的事件管理服务用于远程服务。几个分布式 openHAB 实例可以连接和部署事件总线。

3. 程序开发环境、开发、调试和部署

Java 开发人员使用 Eclipse IDE(见 9.3.1 节)开发 openHAB。开发环境可以选择 Windows(32 位或 64 位)、Linux 或 Mac。Eclipse Installer 添加了所有必需的插件,为工作空间提供了编码设置,预配置了代码格式化程序并自动准备 IDE。工作空间通过选择"openHAB_Runtime"配置来编译并提供运行时。

480

openHAB 平台对硬件和接口协议保持兼容。例如,安全摄像头设备可能位于 Raspberry 平台,照明设备位于 Arduino 上。自动化逻辑可以连接不同的系统。总线系统、设备和协议具有对 openHAB 的专用绑定。每个绑定的用户界面(User Interface,UI)设计都可以具有独特的外观。绑定会在 openHAB 事件总线上发送和接收命令以及状态更新。

openHAB 汇集了不同的总线系统、硬件设备和接口协议,专用绑定有助于此。openHAB 解决方案旨在为设备配置通用集成平台。代码用 Java 编写,完全基于 OSGi。Equinox OSGi 运行时和 Jetty 作为 Web 服务器构建了运行时的核心基础。

设备硬件设计组件包括用于入侵检测的 247 有源数字摄像机、多个空间分布式嵌入式距离传感器、家庭住宅、检测可疑活动的传感器数据的处理、视频处理和过滤硬件、连接到事件总线的通信网络、事件、通信网络连接。

设备域中的软件设计模块用于分布式嵌入式设备、距离传感器数据处理的软件组件、事件的过滤和提取、事件上的通信,以及事件通信的媒体服务器网关。

4. 识别网络子域的要求

网络硬件和软件设计组件要求有 Wi-Fi/WiMax 接入网络、核心 IP 网络和服务器。软件设计组件要求有网络管理功能,用来确保设备 / 网关域与应用程序 / 服务之间的安全通信网络。

openHAB 云连接器将本地 openHAB 运行时环境连接到远程 openHAB 云,例如来自 openHAB 基础的实例 my.openHAB[⊖]。

5. 设备和网关域硬件和软件的设计实现

7.2.2 节描述了可以用于许多家庭自动化应用部署的传感器。家庭住宅入侵电路和嵌入式传感器设备软件的实现需要高算力用于入侵检测。8.3.4 节描述了部署高算力的树莓派 2 模型 B+(RPi 2)。

家庭照明和家电嵌入式传感器设备软件的实现需要照明自动化的计算能力,可以部署 Arduino 或 RPI 板。

openHAB 可用于智能家居应用和服务的端到端解决方案。9.3.2 节描述了使用 Java 和

⊖ https://github.com/openhab/openhab/wiki/openHAB-Cloud-Connector。

481　OSGi 的基于 Eclipse IOT 栈的端到端物联网解决方案。开发人员可以使用 Eclipse 栈组件对嵌入式传感器和设备中的抽象、软件和网关软件进行编程。Github 上给出了 openHAB 的示例项目[⊖]。

12.5.2　智慧城市

智慧城市的应用和服务将人员、流程、数据和事物联系起来。智慧城市可以定义为以安全的方式整合多种信息通信技术和物联网解决方案，用来管理城市的资产，如信息系统、学校、图书馆、交通系统、医院、发电厂、供水网络、废弃物管理、执法和其他社区服务。一直在开发智慧城市技术的部门包[⊜]括政府服务、运输和交通管理、能源、医疗保健、水、创新都市农业和废弃物管理等部门。

智慧城市解决方案整合了许多城市服务，具体如下[⊜]：

1）智能泊车场。

2）智慧路灯和智慧照明解决方案，例如 SimplySNAP 智慧照明解决方案，可实现智慧照明的开发、控制和优化，由 Synapse Wireless 与 ThingWorx 合作开发。

3）智慧交通解决方案，如智慧能源管理、智能泊车、智慧垃圾箱、智慧街道照明以及安全和监控，由 Tech Mahindra 与 ThingWorx 合作开发。

4）智慧水管理，如 AquamatiX，用于监控和优化城市的供水和污水处理服务。

5）智慧连接自行车共享服务。

6）智慧健康服务。

7）智慧结构（建筑，桥梁和历史古迹）健康，振动和物质条件监测，分析和管理结构健康数据，以改善能源使用、维护、操作和舒适解决方案。例如，使用 WiseUp 与 ThingWorx 平台合作开发的解决方案。

8）智慧城市系统集成商，例如来自 ThingWorx 的 Pactera。

1. 架构视图

图 1.12 显示了针对城市的基于 CISCO 云的物联网开发四层架构框架，包括（i）设备
482　网络和分布式节点；（ii）分布式数据捕获、处理和分析；（iii）数据中心和云；（iv）应用，例如废弃物容器监视。图 12.9 显示了智慧城市应用和服务的数据流图和域架构参考模型[⊗]。

两个域：（i）城市设备和网关域，以及（ii）共享网络、物联网云平台和应用域。服务、安全和城市服务管理是跨域功能。假设边缘传感器和设备包括 i 个智能设备、j 个传感器、k 个入侵传感器和 l 个移动/固定的资产/设备，而 i、j、k 和 l 可以是非常大的数字。

边缘上传感器和设备在小范围内无线连接，系统与 WLAN（Wireless LAN）连接。它们使用 LPWAN 进行通信。边缘计算系统的分布式网络使用 IP 协议或多协议标签交换（Multiprotocol Label Switching，MPLS）进行连接。MPLS 将标签分配给数据包，并将标签转发到城市云物联网平台。

⊖　https://github.com/openHAB/openHAB/wiki/Projects-using-openHAB。

⊜　https://en.wikipedia.org/wiki/Smart_city。

⊜　https://www.thingworx.com/about/news/ptc-demonstrates-industry-leadership-smart-cities-smart-city-expo-worldcongress-2016/。

⊗　https://networks.nokia.com/smart-city。

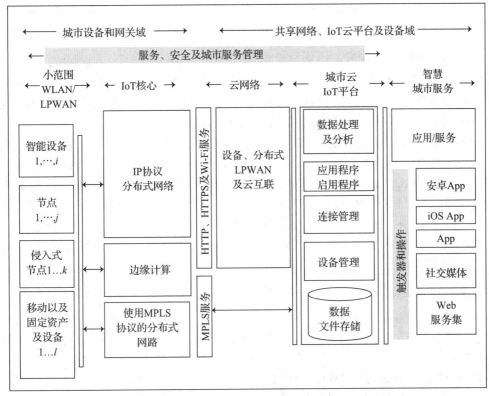

图 12.9 智慧城市应用和服务的数据流图和域架构参考模型

城市云物联网平台集成了消息、触发器、警报和数据储存中的数据文件。该平台负责设备和连接管理功能、应用程序启用功能以及数据处理和分析。该平台生成跟随操作的触发器，例如连接到社交媒体、一组 Web 服务、应用程序、iOS 应用程序和 Android 应用程序。该平台也连接到许多城市应用程序和服务。 `483`

智慧城市应用和服务可以部署 Cisco IoT、IOx 和 Fog。这是因为共享网络和分布式接入点节点的使用要求，以及能够转换传感器数据并在分布式网络节点内执行控制功能的生态系统的需求。这样实现了应用程序的开发，例如站点资产管理、能源监控、智能泊车基础设施和互联城市。

另外，智慧城市解决方案可以部署 ThingWorx 物联网平台，这是一个适用于所有连接事物的智慧管理平台（Intelligent Management Platform for All Connected Things，IMPACT）。IMPACT 平台通过安全的端到端访问提供设备和连接管理、应用程序支持、数据和分析。

2. 传感器、设备、硬件边缘系统部署

7.2.2 节描述了用于许多城市应用的传感器。8.3 节描述了嵌入式平台 Arduino、Edison、Rpi、BeagleBone 和 mBed，它们可用于边缘系统的原型开发。

可以在边缘系统部署开源原型平台 openHAB、硬件 Rpi、Arduino。Bosch 在 CES 2017 上展示了物联网的原型平台[⊖]。该平台连接设备并提供多种解决方案。边缘硬件是 Bosch XDK 110 开发套件，包括设备［八号微机电系统、加速度计、磁力计和陀螺仪、加

⊖ http://www.eetimes.com/document.asp?doc_id=1331136 。

上相对湿度（RH）、压力（P）、温度（T）、声学和数字光传感器]、具有 26 针扩展端口的功能扩展性、蓝牙和 Wi-Fi 连接[⊖]。XDK 工作台包括其 IDE。

3. 代码开发环境、开发、调试和部署

9.3.2 节描述了使用 Java 和 Eclipse IoT 栈的端到端物联网解决方案。12.5.1 节描述了用于智能家居设备、传感器和边缘系统的 openHAB 软件平台。Java、Eclipse IoT 栈和 openHAB 可用于智慧城市应用和服务的端到端解决方案。

XDK 工作台是用于原型套件 XDK 110 的代码开发环境。工作台包括 IDE、所有系统组件驱动程序的软件、调试器端口以及传感器的高级和低级 API。该工作台还包括用于传感器读数的库、CoAP 和 LWM2M 客户端 / 服务器，使用 Eclipse Paho 连接器的 MQTT 客户端和代理，以及 HTTP 客户端请求和响应服务器。还包括 WLAN 和蓝牙 LE 协议栈以及用于虚拟移动 iOS 和 Android GUI 的虚拟 SDK 应用程序，该应用程序用于监视和控制传感器。XDK 提供对 XDK 开发人员社区的访问，以获得在线技术支持。社区提供讨论想法、交流信息和创新的平台。

4. 智慧城市泊车场

车辆交通拥堵和泊车位是城市中日益严重的问题。因此，现代化的城市提供了遍布整个城市的多个多层泊车位，司机需要移动应用程序。通过在城市中提供智能泊车位可以节省大量燃料。

智能泊车服务应该能够实现以下目标：

1）引导司机使用可用泊车位和空间。

2）提供移动应用程序，应用程序协助驾驶员并使其能够远程获取适当的泊车位信息。该信息包括泊车设施的位置、成本、提前预订设施、方向指导以及到达可用时段的目的地所需要的时间。该应用程序以 Pub/Sub 模式访问实时数据中的位置可用性。

3）实时发布消息以获取可用的位置，并在停放实用程序中提供位置不可用的警报。

4）由连接边缘传感器和设备的中央控制和监控系统（CSS）组成，实时准确地感知可供车辆占用的位置，并在位置不可用的情况下预测可用时间点。

5）优化泊车位的使用和到达时间。

6）在道路交通路口提供显示板以获取可用性状态。

7）为用户提供良好的泊车体验。

8）为所有泊车利益相关者，即司机和服务提供商增加价值。

9）使用城市云数据存储中的数据和历史分析报告实现智慧决策，并通过预测分析实现城市交通流量的规划。

传感器在智能泊车场中起着至关重要的作用。该应用程序在智慧世界的 50 个传感器应用程序中排名第一[⊜]。

5. 域架构参考模型

图 12.10 显示了智能泊车应用和服务的数据流图、域和架构参考模型。

该图显示了两个域的四层。泊车位位于第 1 层，每层都配备协调器进行检测。每个位

⊖ http://xdk.bosch-connectivity.com/overview。

⊜ http://www.libelium.com/resources/top_50_iot_sensor_applications_ranking/。

置的灯都拥有一个执行器。协调器处的照明控制模块驱动泊车位灯。可根据每个空间的要求打开和关闭照明。

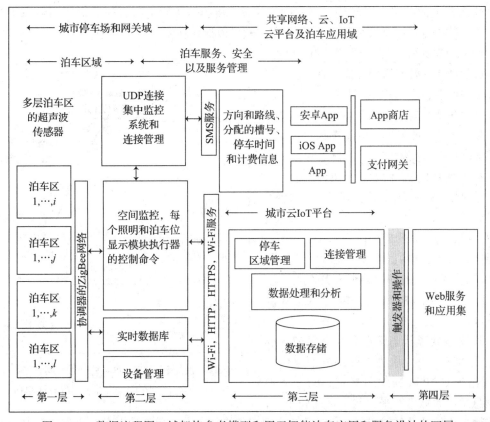

图 12.10　数据流程图、域架构参考模型和用于智能泊车应用和服务设计的四层

泊车辅助系统（Parking Assistance System，PAS）位于第 2 层，包括 CCS 和三个用于监视、控制和显示的模块。第 1 层和第 2 层通信协议是 ZigBee、LWM2M 和 UDP。

CSS 维护泊车位产生的时间序列数据的实时数据库。系统连接第 3 层，包括 SMS 网关和云物联网平台。

第 2 层将 CSS 与所有协调器连接起来；第 2 层包括实时时间序列数据库。第 2 层还与三个模块连接，用于（i）显示；（ii）空间监视；（iii）每个泊车位执行器的控制命令。

第 3 层由 SMS 网关和城市云物联网平台组成，使用 Wi-Fi、HTTP 和 HTTPS 服务连接 CSS、模块和数据库。该平台具有数据存储、数据处理和分析、泊车区和连接管理等模块。

CSS 使用 MPLS 发送 UDP 数据包，并使用 SMS 服务与移动应用程序通信。SMS 服务发送泊车信息。数据包向用户的手机提供诸如可用位置、位置分配、停放时间、计费信息以及方向和泊车位路线详细信息等信息。

用户从 App 商店下载 PAS 应用程序。用户的移动设备还连接到用于泊车服务账单支付的支付网关。

第 4 层 Web 服务连接云数据存储，并使用 PaaS 云进行分析。

6. 硬件原型开发和部署

7.2.2 节描述了超声波脉冲检测器的传感器。当泊车位被占用时，停放的汽车将超声脉

冲反射回给传感器。传感器测量反射的方向强度和延迟时间。超声波的优点在于，反射器
与汽车表面的距离也可以从反射脉冲的延迟中测量。

协调器上的电路会更新每个停放位置状态，传感器关联电路告知 CSS 进行状态更改，
从传感器数据生成时间序列消息，并与 CSS 通信以保存在实时数据库中。

图 12.11 显示了使用超声波脉冲和协
调器收发器（发射器和传感器）的反射来识
别空闲空间和位置 ID 的设计原则。

假设每级放置一组四个协调器。协调器
由收发器组成，收发器发射超声脉冲并使用
传感器阵列接收反射信号。传感器在每个泊
车层都有相关电路。假设每个协调器中每个
收发器的覆盖区域为该级别的四分之一位置。
因此，总共 16 个协调器位于四个等级（1、
2、3、4）。等级 1 的四个协调器是 C_{i1}、C_{i2}、
C_{i3} 和 C_{i4}，等级 2 的四个协调器是 C_{j1}、C_{j2}、
C_{j3} 和 C_{i4}，等级 3 的四个协调器是 C_{k1}、C_{k2}、
C_{k3} 和 C_{k4}，等级 4 的四个协调器是 C_{l1}、C_{l2}、
C_{l3} 和 C_{l4}。

协调器处理状态信息和时间序列数据
传输到 CSS。CSS 从协调器接收泊车位的
信息作为 UDP 数据报。然后，CSS 将泊
车信息发送给城市云平台数据存储和用户，

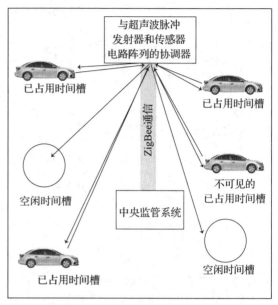

图 12.11　使用超声波脉冲识别空置空间，并在协调
器处从汽车向收发器反射的设计原则

这些用户从移动设备或卡仪表板计算机中可以查询该信息。每个协调器将具有位置 ID 和观
察实例的所有消息作为时间序列数据发送到 ZigBee 网络。实时数据库定期更新，例如每隔
1 分钟。

边缘传感器和设备在小型范围内无线连接，系统与 ZigBee 连接。它们使用 LPWAN 进
行通信。边缘计算系统的分布式网络使用 IP 协议或使用多协议标签交换（Multi Protocol
Label Switching，MPLS）进行连接。MPLS 将标签分配给数据包，并将标签转发到城市云
物联网平台。

7. 程序开发环境、开发、调试和部署

9.3.2 节描述了使用 Java 和 Eclipse IoT 栈的端到端物联网解决方案。12.5.1 节描述
了用于智能家居设备、传感器和边缘系统的 openHAB 软件平台。Java、Eclipse IoT 栈和
openHAB 可用于城市中泊车场的端到端解决方案。

智慧城市泊车解决方案也可以使用智慧管理平台 IMPACT 开发。

12.5.3　智能环境监测

环境监测是指描述和监测环境质量所需的操作。智能环境监测系统应实现以下功能：

1）评估环境影响所需的准备工作。

2）确定环境参数和环境现状的趋势。

3）数据解释和环境质量指标评估。

4）监测空气、土壤和水质参数。

5）监测有害化学品、生物、微生物、放射性和其他参数。 488

1. 气象监测系统

智能气象监测系统应具备以下功能：

1）为气象参数的每个测量节点分配一个 ID。比如每个灯柱都部署无线传感器节点，每个节点测量指定位置的 T、RH 和其他气象参数。利用 ZigBee 进行通信并形成无线传感网。每个网络都有一个接入点，它接收来自节点的消息。图 7.17 和 7.18 描述了无线传感网，描述了节点、协调器、路由器和接入点之间的互联，其中每个接入点都关联一个网关。

2）节点使用多个位置的 WSN 将参数上传到接入点。

3）在互联网云平台上转发和存储参数。

4）在城市的特定位置发布天气信息，并通过移动和网络用户与天气 API 通信。

5）实时发布消息并使用气象预报应用程序发送警报。

6）分析和评估环境影响。

7）使用城市云气象数据存储中的数据和历史数据分析报告实现智慧决策。

物联网架构参考模型中的两个域及其气象监测服务的高级服务功能包括：

1）设备和网关域：假设系统部署了 m 个气象传感器嵌入式设备，每个设备都有一个位置数据传感器和 n 个 WSN 接入点。传感器节点执行所需的最少计算，收集感测到的信息并与网络中的其他连接节点通信[⊖]。

数据、消息、触发器和警报的数据适配层执行主要计算并将结果放入实时更新的数据库中。从数据库中查询网关通信中的标识项。项目使用网络协议和 HTTP/HTTPS 服务从网关进行通信。

（i）设备子域：硬件 WSN 板由气象参数传感器组成。电路板可以是 Waspmote[⊖]。传感器电路的特点：超低功耗；有多个收发器接口，如 ZigBee 和 Wi-Fi（中等范围）、RFID、NFC、蓝牙 2.1 或 BLLE（短距离）和 LPWAN、4G、3G（远距离）；OTA 可编程性，AES、RSA、MD5、SHA、Hash（作为加密库）和总线协议，如 CAN 和 RS232C。

（ii）网关子域：参数和警报根据 OSGi 框架配置管理服务的配置设置来与本地或远程 489 Web 服务、时间和位置标记服务、项目提供者、协议绑定和 6LowPAN/IPv6 模块进行通信。ZigBee LAN、6LowPAN、LPWAN 以及 IPv6 协议之间的绑定会将设备、WSN、OSGi 与 HTTP/HTTPS 服务进行联网。

2）应用程序和网络域：应用程序和网络域部署应用程序和服务，并具有高级功能，如分析、数据可视化、显示板馈送、气象报告应用程序以及 IFTTT 触发器和操作。云平台可以是 IBM Bluemix、AWS IoT 和 TCUP。

2. 域架构参考模型

图 7.17 描绘了具有固定连接基础设施的节点网络和使用协调器、中继器、网关和路由器的移动 WSN 的分层体系结构。图 7.18 描述了具有多级跃点、路由器、网关和接入点的节点网络的分层体系结构。图 12.12 显示了基于 WSN 监控服务的数据流图和域架构参考模型。

⊖ https://en.wikipedia.org/wiki/Sensor_node。

⊖ http://www.libelium.com/products/waspmote/overview/。

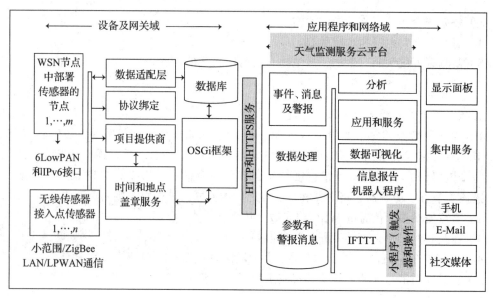

图 12.12　基于 WSN 的监控服务的数据流图和域架构参考模型

3. 设备硬件设计和代码开发环境、开发、调试和部署

微控制器电路由存储器、空中可编程性（OTP）和与每个传感器或节点相关联的收发器组成。气象监测电路为 T、RH 和大气压力（P_{atm}）部署传感器，有时也包括太阳可见辐射、风速、风向和降雨。

传感器和 WSN 节点的硬件设计可以使用带 ZigBee shield 功能的 Arduino 开发板。另外还有 Waspmote，这是一种用于自主无线低功耗的开源无线传感器平台，包括 WSN 节点，称为 MOTE（移动终端）。Waspmote 节点电池电量可以使用 1 ～ 5 年，具体取决于收发器、频率和使用的无线电。该平台与 Arduino IDE 兼容，并提供社区支持。

边缘设备和 WSN 代码使用 IDE 开发，例如，适用于 Java 开发人员的 Arduino 或 Eclipse IDE（见 9.3.1 节）。

4. 气象报告机器人

bot（机器人）是一个运行自动或半自动脚本的应用程序，用于特定的任务集，并通过互联网传输结果[⊖]。bot 通常执行简单且结构重复的任务，例如气象报告机器人。"bot"这个词来源于词语 robot。

bot 可以使用即时消息（Instant Messaging，IM）、互联网中继聊天（Internet Relay Chat，IRC）、Twitter 或 Facebook 与 API 通信。bot 还可以聊天并回答用户 API 提出的问题。

bot 是一种广泛使用的应用程序，其中脚本会从 Web 服务器获取、分析和归档信息。服务器可以在文本文件中指定，称为 robots.txt，它是该服务器上 bot 行为的规则。如果脚本没有遵守文件中指定的规则，服务器可以使用软件拒绝访问。

气象 bot 是多任务处理的。可用于在移动设备上传送报告。bot 获取、分析信息并将信息发送给报告查询 API。bot 使用气象参数，从数据库生成警报消息，并通过云分析服务生成预测消息。

⊖ https://en.wikipedia.org/wiki/Internet_bot。

移动应用程序可以重复显示两个后续帧中的报告。第一帧显示当天的气象状况，如下所示。

1）第一行：晴朗、下雨、局部下雨、阴天或多云等情况。

2）第二行，第一部分文本给出当前的 T（温度）和四五个空格。

3）第二行，第二部分文本给出最大预期 T 的上标文本和最小预期 T 的下标文本，后面跟着四五个空格。

4）第二行，第三部分文本给出当前 RH% 值的上标文本和风速的下标文本，单位为公里 / 小时。

因此，第一个报告框显示 T_{max} 和 T_{min} 的当前状况和当天预测。第二帧显示气象在今天、明天和后天的预测。

1）第一行："星期六星期日星期一"。

2）第二行显示了一个符号：太阳表示晴天，带有太阳的云表示多云，云表示阴天。符号之后，上标单词给出了最大 T、下标单词给出了当天预期的最低 T。

由此，预报了三天的气象，即今天、明天和后天。

创建气象 bot 的示例是 Slackweatherbot API[⊖]。bot 使用给定 Farnciskim 站点的代码[⊜]。API 是 bot 的 node.js 模块。它的第二帧显示今天、明天和后天的预测，示例如下。

1）第一行：当前运行时间（例如上午 09：15）

2）第二行显示"城市名称、地名、当前时间、标准（如 IST，GMT）的状态"

3）第三行显示"今天（如 SAT）：T、状态（如晴天、多云、阴天或下雨）"

4）第四行显示"明天（如 SUN）当前：T、状态"

5）第五行显示"后天（例如 MON）当前：T、状态"

5. 空气污染监测

对民众来说城市中日益严重的问题是汽车的空气污染、工厂和农场产生的有毒气体，如一氧化碳（CO）。污染需要被监测以确保化工厂内工人和货物的安全。监测执行以下任务：

1）监控和测量 CO 水平，CO 的浓度在 50ppm ～ 100ppm 以上会很危险；二氧化碳（CO_2）是一种导致温室效应的气体；臭氧（O_3），一种浓度高于 0.1 毫克 / 千克空气会很危险的气体，这些都用于监控空气污染。

2）监控和测量高浓度气体硫化氢（H_2S）的含量。它是一种温室气体，因此它的增加也可能导致全球变暖。

3）监控和测量碳氢化合物的含量，如乙醇、丙烷。

4）测量 T、RH 和 Patm 参数，以校准每个节点的感应气体参数。

5）调查空气质量和空气污染的影响。

6）根据参数计算空气质量指数（Air Quality Index，AQI），例如空气污染物浓度、颗粒物质（例如灰尘或碳颗粒）的每小时或每日平均值。

7）以日间条件、风速和风向、气温和气温梯度、海拔和地形的函数计算污染物的来源和空间扩散进而用于分析。

⊖ https://github.com/franciskim/Slackweatherbot。

⊜ https://franciskim.co/how-to-create-a-weather-bot-for-slack-chat/。

8）数据可视化。

9）向监测机构报告污染状况。

传感器在空气质量监测中发挥着至关重要的作用。该应用在智慧世界的 50 个传感器应用中排名第 11 位。

空气污染监测服务的数据流图和域架构参考模型与图 12.12 类似。物联网架构参考模型中空气质量和污染监测服务两个领域及其高级服务能力如下。

1）设备和网关域：假设系统在每个 WSN 部署 m 个气体传感器嵌入式设备，其中包括位置数据传感器和 n 个 WSN 接入点（如图 7.17 和 7.18 所示）。网关处的数据适配层对每个传感器节点数据进行聚合、压缩和融合计算。可从数据库收集的感测信息进行查询操作，并且所选项目使用 HTTP/HTTPS/MPLS 服务进行通信。

WSN 板 IO 端口连接用于检测气体、颗粒物和气象参数的传感器。通过分配节点 ID 来配置每个传感器节点。节点 ID 与网关数据适配层处 GPS 模块的位置进行映射。

为节点处的每个传感器配置传感器 ID。每个传感器相关电路还配置了每天的测量频率和两次连续测量之间的间隔。传感器电路被配置为仅在测量持续时间内处于激活状态，随后是较长的非活动时间间隔期。

参见例 9.3。该例给出了温度传感器校准系数的使用代码。参见例 9.6，其给出了 I2C 串行总线通信的感测数据校准系数的代码。系数能够以更高的精度感测参数。

气体传感器输出的系数取决于 T、RH 和 Patm（THP）。因此，这些参数也与气体传感器输出一起测量。将传感器输出与自适应层的 THP 系数进行映射将影响传感器参数值测量的准确性。

Waspmote board，它可以用于诸如城市污染气体传感器（检测 CO、NO、NO_2、O_3、SO_2），也可用于尘埃粒子传感器，还有 SO_2、NO_2、尘埃粒子、CO、CO_2、O_3 和 NH_3 的空气质量检测传感器。Arduino 或 Eclipse IDE 可用于编写 Waspmote 的代码。

2）应用程序和网络域：应用程序和网络域部署应用程序和服务，并具有高级功能，如事件、消息、警报、数据处理、数据库、应用程序、服务、分析、数据可视化、显示板馈送、污染报告应用程序和服务以及 IFTTT 触发器和操作。云平台可以是 TCUP、AWS IoT、IBM Bluemix 或 Nimbits。

6. 森林火灾探测

森林面积大的国家面临的一大问题是森林火灾。火灾监控服务执行以下任务：

1）将 OTP 功能用于可编程的 WSN 和网关。

2）以预设的间隔实时测量和监控 T、RH、CO、CO_2 和红外光（火灾产生的）强度。

3）每个 WSN 上传程序和预设的测量时间间隔 t1（比如，300 秒）和预设的参数值 t2 的测定间隔（比如，1 或 5 秒）超过预先设定的阈值时能够立即触发火灾报警算法。

4）使用校准参数配置数据适配层。

5）WSN 消息在预设间隔内与特定网络区域相关联的接入点通信。

6）使用相关网关上的上传程序在数据适配层传递警报、触发器、消息和数据。

7）上传网关的连接程序。

8）每隔一段时间在数据适配层运行监测传感器故障或监测不可访问的程序。

9）将数据与通过节点 ID 映射中的节点位置集成，使用算法、输入感知和校准系数计算和激活警报。

10）处理该层数据和数据库信息，并即时与接入点网关附近最近的移动设备和消防服务通信。

11）更新数据库并与云平台通信，例如 Nimbits、my.openHAB、TCUP、AWS 或 Blue-mix 平台。

12）在监测值高于预设阈值后，激活火灾警报，将预设的测量间隔修改为 t2。

13）分析评估预设值、阈值和配置值的可靠性指标，并需要更新警报算法，如果需要改进，则上传新算法。

14）分析生成并传送当前火灾森林区域的拓扑图和消防服务设备的可达图。

传感器在森林火灾监测中发挥着至关重要的作用。该应用程序在智慧世界的 50 个传感器应用程序中排名第十。

图 12.13 显示了监视服务的数据流图和域体系结构参考模型。

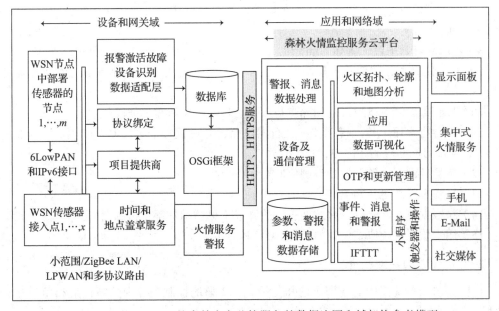

图 12.13　基于 WSN 的森林火灾监控服务的数据流图和域架构参考模型

该图显示该服务在与 x 接入点相关联的 n 个 WSN 中，都部署了 m 个嵌入式传感器设备。物联网架构参考模型中森林火灾监控服务的设备和网关域功能如下：

查找表实现了两个实体的映射。使用传感器 ID 将位置数据标记在查找表中。每个传感器的数据适配在该层。数据聚合、压缩和融合、计算、收集感测信息，算法使用这些信息进行警报、故障传感器识别和配置管理。数据存储在数据库中，实时更新。警报和消息与物联网云平台进行通信。

硬件 WSN 板和传感器可以使用 Waspmote 开发板。每个 WSN 使用多协议无线路由器与接入点通信。

494

12.5.4　智慧农业

以下部分描述了两种应用，即农作物智能灌溉和智能葡萄酒质量提升。

1. 智能灌溉

智能灌溉系统部署湿度传感器。智能灌溉监控服务执行以下任务：

1）智能灌溉中使用了湿度传感器和灌溉渠道执行器。

2）使用带有传感器电路板的土壤湿度传感器，每个传感器电路板安装在田地的某一深度。

3）将一系列执行器（电磁阀）沿灌溉渠道放置，并控制在给定作物期内湿度水平高于阈值。

4）使用位于三个深度的传感器来监测水果植物（如葡萄或芒果）中的水分，并监测蒸发和蒸腾。

5）测量和监控实际吸收和灌溉用水需求。

6）每个传感器板都采用防水盖，并使用 ZigBee 协议与接入点通信。传感器电路阵列形成 WSN。

7）接入点接收数据并将其传送到关联的网关。数据在网关处适配，然后使用 LPWAN 与云平台通信。

8）可以部署云平台，例如 Nimbits、my.openHAB、AWS 或 Bluemix。

9）平台分析水分数据并根据用水需求和过去的历史数据与水灌溉渠道的执行器进行通信。

10）传感器的测量以预设的间隔进行，执行器在分析所需的间隔值启动。

11）平台将程序上传到传感器和执行器电路，并设置每个预设测量间隔 t1（例如，24小时）和预设启动间隔 t2（例如，120 小时）。

12）感测到的湿度值超过预设阈值时会触发警报。

13）算法上传并更新网关和节点的程序。

14）在数据适配层运行，并定期查找故障或不可访问的湿度传感器。

15）用于监控系统原型设计的开源 SDK 和 IDE。

2. 智能葡萄酒品质提升

传感器监测葡萄园中的土壤湿度和树干直径。监测控制葡萄中的糖含量和葡萄藤的健康状况。

监控服务的数据流图和域架构参考模型类似于图 12.12。

3. 设备和网关域

WSN 测量湿度和其他参数并具有 ID。每个节点都是 WSN。每个 WSN 都在土壤内某一深度的作物或葡萄园的指定地点进行测量。三个等间距深度的传感器用于葡萄园中葡萄糖含量控制。一组 WSN 使用 ZigBee 相互通信并形成网络。每个网络都有一个接入点，使用 LPWAN 从每个节点接收消息。图 7.17 和 7.18 显示了 WSN。它们显示了节点、协调器、路由器和接入点之间的互联。每个接入点都关联一个网关。每个网关使用 LPWAN 与云通信。

温故知新

● 可以使用数据流图（双域四层体系结构参考模型）开发应用程序和服务的原型。智慧应用和服务的设计需要为四个架构层进行设计和原型开发：（i）传感器和设备网络；

(ii) 数据适配和网关；(iii) 云平台，其包括数据存储和分析，以及 (iv) 应用和服务。

- IDE（第 1 层）用于对传感器和设备进行编程。
- ZigBee、6LowPAN、IPv6、WLAN 和 LPWAN 用于来自传感器和设备网络的通信。 496
- Eclipse IoT 栈和 OSGi 服务（第 1 层和第 2 层）可用于架构层 1 和 2 的 Java 编程。
- 接入点接收数据并将其传送到关联的网关。数据在网关处适配，然后使用 LPWAN 与云平台通信。
- 部署云平台（第 3 层），例如 Nimbits、my.openHAB、AWS、Bluemix 或 TCS CUP，用于处理消息、事件、警报、触发器和数据以及存储、分析和可视化结果，并使用平台专用的功能。
- 应用程序、服务和移动应用程序（第 4 层）支持使用云的许多服务。
- 众多物联网应用和服务的示例包括智能家居、智慧城市、智能环境监测和智慧农业。
- 智能家居服务可实现家庭照明控制、设备控制和监控、安全性、入侵检测、视频监控、访问控制和安全警报、Wi-Fi、互联网和远程云访问控制监控。
- 开源 openHAB 是开发环境和部署平台。该平台对硬件和接口协议保持中立。例如，安全摄像头设备可能位于 Raspberry 平台，照明设备位于 Arduino 上。自动化逻辑可以连接不同的系统。
- 云平台有 my.openHAB。my.openHAB 云连接器还包括 REST 和基于云的服务，例如 IFTTT。
- IFTTT 服务使开发人员能够创建一组连续的条件（If This Then That）语句，称为 applet，通过更改其他 Web 服务（如 Facebook、Twitter、Gmail）来触发操作。应用程序的 API 使用触发器控制操作。
- 智慧城市以安全的方式集成多种信息通信技术和物联网解决方案，以管理城市的资产，如信息系统、学校、图书馆、交通系统、医院、发电厂、供水网络、废物管理、执法和其他社区服务。
- 智慧城市边缘传感器和设备无线连接，设备网络使用 LPWAN 进行通信，系统使用 IP 协议或使用多协议标签交换（Multiprotocol Label Switching，MPLS）进行连接。
- 智慧城市解决方案可以部署 Cisco 物联网云。另一种选择是 ThingWorx 物联网平台，用于智慧管理事物。城市云物联网平台在数据存储中收集消息、触发器、警报和数据文件。该平台使用事件、触发器以及数据存储和分析。该平台连接到许多城市应用程序和服务，并触发操作，例如连接到社交媒体、一组 Web 服务、应用程序和移动应用程序。
- 智能泊车服务是一项城市服务，可引导司机前往空置的泊车位，还提供移动应用程序。该应用程序协助司机并使司机能够远程获取适当的泊车位信息。
- 智能环境监测是指表征和监测环境质量（如空气、土壤和水）所需的行动。
- 气象监测系统测量 T、RH、P 等气象参数；在多个区域使用无线传感网进行通信，这些区域与接入点和相关网关进行通信。网关适配、存储和转发参数到互联网云平台。
- 气象监测服务发布城市特定低点的显示板气象信息，并通过移动设备和网络用户与气象 API 进行通信。
- bot 为报告寻求 API 重复分析并传递服务器信息。bot 在移动应用程序或 Web 应用程序上传送报告。气象预报 bot 是一个多任务 JavaScript 或 node.js 脚本，用于自动报告气象。 497
- 智慧空气污染监测服务可测量 CO、CO_2、颗粒物和其他参数。该服务根据参数计算

AQI，例如，空气污染物浓度和颗粒物质（如灰尘或碳颗粒）的每小时或每日平均值。
- 该服务根据天气条件、风速和方向、气温计算污染物的来源和空间扩散。
- 智慧森林火灾监测服务部署了无线传感网、互联接入点和相关网关的网络。网关与互联网云平台连接，实现森林火灾探测并映射受影响区域。
- 智能灌溉在农田中设置深度水分传感器，为灌溉渠道配置执行器。智慧质量监控部署了三个深度的传感器，用于监测葡萄园或芒果等水果植物的水分，并监测蒸发和蒸腾。
- 智能灌溉在特定作物期内控制湿度水平高于阈值。

自测练习

★ 1. 原型开发中的编程层是什么？
★★ 2. 列出 openHAB 云平台在智能家居服务中扮演的角色？
★★ 3. 智能家居、智慧城市泊车场、气象监测和空气质量指数监测服务的设计复杂性有哪些？物联网开发的开源工具有哪些局限性？
★★★ 4. Eclipse IDE 如何帮助对传感器和设备电路进行原型设计？
★★ 5. 在 openHAB 架构中绘制对象和图层，并解释每个对象和图层的用法。
★ 6. my.openHAB.org 平台上基于 openHAB 开发的对象及其用途是什么？
★★ 7. 物联网核心在智慧城市应用和服务中的作用是什么？
★★★ 8. Cisco IoT、IOx 和 Fog 如何用于智慧城市的应用和服务？
★★★ 9. 城市泊车位和网关域的对象及其用途是什么？
★★ 10. 城市云物联网平台泊车服务的对象及其用途是什么？
★ 11. IFTTT 服务如何有助于智能家居和智慧城市应用和服务？
★★ 12. 接收反射脉冲的延迟时间评估如何使协调器识别泊车位 ID？
★ 13. 列出气象监测服务的任务。
★ 14. 为什么 OTP 功能在空气污染监测电路、网络和网关中有用？
★★★ 15. 列出气象、空气污染和森林火灾监测服务原型开发方法的相似之处。
★ 16. 列出空气污染监测服务的任务。
★★★ 17. 森林火灾监测服务在云平台上有哪些对象及用途？
★ 18. 列出智能灌溉监测服务的任务。
★★ 19. 智能灌溉如何有效利用水资源？
★★★ 20. 绘制智能家居、智能城市、智能泊车、智能气象监测、智能空气污染监测服务和智慧森林火灾监测服务的物联网云平台使用之间的异同点。

12.6 案例研究：智能城市路灯控制和监测

例 1.2 中的图 1.1 描述了城市路灯的物联网概念的应用。灯柱装有路灯、WSN 执行器和传感器。传感器可以显示灯的工作状态、环境光和交通信息。执行器可以打开和关闭灯。

当环境光线高于阈值时，灯会亮起。WSN 部署传感器，用于检测交通状况和交通密度，以便在无交通状况时关闭灯。这种做法可以节省能源。交通密度消息传送到交通信号监测服务。

WSN 收发器还可以接受来自其他服务的数据，例如 Wi-Fi 服务、安全服务或交通信号服务，并重新传输到 WSN 网络上，然后传输到接入点。城市服务可以在路灯系统中将灯柱部署为信息网络。灯柱可以是服务网络中的活动节点。

灯柱上的每个收发器可以实时接收和重发。事件、消息、警报、触发器和通知可从一系列服务中发送，例如：小型泊车场、交通信号、废物管理、空气质量指数监测服务、家庭、银行和重要公共场所的安全服务、紧急服务和医院。

城市路灯的控制和监控服务执行以下任务：

1）测量和监控路灯并以预设的间隔实时测量交通参数。

2）每个 WSN 由程序上传，用于在 WSN 网络内进行配置和通信。

3）网络连接协调器，该协调器部署数据适配、存储、时间、位置、ID 标记和网关接口。

4）传递 WSN 网络消息。

5）消息以预设间隔发送到接入点，接入点连接协调器。

6）协调器在数据适配层聚合、压缩和处理后生成并传送警报、触发器、消息和数据。

7）协调器实时创建和更新数据库，该数据库传输到云以进行处理和云数据存储。

8）使用 OTP 功能并在 WSN 和网关上上传程序。云节点上的 OTP 模块提供 OTP 管理并上传网关连接程序。

9）定期在数据适配层运行传感器故障监测或监测不可访问的程序。

10）集成数据、激活警报和触发器。

11）云节点提供平台用于数据和数据库信息的处理、分析和可视化。该节点为优化监视和控制功能提供分析和 AI。

12）云平台可以是带有 Watson 分析的 Cisco IoT、IOX 和 Fog、Nimbits、my.openHAB、TCUO、AWS 或 Bluemix 平台。

1. 架构参考模型的两个域

图 12.14 显示了监控服务的数据流图和域架构参考模型。

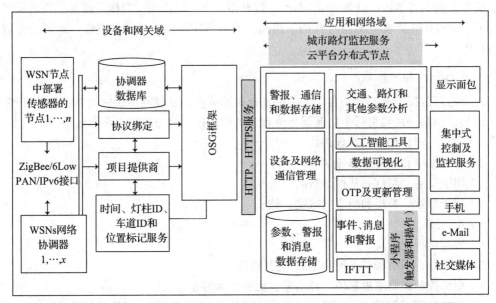

图 12.14　城市路灯 WSN 网络的中央控制和监控服务的数据流图和域架构参考模型

2. 设备和网关域

硬件和软件的组件和模块如下：

硬件

硬件由 WSN 上的 m 个嵌入式设备组成。n 个 WSN 节点网络使用 ZigBee/6LowPAN/IPv6 协议在它们之间进行通信。城市路灯服务部署 x 个协调器。每个网络使用 LPWAN 或 ZigBee IP 无线接口与协调器通信。协调器用作数据存储、协议绑定器、项目提供者和网关。

每个灯柱都部署了一个 WSN。每个节点感测一组传感器数据，传感器电路可以部署带有 ZigBee 或 ZigBee IP Shield 的 Arduino 开发板。每个 WSN 都与其他 WSN 连接并形成 ZigBee 设备的网络。

无线传感网测量以下参数：（i）环境光条件，是否高于或低于预设阈值；（ii）附近是否有交通；（iii）交通密度；（iv）灯柱状态（无论是否无功能）

灯柱不需要测量交通参数。每个 WSN 配置传感设备，以便根据来自协调器和中央监控服务的命令激活或停用测量功能。配置节点可以以不同的预设间隔启用每个参数测量功能。每个 WSN 配置执行器，以根据命令打开和关闭灯。

一组 WSN 使用 ZigBee 相互通信并形成网络。每个网络都有一个接入点，使用 LPWAN 从每个节点接收消息。图 7.17 和 7.18 显示了无线传感网。它们显示了节点、协调器、路由器和接入点之间的互联。每个接入点都关联一个网关。每个网关使用 LPWAN 与云通信。

软件

包含 OSGi 的开源 IDE 或 Eclipse IoT 栈可用于设备和网关域的软件开发。

为每个 WSN 分配传感器 ID、灯柱 ID、车道 ID、子组 ID（左侧和右侧流量）。无线传感器节点的子组形成 WSN 网络和分配的网络 ID。为每个协调器分配一个协调器 ID。

每个协调器具有三个模块：（i）协议绑定模块；（ii）用于传送查询项目、警报、消息和数据的项目提供者模块，以及（iii）时间、灯柱 ID、车道 ID 和位置标记服务。协调器可以使用开源 OSGi 框架来实现 Java 代码。协调器的数据库存储在相关的路灯、车道和车道子组数据中。

3. 应用程序和网络域

城市路灯监控服务的云平台部署了许多分布式节点。互联网连接使用 HTTP/HTTPS 服务。IP 协议网络路由器将每个协调器与分布式节点连接。分布式节点平台提供：

1）警报、消息和数据处理模块。

2）设备网络和通信管理模块。

3）用于交通、路灯和其他参数的分析工具。

4）用于参数、警报和消息的数据存储。

5）AI 工具。

6）数据可视化工具。

7）协调器、网络和节点使用 OTP 更新管理。

8）中央控制和监测服务的事件消息、触发器和警报。

9）IFTTT 用于与移动、电子邮件、社交媒体和 Web 服务及应用程序的通信。

街灯控制和监控编程示例

以下是 Java 中从灯柱到协调器的参数通信的示例[⊖]。

```java
//Class Main
package com.main.execution.files;
import java.sql.Time;
import java.text.SimpleDateFormat;
import java.util.Date;
import java.util.HashMap; // JSON Object is subclass of java.util.HashMap
//import org.json.simple.JSONObject;
import org.hibernate.Session;
import org.hibernate.SessionFactory;
import org.hibernate.cfg.Configuration;
import com.bean.classes.PathClass;
import com.bean.classes.StreetLight;
import LpostCommunication.com.trafic.communication.ResponseFromServer;

public class MainClass {
    public static void main(String[] args) {
            Configuration cfg=new Configuration();
            cfg.configure("resourcefiles/hibernate.cfg.xml");
            SessionFactory sf=cfg.buildSessionFactory();
            Session s=sf.openSession();
            StreetLight lpostDetails=new StreetLight("Lpost_1", "Lane1");
            ResponseFromServer response=new ResponseFromServer();
            response.getResponse(request,    isFaulty,    isAmbLightCondition,
            isTrafficCondition, status);
            response.getResponse(lpostDetails, 0, 1, 1, 0);
            PathClass finalobject=response.action(lpostDetails);
            s.save(finalobject);
            s.beginTransaction().commit();
            s.close();
            sf.close();
            System.out.println("Done");
    }
}
// Object JSONText Out to string
// Following is the code in Java for adding a new sensor for traffic density.
JSONObject obj=new JSONObject();
    obj.put ("name","SensTrafficDensity1");
     obj.put ("trafficDensitySensor",new Integer(100));//Sensed Traffic
Density is Integer
     obj.put ("numberOftrafficDensitySensors", new Double(1000.21));
    obj.put ("is_newSensorAdded",new Boolean(true)); //Returns Boolean for
new Sensor Addition
 StringWriter out = new StringWriter();
    obj.writeJSONString(out);
 String jsonText = out.toString();
 System.out.print (jsonText);
```

[502]

⊖　Code through courtesy Dr. Mrs. Preeti Saxena。

```
Result: {"Name": "SensTrafficDensity1": "TrafficDensity": 10"
"numberOfSensors":1000000, "newSensorAdded": null, }
Lamppost WSN Streetlight Class
// Following is the code in Java for class StreetLight with a lamppost ID,
// laneID. status,
package com.bean.classes;
public class StreetLight {
 public StreetLight(String lpostId, String laneId) {
// To do Auto-generated constructor stub
    this.lpostId = lpostId;
    this.laneId = laneId;
            }
    private int status;// status of functioning, traffic presence and ambient
light at a lamppost
    private String lpostId;
    private String laneId;
private int isFaulty; // Street Light if faulty value is 1 (true)
    private int isAmbLightCondition; // sensor value , if ambient light
conditions OK then value is 1 //(true)
 private int isTrafficCondition; // Traffic present the is 1 (true)
    public int getStatus() {
    return status;
    }
 public void setStatus(int status) {
    this.status = status;
    }
    public String getLpostId() {
    return lpostId;
    }
    public void setLpostId(String lpostId) {
    this.lpostId = lpostId;
    }
    public String getLaneId() {
        return laneId;
    }
    public void setLaneId(String laneId) {
    this.laneId = laneId;
    }
    public int getIsFaulty() {
    return isFaulty;
    }
    public void setIsFaulty(int isFaulty) {
    this.isFaulty = isFaulty;
    }
    public int getIsAmbLightCondition() {
    return isAmbLightCondition;
    }
    public void setIsAmbLightCondition(int isAmbLightCondition) {
    this.isAmbLightCondition = isAmbLightCondition;
```

503

```
    }
    public int getIsTrafficCondition() {
    return isTrafficCondition;
    }
    public void setIsTrafficCondition(int isTrafficCondition) {
    this.isTrafficCondition = isTrafficCondition;
    }
}
// Class for Lamppost Communication of traffic information with a Coordinator
// (Server) at an instance
package LpostCommunication.com.trafic.communication;
import java.text.SimpleDateFormat;
import java.util.Date;
import com.bean.classes.PathClass;
import com.bean.classes.StreetLight;
public class ResponseFromServer {
public StreetLight getResponse(StreetLight request, int isFaulty, int
isAmbLightCondition, int isTrafficCondition,int status) {
    request.setIsFaulty(isFaulty);
    request.setIsAmbLightCondition(isAmbLightCondition);
    request.setIsTrafficCondition(isTrafficCondition);
    request.setStatus(status);
    return request;
    }
public PathClass action(StreetLight response) {
 if (response.getIsAmbLightCondition() == 1 && response.getIsFaulty() == 1
    && response.getIsTrafficCondition() == 1) {
 System.out.println("Light Condition :" + response.getIsAmbLightCondition() +
" Faulty "
                             + response.getIsFaulty() + " Trafic Condition
" + response.getIsTrafficCondition());
 } else if (response.getIsAmbLightCondition() == 1 && response.getIsFaulty()
== 1
    && response.getIsTrafficCondition() == 0) {
    System.out.println("Light Condition :" + response.
getIsAmbLightCondition() + " Faulty "
                             + response.getIsFaulty() + " Trafic Condition
" + response.getIsTrafficCondition());
    } else if (response.getIsAmbLightCondition() == 1 && response.
getIsFaulty() == 0
    && response.getIsTrafficCondition() == 1) {
    System.out.println("Light Condition :" + response.
getIsAmbLightCondition() + " Faulty "
        + response.getIsFaulty() + " Trafic Condition " + response.
getIsTrafficCondition());
        } else if (response.getIsAmbLightCondition() == 1 && response.
getIsFaulty() == 0
        && response.getIsTrafficCondition() == 0) {
    System.out.println("Light Condition :" + response.
getIsAmbLightCondition() + " Faulty "
        + response.getIsFaulty() + " Trafic Condition " + response.
```

504

```
        getIsTrafficCondition());
                } else if (response.getIsAmbLightCondition() == 0 && response.
getIsFaulty() == 1
                && response.getIsTrafficCondition() == 1) {
        System.out.println("Light Condition :" + response.
getIsAmbLightCondition() + " Faulty "
                                        + response.getIsFaulty() + " Trafic Condition
" + response.getIsTrafficCondition());
                } else if (response.getIsAmbLightCondition() == 0 && response.
getIsFaulty() == 1
                && response.getIsTrafficCondition() == 0) {
        System.out.println("Light Condition :" + response.
getIsAmbLightCondition() + " Faulty "
                + response.getIsFaulty() + " Trafic Condition " + response.
getIsTrafficCondition());
                } else if (response.getIsAmbLightCondition() == 0 && response.
getIsFaulty() == 0
                && response.getIsTrafficCondition() == 1) {
        System.out.println("Light Condition :" + response.
getIsAmbLightCondition() + " Faulty "
                + response.getIsFaulty() + " Trafic Condition " + response.
getIsTrafficCondition());
                } else {
        System.out.println("Light Condition :" + response.
getIsAmbLightCondition() + " Faulty "
                + response.getIsFaulty() + " Trafic Condition " + response.
getIsTrafficCondition());
                }
                return this.InsertOperations(response);
        }
// Class for Received Lamppost Info insertion into Database at the Coordinator
    public PathClass InsertOperations(StreetLight map)
    {
                PathClass object=new PathClass();
                SimpleDateFormat format=new SimpleDateFormat("DD/MM/YYYY");
                SimpleDateFormat tformat=new SimpleDateFormat("HH:MM:SS");
                Date date=new Date();
                object.setAvgOnPeriod(10.0);
                object.setAvgTraficDensity(10.0);
                object.setAvgTraficPrsence(10.0);
                object.setDate(format.format(date));
                object.setFaulty(map.getIsFaulty());
                object.setLightFunctionality(""+map.getIsAmbLightCondition());
                object.setRoadPathId(map.getLaneId());
                object.setStatus(""+map.getStatus());
                object.setSubGroup("Left/rigth");
                object.setTime(tformat.format(date));
                object.setTimeSlotNumber(1);
                return object;
        }
    }
```

灯柱节点和协调器之间的通信模式是 pub/sub 模式。每个路灯灯柱 MQTT 客户端将数据传输到 MQTT 代理。协调器还包括 MQTT 客户端，协调器订阅每个灯柱的感测数据。每个灯柱包括 MQTT 代理，以接收来自主灯柱和相邻灯柱的感测数据。例 9.11 中的代码可用于编码灯柱和协调器之间的通信。

温故知新

- 物联网概念的应用是城市中的智慧路灯。灯柱可以是服务网络中的活动节点。城市服务可以在街道照明系统中部署灯柱作为家庭、银行和公共设施、医院、泊车位、垃圾箱管理的安全服务信息网络。
- 每个用于街道照明的灯柱都可用作 WSN。每个 WSN 与其他 WSN 连接并形成 ZigBee 设备的网络。
- WSN 的传感器测量以下参数：(i) 环境光条件，是否高于或低于预设阈值；(ii) 附近是否有交通；(iii) 交通密度和 (iv) 灯柱状态（无论是否无功能）。
- 每个灯柱与服务于城市道路网络中的车道的协调器通信。
- ZigBee、6LowPAN、IPv6、WLAN 和 LPWAN 用于来自传感器和设备网络的通信。Eclipse IoT 栈和 OSGi 服务（第 1 层和第 2 层）可用于架构层 1 和 2 的 Java 编程。
- 每个接入点接收数据并将其传输到关联的网关。数据在网关处进行适配，并保存在服务器数据库中。数据库使用 LPWAN 与云平台通信。
- 分布式节点云平台（第 3 层）部署了诸如 Cisco IoT、AWS、Bluemix 或 TCS CUP 等云，用于处理消息、事件、警报、触发器、数据和存储、分析、AI 和可视化工具。
- 中央控制和监视服务应用程序会使用到云数据存储和事件处理的结果。
- 给出了用于将灯柱状态和参数传送给协调器的 Java 编码示例。这些可用于全套开发代码。

507

自测练习

★ 1. 列出街道照明工程中灯柱的功能。

★★ 2. 中央控制和监控服务有哪些功能？

★★★ 3. 列出智慧空气污染监测与智慧街道照明项目监测之间的相似性。

★★ 4. 协调器的数据库内容为何以及如何与监控服务使用的云进行通信？

★ 5. 项目中云平台应采取的措施是什么？

★★ 6. 通过中央控制和监测服务列出每种工具的用法。

★ 7. 解释 Class Lamppost Communication 的代码。

★★★ 8. 什么是在协调器中创建 SQL 数据库的列和行的 PathClass InsertOperations。

关键概念

- 分析
- Arduino
- 大数据
- 应用和网络域
- AWS
- 机器人

- Cisco IoT
- 云平台
- 云服务器
- 通信管理
- 网联车
- 通用连接平台
- 用户数据
- 用户监测
- 数据存储
- 设备和网关域
- 设计抽象
- 设计复杂性
- 分布式云节点
- 域体系结构
- Eclipse IoT 栈
- Eclipse Kura
- Ethernet
- ECU
- 增强数据
- ETSI 参考架构

- Fog
- 网关
- 采集阶段
- IBM Bluemix
- IDE
- IETF 物联网架构
- IFTTT 服务
- 车载网络
- ATM 互联网
- IOx
- ITU-T 参考模型
- Java 编码
- LPWAM
- 维护中心
- 消息缓存
- Miracast
- Oracle 物联网体系结构
- PaaS
- 预测分析
- 建筑监控

- 生产监控
- 树莓派
- 参考模型
- 服务
- 智能空气质量监控
- 智慧农业
- 智能环境监测
- 智能灌溉
- 智能泊车
- 智能路灯
- 智能气象监控
- 流
- 供应链监控
- TCUP
- 价值链
- Waspmote
- WSN
- ZigBee

508

学习效果

12-1

- 能够概念化设计复杂度级别并使用联网的平台即服务（PaaS）云来加速 M2M、IoT、IIoT 应用程序和服务的设计、开发和部署。
- 能够开发物联网原型并部署。
- 使用应用程序和服务的物联网原型的开放源码工具和联网设备平台进行开发和部署。
- 使用 PaaS 平台开发和部署应用程序和服务，平台有 Microsoft Research Lab of Things、IBM Internet of Things Foundation（IITF）、IBM Bluemix 云平台、CISCO IoT、IOx 和 Fog 技术、Xively、Nimbits、AWS IoT Device SDK（软件开发套件）和 TCS 通用连接平台。
- 了解云 PaaS 需要提供可扩展和安全的体系结构，收集、存储、分析由嵌入式传感器、事件和多种来源捕获的数据。
- 云 PaaS 解决方案需要跨异构和可互操作的设备、传感器和应用程序部署解决方案。
- 项目设计可以为应用程序开发人员部署 TCUP 设备代理、设备软件模块和一组 Web 服务，以创建高度可扩展、智能化和预测分析驱动的物联网应用程序，创造创新产品、智能基础设施、提高运营效率、创造新的客户体验、帮助公司为客户提供精准的服务。

12-2

- 熟悉用于核心业务领域（建筑监控、供应链监控和客户监控）的符合 IoT/IIoT 应用全球趋势的设计方法。
- 建筑监测和监控系统需要与 ATM 和银行服务器之间的事件、触发器、消息、数据和数据文件的源进行通信。
- 了解设计过程中的步骤——对参考模型中的硬件和软件进行抽象设计，确定域的嵌入式硬件和软件模块需求，域硬件和软件的设计实现，以及测试和验证。

- 熟悉用于 ATM 监测示例的参考模型体系结构。
- 了解原型开发板的使用，部署 Eclipse Stack 的硬件和软件，事件和流处理，OLTP 和事件分析。
- 了解基于 IETF/ITU-T 参考模型的供应链监测系统设计方法和 RFID 供应链的应用
- 在客户端和公司端使用适用于原型 RFID 的 Arduino 板。
- IDE 和 Eclipse Kura 模块在栈供应链监控系统中的应用。
- 用于客户监测系统的物联网应用程序是 TCCICDD，它使用移动应用程序、嵌入式传感器 / 设备、网关、网络、服务器和应用程序、数据可视化和服务 / 生产 / 制造重新规划、重新安排和创新生产，并提供更好的客户体验。 |509|

12-3

- 了解"网联车"的概念及其物联网应用和服务。
- 网联车内部设备和系统支持汽车维修服务和服务中心应用。例如，远程诊断、路边援助、汽车故障、基于汽车定位的紧急服务，以及为服务中心支持、远程护理、车队管理、燃料和环保措施提供报告。
- 车载中央计算机可以增强生成的数据。车载信息娱乐系统使用 Miracast 设备实现车载网络。
- 项目设计可以使用 TCUP 和其他云服务器 PaaS，使开发人员能够开发新的应用程序。
- 平台可以为应用程序提供：按服务中心维修、重新规划营销、销售、服务、产品开发功能、制造流程、个性化、深化客户体验和开发其他增值服务。
- 特斯拉是一款具有自动驾驶模式的电动汽车。它将具备完全的自动驾驶能力，并具有安全性。

12-4

- 了解智能家居、智慧城市、智能环境监测和智慧农业中物联网应用的设计方法。
- 使用数据流图、双域四层架构参考模型了解应用和服务原型的开发。
- 使用以下四个架构层概念化智能应用和服务的设计：(i) 传感器和设备网络；(ii) 数据适配和网关；(iii) 云平台，包括数据存储和分析；(iv) 以及应用和服务。
- IDE（第 1 层）用于为传感器和设备编程，ZigBee、6LowPAN 和 IPv6 用于设备网络中的传感器通信，WLAN 和 LPWAN 用于无线接入点和网关。
- 在网关上使用数据适配，然后使用 WLAN 和 LPWAN 与云平台进行通信
- 部署云平台（第 3 层），如 Nimbits、my.openHAB、AWS、Bluemix 和 TCS CUP，用于处理消息、事件、警报、触发器和数据以及存储、分析和可视化结果以及使用特定的平台功能。
- 应用程序和服务（第 4 层）支持使用云的多种服务。
- 智能家居、智慧城市、智能环境监测和智慧农业是众多物联网应用和服务的示例。
- 开源 openHAB 是智能家居自动化服务的开发环境和部署平台
- 使用 REST 和基于云的服务（如 IFTTT），通过访问其他 web 服务（如 Facebook、Twitter 和 Gmail）来触发操作。应用程序的 API 使用触发器控制操作。
- 了解智慧城市服务以安全的方式集成多种 ICT 和物联网解决方案，管理城市的资产，如信息系统、学校、图书馆、交通系统、医院、发电厂、供水网络、废物管理、执法和其他社区服务。
- Cisco IoT cloud、IOx 和 Fog 适用于智慧城市解决方案。 |510|
- 智能泊车服务的设计方法，智能环境监测，智能表征和监测环境质量，如空气，土壤和水。
- 气象监测系统的设计方法和气象机器人的使用。
- 了解智能空气污染监测服务，可根据空气污染物小时、日平均浓度、颗粒物（如粉尘或碳颗粒）等参数计算空气质量指数。

- 熟悉智能灌溉技术，在特定作物期内控制湿度水平高于阈值，监测葡萄园和芒果等果树的水分，监测蒸发和蒸腾。

12-5

- 使用案例"智能城市路灯控制和监控"研究了解物联网项目设计。
- 灯柱可以是服务网络中的活动节点。城市服务可以在街道照明系统中部署灯柱，将其作为家庭、银行和公共设施、医院、泊车位、垃圾箱管理等安全服务的信息网络。
- 街道路灯灯柱可用作 WSN。每个 WSN 可与其他 WSN 连接并形成 ZigBee 设备的网络。
- 使用分布式节点构成云平台，用于处理消息、事件、警报、触发器、数据和存储、分析、AI 和可视化工具。
- 能够用 Java 编写代码。学习从传感器观察以及灯柱状态和消息的通信中创建字符串的编码示例。

习题

客观题

★ 1. 智能伞网（见例 1.1）、路灯互联网（例 1.2）、ATM 监控系统互联网（见例 2.3）和巧克力自动售货机互联网（见例 5.1）的设计复杂程度如下：
   - (a) 1，2，3 和 5。
   - (b) 1，2，3 和 4。
   - (c) 2，4，3 和 5。
   - (d) 2，3，4 和 5。

★★ 2. 考虑 Cisco IoT、IOx 和 Fog 应用程序开发平台，IOx：(i) 在 Watson 分析应用程序中结合物联网应用程序执行；(ii) 实现高度安全的连接、快速可靠的网络；(iii) 近实时、自动化、传感器和云的大量数据。
   FOG 提供：(iv) 转换传感器数据的能力，并在 (v) 分布式网络节点内的 (vi) 传感器节点中执行控制功能。这有助于开发诸如场地资产管理、能源监测、智能泊车基础设施和连接城市等应用程序。
   - (a) (i) 到 (v) 均正确。
   - (b) 除 (i) 和 (vi) 外均正确。
   - (c) 除 (iii) 外均正确。
   - (d) (i)、(ii) 和 (v) 正确。

★ 3. 基于云的 TCUP 的特点是：(i) 提供不可扩展的云平台即服务（PaaS），并具有安全架构；(ii) 提供与域无关的多租户平台，以优化网络交通；(iii) 收集、存储和分析嵌入式传感器、事件和多样化来源捕获的数据；(iv) 实现设备管理，传感器数据采集、存储和分析；(v) 使开发、部署和管理物联网、M2M/IIoT 软件应用程序变得容易。
   - (a) (ii) 到 (v) 均正确。
   - (b) 全部正确。
   - (c) 除 (ii) 外均正确。
   - (d) (i) 到 (iv) 正确。

★ 4. 云服务平台功能包括：(i) 通信管理；(ii) 部署用于从设备代理发送和接收消息的服务器；(iii) 提供各种源和设备数据存储；(iv) 部署大数据存储；(v) 部署应用程序服务器和 RDBMS；(vi) 事件处理；(vii) 消息缓存和路由；(viii) OLTP 和 OLAP；(ix) 数据分析；(x) 应用程序 / 服务 / 业务流程、智慧化和知识发现软件。
   - (a) (iii) 到 (ix) 正确。
   - (b) 全部正确。
   - (c) 除 (iv) 外均正确。
   - (d) (i) 到 (ix) 正确。

★★ 5. 监视系统设备包括：(i) 数字摄像机；(ii) 空间布置的振动传感器；(iii) 用于丰富传感器和摄像机数据的软件；(iv) 生成事件消息；(v) 关于事件、处理数据和视频文件实时通信；(v) 过滤；(vi) 位置和时间戳；(vii) 加密；(viii) 媒体——服务器网关通信。
   - (a) (i)、(iii) 和 (vii) 正确。
   - (b) 除 (ii) 外均正确。
   - (c) 全部正确。
   - (d) (i) 到 (vii) 正确。

★6. 用于 ATM 的互联网监控系统软件的开发人员使用 Eclipse Kura 来实现:(i)树莓派;(ii)开发环境、网关服务、云连接、设备管理、网络配置和应用;(iii)硬件抽象和其他服务。嵌入式 Lua 运行时,(iv)使用基于 WiringPi 和 PiFace、Gertboard 和其他 shield 的框架开发嵌入式传感器设备软件;(v)使用嵌入式 Lua 语言开发设备应用程序的功能。

(a)(ii)到(v)正确。 (b)(i)和(ii)正确。

(c)除(iii)外均正确。 (d)除(iv)外均正确。

512

★★★7. 连接的 RFID 供应链应用程序是:(i)计划和安排生产;(ii)安排交付和运输;(iii)验证客户订单;(iv)确认订单;(v)确认客户交付,并执行自动化重新排序。连接的 RFID 设备和网关功能(vi)存在于 RFID 物理设备兼 RFID 读取器中,其获取 ID 数据。

(a)(i)到(iv)正确。 (b)(ii)、(iv)和(v)正确。

(c)全部正确。 (d)(ii)到(v)全部正确。

★8. 连接的 RFID 供应链网关使用:(i)到接入点的无线协议;(ii)到 TCP/IP 网络的 IP 协议;(iii)CoAP 客户端;(iv)MQTT 客户端,向互联网传送丰富的数据。

(a)全部正确。 (b)(iii)和(iv)正确。

(c)(i)和(ii)正确。 (d)除(iv)外均正确。

★★9. 考虑用于跟踪客户和监控服务的架构参考模型。(i)第 2 层网关通过生成时间序列和位置标记数据来丰富数据;(ii)在网络上使用 IPv4 协议调整数据以进行通信;(iii)第 3 层使用网络将收集和增强的数据用流式方式传输到服务器;(iv)第 5 层在数据存储中获取设备和各种源数据并路由到第 6 层;(v)第 6 层在大数据存储和数据库 RDBMS 上组织数据,使用事件处理、消息路由和分析学分析数据;(vi)第 6 层包括用于创建创新产品、智慧基础设施和提高运营效率的应用程序。

(a)除(i)外均正确。 (b)(iii)和(iv)正确。

(c)(i)到(iv)正确。 (d)(i)到(vi)正确。

★★★10. 考虑跟踪客户服务。使用:(i)客户的互联网连接移动应用程序;(ii)可穿戴数字设备;(iii)客户数据库;(iii)客户访问地点的嵌入式设备和传感器;(iv)客户反馈信息;(v)来自销售服务和维护中心的信息。物联网应用/服务的例子是(vi)创新产品的创建;(vii)为新客户体验提供服务,并为其客户提供定制化的服务。

(a)(iii)到(v)正确。 (b)除(ii)和(v)外均正确。

(c)除(ii)和(iii)外均正确。 (d)全部正确。

★★★11. 考虑用于连接汽车嵌入式设备集群的物联网应用的参考架构。来自第 1 层的数据使用:(i)车载 ECU 集群;(ii)嵌入式设备,汽车健康设备和传感器;(iii)车载信息娱乐系统;(iv)移动应用程序来生成。车载网络(v)使用蓝牙和 NFC 进行到因特网的设备间无线通信;(vi)用于实时设备的 CAN(控制器区域网络)和到中央计算机的传感器数据;(vii)LIN(本地互联网络)用于车内座椅与互联网的有线通信;(viii)用于多媒体设备的 MOST。

513

(a)除(iv)和(v)外均正确。 (b)除(iii)、(v)和(vii)外均正确。

(c)除(ii)和(vii)外均正确。 (d)除(iii)和(iv)外均正确。

★★★12. 使用网联车收集数据的应用包括:(i)重新规划营销、销售;(ii)重新规划公司服务;(iii)提供更好的客户体验;(iv)服务电话、诊断和预测分析。服务和维护中心;(v)根据汽车状况触发维护;(vi)检测汽车健康问题之间的依赖关系、折旧分析和驾驶行为分析;(vii)检测车辆健康问题之间的依赖关系模式;(viii)基于位置的地理空间分析。

(a)全部正确。 (b)除(i)、(v)和(vi)外均正确。

(c)(iv)到(vi)正确。 (d)除(vi)和(vii)外均正确

★★★13. 考虑用于智能家居应用和服务的 openHAB 开发环境中的架构层。该原型使用:(i)openHAB 附加对象;(iii)openHAB 核心对象;(iv)OSGi 框架服务;(v)云平台;(vi)可以部署 IFTTT 服务。

(a) 全部正确。 （b）除（iii）外正确。

(c)（i）到（vi）正确。 （d）除（iv）和（vi）外正确。

★★★ 14. IFTTT 服务使：（i）开发人员能够创建一系列顺序条件（If This Then That）语句；（ii）调用 Java applet；（iii）通过访问其他 Web 服务来触发操作；（iv）操作会启用从云到 Facebook、Twitter、Gmail 的数据通信。

(a)（iii）和（iv）正确。 （b）除（ii）外均正确。

(c)（i）到（iii）正确。 （d）除（iii）外均正确。

★★★ 15. 考虑智能空气质量监测服务。服务任务是：（i）计算空气质量指数；（ii）测量 T、RH 和 P；（iii）计算气体传感器的校准参数；（iii）测量 CO；（iv）测量 CO_2；（v）悬浮在空气中的颗粒。服务（vi）连接云平台并与之通信。该服务部署（vii）WSN 网络；（viii）分布式计算节点 IP 网络；（ix）LPWAN，用于传感器节点与网关的网络通信。

(a) 除（v）和（ix）外均正确。 （b）除（ii）和（v）外均正确。

(c) 全部正确。 （d）除（ii）外均正确。

★★★ 16. 考虑使用路灯互联网应用程序进行中央控制和监控服务。灯柱在：（i）WSN 网络；（ii）IP 网络；（iii）LPWAN；（iv）中与另一个灯柱通信，并在设备网络内使用 BT LE 或 ZigBee。网络节点（v）交换消息、警报和触发器，并与（vi）协调器（服务器）；（vii）物联网云；（viii）路灯的中央控制和监控服务进行通信。

514

(a) 全部正确。 （b）除（i）、（iv）和（vi）外均正确。

(c)（i）、（iv）和（vi）正确。 （d）（i）、（iv）到（vi）正确。

简答题

★ 1. 为智能空气污染和空气质量监测应用和服务的开发和部署，合理分配复杂度级别 4。

★★★ 2. 通过使用 Nimbits 云平台的基于 RFID 的库存控制示例来解释项目开发。

★★ 3. 为什么对于开发和使用物联网应用 / 服务来说，提供 PaaS 的云平台优于独立的专用应用服务器？

★ 4. 开发人员何时需要使用分布式平台？例如 Cisco IoT、IOx 和 Fog。

★★★ 5. 什么是可以创建高度可扩展、智慧和预测分析驱动的物联网应用程序，并允许几乎任何设备 / 传感器和几乎任何业务领域构建物联网应用程序的 TCUP 功能？

★★★ 6. AWS 的功能有哪些？

★ 7. 为嵌入式传感器、事件以及客户、其他企业数据库和社交媒体等多种来源捕获的数据，进行收集、增强、流式传输和创建数据存储有哪些优势？

★★★ 8. ETSI 域如何划分为设备和网关，网络和应用程序如何为基于 ATM 的监控系统提供合适的参考模型？

★★ 9. 为什么在 ATM 的互联网监控系统中，ATM 除了使用摄像头还使用空间分布式振动传感器？

★ 10. 为什么用于 24×7 有源数码摄像机的原型嵌入式实时系统的树莓派 2 型号 B +（RPi 2）要优于 Arduino 开发板？

★ 11. 列出图 12.4 和 12.6 中所示的云服务器平台的共性和差异。

★★★ 12. 使用客户数据监控、传感以及 RFID，是如何改善互联网连接 RFID 和客户服务和体验的？

★ 13. 在车载网络中使用以太网和 Miracast 节点有什么好处？

★★★ 14. 网联车如何使用预测分析改善维护和服务？

★★ 15. 家庭自动化网关的模块和操作是什么？

515 ★ 16. 气象监测系统中的任务与空气污染监测系统中的任务有何不同？

★★ 17. 当使用光脉冲而不是超声波脉冲来感应空置泊车位时，需要进行哪些更改？

★★ 18. 在智能气象监测服务中使用互联网机器人的优势是什么？

★ 19. 如何通过智慧农业提高葡萄园中葡萄的质量？

★★★ 20. 对传感器、ID 和值使用 TLV 格式所需的代码有哪些变化？

论述题

★ 1. 描述每个示例的设计复杂度级别。

★★★ 2. 比较 IBM 云平台 IoTF-Bluemix-Watson 分析预测分析和数据可视化；比较 Cisco IoT、IOx 和 Fog 云平台。

★★ 3. TCS 用互联通用平台如何进行数据的收集、增强、流式传输、管理、获取、组织和分析？

★ 4. 描述 TCUP 中可以轻松开发和部署 IoT/M2M/IIoT 应用程序和服务的新功能。

★★ 5. 描述 ATM 互联网监控系统中的设备和网关域功能。

★★ 6. 描述 ATM 互联网监控系统中的网络和应用域功能。

★★★ 7. 玩具公司在玩具包装、集装箱，存放玩具的仓库上使用 RFID 标签，以便追踪运输路径。展示玩具运输和玩具自动重新订购之间步骤的数据流图和架构参考模型？

★ 8. 根据携带数字设备的客户的互联网跟踪，描述 Oracle 参考模型架构对服务和业务流程中物联网应用的适用性。

★★★ 9. 描述使用数据存储和支持连接数字设备的互联网，来进行客户跟踪的应用程序。

★ 10. 描述互联网车辆中 ECU 和信息娱乐设备的车载网络。

★★★ 11. 描述在网联车上使用驾驶员 / 汽车用户数据服务器的可行应用。

★★★ 12. 解释 IFTTT 云服务的用法。

★★★ 13. 描述在网联车上使用空闲泊车位数据服务器的可行应用。

★ 14. 如何通过使用 WSN 网络、网关和云平台促进森林消防服务？

★ 15. 空气污染传感器如何测量 T、RH 和 P 以及气体和颗粒物质？

★★ 16. 用 Java 解释用于智能街道照明服务的 JSON 对象编码。

实践题

★ 1. Arduino 板与 ZigBee、GPS、以太网 shield 相连，并开发了位置跟踪器来显示位置信息。设计的复杂程度是多少？

★★ 2. 绘制上题中描述的位置跟踪系统中，设备和网关域的模块和参考模型图表。

★★ 3. 开发人员如何使用 Oracle 物联网开发平台实现巧克力自动售货机服务？

★★★ 4. 开发人员如何使用 Nimbits 硬件和软件解决方案进行智能空气质量指数监测服务？应用程序所需的数据、消息、警报、触发器和通知如何在 servers-L 节点和 Nimbits cloud server-S 和 XMPP Server-S 之间在互联网上进行传送（图 6.3）？

★★★ 5. 开发人员如何使用 AWS 物联网设备 SDK（软件开发工具包）、AWS 物联网和 AWS 服务进行智慧空气质量指数监测服务？

★★ 6. 开发人员如何使用 TCUP 监控 ATM 场所？

★★ 7. 玩具制造公司在客户购买玩具结束时，基于互联网的 RFID 跟踪数据库有哪些可能支持的移动应用程序？

★ 8. 绘制用于容器跟踪的供应链应用的 RFID ID 数据传输的架构视图。

★★★ 9. 著名的乐高公司在制造工厂使用的标签也包含镶嵌标签（儿童玩具装配和拆卸的部件）。假设镶嵌标签不符合 EPC 标准。基于 RFID 的系统需要 EPC（电子产品代码）标准、角色和架构。假设基于 RFID 的技术在数据处理子系统中的有效实现包括由沃尔玛接受的读取器和标签协议、中间件架构和 EPC 标准，现在如何利用四层 ITU-T 架构模拟解决方案，让乐高仓库工人将 RFID 标签能应用于玩具的运输包装，玩具中镶嵌的乐高标签不会破坏制造设施、订单拣选及配送设施的运输过程？

★ 10. 重新绘制 TCUP 用法的架构视图，以便在网联车中进行客户偏好和服务监控。

★ 11. 绘制云平台用法的架构参考模型，以及用于网联车组件的汽车维护预测分析。

516

★★★ 12. 对于联网的废物容器的维修公司，网联车的架构视图如何重新部署？假设公司使用描述性和预测性分析来优化服务的出行次数。

★★★ 13. 比较用于智能家居自动化和家庭入侵监控服务的 Eclipse IoT 堆平台和 AWS IoT Device SDK（软件开发套件）、AWS IoT 和 AWS Service。

★★ 14. 自动泊车系统部署 Web 服务，用于泊车位服务的实时报告。如何该服务收集有关可用泊车位的信息。openHAB 开发平台和 my.openHAB.org 云架构用于该服务？

★ 15. 12.5 节描述了许多物联网应用和服务。列出嵌入式设备和传感器中，可以部署树莓派 2 型号 B + 原型开发板的应用程序和服务。列出 RPi2 中使用的处理器、内存和操作系统。

517

★★ 16. 使用 openHAB 构建智能空气质量指标监测服务的双域四层架构参考模型。

★★★ 17. 智能街道照明服务如何同时为废物容器的管理服务提供信息网络？绘制类似于照明监控服务的水容器管理服务架构视图？

★★★ 18. 回顾例 5.1。ACVM 还会在不使用时显示城市中的巧克力、新闻、气象预报和活动广告。描述两个领域架构参考模型，并展示智能街道照明服务代码中的哪些修改可同时为自动巧克力机供应链管理服务提供信息网络？

★★ 19. 使用相同 WSN 单独协调器修改路灯传感器数据的通信代码以获取来自其他五个服务的附加数据？

★★★ 20. 使用附带 ZigBee、GPS、以太网 shield 的 Arduino 开发板来描述位置跟踪器的完整设计，以显示和跟踪位置信息。（随书附带的在线内容给出了设计和完整的代码）。

518

习题答案

第 1 章

1.(a)   2.(b)   3.(b)   4.(d)   5.(b)   6.(b)   7.(c)

第 2 章

1.(a)   2.(b)   3.(b)   4.(b)   5.(d)   6.(a)   7.(c)   8.(b)   9.(a)   10.(c)
11.(b)   12.(b)   13.(a)   14.(d)   15.(d)   16.(b)

第 3 章

1.(d)   2.(b)   3.(b)   4.(d)   5.(a)   6.(b)   7.(b)   8.(a)   9.(c)   10.(b)
11.(c)   12.(c)

第 4 章

1.(a)   2.(b)   3.(d)   4.(d)   5.(c)   6.(b)   7.(b)   8.(c)   9.(b)

第 5 章

1.(d)   2.(c)   3.(a)   4.(b)   5.(b)   6.(a)   7.(d)   8.(c)   9.(c)   10.(b)
11.(b)   12.(d)   13.(a)   14.(a)   15.(d)   16.(c)

第 6 章

1.(b)   2.(d)   3.(d)   4.(c)   5.(a)   6.(b)   7.(b)   8.(a)   9.(c)

第 7 章

1.(d)   2.(a)   3.(c)   4.(b)   5.(d)   6.(c)   7.(a)   8.(c)   9.(a)   10.(b)
11.(d)   12.(b)

第 8 章

1.(a)   2.(b)   3.(c)   4.(d)   5.(a)   6.(a)   7.(b)   8.(c)   9.(d)   10.(d)

第 9 章

1.(d)   2.(a)   3.(c)   4.(b)   5.(d)   6.(c)   7.(a)   8.(b)   9.(b)   10.(d)

第 10 章

1.(a)   2.(b)   3.(c)   4.(a)   5.(b)   6.(c)   7.(d)   8.(c)   9.(b)   10.(a)

第 11 章

1.(c)   2.(d)   3.(b)   4.(a)   5.(d)   6.(b)

第 12 章

1.(a)   2.(b)   3.(a)   4.(d)   5.(c)   6.(b)   7.(c)   8.(c)   9.(d)   10.(d)
520   11.(b)   12.(a)   13.(a)   14.(b)   15.(c)   16.(d)

参 考 文 献

I. Print Books and E-Books

1. Adrian Mcewen, Hakin Cassimally, *Designing The Internet Of Things*, Wiley, 2015.
2. Alasdair Gilchrist, *Industry 4.0—The Industrial Internet of Things*, Apress, 2016
3. Arshdeep Bahga, Vijay Madisetti, *Internet of Things—A Hands-on Approach*, Universities Press, 2015.
4. Charalampos Doukas, *Building Internet Of Things with the Arduino: V.10*, CreateSpace/Amazon, 2012.
5. Cuno Pfister, *Getting Started with the Internet Of Things—Connecting Sensors and Microcontrollers to the Cloud*, Maker Media Inc. O'Reilly, 2011.
6. Daniel Kellmereit, Daniel Obodovski, *The Silent Intelligence—The Internet Of Things*, DND Ventures LLC, 2013.
7. Daniel Minoli, *Building with Internet of Things with IPv6 and MPIv6—The Evolving World of M2M Communications*, Wiley, 2013.
8. Dave Evans, *The Internet of Things How the new Evolution of Internet Changing Everything*, CISCO, 2011.
9. Dieter Uckelmann, Mark Harrison, Florian Michahelles (Eds.), *Architecting The Internet Of Things*, Springer, 2011.
10. Dominique D Guinard, Vlad M Trifa, *Building the Web of Things*, Manning, 2016.
11. Emily Gertz, Patrick Di Justo, *Environmental Monitoring with Arduino—Building Simple Devices to Collect Data About the World Around Us*, Maker Media, Inc. O'Reilly, 2012.
12. Harvé Chabanne, Pascal Urien, Jean-Ferdinand Susini (Eds.), *RFID and The Internet of Things*, Wiley, 2013.
13. Hakima Chaouchi (Ed.), *The Internet Of Things: Connecting Objects*, Wiley, 2010.
14. Hakima Chaouchi (Ed.), *The Internet Of Things: Connecting Objects To The Web*, Wiley 2013.
15. Honbo Zhou, *The Internet of Things in the Cloud: A Middleware Perspective*, CRC Press, 2013.
16. Ian G Smith, *The Internet of Things, New Horizons*, IERC- Internet of Things European Research Cluster, 2012.
17. Jan Höller, Vlasios Tsiatsis, Catherine Mulligan, Stefan Avesand, Stamatis Karnouskos, David Boyle, *From Machine-To-Machine To The Internet Of Things: Introduction to a New Age of Intelligence*, Elsevier, 2014.
18. Jeremy Blum, *Exploring Arduino: Tools And Techniques for Engineering Wizardry*, Wiley, 2013.
19. Kris Jamsa, *Cloud Computing-SaaS, PaaS, IaaS, Virtualizatiom, Business Models, Mobile, Security, and More*, Jones & Bartlett, 2013.
20. Marco Schwartz, *Internet of Things with the Raspberry Pi: Build Internet of Things Projects using the Raspberry Pi Platform (eBook)*, Open Home Automation, 2014.
21. Marco Schwartz, *Internet of Things with the Arduino Yún- Projects to help you Build a World of Smarter Things*, Packet Publications, 2014.
22. Mike Kuniavsky, *Smart Things: Ubiquitous Computing User Experience Design*, Elsevier, 2010.
23. Naveen Balani (author), Rajeev Hathi (Ed.), *Enterprise IoT: A Definitive Handbook*, CreateSpace/Google Books, 4th Ed. 2016
24. Norris, *Internet Of Things: Do-It-Yourself At Home Projects For Arduino, Raspberry Pi*

And Beaglebone, McGraw-Hill, 2015.

25. Olivier Hersent, David Boswarthick, Omar Elloumi, *The Internet of Things: Key Applications and Protocols,* 2nd Ed., Wiley, 2012.
26. Peter Semmelhack, *Social Machines-How to Develop Connected Products That Change Customers,* Wiley, 2013.
27. Peter Waher, *Learning Internet of Things,* PACKT, 2015.
28. Raj Kamal, *Embedded Systems — Architecture, Programming and Design,* 3rd Ed., McGraw-Hill Education, 2015.
29. Raj Kamal, *Internet and Web Technology,* Tata McGraw Hill, 2002.
30. Raj Kamal, *Mobile Computing,* 3rd Ed. (in press), Oxford University Press, 2017.
31. Rajkumar Buyya, Amir Vahid Dastjerdi (Eds.) *Internet of Things — Principles and Paradigms,* Morgan Kaufman imprint, Elsevier, 2016
32. Rajkumar Buyya, Christian Vecchiola, S. Thamarai Selvi, *Mastering Cloud Computing,* McGraw-Hill, 2013.
33. Rob Faludi, *Building Wireless Sensor Networks- with ZigBee, XBee, Arduino, and Processing,* O'Reilly, 2010.
34. Robert Stackowiak, Art Licht, Venu Mantha, Louis Nagode. *Big Data and The Internet of Things Enterprise Information Architecture for A New Age,* Apress, 2015.
35. Samuel Greengard, *The Internet of Things,* The MIT Press Essential Knowledge series, 2015.
36. Tero Karvinen, Kimmo Karvinen, *Make: Sensors: A Hands-On Primer* For Monitoring The Real World With Arduino And Raspberry Pi, Maker Media Inc., 2014.
37. Tom Igoe, *Making Things Talk - Using Sensors, Networks, and Arduino — to See, Hear, and Feel Your World,* 2nd Ed., O'Reilly, 2011.

II. Website References

1. http://www.tcs.com/SiteCollectionDocuments/White%20Papers/Internet-of-Things-The-Complete-Reimaginative-Force.pdf. [Internet of Things: The Complete Reimaginative Force, TCS Global Trend Study, July 2015]
2. http://www.gartner.com/newsroom/id/2970017. [Gartner, "Gartner Says by 2020, a Quarter Billion Connected Vehicles Will Enable New In-Vehicle Services and Automated Driving Capabilities", Jan., 2015]
3. http://www.caterpillar.com/en/news/caterpillarNews/history/110-years-pass-since-the-first-test-of-the-steam-powered-track-type-tractor.html. [Caterpillar, "110 Years Pass Since the First Test of the Steam-Powered Track-Type Tractor"]
4. http://www.tcs.com/.../Brochures/TCS-Connected-Car-Solutions-1014-1.pdf
5. http://fortune.com/2015/03/05/the-race-to-the-internet-of-things/ [Fortune, "The race to the Internet of things," March, 2015]
6. http://postscapes.com/internet-of-things-books [A presentation of Books on Internet of Things]

III. Print and e-Journals

1. http://www.iotjournal.com/
2. http://www.rfidjournal.com/
3. www.iot-j.ieee.org, IEEE Internet of Things Journal, Joint Publications of IEEE Sensors Council, IEEE Communications Society, IEEE Computer Society, IEE Signal Processing Society
4. http://www.journals.elsevier.com/journal-of-network-and-computer-applications/ Elsevier Journal of Network and Computer Applications

IV. e-Journal Paper References

1. http://www.emeraldinsight.com/loi/bpmj, *Internet of Things: Applications and Challenges in Smart Cities: a Case Study of IBM Smart City Projects,* Business Process Management Journal, Volume 22, Issue 2, pp 263, 2016.
2. http://iot-analytics.com/product/iot-platforms-market-report-2015-2021-3/?utm_source=Google%20AdWords&utm_medium=CPC&utm_

content=Textanzeigen&utm_campaign=SEA%20-%20iot%20platform%20
market%20report, IoT Platforms: Market Report 2015-2021, 2016.
3. http://www.ibm.com/internet-of-things/trial.html?cm_mmc=search-gsn-_-
unbranded-watson-iot-search-_-internet%20of%20things%20(Broad%20and%20
Phrase%20Match%20Only)-phrase-_-ROW-iot-mkt-oww Start Developing with IBM
Watson IoT Platform.
4. http://www.itu.int/en/ITU-T/Workshops-and-Seminars/iot/201402/Pages/default.
aspx, Internet of Things – Trends and Challenges in Standardization, Geneva,
Switzerland, 2014.

缩写和首字母缩略词

3GPP	3G 合作项目协议
6LoWPAN	低功耗无线个人局域网上的 IPv6
ACID	事务的原子性、一致性、隔离性和持久性
ADAS	高级驾驶员辅助系统
ADC	模数转换器
ADFG	丙烯酸数据流图
ADSL	非对称数字用户线
AES	高级加密算法，密钥长度通常为 128 位、192 位或 256 位
AES-CCM	AES 算法的 CCM 模式
API	应用程序编程接口
AQI	空气质量指数
ARP	地址解析协议
ASCII	美国信息交换标准代码
ASIC	专用集成电路
ATM	自动柜员机
AWS	亚马逊云服务
BB	BeagleBone（基于 AM3359 处理器的开发套件）
BI	商业智能
BJT	双极型晶体管
Bootpc	自举协议客户端
Bootps	自举协议服务端
BP	业务流程
BT BR	1.0、2.0、3.0 或 4.0 设备中的蓝牙基本数据速率
BT EDR	蓝牙增强数据速率
BT LE	低能耗蓝牙
CA	证书颁发机构
CAN	控制器局域网总线
CAP	一致性、可用性和分区容错原则
CBC	分组密码链接模式，其分组长度为 128 位
CCD	电荷耦合器件
CCM	一种通用的消息认证分组密码模式
CEP	复杂事件处理
CGA	密码生成的地址
CIDR	无类别域间路由
CIMD	消息分发的计算机接口
CoAP	受限应用程序协议
CORE	资源约束环境

（续）

CRC	循环冗余校验
CRM	客户关系管理
CSMA/CD	带碰撞检测的载波检测多址接入
CUP	通用互联平台
CVS	并行版本系统
CWI	云 Web 界面
DAG	有向无环图
DB	数据库
DBMS	数据库管理系统
DBP	分布式业务流程
DFG	数据流图
DHCP	动态主机控制协议
DLL	动态链接库
DM	设备管理
DNS	域名系统
DODAG	目标导向的有向无环图
DoS	拒绝服务
DSL	数字用户线
DSP	数字信号处理器
DSSS	直接序列扩频
DTLS	数据报传输层安全性
DWI	设备 Web 接口
ECU	电子控制单元
EPC	电子产品代码
ESP	事件流处理
ETL	提取、转换和加载
FC	功能组件
FG	功能组
FHSS	跳频技术
FOTA	无线固件
FPT	光敏晶体管
FTP	文件传输协议
GPIO	通用输入输出
GPRS	通用分组无线服务技术
GSM	全球手机系统
HAB	家庭自动化总线
HAN	家庭局域网
HDFS	Hadoop 文件系统
HLR	主位置寄存器
HSPA	高速数据包访问
HTML	超文本标记语言
HTTP	超文本传输协议
HTTPS	TLS/SSL 上的 HTTP
I/O	输入 – 输出
I2C	内置集成电路

（续）

IaaS	基础架构即服务
IANA	互联网指定号码授权
ICCM	互联网连接汽车维修
ICMP	互联网控制消息协议
ICSP	在线串行编程
ICT	信息和通信技术
IDE	集成开发环境
IdM	身份管理
IEC	国际电工技术标准委员会
IETF	互联网工程专责小组
IFTTT	如果这个，那么那个（If This Then That）服务
IIC	工业互联网联盟
IIoT	工业物联网
IM	即时消息
IO	输入–输出
IoT	物联网
IP	网络协议
IPSec	IP 安全协议
IPSP	互联网协议支持概要
IPv4	互联网协议版本 4
IPv6	互联网协议版本 6
iq	信息 / 查询
IR-LED	红外发光二极管
ISDN	综合业务数据网
ISM	工业、科学和医学
ISO	国际标准化组织
JAR	Java 文档
JID	Jabber ID（Jabber 账号）
JMS	Java 消息服务
JSON	Java 脚本对象表示法
KPI	关键绩效指标
LAN	局域网（计算机）
LED	发光二极管
LIDAR	激光雷达，激光成像，探测和测距
LIN	本地互联网络总线
LLN	低功耗网络
LoRaWAN	低功耗和范围广域网
LPWAN	低功耗广域网
LTE	长期演进
LWM2M	轻量级 M2M 协议
LWT	会话失败的最后遗嘱，例如客户机和代理或服务器之间的会话
M2M	机器对机器
MAC	媒体访问控制
mDNS	组播域名系统
MEMS	微机电传感器

（续）

MFLOPS	每秒执行百万次浮点运算
MIME	多用途互联网邮件扩展
MINA	多跳基础设施网络架构
MIPS	每秒百万条指令
MMC	多媒体卡
MO	移动起源
MOSFET	金属氧化物场效应晶体管
MOST	面向媒体的系统传输
Mote	移动终端
MPLS	多协议标签交换
MPP	大规模并行处理
MQ	消息队列
MQTT	消息队列遥测传输协议
MS	移动电台
MSISDN	移动台 ISDN 号
MT	移动终端
MTC	机式通信
MTU	最大传输单元
MUT	多用户聊天
NAN	邻域网络
ND	邻居发现
NDP	网络发现协议
NFC	近场通信
NFV	网络功能虚拟化
NIST	国家标准与技术研究院
OASIS	结构化信息标准促进组织
ODBC	开放数据库连接
OID	对象标识符
OLAP	在线分析处理
OLTP	联机事务处理
OMA	开放移动联盟
ONS	对象名称服务
ORCHID	覆盖可路由密码哈希标识符
OS	操作系统
OSGi	开放服务网关计划
OWASP	开放 Web 应用程序安全项目
P2P	点对点
PaaS	平台即服务
PAN	个人区域网
PCI	外围组件互连
PCMCIA	个人电脑存储卡国际协会
PDU	层的协议数据单元
PII	个人身份信息
PKI	公钥基础设施
PPP	点对点协议

（续）

PS	交互式感知
PSK	Pre-Shared 密钥
PubSub	服务发布和端点、客户机或服务器订阅
PWM	脉宽调制器
QoS	服务质量
QR code	快速响应码
RAM	随机存取存储器
RARP	反向地址解析协议
RDMS	关系数据库管理系统
REST	表示态转移
RF	兆赫兹射频
RFC	IETF 请求注释标准化文档
RFD	简化功能装置
RFIC	射频集成电路
RFID	射频识别
ROLL	通过低功耗和有损网络的路由
ROM	只读存储器
RPC	远程过程调用
RPi	树莓派
RPK	随机成对密钥，原始公钥
RPL	用于 LLN（低功耗网络）的 IPv6 路由协议
RPM	每分钟转数
RPMP	重新规划生产流程
RTC	实时时钟
RTOS	实时操作系统
Rx	接收机
RxD	接收数据线
SaaS	软件即服务
SASL	简单的认证和安全层
SCADA	监控和数据采集
SCL	串行时钟
SCOVARS	供应链订单验证，自动订货和发货
SD	服务发现
SDA	串行数据
SDK	软件开发工具包
SHA	安全哈希算法
SIM	手机用户标识模块（一般为卡）
SLA	服务水平协议
SMPP	短信点对点
SMS	短信服务
SNMP	简单网络管理协议
SOAP	简单对象访问协议
SPI	串行外围接口总线
SPINS	传感器网络中的安全协议
SQL	结构化查询语言

（续）

SS7	信令服务协议
SSID	服务集标识符
SSL	安全套接字层
STP	生成树协议
SWE	传感器 Web 支持服务
TCCICDD	追踪客户携带互联网连接的数字设备
TCP	传输控制协议
TCUP	TCS 通用连接平台
TFTP	普通文件传输协议
TLS	传输层安全性
TLV	标签长度值
TSDB	时间序列数据库
TTP	信任第三方
Tx	发报机
TxD	发报机数据线
UART	通用异步收发机
UCP/UMI	通用计算机接口协议 / 机器接口
UDP	用户数据报协议
UI	用户界面
UPC	通用产品代码
URI	通用资源标识符
URL	通用资源定位器
USB	通用串行总线
V2I	车辆到基础设施的通信
VLAN	虚拟局域网
W3C	万维网联盟
WAN	广域网
WEP	有线等效隐私
WIDL	Web 接口定义语言
Wi-Fi	无线保真
WLAN	无线 802.11 局域网
WPA	无线保护访问
WSAPI	WebSocket 应用程序编程接口
WSN	无线传感网
WWAN	无线广域网
XAAS	一切皆服务
xep	XMPP 扩展协议
XHTML	可扩展超文本标记语言
XML	可扩展标记语言
XMPP	可扩展消息传递和状态协议
XMPP-IoT	IoT/M2M 的 XMPP xep
XSF	XMPP 标准基金会

索　引

索引中的页码为英文原书页码，与书中页边标注的页码一致。

推 荐 阅 读

嵌入式系统导论：CPS方法（原书第2版）

作者：Edward Ashford Lee 等 ISBN：978-7-111-40701-0 定价：89.00元

信息物理融合系统（CPS）原理

作者：Rajeev Alur ISBN：978-7-111-55904-7 定价：79.00元

信息物理融合系统（CPS）设计、建模与仿真
——基于Ptolemy II平台

作者：Edward Ashford Lee 等编著 ISBN：978-7-111-55843-9 定价：79.00元

可穿戴计算
基于人体传感器网络的可穿戴系统建模与实现

作者：Giancarlo Fortino 等 ISBN：978-7-111-62274-1 定价：79.00元